天文学教程

下册

孙　扬　胡中为　编著

上海交通大学出版社
SHANGHAI JIAO TONG UNIVERSITY PRESS

内容提要

    本书全面系统地阐述了天文学的基础知识,介绍了不同历史阶段出现的主要研究成果,也包括各个分支领域的最新研究进展。全书分上、下两册。上册内容包括天球坐标和时间计量系统、天文观测和常用仪器、太阳系的各种天体。下册内容包括各类恒星、致密星(白矮星、中子星、黑洞)、双星、星团和恒星演化,银河系以及星系和宇宙学。为满足交叉学科的需要,本书下册还介绍了宇宙的元素丰度与起源。本书可作为天文、物理、地理等专业大学生的基础教材,也可供其他有关专业的师生和科技工作者参考。

图书在版编目(CIP)数据

天文学教程.下册/孙扬,胡中为编著. — 上海:
上海交通大学出版社,2020(2023重印)
ISBN 978 - 7 - 313 - 23572 - 5

Ⅰ. ①天⋯　Ⅱ. ①孙⋯ ②胡⋯　Ⅲ. ①天文学–高等
学校–教材　Ⅳ. ①P1

中国版本图书馆 CIP 数据核字(2020)第 138378 号

天文学教程(下册)
TIANWENXUE JIAOCHENG (XIA CE)

编　　著:孙　扬　胡中为			
出版发行:上海交通大学出版社	地　　址:上海市番禺路 951 号
邮政编码:200030	电　　话:021 - 64071208
印　　制:上海天地海设计印刷有限公司	经　　销:全国新华书店
开　　本:710 mm×1000 mm　1/16	印　　张:26
字　　数:480 千字	插　　页:8
版　　次:2020 年 11 月第 1 版	印　　次:2023 年 6 月第 2 次印刷
书　　号:ISBN 978 - 7 - 313 - 23572 - 5	
定　　价:89.00 元	

前　言

继往开来　开拓宇宙新视野

　　进入 21 世纪以来,天文学交融于迅猛发展的现代科学技术,成为最活跃的前沿学科之一。随着全波段天体电磁辐射和粒子辐射精细观测的大力发展,人造飞船探访太阳系天体,特别是对微弱的宇宙背景辐射和引力波的精准测定,古老的天文学进入一个突飞猛进的黄金时代。各种新发现和新成果纷至沓来,不仅揭示了天体和宇宙的新奥秘,展现了天体大千世界的美妙画卷,使人们大大地扩展了宇宙新视野,同时也出现了许多有待回答的重要问题,尤其是暗物质和暗能量这"两朵乌云"是否孕育着新的科学革命。

　　本书在 2003 年出版的普通高等教育"九五"国家级重点教材《天文学教程》(第二版)(高等教育出版社)的基础上改编而成。当年用过《天文学教程》第二版的青年已成长为我国天文和有关事业发展的生力军,在各自领域作出了卓越贡献,这是非常令人欣慰的! 时过境迁,精英辈出,目前中国很多高校大力投入天文和有关专业的本科生及研究生培养,天文基础课也在各自改革创新,各件课件繁花似锦。因此,出版一部较全面系统、具备一定深度的本科基础课新教材是很有必要的。

　　《天文学教程》(第二版)是在已故的我国著名天文学家戴文赛教授的带领下,经过"科班弟子"几十年教学检验并不断更新完善的国家级重点教材。当年的编写者退休后,不忘初心和戴老的生前教诲,仍力所能及地调研,备写新版,参与讲座,为新人快速成长架桥铺路。由于天文学的领域很广,博大精深,尤其是近些年来物理学、航天与空间科学开辟了不同于传统天文学的新途径(诸如中微子等粒子和引力波探测),以及融合天文学的粒子与(原子)核反应过程研究成为前沿热门领域,使得天文学发展日新月异,丰富多彩。因此教材应当与时俱进,舍弃过时的繁杂知识,更新和补充新内容,通过不同领域的合作,编写共同需要的新版《天文学教程》。

本书全面系统地阐述了天文学基本知识,并介绍了现代的重要进展,力求由浅入深,图文并茂,使用较多较新的信息资料。本书(上、下两册)基本上传承第二版的大纲和结构,上册(第1~8章)主要介绍天文学的发展历史和一般知识,以及太阳系天体的特征和运动规律。下册(第9~16章)则详细讨论宇宙中恒星和各种爆发性星体的形成和演化,以及星系和宇宙学的基本知识。新版特别增加了第15章"宇宙中的元素丰度及其起源",从核物理的角度介绍宇宙中微观粒子的产生机制。本书可供1学年约120学时使用,也可以重点选讲80学时,其余作为课外阅读资料。本书也可供有志趣的师生和天文业余爱好者阅览。

本书撰写中参阅了一些老师的课件,吸取了同仁们很好的意见和建议,谨致谢意。感谢上海交通大学出版社对本书的器重和杨迎春博士的细致审阅与热情鼓励。

编著者虽然力所能及地吸取国内外有关著作和论文的精华,但因条件和能力所限,书中存在的缺点和错误,恳请读者批评指正。

目　录

第9章　恒星的一般性质

恒星是像太阳一类的能产生强大能源的天体。从物理角度来讲,它们都是由自身物质的引力集聚在一起的炽热等离子体,其能量来源于内部的原子核反应。在它们"生命"的主要阶段,其核心区不断地进行"氢燃烧",即氢聚变成氦的热核反应,所产生的能量从恒星内部向外传输,并从表面辐射到外太空。随着核心区的氢消耗殆尽,质量较大的恒星还会经历一系列核合成过程,而有些恒星还会经历爆炸性核合成过程而成为超新星,产生大量的重元素并抛到星际空间。

太阳是一颗典型的恒星。通俗地说,太阳是离我们最近的恒星,一般的恒星都是遥远的、大小不同的"太阳"。"恒星"是古代人们直观天象延续下来的不恰当概念,实际上,它们并不"永恒":一方面,它们不断地运动着,只因为它们太远而很难准确测出它们的运动;另一方面,它们都在演化,在不同演化阶段,即不同年龄阶段其性质变化很大,因而恒星有多种类型。多数处于相对稳定演化阶段的恒星常称为正常恒星或普通恒星,以区别于后面所述的变星和致密星那样的特殊类型恒星。

恒星的一般性质包括距离、大小、质量、光度、表面温度等。本章阐明关于这些性质的有关天文概念及测定方法,综述观测研究的主要结果。

9.1　恒星的距离和光度

恒星的距离是最重要的基本资料。知道了恒星的距离,人们才可以进而了解它们的空间分布和运动、大小和质量,以及它们产生能量的规模等性质。很多重要的天文资料是不易或无法直接观测的,必须先设法做一些逻辑推理,把需求资料与某种可观测资料联系起来,建立需求资料与可观测资料之间的对应关系,然后由可观测资料导出需求资料,这就是"天文观测量转换法"。天体距离的测定就是这样,用三角法把距离测定转换为角度测量。在三角法不能测定太遥远天体的距离时,人们又提出其他测定距离的一些方法,利用由近及远的外推法不断扩展测定距离的范围。

9.1.1 周年视差与距离

测定恒星距离的基本方法是三角视差法,以地球绕太阳公转轨道半径(日地距离)作基线,把测定恒星距离转换为测定恒星周年视差。在由太阳、地球和欲测恒星组成的直角三角形中(见图 9-1),太阳到恒星的距离 r 比日地距离 a 大得多,小的直角边所对的小角 p 就是周年视差。如果 p 以弧度为单位,r、p 与 a 之间有足够好的近似关系:

$$r \times p = a \tag{9-1}$$

如果 p 以角秒表示,并记为 p'',因为 1 弧度 $= 206\,265''$,则式(9-1)可改写为

$$r = 206\,265\,\frac{a}{p''} \tag{9-2}$$

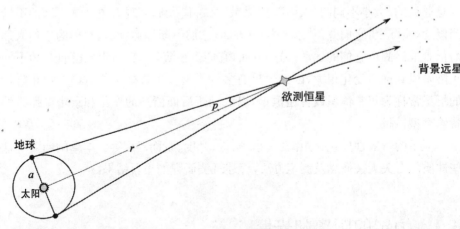

图 9-1 周年视差的定义

若改以天文单位(AU)为长度单位,则 $a = 1\,\text{AU}$,式(9-2)可写成

$$r = \frac{206\,265}{p''}\,\text{AU} \tag{9-3}$$

因为恒星的距离数值很大,一般不用 km 或 AU 作单位,而常使用下列两种单位:

秒差距(pc)——与周年视差 $p'' = 1''$ 对应的距离;

光年(ly)——光在一年内所经过的路程。

应当指出,虽然秒差距和光年是含有角度和时间单位意义的词,但它们却是距离的单位。秒差距、光年和其他长度单位之间的换算关系如下:

1 pc=3.261 563 8 ly=206 264.8 AU=3.085 677 6×10^{16} m;

1 ly=0.306 6 pc=63 239.7 AU=9.460 730 472×10^{15} m。

显然,恒星的距离若以 pc 为单位,就得到下列简单关系式:

$$r = \frac{1}{p''} \tag{9-4}$$

若以 ly 为单位,保留 3 位有效数字,则有

$$r = \frac{3.26}{p''} \tag{9-5}$$

对于更遥远的天体,常用千秒差距(kpc,10^3 pc)和兆(百万)秒差距(Mpc,10^6 pc)为单位。

9.1.2　用三角视差法测定恒星距离

由于地球绕太阳公转轨道接近于正圆,地面观测者看到黄极方向的恒星在天球上的视位置在一年内画出一个小圆,其角半径等于恒星的周年视差。恒星越远,圆的半径越小。不在黄极方向的恒星视位置在一年内画出一个椭圆,它的长轴与黄道平行,半长径就等于恒星的周年视差。正好在黄道上的恒星,椭圆退化为直线(见图 9-2)。

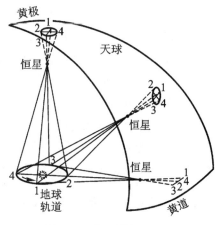

图 9-2　恒星的视差位移

哥白尼公布"日心说"之后,许多天文学家就尝试测定恒星的周年视差,但都因其数值很小及观测精度不够而没有成功。直到 19 世纪 30 年代后期,德国的 F.贝塞尔(Friedrich Bessel)、俄国的冯·斯特鲁维(von Struve)、英国的 T.亨德森(Thomas Henderson)才各自独立地分别得出天鹅 61、天琴 α(织女星)和半人马 α(南门二)的周年视差的可靠测量结果。他们测定的结果与现代测量的数据列于表 9-1 中,这是 19 世纪的重大天文成就,标志着哥白尼的"日心说"取得最后胜利,从此天文学越出了太阳系的疆界而进入对遥远天体的探索。

表9-1　最早测定的3颗恒星的周年视差

观 测 者	恒　　星	最初测定的视差值/角秒	现代测定的视差值/角秒	现代测定的距离/秒差距
贝塞尔	天鹅61	0.31	0.294	3.40
斯特鲁维	天琴α	0.26	0.129	7.76
亨德森	半人马α	1.16	0.754	1.295

测定恒星的周年视差是一项精细而又烦琐的工作,往往需要经历几年时间,拍摄几十张照片,测量欲测星相对于背景的遥远暗星(可以认为视差位移极其微小而不计)的位置变化,归算出周年视差。利用人造卫星到太空进行天体测量可以摆脱大气扰动、折射以及仪器受重力弯曲等影响,从而大大提高测量精度。如《天文学教程》上册4.7节所述,依巴谷(Hipparcos)卫星从1989年8月至1993年8月的4年观测寿命期间,对暗至 12^m 的大量恒星进行了扫描观测。1997年发表了"依巴谷星表",列出118 218颗恒星的位置、视差和自行。对于亮于 9^m 的星,测量精度达0.000 97″,使距离在100 pc以内的恒星距离的测量误差不超过20%。2013年12月19日发射了盖娅(Gaia)卫星,主望远镜是三反射镜消像散型的,直径为1.45 m×0.5 m,有天体测量仪、光度测量仪和视向速度光谱仪,于2014—2020年测定约10亿颗天体(主要是恒星,也包括行星、彗星、小行星和类星体)的位置和运动,2亿颗以上恒星的视差,使距离为10 000 pc时测量精度达到10%。

恒星的周年视差都小于1″。半人马α的周年视差最大(0.755″),它实际上是一个三合星系统,其中的一颗(α Cen C)是离太阳最近的恒星,因而称为**比邻星**(Proxima Centauri),其周年视差为0.768″,相应的距离为4.24 ly。

9.1.3　恒星的光度和绝对星等

恒星的辐射功率,即整个星面每秒发射出的所有波段辐射的能量,称为恒星的**光度**(luminosity),用符号 L 表示。它是恒星本身所固有的、表征其辐射本领的量。恒星光度常以太阳的光度 $L_\odot$(3.846×10²⁶ W)为单位。

研究者观测的是恒星视亮度,用视星等表示。它实际反映的是恒星辐射的照度,与恒星的光度成正比、与恒星到观测者的距离的平方成反比。令 E 和 m 为观测的恒星照度和星等,r 为以pc为单位的恒星距离,E_1 为假想把恒星"移到"标准距离(10 pc)时的观测照度,则

$$\frac{E_1}{E} = \frac{r^2}{10^2}$$

(9-6)

改写为星等形式：$M-m=-2.5\lg\dfrac{E_1}{E}=5-5\lg r$，即

$$M=m+5-5\lg r \tag{9-7}$$

或者利用式（9-4），把 r 换成视差 p''，而得

$$M=m+5+5\lg p'' \tag{9-8}$$

式中，$M=-2.5\lg E_1$ 是恒星在标准距离 10 pc 时应有的视星等，称为**绝对星等**（absolute magnitude）。绝对星等是光度的另一种表示。若恒星和太阳都在标准距离 $r_1=10$ pc 处，那么，它的光度和太阳光度分别为 $L=4\pi r_1^2 E_1$ 和 $L_\odot=4\pi r_1^2 E_\odot$，$\dfrac{L}{L_\odot}=\dfrac{E_1}{E_\odot}$，再利用星等公式 $M-M_\odot=-2.5\lg\dfrac{E_1}{E_\odot}$，则可得

$$\lg\dfrac{L}{L_\odot}=-0.4(M-M_\odot) \tag{9-9}$$

由于实际观测的只是一定波段的恒星辐射，测定得出的是某星等系统的星等（如目视星等、照相星等……见上册 4.5 节）及其相应的光度。用分光敏度中性的探测器（如温差电偶）观测的视星等称为**辐射星等**，还需改正大气消光和仪器消光得到**热星等**（m_b）——恒星射到地球处的全波照度量度。若已测出恒星的距离，可用式（9-8）算出绝对热星等 M_b 才是作为恒星光度的量度。太阳视星等为 -26.74^m，距离为 $\dfrac{1}{206\,265}$ pc，绝对热星等为 $M_{b\odot}=4.83^m$。热星等与目视星等 m_v 之差称为**热改正**（bolometric correction），以 BC 表示：

$$BC=m_b-m_v=M_b-M_v \tag{9-10}$$

式中，M_v 指绝对目视星等。热改正 BC 是一个负数，可由实验或理论计算得到。实际上，热星等常由目视星等和热改正得出。

各恒星的光度悬殊，最大的可达 $10^6\,L_\odot$ 量级，而最小的仅为 $10^{-6}\,L_\odot$ 量级。

9.1.4　测定恒星距离的其他方法

恒星距离在几百 pc 以上的，周年视差太小，或测不出或测量误差太大，因此使用这种三角视差的方法测定周年视差受到局限。幸好天文学家找到了测量更远恒星距离的其他方法（见图 9-3），否则就难以探索遥远的恒星和星系世界了。

测定恒星距离的另一种重要方法是依据恒星的视星等与光度之间的关系。

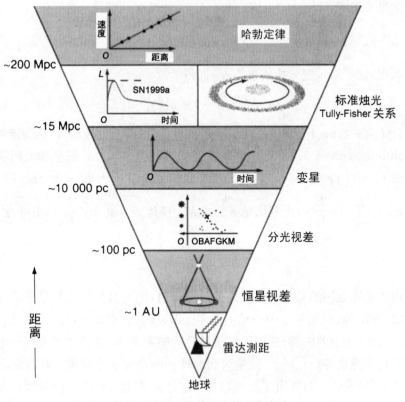

图 9-3　测定天体距离的一些方法

一颗星的视星等取决于三个因素：光度、距离以及星际物质"消光"(气体和尘埃的吸收和散射减弱)。若暂且忽略"消光"，并由其他方法得出恒星的光度(绝对星等)，就可以用式(9-7)或式(9-8)和视星等算出距离或视差。量 $m-M$ 仅与距离有关，称为**距离模数**(distance modulus)。

从恒星光谱研究发现，同样光谱型的恒星中总有几条谱线的强度与光度相关。对于用三角视差测量得出距离的恒星，可由其视星等和距离算出光度或绝对星等，因而可作出以谱线强度为横坐标、以光度(绝对星等)为纵坐标的"归算曲线"。然后，对于待测距离的同一光谱型恒星，先测量其谱线强度，再利用归算曲线得出它的光度(绝对星等)，进而得到它的距离，这称为**分光视差**(spectroscopic parallax)，尤其适用于三角视差法无效的远星距离测量。但它仍不适用于难获光谱的暗恒星。

造父变星有光变周期与光度的周光关系，可由观测某颗造父变星的光变周期来得到它的光度及距离，这称为**造父视差**(见 10.2 节)。双星观测可算出轨道要素进而求得视差——称为**力学视差**(见 11.3 节)。利用星团成员星的运动数据求出视差——称为**星群视差**(见 12.1 节)。测定星系距离的方法见第 14 章。迄今为止,人们不仅测定出大量银河系的恒星之距离,还测定出较近星系的恒星之距离。离我们最近的恒星的测量数据如图 9-4 和表 9-2 所示。

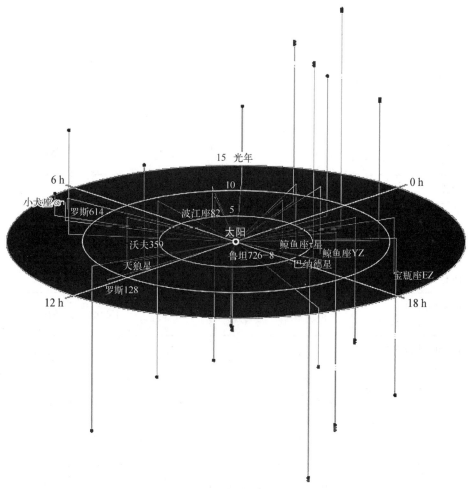

图 9-4 离我们最近的恒星的测量数据

表 9-2 离我们最近的恒星的测量数据

星　名	距离/ly	视差/mas[①]	视星等[②]	绝对星等[②]	光谱型
半人马 α C(比邻星)	4.242 1	768.87	11.09	15.53	M5.5Ve
半人马 α　A 半人马 α　B	4.365 0	747.23	0.01	4.38	G2V K1V

（续表）

星　名	距离/ly	视差/mas①	视星等②	绝对星等②	光谱型
巴纳德星	5.963 0	546.98	9.53	13.22	M4.0Ve
Luhman（鲁赫曼）16 A	6.59	495	10.7	14.2	L8±1
Luhman（鲁赫曼）16 B	—	—	—	—	T1±2
WISE 0855－0714	7.27	—	25.0	—	Y
Wolf(沃夫)359（狮子 CN）	8.290 5	419.10	13.44	16.55	M6.0V
Lalande(拉兰德)21185(BD＋36°2147)	8.290 5	393.42	7.47	10.44	M2.0V
天狼星 A	8.582 8	380.02	−1.46	1.42	A1V
天狼星 B			8.44	11.34	DA2
Luyten(鲁坦)726－8 A(BL Ceti)	8.728 0	373.70	12.54	15.40	M5.5Ve
Luyten(鲁坦)726－8 B(UV Ceti)			12.99	15.85	M6.0Ve
Ross(罗斯)154 (V1216 Sag)	9.681 3	336.90	10.43	13.07	M3.5Ve
Ross(罗斯)248（HH And）	10.322	316.00	12.29	14.79	M5.5Ve
波江 ε(BD−09°697)	10.522	309.99	3.73	6.19	K2V
Lacaille（拉卡伊）9352（CD－36°15693）	10.742	303.64	7.34	9.75	M0.5V
Ross(罗斯)128（FI Virginis）	10.919	298.72	11.13	13.51	M4.0Vn
WISE 1506＋702	11.089	310	14.3	16.6	T6
天鹰 EZ A	11.266	289.50	13.33	15.64	M5.0Ve
天鹰 EZ B			13.27	15.58	M
天鹰 EZ C			14.03	16.34	M
Procyon(南河三)（小犬座 α）	11.402	286.05	0.38	2.66	F5V－IV

（续表）

星　　名	距离/ly	视差/mas①	视星等②	绝对星等②	光谱型
天鹅 61 A (BD+38°4343)	11.403	286.04	5.21	7.49	K5.0V
天鹅 61 B (BD+38°4344)			6.03	8.31	K7.0V
Struve（斯特鲁维） 2398 A(HD 173739)	11.525	283.00	8.90	11.16	M3.0V
Struve（斯特鲁维） 2398 B(HD 173740)			9.69	11.95	M3.5V

① mas 指毫角秒；② 指红外线探测 J 星等。

9.2　恒星的大小和质量

恒星的大小和质量也是重要的基本资料，又是很难直接测定的。随着科学技术的发展和探索，根据不同的实际可观测情况，人们采用某些观测量转换的间接方法，分别成功地测定出一批恒星的直径或质量，进而可以推算出恒星的平均密度，开展有关性质的研究。

9.2.1　恒星直径的测定

对于可观测到视面且其距离已知的天体（如行星、星云），可以用三角测量法得出其直径，即测定它的视角径 θ，又已知它的距离 D，可由公式算出它的真实半径 R（见图 9-5）：

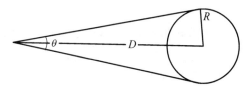

图 9-5　天体半径与视角径的关系

$$R = D\sin\frac{\theta}{2} \tag{9-11}$$

如果恒星离我们太远，它们的视角径很小（小于 $0.05''$），甚至用大望远镜也看不出恒星的视面，就很难直接测定它们的直径。下述的干涉法和月掩星法可以测定一些恒星的直径。

1）干涉法

1920 年，波兰裔美国籍物理学家 A. 迈克耳孙（Albert Michelson）设计了一

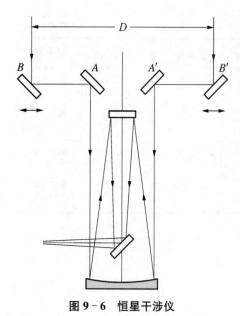

图9-6 恒星干涉仪

架恒星干涉仪(见图9-6),用来测量恒星的视角径和双星的角距。在望远镜前端加个架,架上装4个与望远镜光轴成45°的平面镜 A、A'、B、B'。A 和 A' 固定在架子上,B 和 B' 则可以在架上滑动,但保持 $AB = A'B'$。

对于双星,每颗子星经干涉仪的两束光(波长为 λ)所成的像有亮暗相间的干涉纹,把4个平面镜调到与双星连线共面,调节 B、B' 的距离使 $BB' = D$,使一颗子星像的暗纹恰好与另一颗的亮纹重合,则可由干涉理论得出双星的角距为

$$\psi = \frac{\lambda}{2D} \tag{9-12}$$

设想把一颗恒星的圆面分为相等的两半,并且所有的光都分别从两个半圆面的面积中心集中地射出来,这样,一颗恒星便大致相当于角距为 0.41θ(θ 为恒星的视角径)的双星。移动 B 和 B' 到干涉条纹消失或最模糊,则恒星的视角径为

$$\theta = 1.22 \frac{\lambda}{D} \tag{9-13}$$

美国威尔逊山天文台(Mount Wilson Observatory)先用 6 m 后用 18 m 长架的干涉仪成功地测得一些恒星的视角径。实际上,由于地球大气扰动,星像畸变成视角径为 $0.5''\sim 2''$ 的模糊斑。为消除星像畸变,1970 年法国人拉贝里提出斑点干涉测量新技术。在任一瞬间,地球大气中不同区的湍流不同,光干涉造成的瞬时星像由许多斑点构成,斑点大小接近望远镜的衍射极限。用星像增强技术可在百分之一秒短曝光摄下斑点结构。用计算机处理很多的瞬时星像(斑点结构)可以消除地球大气扰动影响,可将星像"复原"而得到恒星的视角径,甚至可揭示恒星表面的大黑子。

2) 月掩星法

当月球恰从地球与某恒星之间经过时,就发生月掩星现象。实际上,常观测的是在(未被太阳照射的)月球暗边缘掩星过程中被掩星的视亮度随时间的变化——光变曲线。用光电方法准确记录从月球暗边缘开始掩星(对应于光电流

开始减小)到完全掩星(对应于光电流最小)的时间间隔 τ。可以证明,恒星的视角(直)径为

$$\theta = v\tau\sin\zeta \qquad\qquad (9-14)$$

式中, v 是月球相对于背景恒星的运动(角)速度; ζ 是初掩点处的月球切线与月球运动方向的交角。 v、ζ、τ 都可由观测得出,于是可由式(9-14)算出该恒星的视角径 θ。再利用恒星的已知距离,用式(9-11)计算出其半径。这仅适用于视角径较大的恒星。视角径很小时,由于光学衍射效应显著,可以用不同视角径的理论光变曲线拟合观测的光变曲线(见图9-7)而得出恒星的视角径。例如,双子座 μ 的视角径为 $0.023''$,取其距离为 160 ly,得出其半径为 120 $R_\odot$。类似地,可以由观测双星互掩、行星掩恒星来测定视角径。

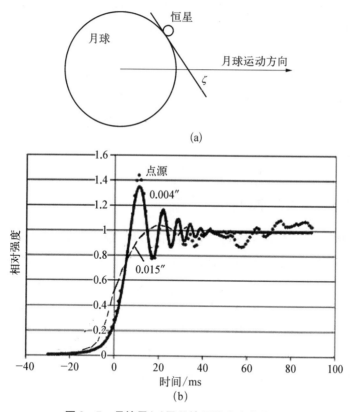

图 9-7　月掩星(a)及月掩星的光变曲线(b)

3) 测定恒星大小的其他方法

(1) 由恒星光度和表面有效温度估算恒星半径。

恒星的辐射非常近似于黑体辐射,根据**斯忒藩-玻耳兹曼定律**,黑体单位表

面在所有波长的总辐射与(绝对)温度 T 的四次方成正比。因此,光度 L、半径 R 和表面有效温度 T 之间的关系为

$$L = 4\pi R^2 \sigma T^4 \qquad\qquad (9-15)$$

式中,σ 是斯忒藩-玻耳兹曼常数。由式(9-15)得

$$\lg(L/L_\odot) = 2\lg(R/R_\odot) + 4\lg(T/T_\odot) \qquad\qquad (9-16)$$

把式(9-9)与 $T_\odot = 5\,772$ K、$M_\odot = 4.83^m$ 代入式(9-16),就得出

$$\lg(R/R_\odot) \approx 8.\overline{49} - 0.2M - 2\lg T \qquad\qquad (9-17)$$

(2) 食双星的子星直径的测定。

食双星的两颗子星发生掩食时,如果能定出轨道的大小,则只要用光电光度计测出子星掩食经历的时间与轨道运动周期的比值,就可以推算出子星的直径。

4) 恒星大小的观测结果

观测到的各恒星的大小差别很大,有半径大到几百倍甚至千倍 $R_\odot$ 以上的,如盾牌(座)UV 的半径为 $(1\,708 \pm 192)R_\odot$,天箭 KW 的半径为 $(1\,009 \sim 1\,450)R_\odot$,猎户座 α(参宿四)的半径为 $(955 \pm 217)R_\odot$。大多恒星的半径是十分之几到几十 $R_\odot$,如北极星的半径为 $38.5\,R_\odot$。下一章将讲到的白矮星的半径为 $0.01\,R_\odot$ 量级,而中子星的半径只约为 10 km。

9.2.2　恒星的质量和平均密度

恒星的质量是重要的基本物理量,但却很难测定。除太阳外,只有双星系统的成员星可以从轨道运动资料推算出来(见 11.2 节)。某些类型的单颗恒星可由质量与其他物理量的关系(如质量-光度关系,见 9.5 节)来估算其质量。恒星及恒星系统的质量常以太阳质量 $M_\odot$ 为单位表示。恒星虽然在光度和体积方面的差别很大,但质量的差别却小得多,大体上介于 $0.08\,M_\odot$(甚至 $0.02\,M_\odot$)与 $100\,M_\odot$ 之间。这是因为质量太大的恒星是不稳定的,必然要发生激烈变化(如爆发),导致质量减小;而质量太小,恒星缺乏自身发光能源,就不属于通常的恒星了。

由恒星的质量和直径数据易算出其平均密度。各恒星的平均密度差别很大。例如,仙王座 VV 红超巨星的平均密度几乎与实验室的真空相差无几。而另一极端例子,白矮星的密度达 10^{11} kg/m^3,中子星的密度达 $10^{17} \sim 10^{18}$ kg/m^3,是实验室无法达到的超密态。

9.3　恒星的空间运动

1718 年,哈雷把他测定的大角星和天狼星的位置与托勒密的观测结果做比较,发现这两颗星经过 1 500 多年有了明显位移。实际上,每颗恒星(包括太阳)都在运动着。对地球上的观测者来说,观测到的是恒星相对于地球的运动,进行了地球公转和自转的修正后,便归算为恒星相对于太阳的运动,称为恒星的空间运动。

恒星空间运动的方向是多种多样的。为了观测研究方便,常把恒星的空间速度 v 分成切向速度 v_t 和视向速度 v_r 两个分量[见图 9 - 8(a)]。如果恒星远离太阳运动,v_r 取正值;如果接近太阳运动,v_r 取负值。空间速度、切向速度和视向速度在数值上的关系为

$$v^2 = v_t^2 + v_r^2 \qquad (9-18)$$

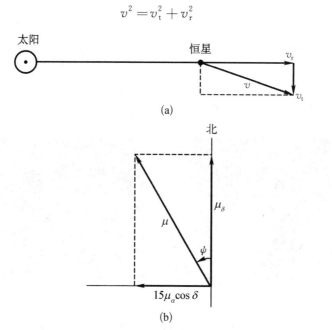

(a)

(b)

图 9 - 8　恒星的空间速度分成切向速度和视向速度(a)
以及恒星的自行及其分量(b)

9.3.1　自行和切向速度

恒星每年在天球上的视位移角度称为恒星的**自行**(proper motion)。实际测

定出来的是赤经自行 μ_a 和赤纬自行 μ_δ,然后计算总自行 μ。μ_δ 是每年垂直于天赤道的位移,而平行于天赤道的位移等于 $\mu_a\cos\delta$ (乘上 $\cos\delta$ 这个因子是因为赤纬圈是小圆)。由于赤经是以小时、时分、时秒为单位的,所以若赤经自行也以时秒为单位,需乘以 15,把时秒变成角秒。这样就得到 μ_a、μ_δ 和 μ 的数值关系为

$$\mu^2 = (15\mu_a\cos\delta)^2 + \mu_\delta^2 \tag{9-19}$$

恒星在天球上的位移方向以自行的位置角 ψ 表示,ψ 从北天极的方向沿逆时针方向量度,从 0°到 360°。由图 9-8(b)可得

$$\mu\sin\psi = 15\mu_a\cos\delta \tag{9-20}$$

$$\mu\cos\psi = \mu_\delta \tag{9-21}$$

$$\tan\psi = \frac{15\mu_a\cos\delta}{\mu_\delta} \tag{9-22}$$

式中,μ 总取正值;μ_a 向东为正,向西为负;μ_δ 向北为正,向南为负。在应用式(9-22)时,可以从该式右边分子和分母的符号确定 ψ 是在哪一个象限。由于恒星的自行很小,需很长时期的观测才能得出好的结果。恒星的自行一般小于 0.1 角秒/年,大于 1 角秒/年的只有 400 多颗,所以常常在几千年内看不出星座形状明显变化。巴纳德星(Barnard's star)自行最大,$\mu=10.31$ 角秒/年。它离太阳非常近,其切向速度并不特别大,$v_t=88$ km/s,如图 9-9 所示。

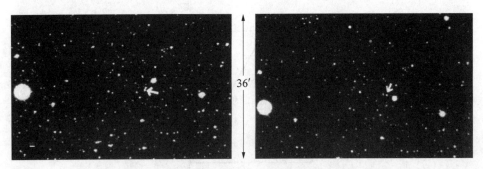

36′

图 9-9　巴纳德星(箭头所指)的自行(两幅照片相隔 22 年)

自行 μ 与切向速度 v_t 的关系就是圆周上弧长和圆心角的关系,圆周的半径是恒星的距离 r。由于 μ 以角秒/年为单位,于是有

$$v_t = \frac{r\mu}{206\,265} \tag{9-23}$$

式中,v_t 的单位为 pc/a,为了使 v_t 化为以 km/s 为单位,利用式(9-5)及 1 a =

3.1536×10^7 s，可得

$$v_t = 4.74 \frac{\mu}{p''} \tag{9-24}$$

单位为 km/s。

9.3.2　视向速度

恒星接近我们时，会观测到其辐射频率变高（波长变短，谱线"紫移"），而远离我们时辐射频率变低（波长变长，谱线"红移"），这是多普勒效应。频率改变量 $\Delta\nu$ 或波长位移 $\Delta\lambda$ 与相对运动速度的视向分量 v_r（**视向速度**）有如下关系：

$$\frac{\Delta\lambda}{\lambda_0} = -\frac{\Delta\nu}{\nu_0} = \frac{v_r}{c} \tag{9-25}$$

式中，c 为光速；ν_0 和 λ_0 分别为静止的频率和波长；负号表示远离时速度为正。

实际上，观测的是多普勒位移，因而视向速度是相对于望远镜的，还应当加上地球自转、地球绕太阳系质心公转影响的修正，最后归算为相对太阳系质心的视向速度。因此，准确测定视向速度也相当困难。

有了恒星运动的资料，就可以推算它们以前和以后在太空的运动情况。例如，图 9-10 所示的北斗七星各自运动不同，在 10 万年前和 10 万年后的位形与现在大不一样。

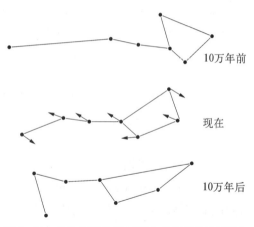

图 9-10　北斗七星在 20 万年中的相对视位置变化

9.4　恒星的光谱分类和化学成分

大多恒星的光谱呈现为连续光谱加吸收谱线，也有发射线的。恒星光谱包含很多重要信息，研究恒星光谱可以揭示恒星的化学组成、表面温度、光度、直径、质量、磁场、视向运动和自转等很多性质。

9.4.1　恒星大气和光谱形成

恒星辐射的能量来源于星核区的热核聚变（"核燃烧"）反应。当某两个或多

个原子核因聚变形成更重的新元素时,常伴随释放 γ 射线。这些高能电磁辐射经过恒星外部的辐射转移过程而发生能谱变化,抵达恒星表面时,已经转变成包括可见光的电磁辐射。所以,人们观测到的恒星辐射能谱取决于恒星表层的温度、密度及其化学成分。一般来说,恒星的电磁波辐射涵盖了整个电磁波频谱,从波长最长的无线电波和红外线到最短的紫外线、X 射线和 γ 射线。

恒星表面不像固体表面那样截然分明,而是由原子(离子)、分子、自由电子组成的"气体"层,它们吸收和散射内部来的辐射,其不透明度除了与化学成分有关以外,还依赖于温度和密度。一般来说,从恒星中心向外,温度和密度逐渐减小,不透明度也相应减小。于是,恒星内部之上存在一个对辐射比较透明的薄层——**光球层**(photosphere),观测到的恒星辐射主要来自光球层。由于光球层厚度远小于恒星半径,恒星仍应有较清晰的表面。如第 8 章所述,太阳像的轮廓(日轮)相当清晰,太阳半径就是由其光球半径表征的,恒星半径通常也以其光球半径表征。从太阳光球往外,有由色球、过渡区和日冕组成的延展大气,太阳也含有它们的光谱特征。一些观测事实表明,恒星也存在类似的大气,例如,国际紫外线探测卫星(IUE)发现很多恒星有类似太阳的色球与过渡区的光谱;X 射线天文卫星(ROSAT)等发现了数以万计的恒星存在类似于日冕的星冕,许多星冕发射的 X 射线能量比日冕大几个数量级,但恒星辐射的绝大部分应是由它们的光球发射出来的。应当指出,很多恒星的大气和内部之间并没有明确的分界线。

典型的恒星光谱是在连续光谱的背景上重叠着吸收线。最初,天文学家曾粗略地把恒星大气分为两层来解释恒星光谱:底层热而密,产生连续光谱;上层冷而稀,其中的原子和分子在特定的波长上吸收了底层的辐射,产生了吸收线。这是一个过分简化的模型。实际上,恒星大气中的每一团气体都同时在发射和吸收光子,过程是很复杂的,但总的效果是恒星大气各种原子和分子在其特征波长的吸收导致恒星光谱出现吸收谱线。

恒星光谱的特征与恒星大气中的温度密切相关,但恒星大气中不同高度上的温度是不同的。为了便于比较不同恒星的温度,人们提出了有效温度概念,即与其单位面积的辐射功率相等的黑体温度。实际上,恒星的有效温度对应于其光球某高度的或平均的温度。

正常恒星的有效温度在几千至几万开的范围内,许多原子会电离,因此恒星大气中一般同时包含中性原子、离子和自由电子。某类原子的电离度是指离子在同类原子中所占的比率,它依赖于温度、密度和原子的电离电位。温度高,有利于电离;密度大,离子容易俘获电子,不利于电离;原子的电离电位越高,则需要越高的能量才能使它电离。原子的电离度对恒星光谱的特征有很大影响。

9.4.2　恒星的光谱分类

19 世纪末至 20 世纪初人们开展了大量恒星光谱的拍摄和分类工作。尤其是美国哈佛大学天文台女天文学家安妮·坎农（Annie Cannon）主持的恒星光谱分类工作，编辑出版了亨利·德雷珀星表（Henry Draper catalogue,HD）8 卷及其增补,包括几十万恒星的位置、星等、自行和光谱型,该表使用很广泛。

最初的恒星光谱是根据氢原子的某些吸收线的强度分类的,并按拉丁字母的顺序标记：A 型星具有最强的氢线,B 型星的氢线稍弱……但后来人们认识到,光谱型主要由恒星的有效温度决定,因此将光谱型按温度顺序排列更恰当。于是,保留原有的标记光谱型的字母,但重新按温度顺序排列后,字母次序就乱了。恒星光谱常用哈佛分类法,主要分成 7 型,按有效温度从高到低的次序,分为 O、B、A、F、G、K 和 M 型。图 9 - 11 和图 9 - 12 给出了一些不同光谱型的恒星光谱和谱线特征。这些光谱的一个最显著的差别是热星的光谱中谱线较少,冷星的光谱中谱线很多,并且出现分子的吸收带。

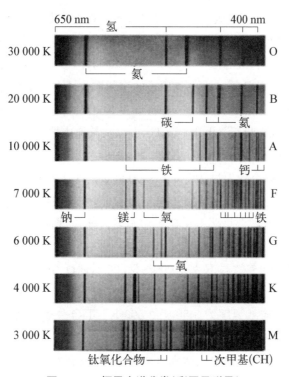

图 9 - 11　恒星光谱分类（彩图见附录）

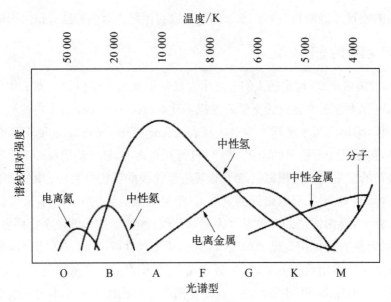

图 9 - 12　各光谱型的谱线相对强度

这些光谱型的主要特征总结如下：

O 型：蓝星,有效温度为 40 000～30 000 K。在连续光谱背景上有 He Ⅱ、He Ⅰ、H Ⅰ、C Ⅲ、Si Ⅳ和其他较轻元素的多次电离原子所生的谱线,没有金属线。

B 型：蓝白星,有效温度为 30 000～10 000 K。He Ⅰ 线达最大强度,H Ⅰ 线比 O 型强,O Ⅱ、N Ⅱ等一次电离原子的谱线取代了多次电离原子的谱线。

A 型：白星,有效温度为 10 000～7 500 K。He Ⅰ线消失,H Ⅰ线达最大强度,Ca Ⅱ、Fe Ⅱ、Cr Ⅱ、Ti Ⅱ、Fe Ⅰ、Cr Ⅰ以及其他中性和一次电离的金属线出现,并随有效温度的降低而逐渐增强。

F 型：黄白星,有效温度为 7 500～6 000 K。H Ⅰ线比 A 型弱得多,许多中性和一次电离的金属线很显著,其中 Ca Ⅱ的 H 和 K 线十分强。

G 型：黄星,有效温度为 6 000～5 000 K。H Ⅰ线比 F 型更弱,中性金属线占优势,CN 和 CH 的分子带出现。

K 型：红橙星,有效温度为 5 000～3 500 K。H Ⅰ线很不显著,中性金属线、CN 和 CH 的分子带比 G 型更强,TiO 分子带出现。

M 型：红星,有效温度为 3 500～2 500 K。TiO 分子带增强,其他分子带和中性金属线弱。

绝大多数恒星与太阳的化学成分相类似,但也有例外。有的恒星光谱很特殊,反映出某种元素很丰富,于是又划分成若干型,例如,碳丰富的称为碳星,光

谱为 C 型（又称 R 型和 N 型）；S 型的有很强的 ZrO 分子带。这两类星的有效温度与 M 型星接近。排列为

$$
\begin{array}{c}
\text{S}\\
\text{O—B—A—F—G—K—M}\\
\text{R—N}
\end{array}
$$

为了便于记忆光谱型次序，有个流行的英文口诀：**O**h! **B**e **A** **F**ine **G**irl **K**iss **M**e! (**R**ight **N**ow **S**weetheart!)。

每一光谱型又根据谱线的相对强度分成 10 个次型。例如，B 型温度最高的是 B0，接着是 B1、B2、……、B9，次型 B0 和它前面的 O9，以及次型 B9 和它后面的 A0 差别都很小。实际上并不是每一光谱型都有 10 个次型，有些次型是缺项，最热的 O 型是 O3，没有观测到 O0、O1 和 O2。在 20 世纪初，天文学家曾经以为，恒星的光谱型序列反映了恒星演化的顺序，即从 O 型星逐渐冷却演变到 M 型星。因此，O 型星和 B 型星称为早型星，K 型星和 M 型星称为晚型星。后来才知道，这是完全错误的，光谱型序列不是恒星的演化顺序。但早型星和晚型星已成了习惯的术语，一直沿用至今。现在这些术语仅表示各光谱型在分类中的相对位置而已。

恒星的连续辐射随波长的分布近似于恒星有效温度的黑体辐射能量分布，因而恒星的连续光谱也随光谱型而变化（见图 9 - 13）。有效温度高，连续辐射

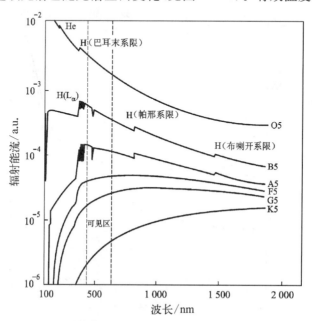

图 9 - 13　不同光谱型恒星连续辐射随波长分布的曲线

能量的峰值落在光谱的蓝区；有效温度低，峰值位于光谱的红区。人眼接受的是各种波长的混合光。各种波长的光混合均匀就呈现白色，天狼星和织女星就是白色的 A 型星。更热的星，如室女 α（角宿一），辐射的蓝光强于红光而呈蓝色。太阳是 G 型星，呈黄色。更冷的星，如猎户 α（参宿四）和天蝎 α（心宿二），则呈红色。

恒星光谱分类中，还把某一光谱型中异常的光谱特征用光谱型符号后面加小写拉丁字母表示：n 表示谱线很模糊，s 表示谱线很锐，e 表示有发射线，p 表示某些谱线异常强或弱的特殊光谱，v 表示光谱有变化，m 表示金属线很强，k 表示有明显的星际 Ca II 线。

由于氢和其他原子的连续吸收，恒星连续辐射能量随波长的分布曲线的形状与黑体辐射仍有明显的差别。氢是最丰富的元素，对于具备有利于氢原子吸收条件的恒星，氢原子的束缚-自由跃迁产生的连续吸收对连续辐射的能量分布起着重要作用。例如，由于处于量子数 $n=2$ 能级的氢原子的连续吸收，在巴耳末系限（364.6 nm）处辐射能量向短波长方向突然下降，这种现象称为**巴耳末跳跃**，而黑体辐射谱中是没有这种跳跃的。巴耳末跳跃的幅度与光谱型有关（见图 9-13），可以作为光谱分类的一个判据。同样，对于氢原子，在赖曼、帕邢、布喇开等系限处也存在跳跃。其他元素的含量比氢少得多，类似的跳跃不如氢明显。

恒星的某些色指数（定义见上册 4.4 节）与有效温度或光谱型有关。图 9-14

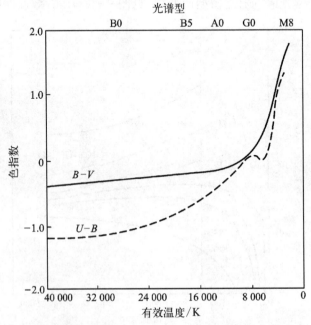

图 9-14 恒星的色指数 $B-V$ 和 $U-B$ 与有效温度（光谱型）的关系

绘出色指数$(B-V)$和$(U-B)$随有效温度（光谱型）变化的曲线。利用这些关系，在进行大量恒星光谱分类时，代替难于拍摄高色散的恒星光谱，以简便的多色测光法测出恒星的色指数，从而确定它们的光谱型。温度与色指数的近似关系为

$$T = \frac{7\,090}{(B-V)+0.71} \tag{9-26}$$

对于表面温度为 4 000～10 000 K 的恒星，更好的近似关系为

$$T = \frac{8\,450}{(B-V)+0.865} \tag{9-27}$$

9.4.3　恒星化学成分的测定

与测定太阳的化学成分一样，测定恒星的化学成分也是通过光谱线的证认和谱线强度的测量而实现的。由于恒星的视亮度比太阳暗得多，拍摄的恒星光谱色散度小，谱线常混在一起，因此测定恒星的化学成分很困难。

由于每一种化学元素原子产生其特定系列的光谱线，所以先要识别恒星光谱的谱线，即测定各谱线的波长。然后，与各种元素谱线系标准波长做比较，证认出恒星存在的元素。当然，如果查不到恒星的某谱线对应的已知元素谱线，就无法判断恒星存在的元素。

测定恒星大气的化学成分，还必须测定谱线的强度。为此，用专用显微光度计将恒星光谱描记在纸带上，绘出横坐标是波长，纵坐标是辐射强度的分光光度描记图（见图 9-15）[1]，吸收线显示为从连续光谱背景向下凹陷的曲线。由于恒星大气内的气团运动、原子相互碰撞等因素而使谱线增宽，还需修正仪器的影响，得到谱线轮廓（见图 9-16）。谱线轮廓和连续光谱背景包围的面积是谱线的总吸收，可以作为谱线强度的量度，并以等值宽度 W 表示（见上册图 4-22）。

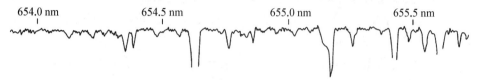

654.0 nm　　654.5 nm　　655.0 nm　　655.5 nm

图 9-15　换算为辐射强度随波长分布图[牧夫 α(大角)的一段光谱]

---

[1]　在 20 世纪 70 年代，电子计算机技术应用于天文底片的图像测量和处理，出现了图像数字化仪，它由显微光度计及图像分析系统相连接而成，把底片上的灰度变化图像自动换算为计算机能识别的数码，再由计算机处理，从而大大提高了天体光谱测量和分析的速度。现代 CCD 取代底片，直接连接计算机处理和绘图。

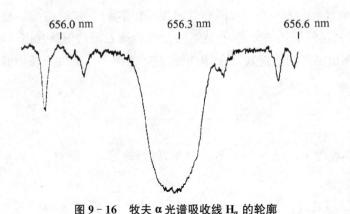

656.0 nm   656.3 nm   656.6 nm

图 9-16   牧夫 α 光谱吸收线 H_α 的轮廓

谱线的强度不仅取决于元素的含量，而且与恒星大气中的物理条件有关，这是 20 世纪 20 年代由印度天文学家 M. 萨哈(Meghnad Saha)研究温度和压力对原子电离的影响后才澄清的。以氢原子的巴耳末谱线系为例，这是 $n=2$ 能级的氢原子吸收光子而跃迁到更高能级所产生的。若 $n=2$ 能级的氢原子数目达到极大，这些谱线最强，A 型星正是如此。O 型星和 B 型星温度太高，氢原子大部分电离；晚型星温度偏低，氢原子大部分处于 $n=1$ 基态，因而巴耳末系都较弱，但不表明它们的氢含量比 A 型星少。根据原子激发和电离的理论可以解释晚型星和早型星的金属谱线的多和少。因此，从谱线强度确定元素含量还需消除恒星大气的物理条件影响。

测定恒星大气的某种元素含量的一种方法是分析其谱线轮廓。对于所研究的恒星，选择适当的物理参数，对形成该谱线的吸收原子的数目取一系列不同的数值，可算出理论的谱线轮廓(见图 9-17)。通过观测的与理论的谱线轮廓拟合，确定该元素的相对含量。

较简便的另一种方法是"生长曲线法"。形成谱线的原子数越多，谱线就越强，因此，吸收线的等值宽度 W 随谱线所对应的低能级原子数目 N 的增加而增大。表示 W 与 N 的关系的曲线称为"生长曲线"。由理论的和观测的生长曲线的拟合，可确定元素含量。

恒星大气的元素相对含量常以丰度表示，它是指在同一体积内某种元素(M)的原子数目 $N(M)$ 与氢原子数目 $N(H)$ 之比。由于铁元素丰度较易测定，恒星(*)的**金属度(或称为金属量，metallicity)**用所含元素铁与氢的比率除以太阳的铁与氢的比率的对数表示，记为 [Fe/H]，即，$[Fe/H] = \lg\{N(Fe)/N(H)\}_* - \lg\{N(Fe)/N(H)\}_\odot$，而其他元素(M)的丰度常用相对于铁元素的相对丰度来表示：$[M/Fe] = \lg\{N(M)/N(Fe)\}_* - \lg\{N(M)/N(Fe)\}_\odot$。光谱分析的结果表

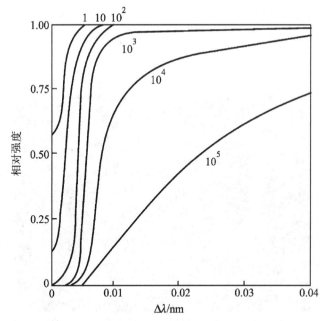

图 9 - 17　吸收线的理论轮廓(半幅)依赖于形成
该谱线的原子的数目

明,多数恒星的元素丰度与太阳的元素丰度差不多,但某些恒星却不同(见第
15 章)。

9.5　赫罗图和恒星内部结构

测定出很多恒星的质量、光度、半径和有效温度之后,天文学家很自然地要
对这些资料进行综合统计分析,探索它们之间可能存在的关系。恒星种类繁多,
各具特色,它们的性质主要由两个参数决定:一个是恒星表面的温度,另一个是
恒星的光度,也就是恒星的绝对星等。

9.5.1　赫罗图

丹麦天文学家 E. 赫茨普龙(Ejnar Hertzsprung)于 1911 年分别以光度(绝
对星等)和颜色(有效波长)为纵坐标和横坐标,绘出几个星团的恒星分布图。美
国天文学家 H. N. 罗素(Henry Norris Russell)于 1913 年分别以光度(绝对星
等)和光谱型为纵坐标和横坐标,绘出众多恒星的分布图。因为色指数、光谱型
都对应有效温度,这两种图实际上是一回事,后来的文献中常把恒星的光谱型

（或有效温度，或色指数）-光度图称为赫茨普龙-罗素图，或简称为赫罗图（H-R图，见图 9-18）。赫罗图对于研究恒星结构和演化是非常重要的。

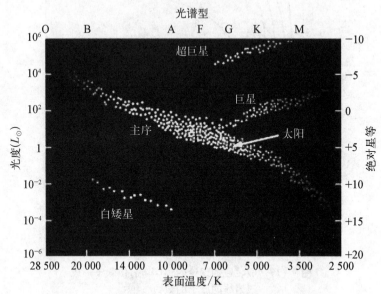

图 9-18　赫罗图（纵坐标的值以太阳光度 $L_\odot$ 为单位）

1）恒星在赫罗图上的分布

每一颗恒星在赫罗图上表示为一点。从图 9-18 看出，点子分布是不均匀的，集中在几个区域，绝大多数恒星落在从左上至右下的**主序**带上。位于主序的恒星称为**主序星**（main-sequence star）。对于主序星，表面有效温度越高，光度就越大。有些星在主序的右上方，它们的光度比相同光谱型的主序星的光度大，称为**巨星**（giant star）。光度比普通的巨星更大的恒星称为**超巨星**（supergiant star）。由于光谱型相同的星有效温度相等，按照斯忒藩-玻耳兹曼定律，它们单位表面积每秒发射同样多的能量，因此，对于相同光谱型的恒星，光度越大的其体积也必定越大。主序星也称为**矮星**。位于主序左下方的温度高、光度小的是**白矮星**（white dwarf），它们的体积比相同光谱型的主序星小得多。

2）光度级

巨星的大气比矮星稀疏，压力也小得多，这必然会使同一光谱次型的巨星与矮星的光谱出现微小的差异，其中最显著而简单的是谱线的宽度不同：巨星的谱线窄，矮星的谱线宽（见图 9-19）。美国天文学家 W. W. 摩根（William Wilson Morgan）和 P. 基南（Philip Keenan）等研究了因压力不同而产生的谱线变化，将哈佛分类扩展，按照有效温度和光度，发展了一种两维的恒星光谱分类系统。在这种系统中，光度分类用罗马数字表示，称为**光度级**（luminosity class）。对于不同的光谱型，光度级与绝对星等之间的对应关系表示于图 9 - 20。超巨星分成Ⅰa 和Ⅰb，前者较亮，后者较暗；巨星也按光度分为Ⅱ和Ⅲ；Ⅳ为亚巨星；Ⅴ是主序星；比主序星光度略小一些的星称为亚矮星，以Ⅵ表示；Ⅶ是白矮星。也常用小写拉丁字母 c、g、d 和 sd 放在光谱型符号的前面，分别表示属于该光谱型的超巨星、巨星、矮星和亚矮星。太阳是一颗 G2Ⅴ型（或表示为 dG2）的恒星。

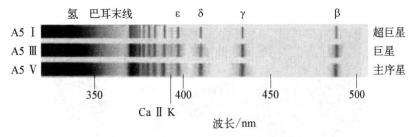

图 9 - 19　超巨星、巨星与主序星的谱线宽度不同

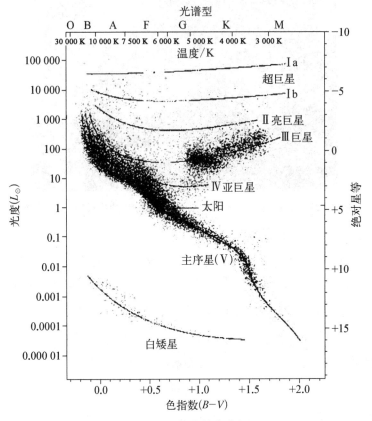

图 9 - 20　恒星的光度级

　　3）赫罗图上的等半径线

　　如前面所述，恒星的光度 L、半径 R 和表面有效温度 T 存在式（9 - 15）的关系，且可以用式（9 - 17）从恒星的表面有效温度 T 和绝对热星等 M_b 计算出该恒星的半径。如图 9 - 21 所示，在以恒星光度［或绝对星等（参见图 9 - 20）］为纵坐标，以表面有效温度的对数为横坐标绘出的图上（见图 9 - 21），等半径线是一组斜率等于 -10 的直线，图的右上方的星（超巨星）半径最大，左下方的星（白矮星）半径最小。

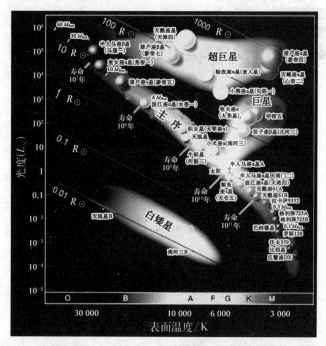

图 9 - 21　恒星光度与表面温度（用对数表示）的关系（彩图见附录）

　　4）质光关系和质量-半径关系

　　对于主序星，质量 M 和光度 L 之间存在着一定的关系，称为**质光关系**（mass-luminosity relation）。光度越大，质量也越大。由观测资料得出的近似关系为

$$对于 L > L_\odot 的主序星 \quad L/L_\odot \approx (M/M_\odot)^4 \qquad (9 - 28)$$

$$对于 L < L_\odot 的主序星 \quad L/L_\odot \approx (M/M_\odot)^{2.8} \qquad (9 - 29)$$

主序星的质量和半径之间也有一定的关系，可表示为

$$R/R_\odot = (M/M_\odot)^\alpha \qquad (9 - 30)$$

式中，指数 α 的值在 $0.5 \sim 1$ 范围内，与恒星在主序上的位置有关。

9.5.2 恒星的内部结构

恒星光球以下直至中心的区域都属于恒星内部。除了可以探测到来自太阳核心区的热核反应所产生的中微子,从而传来太阳内部的一些信息之外,对于其他恒星来说还无法得到它们内部的观测资料,只能根据恒星的观测资料(总质量、光度、表面温度、化学成分),借助于已知的物理规律,进行理论的演绎,通过计算来了解恒星的内部结构。

恒星结构理论必须解释的最重要观测事实有以下 3 条:① 恒星不断地辐射能量,不仅每秒钟辐射的能量巨大,而且已持续了很长时间。从地球和陨石的样品年龄测定得出,太阳大致按现在的辐射功率已持续 46 亿年之久,而银河系中最老恒星的年龄已在 100 亿年以上。② 主序星的质光关系。③ 在赫罗图上,恒星分布不均匀,主要集中在几个区域,表明光谱型(有效温度)与绝对星等(光度)有密切关系。前面讲到太阳能量的来源时,已解释了第一条事实。在后面讲述恒星演化时,将定性地说明后两条事实。现在根据物理学的一些规律,对于稳定恒星的内部性质做一些推断。普通恒星的主要成分是氢,长时间处于氢燃烧维持稳定平衡状态("主序"阶段),其辐射功率与内部产能率保持平衡。应当指出,像可控核电厂那样,恒星通过自身调整来达到平衡。如果恒星产能率大于辐射功率,那么超额能量会引起星体膨胀,接着,内部温度下降,从而使对温度很敏感的热核反应的产能率迅速降低,消除了超额能量,平衡得以恢复。此外,如果内部产生的能量偏少,星体就会收缩,引起内部温度升高,热核反应的产能率相应增加,直至能量的得失相等。

A. 爱丁顿(Arthur Eddington)于 20 世纪 20 年代奠定了恒星内部结构理论基础,他最先解释了主序星的质光关系。罗素和 H. 沃克(Heinrich Vogt)指出,普通(主序)恒星的平衡结构由质量和化学成分决定。对于一定质量的恒星,如果知道它某时的化学成分就可以确定它的结构。在恒星演化中,由于热核反应,化学成分改变,结构也发生变化。

恒星是庞大的气态流体球,可以取为球对称并分为很多同心球层 dr。恒星内部结构模型主要通过以下四个物理规律建立的微分方程组求得各层的物质密度 ρ、温度 T、光度 L、压力 P 的分布。

(1) 流体静力平衡(各层向内的引力被向外的压力平衡)方程为

$$\frac{dP}{dr} = -\frac{GM}{r^2}\rho \qquad\qquad (9-31)$$

压力包括热气体压力和辐射压力。气体的压强 p、温度 T 和密度 ρ 的关系由物

态方程表述。理想气体的物态方程为

$$p = \rho R T / \mu \qquad (9-32)$$

式中，R 是气体常数；μ 是平均相对分子质量。在正常恒星内部，多数情况可以用理想气体的物态方程。辐射光子产生辐射压力 P_r，它与温度 T 的关系为

$$P_r = \frac{a T^4}{3} \qquad (9-33)$$

式中，a 为辐射密度常数。辐射压力与温度的 4 次方成正比，它在高温下变得很重要，例如，对于密度为 $10^3 \ kg/m^3$ 的气体，温度超过 $10^7 \ K$ 时，辐射压力大于气体压力。在恒星内部，辐射压力常起重要的作用。

（2）能量输运：恒星表面辐射损失的能量由中心区热核反应能源向外输运来补充，温度向外降低可以表达为方程：

$$\frac{dT}{dr} = -\frac{3\kappa\rho}{16\pi\sigma T^3 r^2} L \qquad (9-34)$$

式中，κ 是吸收系数；σ 是玻耳兹曼常数。能量输运有传导、对流和辐射三种方式。在恒星内，光子比电子容易向外输运，因此传导是不重要的，辐射和对流是有效的输运方式。然而，对流要在一定的温度梯度下才发生，且对流还有使物质混合的作用。与此相反，在辐射为主要输运能量机制的区域，由于没有物质流动，每层保持着各自的化学成分，热核反应各层的化学成分是不同的。

（3）质量守恒方程为

$$\frac{dM}{dr} = 4\pi r^2 \rho \qquad (9-35)$$

各层的质量总和等于恒星的质量

$$M_{总} = \int_0^R 4\pi\rho r^2 dr$$

（4）能量守恒方程为

$$\frac{dL}{dr} = 4\pi r^2 \rho \varepsilon \qquad (9-36)$$

式中，ε 是单位质量的产能率。各层产能的总和等于恒星光度。

由这组微分方程，加上各恒星的观测资料条件，用计算机得出数值解，可以勾画出其结构模型。

　　研究结果表明：大质量(主序)恒星核心区氢燃烧是碳氮氧循环反应,邻接的是对流区,外面是辐射区;质量小于 $1.1\,M_\odot$ 的类太阳(主序)恒星核心区氢燃烧以质子-质子反应为主,邻接的是辐射区,外面是对流区;质量小于 $0.4\,M_\odot$(主序)恒星核心区氢燃烧为质子-质子反应过程,对流区几乎遍及全球,没有辐射区。主序后,核心区发生多层热核反应。不同质量恒星的内部结构如图 9-22 所示。

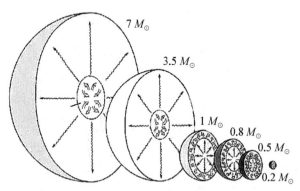

图 9-22　不同质量恒星的内部结构示意图

9.5.3　恒星的能源

　　像太阳那样,恒星在其一生的大部分时间辐射的能量是由其中心区热核反应提供的。很多恒星最重要的热核反应是氢核聚变为氦核(**氢燃烧**)。质量较大的恒星在其演化后阶段,还相继发生**氦燃烧**(3 个氦核可聚变成 1 个碳核)以及一系列更重核素的热核聚变,直至生成铁元素。恒星的能源主要来自热核反应释放的能量(见第 15 章),而且恒星的内部结构也随之变化(见 12.5 节)。

9.6　恒星的自转

　　自转是星球的一种普遍现象。地球、月球、太阳和太阳系各行星都在自转,通常可以观测它们表面特征(太阳黑子、行星表面斑点)的周期移动来测定它们的自转。用望远镜观测,恒星的像一般都是点状的。然而,根据多普勒效应原理,人们探索到用光谱分析测定恒星自转的技术方法。

9.6.1　测定恒星自转速度的原理

　　1877 年,英国天文学家 W. de W. 阿布尼(William de Wiveleslie Abney)首

先提出,一些恒星的光谱中谱线很宽,可能是由自转引起的。他正确地指出,恒星光谱实际上是由恒星朝向观测者的半球表面的各部分发出的光组合而成的,由于多普勒效应,远离观测者转动的部分发出的光之波长应增加,而接近观测者转动的部分发出的光之波长应减小,合成的结果导致谱线变宽了。

阿布尼的设想成了后来测定恒星自转速度的原理,现用图9-23加以阐明。首先考虑恒星的自转轴与观测者视线垂直的情况,将恒星圆面平行于自转轴划分成若干个狭条[见图9-23(a)],每一狭条都产生了一条谱线,其强度正比于狭条的面积。如果恒星不自转,各狭条产生的谱线叠加在一起,观测者获得的是一条窄而深的谱线。如果恒星按逆时针方向旋转,则狭条1~4朝向观测者转动,谱线蓝移,波长比恒星不转时短,各狭条谱线波长变短的程度不一样:位于圆面边缘的狭条1转动速度在视线方向的分量最大,谱线向蓝端位移最大;接近圆面中央的狭条4转动速度几乎与视线垂直,谱线几乎保持正常的位置;狭条5~8背向观测者转动,谱线红移,波长变长。由这8个狭条形成的波长变化的谱线在强度-波长图上叠加的结果就是图9-23(b)中虚线所示的宽而浅的谱线轮廓。

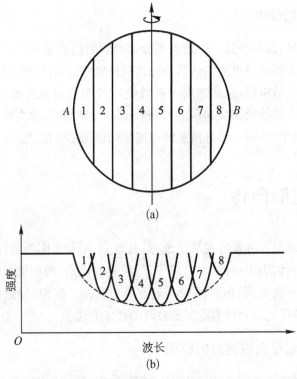

图9-23　恒星自转使谱线变宽

1929 年，苏联的 Г. А. 沙因（Г. А. Шаин）和俄裔美国天文学家 O. 斯特鲁维（Otto Struve）合作，详细研究了由谱线轮廓确定自转速度的方法。对于自转速度不同的数值，计算出一系列理论的谱线轮廓，将观测得到的谱线轮廓与理论轮廓拟合，便可确定自转速度。比较简单但精度较低的方法是直接测量谱线的宽度，这是因为受自转影响而变宽的谱线的宽度是由恒星圆面上接近和远离观测者部分的转动速度在视线上的最大分量决定的。图 9 - 23(a) 中位于圆面边缘的赤道上的 A 点和 B 点的转动速度与视线平行，在视线上的分量就等于恒星赤道自转速度，它决定了谱线的宽度。

在一般情形下，恒星的自转轴与观测者的视线并不垂直，两者相交成任意的角度 i，如图 9 - 24 所示。图中赤道上的 A 点和 B 点在观测者看来位于恒星圆面的边缘，这两点的赤道自转速度 v 在视线上的分量等于 $v\sin i$，称为**视自转速度**。于是，通过测量谱线的轮廓或宽度得出的是 $v\sin i$，交角 i 通常是无法确定的，因而自转速度 v 不能求出。但对于数目足够多的同一类恒星（例如光谱型相同），如果它们的自转轴在空间的取向是无规则的（这通常是一个合理假设），则平均自转速度 $\bar{v}$ 和平均视自转速度 $v\sin i$ 之间的关系为

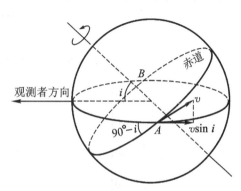

图 9 - 24　恒星自转轴与视向交角的情形

$$\bar{v} = \left(\frac{4}{\pi}\right) v\sin i \qquad (9-37)$$

利用这个关系，就可以从各类恒星的视自转速度的观测资料算出它们的平均自转速度。

9.6.2　恒星自转的发现和自转速度的测定结果

最早发现恒星自转纯属偶然。1909 年，美国天文学家 F. 施莱辛格（Frank Schlesinger）观测分光食双星天秤 δ 时注意到，这个食双星食甚前后的瞬间对应的视向速度曲线上出现了"扭曲"［见图 9 - 25(b)］：食甚之前，视向速度超过预期的数值，而食甚之后低于预期值。他断定那个被掩食的较亮子星在自转，在食甚前后偏食时，恒星圆面露出的一小部分并不对称于自转轴，结果谱线不是变宽，而是有额外的红移［见图 9 - 25(a) 中位置甲，星面露出部分由于自转而离开

观测者]或蓝移(位置乙,星面露出部分在接近观测者),叠加在较亮主星的轨道运动的视向速度上,便产生视向速度曲线的"扭曲"。图9-26为食双星仙王υ的视向速度观测资料实例。

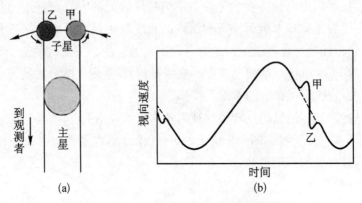

图9-25 从食双星的观测发现恒星自转

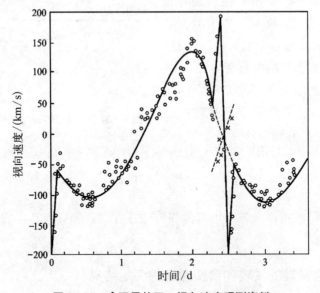

图9-26 食双星仙王υ视向速度观测资料

施莱辛格的发现是除太阳之外第一个令人信服的恒星自转的证据。一年以后,他又发现食双星金牛λ有类似的现象,但这种现象只有很少的食双星才会出现。测定恒星自转的普遍方法仍是分析谱线的轮廓或宽度。各光谱型的主序星测得的平均自转速度列于表9-3中。数据表明,主序星自转速度的总趋势是沿主序下降:最热的O型星和B型星自转速度平均为200 km/s左右;而G型星自转慢得多,平均不足 20 km/s。但在密近双星系统中的晚型星自转快的却屡见不鲜。有发射线的 B 型星——Be 型星的自转速度很大,为 400 km/s 左右。

表 9-3 主序星的平均自转速度

光谱型	O5	B0	B5	A0	A5	F0	F5	G0
v(km/s)	190	200	210	190	160	95	25	12

恒星赤道区因自转的离心力抵消部分引力,即赤道区的有效引力小于极区,使恒星形状成为赤道半径大而极半径小(赤道区隆起)的旋转椭球。自转越快,椭球越扁。例如,轩辕十四(狮子座 α)赤道的观测自转速度为 317 km/s,相应的自转周期为 15.9 h,它的赤道半径比极半径长 32%。自转快的恒星还有天坛座α、昴宿增十二(金牛座 28)、织女星和水委一(波江座 α)。若恒星自转速度太快,使离心力超过引力,则发生自转不稳定,恒星就会分裂。

前面讲过,太阳是较差自转的——自转速度随纬度增大而减小。恒星自转也观测到类似较差自转情况,这是因湍动对流造成的。在恒星的演化中,抛出物质时带走角动量使得自转减慢;还有某些机制导致自转加快(如快速自转中子星——脉冲星)、密近双星等多种情况,关于恒星自转有很多是还在深入探讨的课题。

9.7 系外行星

在太阳系之外,是否还存在环绕其他恒星转动的行星系统? 是否还存在生命乃至高度文明的行星世界呢? 长久以来,人们就猜测某些恒星可能也有自己的行星系统绕转。如果这些行星中具备类似地球的环境条件,那么,生命和智慧文明就可能在那里产生。因此,探测环绕其他恒星的行星——**系外行星**(extrasolar planet 或 exoplanet)就有重要的意义。

恒星和行星是两大类性质不同的天体。恒星的质量一般约为太阳的 1.3%到 100 多倍,太阳系的最大行星——木星的质量也不到太阳质量的千分之一。恒星有很强的内部能源,尤其热核反应能发射很强的辐射。行星内部温度等条件不能产生热核反应,即使有热源也弱得多。行星主要是反射或散射恒星的辐射,也有微弱的红外热辐射。行星的亮度仅是它绕转的主恒星的数十亿分之一。观测环绕其他恒星的行星就像在原子弹爆炸的极强眩光中看萤火虫一样困难,很难直接观测到它们。人们只能发展各种间接的新技术方法去探测它们。

人类早在 19 世纪后期就开始探索系外行星。1916 年，美国天文学家 E. E. 巴纳德（Edward Emerson Barnard）发现一颗暗星——巴纳德星的自行约为 10.3″/a（见图 9-9），它离我们 5.95 ly。20 世纪 60—70 年代，荷兰天文学家 P. 范·德·坎普（Peter van de Camp）测出它的自行路线是摆动的，多次改进推算后得出它有两颗行星，但没有得到他人的观测确认。1991 年，英国人 A. 赖恩（Andrew Lyne）等发现脉冲星 PSR 1829-10 计时变化而推断它有行星，但又很快撤回了结果。1992 年，波兰人 A. 沃尔兹森（Aleksander Wolszczan）和加拿大人 D. 夫瑞耳（Dale Frail）发现脉冲星 PSR 1257+12 有行星，且很快就被确认。

1988 年，加拿大的 B. 坎贝尔（Bruce Campbell）等从仙王座 γ 视向速度变化推断出它有行星环绕。但那时的观测精度不高，这个推断受到怀疑，直到 2003 年才由改进的技术确认。天文学家更想知道，一般主序星尤其是太阳型恒星是否有行星。于是，人们积极研究高精度测量视向速度的光谱技术和计算机处理方法，去搜寻恒星的行星。1996 年 10 月 6 日，瑞士天文学家 M. 麦耶（Michel Mayor）和他的学生 D. 奎洛兹（Didier Queloz）首先宣布，发现飞马座 51（51 Peg）的行星 51 Peg b。随之，利用视向速度法探测到了很多恒星的行星。

20 多年来，研究者已经成功地用多种技术方法探测到环绕恒星的行星，尤其是开普勒空间天文台发现了 5 000 多颗候选的系外行星并且确认了 2 500 多颗。到 2018 年 2 月 1 日已观测确证 3 728 颗系外行星，622 个是两颗或多颗行星的行星系，还有一些待进一步确认的行星及恒星的星云盘，以及在空间自由飘荡的"流浪行星"。

恒星的行星采用国际天文联合会（IAU）对多恒星系统命名的扩展，恒星的行星依发现的次序在恒星名之后加字母 b、c……例如，恒星 HD 69830 的三颗行星命名为 HD 69830 b、HD 69830 c、HD 69830 d。

9.7.1　探测系外行星的方法

基于环绕行星对恒星的影响，人们至今仍在探索可能的各种探测技术方法。下面简述几种主要方法。

1) 天体测量方法

单颗恒星的自行轨迹是直线或近于直线的光滑曲线。双星的两子星都绕共同的质心转动，如果一颗子星很亮，而另一颗暗得难以观测到，那么观测到亮星视位置的周期性摆动轨迹，仍可以用牛顿的引力定律和开普勒定律推算出它们的轨道和质量比。类似地，对于由三颗以上恒星组成的聚星系统，各星都绕共同质心转动，虽然问题复杂，原则上也可以由恒星的摆动轨迹推算出它们各自的轨道及质量比。如果由摆动轨迹推算出伴星的质量远小于恒星的质量下限,那么看不见的伴星就可能是行星。

对于一颗距离我们 d pc、质量为 M_s 的恒星,若环绕它的行星质量为 M_p、轨道半径为 a_p AU,则该恒星摆动角距为 α'',$\alpha'' = \dfrac{M_p}{M_s}\dfrac{a_p}{d}$。 显然,离我们更近的、轨道面近于垂直视线且轨道半径大的恒星-行星系统才容易用天体测量方法观测到。

虽然在原理上很简单,但由于恒星位置的摆动甚微,以前的一些尝试未取得肯定结果。然而,天体测量法有优点:可定出互绕天体的轨道并算出准确质量。近年来,恒星位置测量精度已提高到约 1 毫(角)秒,光学干涉仪精度又提高了 10～100 倍,因此可以由恒星位置的微小摆动来发现它的行星。此方法虽然没有首先发现行星,但对已发现行星却得到了重要新成果。例如,哈勃空间望远镜测出 15 ly 远的恒星 Gliese 876 的周期摆动,第一次得到它的行星的准确质量为 $(1.89～2.4)M_J$(M_J 为木星质量),而视向速度法得出的范围却是 $(2～100)M_J$。

2) 视向速度法

如果双星的轨道面不垂直于视线,而是侧向我们,那么两颗恒星在相互绕转中总是位于共同质心的相对两侧,它们依次周期性地向我们靠近和远离。于是,可以从恒星光谱线的多普勒位移得到其视向速度的周期变化。如果双星中一颗较亮而另一颗很暗,那么就只能观测到亮星的光谱线周期位移,也可以推算两星的轨道以及它们的质量比,但含有轨道面对天球切面倾角(I)的不确定因素($\sin I$)。类似地,对于三颗以上的聚星系统,原则上也可以进行这样的观测和分析研究。若双星或聚星系统中有质量远小于恒星质量下限的暗子星,那个子星就可能是行星。然而,实际观测研究也是极其困难的。假如有相当于太阳-木星的恒星-行星系统,那么恒星绕它们公共质心的轨道速度仅为 12.5 m/s(相应的光谱线多普勒位移仅十万分之一纳米量级),一般天体光谱观测方法测不出这样小的速度。十多年来,几个研究组发展了多普勒光谱技术新方法,提高了恒星光谱视向速度测量精度,从而间接地发现它的行星。这种方法适于发现较近(约 160 ly 内)恒星的小轨道巨行星。

自 1987 年以来,美国的 G. W. 马西(Geoffrey William Marcy)和 P. 巴特勒(Paul Butler)采用的新技术中包含在望远镜的光束中放置气体碘玻璃室(cylindrical glass cell of gaseous iodine),以碘"吸收线"作为参照。同时由于摄像和计算机软件的改进,使视向速度测量精度得到突破,达到 3 m/s。他们用 Lick 天文台的 3 m 望远镜和特制光谱仪搜寻因有行星环绕的主恒星光谱线位移。瑞士的麦耶和奎洛兹用超稳"多普勒光谱仪"(精度达 15 m/s)首先宣布发现飞马座第 51 星有一颗巨行星绕转,并很快被马西和巴特勒的观测确证。

图 9-27 给出了大熊 47 和天鹅座 16B 的周期性视向速度变化,图中圆点(带误差线)是观测值,连线曲线是最佳拟合情况。

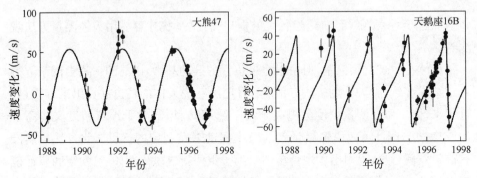

图 9-27   大熊 47 和天鹅座 16B 的周期性视向速度变化

欧洲南方天文台(ESO)的视向速度测量精度达 1 m/s,在 2004 年 8 月发现 50 ly 远的类太阳恒星 υ Ara(天坛座 υ)有一颗约 $14 M_E$(M_E 为地球质量)的行星环绕,轨道周期为 6 d。

3) 测光法

如果恰好行星和恒星相互绕转轨道面侧向我们,行星就可以周期性地从恒星的前面经过,这称为"行星凌恒星"。在凌的期间,不发射可见光的行星遮挡掉小部分恒星光而使得恒星的亮度减弱。因此,用测量恒星亮度变化的"测光法"可以发现行星。这是搜寻恒星的行星最有效的一种方法,可以直接推算行星的直径和质量,从而为行星的物理模型提供基本约束,尤其是判断行星是否有固态物质的星核以及大气。而且,主恒星的引潮和强辐射作用使得近恒星的"热木星"比太阳系的木星大。空间望远镜还可能仔细地直接观测行星的光谱和研究它的大气。这种方法也可能发现恒星的类地行星。离地球 153 ly 的 HD209458 是类太阳的 G0V 型恒星,由多普勒光谱发现了环绕它的行星 HD209458 b,轨道周期为 3.523 d。1999 年 9 月 9 日和 16 日,两次观测到它凌该恒星,这是过去从未看到的新天象,于是两种探测法相互确证该行星(见图 9-28)。从这些观测资料推算,该行星直径是木星的 1.27 倍,质量为 $0.73 M_J$,它的轨道半径为 0.05 AU,轨道面对视线倾角约为 3°。

近年来,装备灵敏 CCD 的小望远镜也可以进行精确的恒星测光来发现系外行星。很多天文爱好者参加行星凌恒星的全球观测组织(transitsearch. org),主

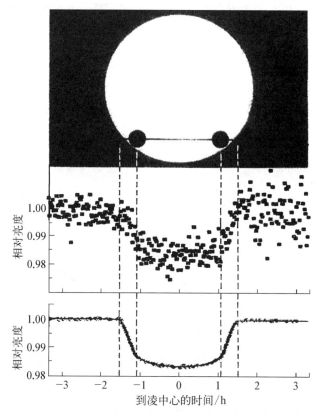

图 9 - 28　行星凌恒星 HD209458(中、下图是地面望远镜和哈勃空间望远镜观测的光变曲线)

要检测已由视向速度法发现的行星中可能发生的行星凌恒星现象。2004 年 8 月研究者用 4 英寸(in, 1 in ＝ 2.54 cm)口径的小望远镜从行星凌恒星(GSC 02654 - 01324)的测光发现它的行星(暂名 TrES - 1),且被 Keck 大望远镜观测证实。两架口径为 20 cm 的照相仪从"凌"过程测光观测 XO - 1(北冕座一颗离我们 600 ly 的太阳型恒星),发现了它的行星"XO - 1b",其质量为 0.7 M_J,绕转周期为 4 d,也被大望远镜的视向速度法观测证实。

法国空间局 2006 年发射寻找行星的空间探测器 CoRoT,搜寻行星凌恒星事件。2007 年发现恒星 CoRoT - Exo - 2 的行星 CoRoT - Exo - 2b。该恒星为 K0V 型,质量为 1.08 $M_\odot$,半径为 0.941 $R_\odot$。行星 CoRoT - Exo - 2b 的质量约为 3.53 M_J,其半径为木星的 1.429 倍,轨道周期为 1.743 d。

4) 脉冲星的计时法

1992 年,观测到脉冲星 PSR B1257＋12 的信号到达时间存在周期性提前和推迟,推断它有 3 颗与地球相当的行星;后来又推断有小的第四颗行星,轨道类似于太阳系的彗星,如图 9-29 所示。

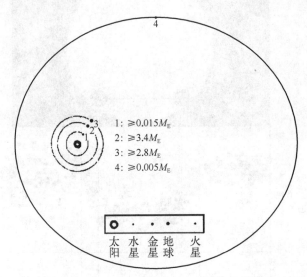

图 9-29　脉冲星 PSR B1257+12 的 4 颗行星

在球状星团 M4 内,有离地球约 12 400 ly 的双星,一颗子星是脉冲星(PSR B1620-26A,其质量约为 1.35 $M_\odot$),另一颗子星是白矮星(B1620-26B,其质量约为 0.34 $M_\odot$)。美国天文学家 S. 索塞特(Stephen Thorsett)领导的研究组于 1993 年宣布,发现环绕它们有一颗行星 PSR B1620-26c,这是首次发现环绕双星的行星,其质量约为 2.5 M_J。

5) 微引力透镜法

按照广义相对论,光线在引力场中发生弯曲。若在遥远天体("源星")与地球之间有天体,其引力场如"透镜"那样弯曲来自源星的光线而造成其像"扰动",称为"引力透镜效应"。如果中间天体是恒星-行星系统,它们的弱引力场会使"源星"像放大和亮度异常变化。1991 年,波兰天文学家 B. 帕琴斯基(Bohdan Paczynski)提出观测"微引力透镜(gravitational microlensing)"事件来寻找行星。微引力透镜事件如图 9-30 所示。

这种方法的优点是可以发现很遥远(几千光年)的小到地球质量的行星以及它与主恒星的距离,缺点是需要有"源星"且观测效应小以及有其他背景星混杂。1992 年,波兰华沙大学开始了"光学引力透镜实验(OGLE)"计划,另外还有由新西兰和日本研究人员在南半球的合作项目"天体物理学微透镜观测(MOA)"等巡天计划。OGLE 计划检测 1.2 亿颗恒星,每个观测季节证认出几百个微引力

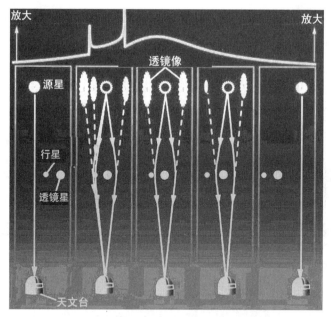

图 9-30　微引力透镜事件的关系示意图("源星"像放大及行星引力造成的光变曲线变化见图的上部)

事件。由全球观测者望远镜网络进行候选星联合测光,由综合光变曲线得到行星引起的异常变化,推求出行星特性的参数。

　　银河系中央方向由于"源星"多,首先被选择为搜寻微引力事件的区域。2003 年 6 月 22—23 日观测到人马座 OGLE 2003 - BLG - 235/MOA 2003 - BLG-53 微引力透镜事件。由其光变曲线分析研究得出,源星离我们 24 000 ly,透镜(主)恒星离我们 17 000 ly,其质量为 $0.36 M_\odot$;其行星的质量为 $1.5 M_J$,它们的投影距离为 3 AU。后来,哈勃空间望远镜的观测得出,该主恒星及其行星的质量分别为 $0.63 M_\odot$ 及 $2.6 M_J$,它们的距离为 4.3 AU。

　　2005 年 3 月公布 OGLE - 2005 - BLG - 071 微引力透镜事件,主恒星及其行星的质量分别为 $0.4 M_\odot$ 及 $2.7 M_J$,它们的距离约为 3 AU,轨道周期约为 8 年。

　　2005 年 8 月 10 日几小时内,观测到"源星(OGLE - 2005 - BLG - 390)"的像被放大,在光变曲线上显示行星(OGLE - 2005 - BLG - 390Lb)微引力效应造成的细微变化,如图 9-31 所示,图中左边方框图粗见微引力事件,主图将其"放大",右边方框图是行星的引力微透镜的细节。从光变曲线的分析研究得出,主(透镜)恒星的质量为 $0.22 M_\odot$,离我们 2.15 万光年;2006 年 1 月得到的新结果是,主恒星(光谱 M 型矮星)及其行星的质量分别为 $0.2 M_\odot$ 及约 $5 M_E$,它们的距离为 3 AU,轨道周期为 10 年。

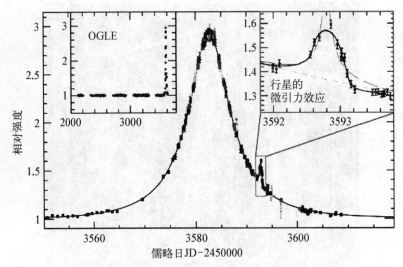

图 9 - 31 源星(OGLE 2005 - BLG - 390)被一颗行星的
引力微透镜效应造成的光变曲线

OGLE - 2005 - BLG - 169 微引力透镜事件中有 12 个国家的 32 架望远镜进行了为期 6 个月的观测,资料分析研究结果如下:主恒星及其行星(OGLE - 2005 - BLG - 290Lb)的质量分别约为 $0.5\ M_\odot$ 及 $13\ M_E$,它们的距离约为 2.7 AU,主恒星离我们 8 800 ly。

6)直接摄像法

显然,直接拍摄到环绕恒星的行星是极端的挑战。但是,有两种技术可以克服困难:一种是"自适应光学"可以部分地克服地球大气湍流影响;另一种是寻找年轻恒星的红外伴星,环绕恒星的尘盘和行星发射红外辐射。对于离我们较近且离恒星的角距较大的,可以用类似日冕仪的"人造日食"的方法遮挡恒星而直接拍摄到其周围的尘盘和行星,同时,还需要先进的图像处理技术。这种方法可以用测光来定出行星的温度、半径乃至物质组成。

2006 年 9 月,甚大望远镜(Very Large Telescope)拍摄恒星 2M1207 的红外像旁,清晰地看到它的行星 2M1207 b,这是直接摄像法首次完全确认的行星(见图 9 - 32)。GJ803 的红外观测处理表明,它可能有 $(1\sim2)M_J$ 的几颗行星;离恒星(5~10)AU,类似太阳系。

βPic 是离我们 63 ly 的年轻(年龄 2 000 万年~2 600 万年)主序(A6V)星,其质量和光度分别为 $1.75\ M_\odot$ 和 $8.7\ L_\odot$。它有很大的尘埃和气体盘,除了存在几个星子带和彗星活动,还有行星在形成。欧洲南方天文台直接摄像确认其盘内存在一颗行星 βPic b(见图 9 - 33)。

 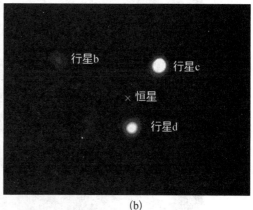

图 9 - 32　直接摄像法确认的行星

(a) 恒星 2M1207 及行星 2M1207 b；(b) 恒星 HR8799(被"日冕仪"遮住)的 3 颗行星

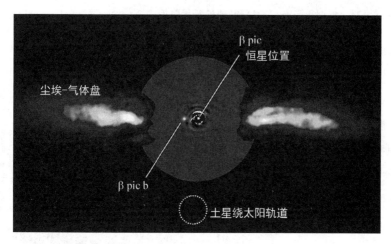

图 9 - 33　βPic 的行星和尘埃-气体盘

　　猎户星云(见图 9 - 34)是恒星形成区,在它的中央区红外像上有 100 多颗暗星是褐矮星,且有 13 颗质量很小、温度很低的星不环绕任何恒星转动,因而不是通常定义的行星,有时称它们为"流浪行星(rogue planet)"或"星际行星(interstellar planet)"。

9.7.2　系外行星的一些重要成果

　　系外行星的探测研究是当今的热门课题,近年来发现甚多(见图 9 - 35),使这一领域方兴未艾。这里简述一些重要成果。

图 9‑34　猎户星云有褐矮星和"流浪行星"(图中 3 个放大方框中箭头所指处)

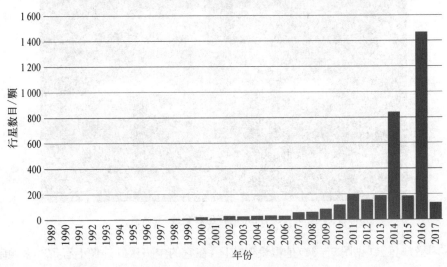

图 9‑35　每年发现的系外行星数目(到 2017 年 11 月 26 日)

9.7.2.1　系外行星的宿主恒星

大多已知的系外行星环绕的恒星,或者说宿主恒星大致是与太阳类似的,是光谱型 F、G 或 K 的主序星。尽管质量小的恒星(光谱型 M 的红矮星)不太可能有足以被视向速度法探测到的较大质量行星,但开普勒空间天文台也发现环绕红矮星的几十颗较小的行星。

较之金属度低于太阳的恒星,金属度高的恒星更可能有行星,尤其是巨行星。

有些行星环绕双星的一颗子星,也有行星是环绕双星两子星的,还有几颗行星是环绕三合星的,有一颗行星是环绕四合星 Kepler - 64 的。

脉冲星(中子星)也有行星。

总之,多种恒星较普遍地都可能有行星环绕;尤其是类太阳恒星,约 1/5 有处于**宜居带**(habitable zone)的地球大小的行星。

宜居带是恒星周围满足生命存在必需条件(液态水、生命新陈代谢或复制所需元素、可用的能源和生物体延续生存的足够稳定环境)的延续带。宜居带主要与恒星的辐射和行星离恒星的距离有关,即有像地球一样的生命环境条件。不同质量恒星的宜居带示意于图 9 - 36。

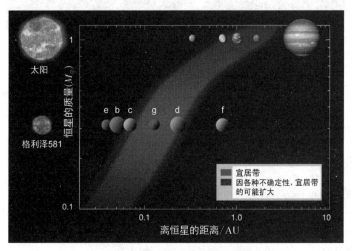

图 9 - 36　不同质量恒星的宜居带

9.7.2.2　系外行星的一般特征

虽然还有待更多的观测来认识这些行星的性质,但现在可以从已取得的大量资料来初步综合总结和归纳它们的某些一般特征。

1) 轨道分布

从一些系外行星的半径-轨道半长径分布(见图 9 - 37)来看,有很多离恒星较近且很大的行星,这是出乎预料的。51 Peg 有与木星质量相当、轨道半长径仅为 0.052 AU 的行星,恒星的照射使它们的温度达 1 000～1 700℃,因而也称为"热木星"。在这么高的温度下,它们的氢是否沸腾而逃逸呢?研究表明,由于这些行星的质量大,很强的引力仍可以留住氢气。

很多系外行星在扁长的椭圆轨道上绕恒星运行(见图 9 - 38),不同于我们

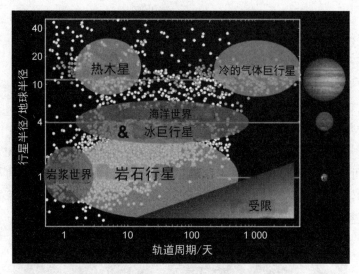

图 9－37　系外行星的半径-轨道周期分布

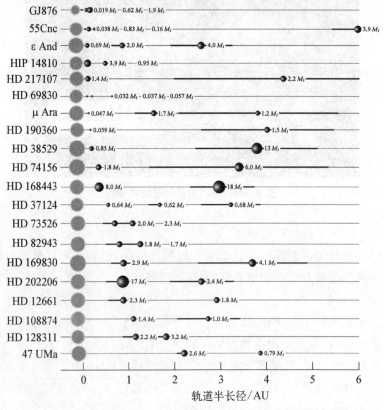

图 9－38　20 个恒星的行星系[图中粗线表明行星
（椭圆轨道）离恒星距离变化的范围]

太阳系行星近圆轨道,这又是未曾预料到的,令人迷惑。为什么它们与太阳系行星有如此大的差别?什么原因导致这些差别?一种可能是主恒星有未知的褐矮星伴星,其引力造成行星轨道变为扁长椭圆。

2) 系外行星的类型

太阳系的行星分为类地行星、巨行星(气体巨行星——木星和土星;冰巨行星——天王星和海王星)。系外行星也可类似地分类(见图 9 - 39),如前所述,它们的轨道分布不同于太阳系,性质也有差别。

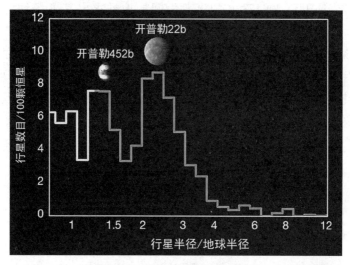

图 9 - 39　行星的数目-大小分布

3) 系外行星的大气

在行星凌恒星过程中,行星大气吸收恒星的光而形成与行星大气成分有关的光谱特征,因而比较凌及其前后的光谱观测可以得到行星大气情况。图 9 - 40 显示两颗"热木星"的云况。行星 HAT - P - 38 b 有水,其高层大气无云和雾霾。相反地,WASP - 67 b 没有水汽,有高云。2001 年,最先观测到 HD 209458 b 有大气。KIC 12557548 b 是离其主恒星近的小岩石行星,蒸发留下像彗星的后随

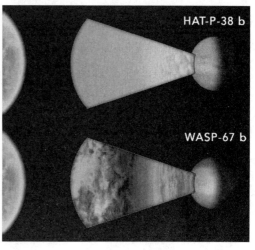

图 9 - 40　两颗系外行星的巨云

云与尘尾。2015 年 6 月报道,GJ 436b 的大气蒸发,导致产生其周围的巨云;由于主恒星照射,后随尾长约为 14×10^6 km。

4) 系外行星的新发现

2003 年第一次测定了系外行星的颜色。HD 189733b 的最佳拟合反照率测量表明它是深蓝色的,GJ 504b 为红色,κ And b 为微红色。

从几何反照率来说,最暗的是 TrES - 2,它是一颗"热木星",反照率小于 1%,可能是因为其大气中含未知的化合物。

2014 年,从 HD 209458 b 的氢蒸发间接地推求出其磁场约为木星磁场的 1/10。

随着探测技术的发展,人们将得到更多的系外行星资料,乃至可能拍摄到其中近的行星及大卫星的表面和大气,了解不同年龄行星的状况,进而研究行星系的形成演化规律,可以帮助我们认识太阳系行星,尤其是地球的演化历史以及宇宙生命问题。

第 10 章　变星和致密星

每颗恒星都在演化着，很多恒星因长时期亮度基本不变而称为正常恒星。以太阳为例，太阳亮度在 11 年的太阳周期中只有约 0.1% 的变化。有些处于显著变化阶段而显现为各类**变星**，有些演化晚期阶段的成为**致密星**（白矮星、中子星和黑洞）。

10.1　变星的发现、命名和分类

变星（variable star）是指亮度不稳定、经常变化的恒星。相传变星的最早记载见于 3 200 多年前的古埃及历书的 Algol（即大陵五）。我国古籍记载的某些新见"客星"是新星和超新星。

10.1.1　变星的发现和变星表

大约在公元 1600 年前后，人们第一次发现某些恒星光度有显著变化。在近代，最早发现的变星是鲸鱼座 o 星，1596 年德国人 D. 法布里休斯（David Fabricius）注意到它时隐时现而认作是新星，经多年观测，确定它的亮度变化周期约为 11 个月。结合 1572 年和 1604 年的超新星观测，证明了星空不是像亚里士多德说的永恒不变。变星的发现开拓了 16 世纪和 17 世纪初的天文学革命。1667 年，意大利人 G. 蒙塔纳里（Geminiano Montanari）发现英仙 β 变星。1784 年，不满 20 岁的聋哑人 J. 古德里克（John Goodricke）给出大陵五光变的正确解释，他还发现仙王 δ 和天琴 β 变星。到 1850 年以后，尤其使用照相术后，发现变星的数目迅速增多。

扣除地球大气扰动影响，实际上每颗恒星都有各种原因产生的变化，只是变化的表现和程度不同，甚至典型的恒星——太阳也有亮度变化。当然，对研究恒星结构很重要的无疑是变幅较大或具有一定规律性的亮度变化。

1865 年,英国业余天文学家 G. F. 钱伯斯(George F. Chambers)列出 113
颗变星。到 1900 年,变星总数达 700 颗。为了及时收集新发现的变星,从 1927
年开始,德国柏林-巴贝斯堡天文台(Berlin-Babelsberg Observatory)每年出版
一本变星表,1943 年后不再出版。第二次世界大战后,国际天文学联合会委托
苏联编制变星表,1948 年,苏联出版《变星总表》,载有 10 912 颗变星的位置、星
等、光变幅度、光谱型、类型等资料。《变星总表》每隔 10 年左右再版一次,每年
出版一本补充表;1985 年开始陆续出版的第 4 版分 5 卷,前 4 卷中收集了到
1982 年为止发现和命名的银河系变星 28 435 颗,第 5 卷于 1995 年 1 月问世,列
出 35 个河外星系的确认和可疑的 10 979 颗变星,以及 984 颗确认和可疑的河
外超新星。《变星总表》历时 10 年第 4 版才告完成,其中第 4 卷和第 5 卷已出电
子版。2008 年,《变星总表》新版列出银河系的 46 000 多颗变星以及其他星系的
10 000 多颗变星和 10 000 多颗疑似变星。现在《变星总表》以网络形式出版(网
址:http://www.sai.msu.su/gcvs/gcvs/index.htm),2019 年 11 月的第 5.1
版列出了以银河为主的 52 011 颗变星。

10.1.2   变星的命名

变星发现后,便要定名和编入表。如果变星原来有专名(如参宿四),或有希
腊字母(如仙王 δ)或拉丁字母(如天鹅 P)标记的名字,则仍然保留原来符号,否
则就以国际上采用的阿格兰德(Argelander)命名法定名:用大写的拉丁字母加
上星座名作为变星符号。对于每一个星座,按变星发现的顺序,以字母(但不用
J)表示的头 334 个顺序和符号如下:

顺序:1,2,…9,10,11,…18,19,20,…26,27,28,…54,55,56,…79,80,
81,…334。

符号:R,S,…Z,RR,RS,…RZ,SS,ST,…SZ,TT,TU,…ZZ,AA,AB,…
AZ,BB,BC,…QZ。

例如,R And 是在仙女座发现的第一颗变星,RR Lyr 是在天琴座发现的第
十颗变星。更多发现的记为 V335,V336,…,如 V428 And,V1396 Cyg。

10.1.3   变星的分类

大多数的变星主要表现为其亮度(星等)随时间的变化——**光变曲线**,但也
有表现为光谱变化的。光变曲线与光谱资料结合,往往可以解释变化的原因。
随着变星的发现数目和观测资料增多,人们先是依据代表性典型变星的光变曲
线特征分类,后又考虑光谱特征尤其是光变原因分型,采用原型或典型星的符号

称谓,类型越来越繁多,甚至各文献中称谓和符号不一。

按光变的原因,变星可以分成两种:一种是**内因变星**或称**物理变星**,光变原因是恒星本身的物理性质变化,光度、光谱和半径发生变化,约占变星总数的80%;另一种是**外因变星**又称**几何变星**或**光学变星**,光变原因是恒星自转或双星掩食。

物理变星分为三类:**脉动变星**(pulsating variables)、**爆发变星**(eruptive variables)和**激变变星**(cataclysmic or explosive variables),每类又分几型,再细分为多次型。它们大多在赫罗图上位于主序上方的不稳定区域内(见图 10 - 1)。

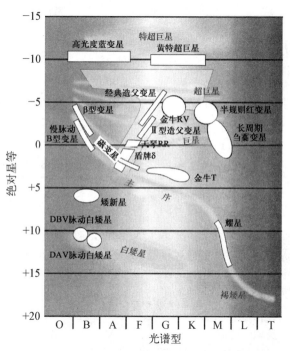

图 10 - 1　脉动变星与几类其他变星在赫罗图上的
分布(彩图见附录)

脉动变星是星体有节奏地发生不同程度的大规模变动,最简单的形式是径向脉动,星体交替地膨胀和收缩而引起半径、光度、温度和视向速度(有时还有磁场)等的变化。它分为多个次型:经典造父变星(δ Cepheid,简称造父变星)、Ⅱ型造父变星(W Vir)、天琴 RR(RR Lyr 型)变星、盾牌 δ(δ Scuti 型)变星、磁变星以及金牛 RV(RV Tau 型)变星、半规则红变星(Red SR)、长周期刍藁(Mira,oCet 型)变星等。

爆发变星是恒星表面经历类似耀斑或物质抛射而呈现不规则或半规则的亮

度变化。它分为多个次型：金牛 T(T Tau)型、猎户 FU(FU Orin)型、鲸鱼 UV (UV Ceti)型、Herbig Ae/Be 型、高光蓝变星(luminous blue variables)、黄特超巨星(yellow hypergiants)、沃尔夫-拉叶(Wolf - Layet)星、仙后 γ(γ Cas)型、耀星(flare star)。

激变变星是激烈爆发的变星,有经典新星(classical nova)、再发新星(recurrent nova)、矮新星(dwarf nova)和超新星(supernova)。

外因变星有两类：**食变星**,又称**食双星**；**自转变星**,是因星面亮度的经度分布不对称或椭球形而在自转中发生周期的亮度变化,有椭球变星、猎犬 α² 型等。

10.2　脉动变星

脉动变星约占物理变星总数的 90%,它们大多在赫罗图上位于主序上方的不稳定区(见图 10 - 1)。经典造父变星、Ⅱ 型造父变星、天琴 RR 变星、盾牌 δ 变星、磁变星在近于垂直主序的条带上,此带的右下还有个不稳定区,含金牛 RV 变星、半规则红变星、长周期刍藁变星。数目不多的仙王 β 型变星却在主序左上端的上方。

造父变星是恒星演化到某些暂时不稳定阶段的表现,却在天文学中有重要地位。表 10 - 1 列出脉动变星几个主要次型的特征和资料,其中光变周期、光谱型和(一个光变周期平均)目视绝对星等 M_v 所给出的范围是对该型大多数星而言的,有少数星可能超出此范围。

表 10 - 1　脉动变星各型资料

型　　名	周期/d	光 谱 型	M_v	星族	光 变 特 征
盾牌 δ 型	0.02～0.2	A2～F2	2～3	Ⅰ	规则,多个周期
天琴 RR 型	0.1～1	A2～F2	0.0～1.0	Ⅱ	规则,多个周期
室女 W 型	1～50	F2～G0	0～-3	Ⅱ	规则,周期缓慢变化
经典造父型	1～50	F6～K2	-2～-6	Ⅰ	规则
金牛 RV 型	20～150	F5～K5	-3	Ⅱ	有某些不规则
半规则红变星	30～1 000	K,M,R,N,S	-1～-3	Ⅰ,Ⅱ	有某些不规则
长周期变星	70～700	M,R,N,S	1～2	Ⅰ,Ⅱ	—
仙王 β 型	0.1～0.3	B0～B3	-3～-5	Ⅰ	有某些不规则

10.2.1 造父变星

脉动变星这一大类中最重要的是造父(型)变星。1784 年,英籍荷兰聋哑青年古德里克发现仙王 δ 是变星,这颗中文名为"造父一"的就是造父变星原型。1894 年,贝洛波尔斯基观测到它的光谱线周期性位移。1914 年,美国著名天文学家 H. 沙普利(Harlow Shapley)阐明造父变星的亮度和视向速度的周期变化原因是星体脉动。仙王 δ 的亮度变化于 3.6ᵐ~4.3ᵐ、光变周期为 5.366 d,光谱型变化在 F5 和 G2 之间,半径变幅不大(5%~10%),亮度变化主要是有效温度变化(超过 1 000 K)所致。仙王 δ 的亮度、有效温度、半径和视向速度的变化曲线如图 10-2 所示。

1908 年,美国哈佛大学天文台的女天文学家 H. S. 勒维特(Henrietta Swan Leavitt)在检查小麦哲伦云的底片时,先后发现 16 颗和 9 颗造父变星。她考察了麦

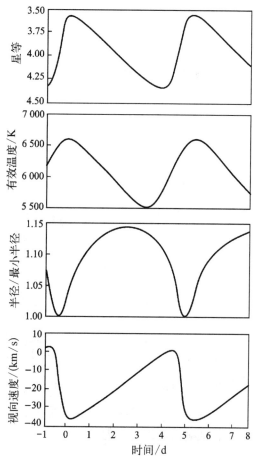

图 10-2 仙王 δ 的星等、有效温度、半径与最小半径的比值、视向速度的变化曲线

哲伦云的数千颗变星之后,于 1912 年公布重要发现:平均视星等和光变周期的对数呈线性关系。可近似认为该云内的各恒星离我们同样远,因而这种关系实际上反映了一个光变周期内平均绝对目视星等$\langle M_v \rangle$(光度)与光变周期 P 的关系,后来称为造父变星的周期-光度关系,简称**周光关系**(period-luminosity relation,见图 10-3),可写为

$$\langle M_v \rangle = s \lg P + b \tag{10-1}$$

式中,s 和 b 分别是斜率和零点。原则上只要精确测定一组造父变星的距离和视星等,就可用式(9-7)算出绝对星等,进而由式(10-1)算出 b 和 s。利用周光关

系,从某颗造父变星的光变周期得出其平均绝对星等,又观测得到平均视星等,就可以按照式(9-7)或式(9-8)算出它的距离或视差。星团或河外星系的大小比它们到太阳的距离小很多,因此可以把该星的距离取为它所在的星团或河外星系的距离(视差)。这样定出的视差称为**造父视差**(cepheid parallax),对于测定星系和星团距离、搞清银河系的很多特性有重要意义。因而造父变星有"量天尺"之美誉。

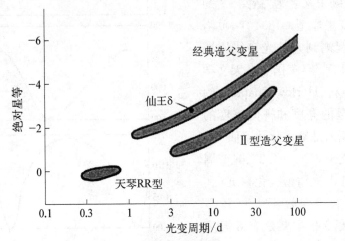

图 10-3　经典造父变星、Ⅱ 型造父变星和天琴 RR 型
变星的(初步)周光关系

伊巴谷卫星高精度测定了一些造父变星的三角视差(距离),从而可由观测的视星等用式(9-8)算出绝对星等,取光变周期的单位为天,最后归算得到周光关系较准确的表达公式为

$$\langle M_v \rangle = -2.81 \lg P - 1.43 \tag{10-2}$$

利用哈勃空间望远镜测出准确三角视差以及平均绝对星等的 10 颗近距造父变星数据,得出更准确的周光关系为

$$\langle M_v \rangle = (-2.43 \pm 0.12)(\lg P - 1) - (4.05 \pm 0.02) \tag{10-3}$$

近年来,人们利用很多造父变星的准确视差(距离)和可见光到近红外的多色测光(B、V、I、J、H、K)星等数据,加上星际消光等修正,可以给出更准确的周光关系。例如,近期研究得出,对于银河系和大麦哲伦星系的造父变星,它们的周光关系式(10-1)的斜率 s 没有显著差别:对于 B 星等,$s = -2.289 \pm 0.091$、$b = -0.936 \pm 0.027$(银河系),$s = -2.393 \pm 0.040$、$b = 17.356 \pm 0.010$(大麦哲伦星系);对于 V 星等,$s = -2.678 \pm 0.076$、$b = -1.275 \pm 0.023$(银河系),

$s=-2.734\pm0.029$、$b=17.052\pm0.007$（大麦哲伦星系）。但是造父变星的周光关系对金属度较敏感。例如，大、小麦哲伦云中金属度为银河系的几分之一，可能会影响恒星光度，从而影响周光关系。这个问题虽然研究了几十年，然而仍未取得一致结论。大体上说，这种影响至多达十分之几星等。德国天文学家 W. 巴德（Walter Baade）在 20 世纪 40 年代提出了两个**星族**的概念，并发现存在两类造父变星，分别属于不同的星族。在银河系内，经典造父变星分布在银道面近旁，属于星族 I。以室女 W 为代表的 II 型造父变星远离银道面，大多在球状星团里，属于星族 II。室女 W 型星比经典造父变星年龄大，两类造父变星的周光关系不同（见图 10 - 4）。

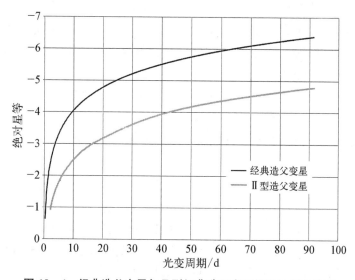

图 10 - 4　经典造父变星与 II 型经典造父变星的准确周光关系

1）经典造父变星

经典造父变星又称仙王 δ 型变星或 I 型造父变星，是星族 I（年轻、大质量、高光度的）黄超巨星，它们以几天到几星期的规则周期径向脉动，视亮度变幅为十分之几到 2 星等。

银河系的已知造父变星约为 800 颗，预料总数超过 6 000 颗。大、小麦哲伦星系的已知造父变星约为几千颗，其他星系更多。哈勃空间望远镜已识别出 1 亿光年远的 NGC 4603 中的经典造父变星。有趣的是，北极星也是小变幅的经典造父变星，视亮度变化为 $1.86^{m}\sim2.13^{m}$，光变周期为 3.969 6 d。

2）II 型造父变星

II 型造父变星历史上称为 W Vir（室女 W）型，是星族 II 的，它们的金属度较低、质量小、光度低。现今分为三个次型：BL Her(武仙 BL)型,光变周期为 1～4 d;W Vir 次型,光变周期为 10～20 d;RV Tau(金牛 RV),光变周期大于 20 d,通常亮度的深、浅极少交替。

3) 天琴 RR 型变星

天琴 RR 型变星在赫罗图上位于造父变星不稳定带的下部,光变周期为 0.05～1.5 d,变幅为 0.5^m～1.5^m。原型天琴 RR 是苏格兰女天文学家 W. 弗莱明(Williamina Fleming)在 1901 年发现的,它也是最亮的,便以其名代表此型。天琴 RR 的平均目视星等为 7.195^m,变化为 7.06^m～8.12^m,光变周期为 0.566 867 76 d,光谱变化为 A7Ⅲ～F8Ⅲ,色指数 $(U-B)=+0.172$ 和 $(B-V)=+018$,离我们$(860±40)$ly,绝对星等 M_v 为 $0.600±0.126$,其质量为 $0.65 M_⊙$,半径脉动变化为 $5.1 R_⊙$～$5.6 R_⊙$,光度变化为 $44 L_⊙$～$54 L_⊙$,温度变化为 6 075～6 175 K。它的脉动强度或相位(有时两者)有周期性调制(Blazhko effect),导致各脉动周期的光变曲线变化,调制周期为$(39.1±0.3)$d。它在偏心率大的轨道绕银河系中心转动,近银心距为 6 800 ly,远银心距为 599 万光年,其轨道面靠近银道面,因而它离银道面上下 680 ly 内。

天琴 RR 型变星最初都是在球状星团发现的,已知约 1 900 颗,估计银河系约有 85 000 颗,故又有星团变星之称。后来又发现其不属于球状星团的同型变星。它们是光谱 A 型或 F 型,其质量和半径差别小,平均分别为 $0.5 M_⊙$ 和 $5 R_⊙$,平均绝对星等约为 0.75^m,天琴 RR 型变星是属于星族Ⅱ的,也存在周光关系,但光度较低,成为测定较近距离的尤其银河系和本星系群星团等的"标准烛光"——量天尺。基于光变曲线的形状,天琴 RR 型变星又分为 RRab(数目占 91％)、RRc(占 9％)和 RRd。不同于前两型,RRd 是双模式脉动的(见图 10-5,其中,时间改为相位,相位就是以周期为单位表示的相对时间)。

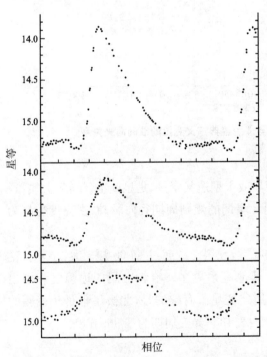

图 10-5 天琴 RR 型变星三类次型的光变曲线

4）盾牌 δ 型变星

盾牌 δ(δ Sct)型变星有时称为矮造父变星,是由于其表面径向和非径向脉动而使亮度变化的,它们也是重要的"标准烛光",用于确定大麦哲伦星系、球状星团、疏散星团及银心的距离。其原型是盾牌 δ,亮度变化为 $4.60^m \sim 4.79^m$,光变周期为 4.65 h;著名的有牛郎星(天鹰 α)、五帝座一(狮子 β)、仙后 β 以及还需进一步确认的织女星(天琴 α)。

普遍认为,凤凰 SX(SX Phe)变星是它的次型,它们是光谱型 A2 到 F5 的,主要是球状星团内的老年蓝超巨星,光变时标为 0.7～1.9 h,变幅可达 0.7 星等,也有其周光关系。凤凰座 SX 的光谱型为 A2V,光变周期为 0.055 d,亮度变化为 $6.76^m \sim 7.53^m$。

新近发现的快速振荡 Ap 主序星也是它的次型。在大麦哲伦星系观测到近 3 000 颗盾牌 δ 型变星,典型的亮度变化为 0.003 到 0.9(V)星等,周期为几小时,变幅和周期可以很大,光谱通常是 A0 到 F5 型巨星或主序星,它们也称为 AI Vel(船帆 AI)型变星,是银河系第二丰富(少于白矮星)的变星。

10.2.2　长周期和短周期脉动变星

早在 19 世纪就把光变时标几百天的称为"长周期变星",到 20 世纪中叶,已知的长周期变星是冷的巨星或超巨星,《变星总表》没有给它们分型,一般限于最冷的脉动变星,几乎都是刍藁(Mira,o Cet)型的,也常包括半规则变星以及慢不规则变星。很多最红的恒星(如 Y CVn、V Aql 和 VX Sgx)是长周期变星,有光谱型 F 的,但大多是 M、S 和 C 型的。

1）刍藁型变星

刍藁型变星因其原型——鲸鱼 o(中文名刍藁增二)而得名。在古代中国、巴比伦或希腊就知道它的光变证据;1596 年, D. 法布里奇乌斯(David Fabricius)记录了它的光变;1638 年,J. 霍华德(John Holward)测出它再现的周期为 11 个月;1662 年,德国人 J. 赫维留斯(Johannes Hevelius)称它为 Mira(意思是奇妙的星);而后法国人 I. 布里亚尔多斯(Ismaël Bullialdus)估计其周期为 333 d,现在认为其值为 332 d,知道其周期略有变化,视星等变化为 $2.0^m \sim 10.1^m$。实际上,它离我们约 320 ly,由一颗红巨星变星(Mira A)和一颗白矮星(Mira B)组成双星系统,绕转周期约为 400 年。Mira A 是刍藁型变星,观测到它的形状变化——显著偏离对称,似乎由其表面亮斑(时标 3～14 个月)所致,哈勃空间望远镜紫外观测表明它有似羽特征指向伴星。

刍藁型变星的脉动周期大于 100 d,红外变幅大于 1 个星等,可见光变幅大于 2.5^m,可见光变幅大不是因为光度变化大,而是因为脉动期间温度变化而能量输出在红外与可见光之间变化。它们是在赫罗图上处于**渐近巨星支**(AGB)的红巨星,是演化晚期的恒星,几百万年内抛出外层而成为白矮星。图 10-6 给出了半人马 A 的 4 颗刍藁型变星光变曲线。

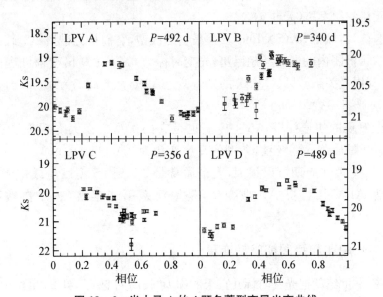

图 10-6   半人马 A 的 4 颗刍藁型变星光变曲线

注:Ks 指光谱类型,LPV 指长周期变星,P 指变化周期。

2) 半规则变星

半规则变星(SR)的光变曲线有周期性,光变周期为 20 d 到 2 000 d 以上,但伴有各种非周期性。每个周期的光变曲线形状不同且有变化,变幅可以从百分之几星等到几个星等(通常 1~2 个 V 星等)。半规则变星又分为 5 个次型(SRa、SRb、SRc、SRd、SRs),以区分细节上的不同。半规则的巨星则与刍藁型变星密切相关:刍藁型变星一般以基周期模式脉动,而半规则的巨星则以一种或多种周期脉动。很多半规则变星有很长的第二周期(约为主脉动周期的10 倍)。

η Gem 是最亮的 SRa 型变星,也是食双星。有很多 SRb 型变星是肉眼可见的,最亮的是 3^m 的 L^2 Pup、σ Lib 和 ρ Per。SRc 型变星较少,但包括星空亮星参宿四(α Ori,见图 10-7)和 α Her。很多 SRd 型变星是光度极高的特超巨星,包括肉眼可见的 ρ Cas 和 V509 Cas。大多 SRs 型变星是深空大规模巡天发现的,但也有肉眼可见的 V428 And、AV Ari 和 EL Psc。

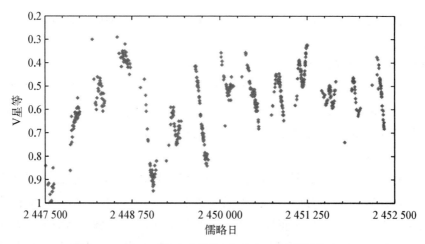

图 10-7　参宿四的光变曲线(光度由 V-波段星等表示)

3) 仙王 β 型变星

仙王 β(β Cep)型变星,有时称为大犬 β 型变星,显示亮度变化小而快,典型变幅为 0.01～0.3 星等,脉动周期为 0.1～0.3 d,很多显示多周期脉动。它们通常是光谱型 B 的蓝白热主序星,质量为 $7\,M_\odot$～$20\,M_\odot$,有的(β Cru-角宿一,β Cen-十字架三)是星空最亮的。少数此型变星的光变周期小于 1 h,相当于基本径向脉动周期的 1/4 和基本周期的 3/8,它们的变幅较小,光谱型范围很窄。2005 年,星表列出了 93 颗此型变星,外加 77 颗候选的。在星内温度高达 200 000 K 的深处有丰富的铁,铁能够增加其不透明度,因而造成此层能量积累,压力增大而又往复推动此层脉动,一个循环周期约几小时。

美国天文学家 E. B. 弗罗斯特(Edwin Brant Frost)于 1902 年发现原型仙王 β 视向速度变化,起初以为是分光双星。现在知道,它的视亮度变化为 3.16^{m}～3.27^{m},周期为 4.57 d,极大亮度点发生在其最小和最热时,其紫外亮度变化更大(达 1 个星等)。大犬 β(β CMa)亮度变化为 1.93^{m}～2.00^{m},光变周期为 6.031 d。

10.2.3　其他次型脉动变星

脉动变星数目多,虽然都有脉动的共同原因和性质,但各星的实际脉动情况和光变曲线及光谱特征繁杂,往往有某颗星可划归为不同次型的情况。除了上面所述,还有一些次型。限于篇幅,这里再简述 3 个有趣的次型。

1) RV Tau 型变星

金牛 RV(RV Tau)型变星是黄超巨星,实际是处于其演化最亮阶段的小质量、后渐近支的星,光变有深、浅交替的极小,双峰变化典型周期为 30~100 d,亮度变幅为 3~4 星等,叠加有几年周期的长期变化,它们在亮度极大时是光谱型 F 或 G,极小时是光谱型 K 或 M。此型变星分两个次型:RVa,平均亮度不变; RVb,平均亮度有周期性变化,以致极大与极小为 600 d 到 1 500 d 时标改变。 原型 RV Tau 为 RVb 次型的,视亮度变化为 $9.8^m \sim 13.3^m$,周期为 78.7d。R Sct 是 RVa 次型的,视亮度变化为 $4.6^m \sim 8.9^m$,周期为 146.5 d。

　　2) α Cyg 型变星

　　天鹅 α(α Cyg,中文名为"天津四")型变星显示非径向脉动,意味着其表面某些部分收缩,有些部分膨胀。它们是光谱型 B 或 A 的超巨星,与脉动相关的光变为 0.1 星等量级,由于多周期脉动而光变往往不规则,脉动周期为几天到几星期。原型天津四的视亮度起伏为 $1.21^m \sim 1.29^m$。很多高光度蓝变星在宁静(热)相可显示出此型变化。

　　3) 脉动的白矮星

　　这些非径向脉动的白矮星有短周期(几百到几千秒)的亮度微小起伏 (0.001~0.2 星等),已知的次型有 DAV 或 ZZ Cet,有以氢为主的大气,光谱型 DA;DBV 或 V777 Her,有以氦为主的大气,光谱型 DB;GW Vir,有以氦、碳、氧为主的大气。严格说,它们不是白矮星,而是未达到赫罗图上白矮星区的前白矮星。

10.2.4　脉动理论

　　脉动变星的光变原因是什么? 从视向速度随时间变化的周期性,人们自然地联想到双星,但是,从观测的视向速度曲线推算出的轨道半长径小于两子星的半径之和,又否定了双星假说。

　　1917 年,A. 爱丁顿(Arthur Eddington)首先奠定了脉动变星的理论基础。在脉动变星内某层,向外的压力和向内的引力失去平衡。当压力超过引力,星体向外膨胀。在膨胀中引力反比于距离的平方而减小,密度也随距离的立方而减小,但因压力正比于温度与密度之积而温度也降低,压力减小更快。于是,膨胀一段时间后,压力变得小于引力,星体开始收缩。但收缩到平衡位置时,由于惯性而不停止,还会继续收缩。与膨胀过程相反,收缩到压力超过引力,星体又开始膨胀。如此往复不已。爱丁顿从理论上建立了星体脉动的波动方程,导出脉动周期 P 与平均密度 $\bar{\rho}$ 的著名关系:

$$P\sqrt{\bar{\rho}} = 常数 \tag{10-4}$$

这一关系基本得到观测证实,但常数还与采用的模型有关。由此可见,高光度的造父变星体积大而平均密度较小,其脉动周期较长,这就解释了周光关系。而且,按照脉动理论,体积最小时,温度最高,亮度最强,这也就解释了图 10 - 2 的各曲线。

星体脉动必然消耗能量而脉动衰减,因此,要维持脉动,一定要有某种补充能量的机制。爱丁顿提出两种可能机制。一种是恒星中心区的核反应。当星体收缩时,温度、压力增加,核反应增强,产生更多能量以补偿脉动耗能。但是,由于脉动主要发生在星体外层,与中心产能区无直接关系,因而这种机制无效。另一种机制是星体表面附近有"阀门",当星体收缩到温度升至最高时,"阀门"关闭而堵住向外传输的能量;当星体膨胀到温度降至最低时,"阀门"打开而释放所存储的能量。他提出,原子物质的不透明度可以充当这种"阀门",但未能进一步揭示脉动的具体机制。这个问题直到 20 世纪 50 年代才得以解决。

在一定的特殊情况下,当星体收缩而温度升高时,近表面层的某元素原子发生电离,这些电离物质对辐射的不透明度变大,可以起到"阀门"关闭作用;当星体膨胀而温度降低时,离子复合而起到"阀门"打开的作用。理论计算表明,处于赫罗图上造父变星区的星体,脉动"阀门"源是表面以下的二次电离氦区,可发生 He II 电离为 He III;而 He III 又复合为 He II 的"阀门"闭、开,导致星体脉动。对于红变星,"阀门"源是一次电离氦区、电离氢区或氢分子离解区。至于仙王 β 型变星,直到 20 世纪 90 年代初才取得研究突破,脉动源是表面下的温度约 2×10^5 K 区内金属原子对辐射的吸收显著增加所致。

取决于脉动的类型及其在星内的位置,有一个自然的或基本的脉动频率决定脉动周期。恒星也可能以较高的谐频或泛频——相应于短周期脉动。脉动变星有时有一个很确定的周期,但往往同时有多个频率、因而有多重周期的脉动,需要复杂的分析来确定分立的干扰周期。在某些情况下,脉动没有确定的频率(周期)而造成随机变化。用恒星的脉动来研究它的内部而产生**星震学**(asteroseismology)。

一颗恒星的脉动必须有反馈机制的不平衡驱动力。脉动变星的驱动力是它的内部能量,通常来自原子核聚变,但某些情况来自向外传播的储能。赫罗图上的一定位置对应于特定的恒星大小、温度和内部化学变化,辐射外流的能量随其通过物质的密度或温度而强烈变化。当一层物质的不透明度很大时,该层就吸收辐射而变热和膨胀。该层由于膨胀而变冷,其物质电离度减小,变为对辐射更透明,允许进一步变冷,直到足够冷而物质变得更密而回落,从而温度升高而再次开始下轮循环，导致规则脉动，这通常发生在物质电离度变化时。

观测到的恒星脉动必须发生在特定深度。如果膨胀发生在对流区之下，就看不到表面变化。如果膨胀发生在太近表面，恢复力就太弱而无法造成脉动。如果脉动发生在恒星深处的非简并层，造成脉动收缩相的恢复力可能是压力，这称为压力模式（简称 p 模式）脉动，其他情况的恢复力是重力，简称为 g 模式脉动。

10.3 爆发变星

爆发变星是一类亮度突然激烈增强的变星，恒星表面经历类似耀斑或物质抛射而呈现不规则或半规则的亮度变化。

10.3.1 演化早期的爆发变星

赫罗图靠近主序右侧较宽区域（见图 10 - 1）有很多处于恒星演化早期的前主序爆发变星，分为多个次型。

1) 金牛 T 型星

1945 年，美国天文学家 A. H. 乔伊（Alfred Harrison Joy）观测到金牛座暗星云内 11 颗光谱中有 H_α 发射线的变星，最典型的是金牛 T，因而称为**金牛 T 型星**，是太阳型的前主序星。它们的质量为 $(0.3\sim3)M_\odot$，半径和光度分别为 $(1\sim5)R_\odot$ 和 $(0.6\sim86)L_\odot$，光谱型为 F、G 和 K 型，具有太阳色球和过渡层的光谱特征，是年轻的不稳定活动，某些金牛 T 型星有拱星盘，可提供太阳系早期演化的借鉴。

金牛 T 型星大致以 H_α 发射线强度划分为两种：**经典金牛 T（CTTS）和弱（谱）线金牛 T**（WTTS，见图 10 - 8）。CTTS 可能含有活动的吸积盘或盘延展到恒星表面，WTTS 没有盘或仅有外盘。

CTTS 显示与吸积盘和强星风质量抛失（估计每年 $10^{-7}\,M_\odot$）有关现象：红外超（波长为 $2\sim100\,\mu m$）、很强的氢巴耳末谱线和连续辐射及其他发射线、因恒星吸积物质的光学和紫外超（ultraviolet excess）。当吸积很强时，吸积的连续辐射"淹没"恒星光球吸收线。

WTTS 没有上述效应，仅显示很强的（色球、星冕、黑子）磁活动效应。它们一般有延续到主序的活动。CTTS 可能也如此，但它们比 WTTS 年轻。

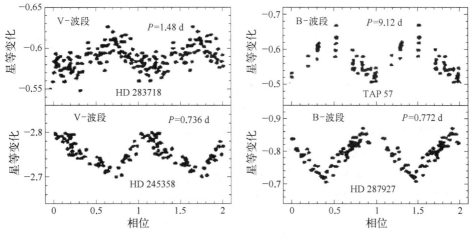

图 10 - 8　四颗弱线金牛 T 型星的光变曲线

2）猎户 FU 型星

此型变星所见不多,都出现在恒星形成区,与星云在一起,有爆发特征。虽然它们各自的光变曲线形状差别很大,但都显示增亮 5～6 星等。在达到极大后,亮度衰减持续几十至百年。估计它们会多次重复爆发。

猎户 FU 型星有晚 F～G 型超巨星的光谱特征。红外谱在 $2.2\ \mu m$ 处有 CO 的强吸收线,在 $1\sim2\ \mu m$ 处有水汽吸收带。它们也有红外超(infrared excess),可用星周的吸积盘加上更外层的尘埃包层模型来解释。猎户 FU 型星和金牛 T 型星都是诞生不久的小质量恒星,星周残剩的物质落入星体,积聚到一定数量引起爆发。而这两类变星的差别可能在于单位时间内落入物质的数量-吸积率不同。吸积率很大的(达每年 $10^{-4}\ M_\odot$)表现为猎户 FU 型星,吸积率小得多的表现为金牛 T 型星。天鹅 V1057 是一颗猎户 FU 型星,在它爆发前的低色散光谱片显示出金牛 T 型星特征,佐证这两类变星没有本质区别。

3）赫比格 Ae/Be 型星

早在 1960 年,美国天文学家 G. 赫比格(George Herbig)就从恒星中划分出有光谱发射线的 Ae/Be 型变星,因而常称为**赫比格 Ae/Be 型星**。它们是年轻(小于 1 000 万年)的前主序星,仍浸在气体-尘埃包裹层内,有的伴有环星盘。它们的质量为$(2\sim8)M_\odot$,仍处于恒星形成(引力收缩)阶段,且接近主序,在赫罗图上位于主序之右。此型星有时亮度变化显著,还有显著的红外辐射——红外超,都归因于环星盘内有原行星和星子簇。

10.3.2　耀星

1924 年，赫茨普龙偶尔发现很暗的船底 DH 星在短时间增亮约两个星等，当时未引起注意，后来又发现几颗类似的变星：V1396 Cyg、AT Mic、V371 Ori、WX UMa、YZ CMi 和 DO Cep。1948 年，荷兰裔美国天文学家 W. J. 鲁坦（Willem Jacob Luyten）发现鲸鱼 UV 在 3 分钟内增亮 12 倍（见图 10 - 9），成为亮度突变的耀发星原型，从此开始系统搜索，接连发现这种有亮度突变的耀发星。1959 年，国际天文学联合会正式承认它们为一种新类型的变星，称为**耀星**（flare star），又称鲸鱼 UV 型星。类似太阳耀斑，耀星由于其大气储存磁能而发生耀斑。它们的亮度增强发生于从 X 射线到射电的波谱。

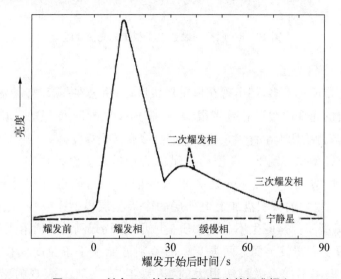

图 10 - 9　鲸鱼 UV 的耀斑观测导出的标准耀斑

耀星光变的主要特征是快速、不规则、大幅度地变亮，几分钟甚至几秒钟内突然增亮十分之几至 2 个星等，甚至更亮，而后缓慢（经过几分钟到几小时）减暗到宁静状态。耀发的出现是无规则的。它们在光谱紫端的光变最强，伴随有发射线增强，尤其是氢的巴耳末线系以及电离氦线。个别耀星的光学、射电和 X 射线波段联合观测表明，X 射线耀发的时间间隔最短，射电耀发最长；射电波段耀发开始的时刻最早，光学波段其次，X 射线波段最迟。耀星的耀发类似于太阳耀斑，但也有两个重要差别：一是耀星本身在可见光波段，尤其短波很暗，因而其耀发时紫外-蓝波段连续辐射大增，呈现发射线；二是耀星的耀斑特大，或许占其表面周长的 1/5，而太阳耀斑只限于局部很小区域，因而，耀星的耀发比太阳耀斑壮烈得多,尤其是光谱蓝端的光度大增,在 X 射线和射电的非热辐射也大大增强。

　　耀星经常发生耀斑,可以按照光变曲线的亮度下降与上升的时间比率把这些耀斑分为两种类型:比率小于 3.5 的是快耀斑,释放能量大;比率在 3.5 以上的是慢耀斑,释放能量较小。更剧烈的或几个大小耀斑同现的光变情况如图 10 - 10 所示。

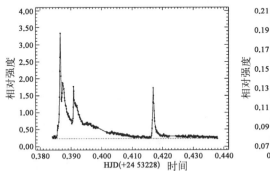
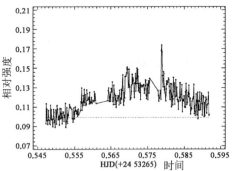

图 10 - 10　快耀斑 UV Ceti 和慢耀斑 V371 Ori 的光变曲线

　　大多耀星是暗淡(光度 V、IV 型)的红矮星,在赫罗图上位于主序的下端(见图 10 - 11),但离地球 1 000 ly 以内的已发现有 1 620 多颗。它们大多是光谱晚 M 型到晚 K 型的,这些光谱型相应于温度约为 2 500 K 到 4 000 K,光谱含有氢和钙的发射线说明其大气色球在活动。它们的质量为 $(0.1\sim0.6)M_\odot$。有些褐矮星也显示耀发活动。很多耀星是年轻星协(如猎户和金牛恒星形成区)成员;很多耀星也是双星,例如,EQ Peg 是目视双星,Wolf 629AB 是分光双星,两子星都会发生耀斑,因而增加了耀斑活动的可能性。

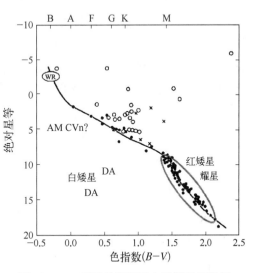

图 10 - 11　耀星是赫罗图上的耀发红矮星

　　2014 年 3 月 23 日,Swift 卫星观测到一颗近的红矮星的最强、最热、持续时间最长的系列耀斑,比有记录最大的太阳耀斑强万倍。近的耀星中有趣的是:

① 比邻星，其对流遍及整个星体而致磁场活动产生类似太阳 X 射线总辐射的耀斑；② Wolf 359（即 Gliese 406，CN Leo），离地球 2.39 pc，是发射 X 射线的光谱型 M6.5 的红矮星，耀斑频数较多，其平均磁场约 2.2 kG 且在时标 6 h 就显著变化；③ Barnard 星，其年龄老（70 亿年~120 亿年），长期以为是"宁静的"，但 1988 年观测到发生强耀斑活动。

作为耀星原型的鲸鱼 UV 离地球约 8.7 ly，光谱型为 M6V B，视星等为 13.20$^{\rm m}$。它是双星系统鲁坦 726-8 的子星之一（另一颗子星是鲸鱼 BL）。两颗子星都是耀星。

10.3.3　沃尔夫-拉叶星

1867 年，法国天文学家 C. 沃尔夫（Charles Wolf）和 G. 拉叶（Georges Rayet）发现，天鹅座的 3 颗星（HD 191765、HD 192103、HD 192641，现在依次命名为 WR 134、WR 135、WR 137）的光谱上有一些很宽的发射带，从而把具有类似光谱的星称为**沃尔夫-拉叶星**（Wolf-Rayet star），符号为 WR 或 W。曾任哈佛大学天文台台长的 E. 皮克林（Edward Pickering）注意到沃尔夫-拉叶星光谱与星云光谱相似，从而得出结论：一些或全部沃尔夫-拉叶星是行星状星云的中心星。1929 年左右，人们普遍认为发射带宽度的出现是因为在该型星周围的气体运动速度在视线方向上很快，出现了多普勒效应，得出这些星向外快速抛出气体从而产生膨胀星云的结论。肉眼可见的沃尔夫-拉叶星有 γ Vel 和 θ Mus。图 10-12 显示了 WR137 的光谱。

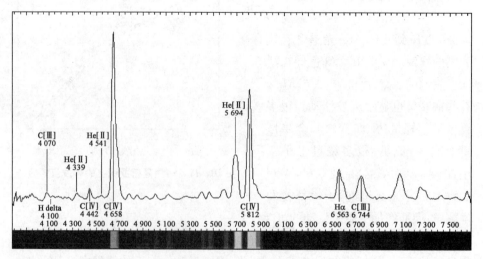

图 10-12　WR137 的光谱

沃尔夫-拉叶星的表面温度为 30 000～200 000 K,几乎比其他恒星都热。由于温度高,它们都是高光度的,行星状星云的中央星光度为几千 $L_\odot$。经典(星族 I)沃尔夫-拉叶星的光度达几十万 $L_\odot$,它们是已演化的大质量星,完全失去了其外部的氢,而其核心发生着氦燃烧或重元素燃烧;其中一亚型 WNh 的光谱有氢谱线,可能是年轻的特大质量星,其核心可能仍在进行氢燃烧,由于强烈的混合和辐射驱动的物质丢失而使氦和氮暴露到表面。

沃尔夫-拉叶星的光变不一,有些光变是随机的,有的呈多周期性。它们的光谱显示有氦、氮、钙、硅、氧的宽发射线,但氢的谱线很弱或没有。基于光谱特征,沃尔夫-拉叶星分为两个序列——氮序和碳序,分别记为 WN 和 WC。WN 以氮离子谱线为主;WC 以碳离子以及氧离子谱线为主,也把氧谱线为主的分出记为 WO。再按谱线强度加数字细分为 WN4.5,WN5,WN6,…,WN11;WC4,WC5,…,WC11;WO1,WO2,…。更仔细的研究还附加光谱不同特点的后缀。

银河系中已编入沃尔夫-拉叶星表的约有 500 颗,近年新发现的数目大增。在本星系群中,已知麦哲伦云约有 150 颗,M33 有 206 颗,M31 有 154 颗。也巡查到其他星系的数千颗候选 WR 星,例如,M101 就有 1 000 多颗。预料在"星爆星系"中 WR 星特别普遍,尤其是 WR 星众多的一些星系称为"沃尔夫-拉叶星系"。

双星系统中的大质量恒星因伴星引力作用而发展为 WR 星。理论推算得出,小麦哲伦星系的 98% WR 星应当是双星,银河系约 20% WR 应当是双星。

与普通 O 型和 B 型星大气中元素的丰度比较,WR 星大气中氢含量低至普通 O 型星和 B 型星的 $\frac{1}{50}$～$\frac{1}{150}$,WN 型星氮含量多 50～100 倍,而 WC 型星碳的含量则多 400～700 倍。WR 星次型多且有些差别很大,它们又浸在星云和星风内,观测资料不足,以致它们如何演化成为一个长期困扰人们的问题。一般认为,它们处于大质量恒星的主序后演化阶段,不同次型的演化情况各异。如,γ^2 Vel(WR 11)现在的质量约为 6 $M_\odot$,而它的初始质量至少有 40 $M_\odot$。大质量恒星在形成时就数目少,又演化快、寿命短,可观测到的就很少。WR 星又是它们在主序后短阶段的演化,因而更少。而 WNh 星并非处在核心中的氢几乎耗尽的晚期演化阶段,仅是因为强烈的对流将氦、氮等元素从仍在进行氢融合的核心带到了表面,其核心仍保留其大多数原始质量,只是其星面显示氦和氮。另一种解释是,这些星不是作为正常主序星而形成的,而是由较小星合并的结果。由于很难建立单星演化解释 WR 星的观测数目和分型,人们转而探索它们经双星相互作用形成的理论,双星的物质交换会加速子星失去外层。以 WR 122 为例,它有绕星的气体盘,其伴星扯掉了它的外层。又如 θMus(WR 48)是三合星,它的 2 颗伴星都是 WC 型星。

10.3.4 高光度变星

高光度的巨星和超巨星普遍因抛射物质而发生变化。

1) 高光度蓝变星(LBV)

17 世纪以来,已经知道天鹅 P(P Cyg)和船底 η(η Car)是异常变星,但不完全了解它们的真实性质。1922 年,J. C. 邓肯(John Charles Duncan)公布了三角座星系 M33 最先观测到的 3 颗这种变星。1926 年,著名美国宇宙学家 E. 哈勃(Edwin Hubble)对它们进行了更多观测,1929 年补充了 M33 的变星表;1953 年,哈勃和他的学生 A. 桑德奇(Allan Sandage)仔细研究了它们和 M31 的变星 19 及剑鱼 S(S Dor),从而称为 Hubble-Sandage 变星。20 世纪 70 年代开始称 M33 的变星 33、AE And、AF And 等为**高光度蓝变星**(luminous blue variables, LBV),它们的光谱线呈 P Cyg 型的谱线轮廓(见图 10-13)。1978 年,R. 汉弗莱斯(Roberta Humphreys)发表 M31 和 M33 的 8 颗 LBV 与 S Dor 比较研究,按惯例,称为"天鹅 P 型(变)星"或"剑鱼 S 型星"。1984 年,彼得·孔蒂(Peter Conti)把这些类似的变星正式归类为高光度蓝变星。

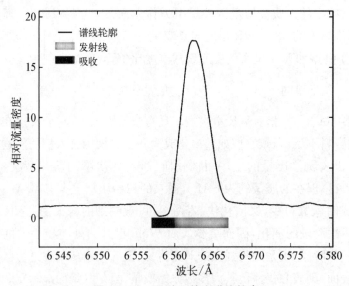

图 10-13 天鹅 P 的光谱线轮廓

高光度蓝变星是大质量的不稳定超巨星(或特超巨星),显示多种光谱的和光度的变化。大多数高光度蓝变星有显著的周期性爆发和很多偶然喷发。按定义,高光度蓝变星是比大多数恒星的光度高得多、质量也大得多的变星,且变化范围很宽。它们的光度大多高于 100 万 $L_\odot$,质量近于(可能超过)100 $M_\odot$;光度最小的是 25 万 $L_\odot$,质量小到 10 $M_\odot$。它们的质量抛失率很大,显示出许多氢和氦。

它们在"宁静"状态时是典型的光谱 B 型星,偶尔热些,有异常的发射线。在赫罗图上,它们位于剑鱼 S 不稳定带,那里都是高光度星,其表面温度至少为 10 000 K,光度超过 25 万 $L_\odot$,而大多温度为 25 000 K 左右、光度高于 100 万 $L_\odot$,有些是光度最高的恒星。

在它们正常爆发期间,温度减到 8 500 K 左右,略热于"黄超巨星",热光度通常保持恒定,视亮度增大 1 个或 2 个星等。其变化以剑鱼 S 为典型,谓之"强活动循环",有长于 20 年和短于 20 年两种周期性,是识别高光度蓝变星的关键判据。有些高光度蓝变星经历巨爆发,抛射物质和光度猛增,起初被当成超新星。爆发意味着星的周围常有星云。现在普遍认为,所有的 LBV 都经历一次或多次大喷发,但仅观测到屈指可数的冒牌超新星,例如,银河系的天鹅 P 和船底 η,也有很多 LBV 显示周期小于 1 年的小变幅。

热超巨星表面温度高而密度低,辐射压力远大于气体压力,成为抗衡引力的主要因素。若向外的辐射压力超过向里的引力,恒星表层就会失去平衡而被抛出。爱丁顿推出质量 M 的稳定恒星上限光度——**爱丁顿光度**(Eddington luminosity)或**爱丁顿极限**(Eddington limit)为

$$L_{\mathrm{Edd}} \approx 1.3 \times 10^{31} \left(\frac{M}{M_\odot}\right) W = 3.4 \times 10^4 \left(\frac{M}{M_\odot}\right) L_\odot \qquad (10-5)$$

有些高光度蓝变星的绝对热星等 M_{b} 超过 -9.5^{m},相应光度($\sim 10^6\ L_\odot$)接近爱丁顿光度。另一些的光度稍低,M_{b} 为 $-8^{\mathrm{m}} \sim -9^{\mathrm{m}}$。这类变星位于或接近赫罗图的顶端。在一般爆发时期,随着目视区亮度变化,绝对热星等(光度)却基本保持恒定,因此,某颗星由于光变在赫罗图上位置变化的点线是水平的,这表明恒星总的辐射功率没有变化,光变是由于辐射能量分布的变化。但对于激烈爆发,恒星的光度会再增加。

2) 天鹅 P

天鹅 P(又称天津增九)是离地球 5 000～6 000 ly 的一颗光谱 B1 Ia$^+$ 型特超巨星 LBV,是银河的最高光度星之一。直到 16 世纪末,它突然增亮到 3 等星。1600 年 8 月 18 日,荷兰人 W. 布劳(Willem Blaeu)首先观测它,随后几年它逐渐变暗,1626 年暗到肉眼观测不到,在 1655 年它又变亮,1662 年再变暗,

1665 年再次爆发,而后亮度变暗且小幅起伏,1715 年又增亮为 5 等星且光变幅度小。现在的视星等为 4.8^m,在数天之内的光变幅度为百分之几星等。通常视星等每世纪约增 0.15 星等,趋于定常光度的温度缓降。其质量为 30 $M_\odot$,半径为 76 $R_\odot$,表面温度为 18 700 K,光度为 81 000 $L_\odot$。天鹅 P 的爆发可能是物质转移到(假设的)伴星所致,伴星为质量$(3\sim6)M_\odot$的光谱 B 型星,每七年在大偏心率轨道绕天鹅 P 转一圈。落到伴星的物质释放引力能,可以导致双星系统的光度增强。

天鹅 P 型光谱线轮廓(见图 10-13)对于研究多型恒星的星风是很有用的,可利用向外膨胀的气壳来解释(见图 10-14):位于观测者与星之间的气壳 ab 部分吸收星光,因朝向观测者运动而吸收子线蓝移;气壳中 bcd 和 afe 部分没有星的亮连续辐射背景,由气壳(即星风)产生发射线,星风的 H_α 发射区大小为恒星半径的 25 倍;气壳 ed 部分被星挡住,对谱线无贡献。如果气壳是球对称的,各部分的谱线位移叠加仅使发射线变宽,但在整体上则没有位移。观测表明,气壳在向外加速膨胀,膨胀速度从几十至数百千米/秒。

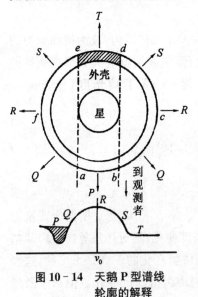

图 10-14　天鹅 P 型谱线轮廓的解释

如果吸收子线出现在发射线的红端,则称为逆天鹅 P 型轮廓,猎户 YY 型星就是因谱线呈逆天鹅 P 型轮廓而判知存在吸积物质。

3) 船底 η

船底 η(η Car)是一个恒星系统,至少是双星,两星的总光度大于 500 万 $L_\odot$,离我们约 7 500 ly。它以前是 4 等星,1837 年爆发为亮于参宿七的明星,1843 年 3 月 11—14 日成为星空第二亮星,随后变暗,到 1856 年后暗到肉眼看不见。它在 1892 年较小的喷发亮到 6 等星后又暗下去。1900—1940 年,它保持约 7.6 星等,1953 年又增亮到 6.5 星等,并持续增亮,光变幅为十分之几星等,2014 年亮于 4.5 星等。

可见光、红外和射电的视向速度观测确认,船底 η 系统的两个主星以 5.54 年为周期在半长径 15.4 AU、偏心率 0.9 的轨道绕转,它们年龄小于 5 My。主星 η Car A 是高光度蓝变星,初始质量为$(150\sim250)M_\odot$,至少已丢失 30 $M_\odot$,其半径为$(60\sim800)R_\odot$,光度为 500 万 $L_\odot$,表面温度为 9 400~35 200 K,是唯一已知产生紫外激光发射的星。第二星 η Car B 也是高光度热星(可能是光谱

O 型的), 质量为 $(30\sim80)M_\odot$, 半径为 $(14.3\sim23.6)R_\odot$, 光度小于 100 万 $L_\odot$, 温度为 37 200 K。主星大部分抛出的物质成为侏儒星云 (homunculus nebula), 遮掩着它们 (见图 10-15)。

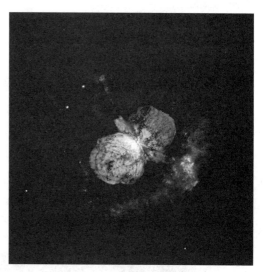

图 10-15　侏儒星云遮掩着船底 η
（彩图见附录）

4) 剑鱼 S

剑鱼 S(S Dor) 是大麦哲伦云最亮星, 也是最强的高光度蓝变星之一, 只是因为远而肉眼看不到。1904 年它以 S Dor 之名编入变星表补篇。1924 年, 其照相星等为 9.5^m, 被认作天鹅 P 型星。1933 年, 它被列为当时光度最强的有氢发射线的 9 等变星。1943 年, 曾以交食双星来解释它的光变, 1956 年因其光变不规则及光谱特征而被否定。直到 1984 年, 才把以它为原型的剑鱼 S 型变星归入高光度蓝变星, 有的文献以剑鱼 S 型变星代表高光度蓝变星。

综合观测资料, 剑鱼 S 离地球 169 000 ly, 它的绝对星等为 -7.6^m(1965 年) 和 -10.0^m(1989 年), 它的质量为 $(2\sim46)M_\odot$, 它在亮度极大和极小时的半径、光度、表面温度分别如下: 1989 年(极大), $360 R_\odot$、$910\,000 L_\odot$、8 500 K; 1985 年 (极小), $100 R_\odot$、$1\,400\,000 L_\odot$、20 000 K。

由于高光度蓝变星的光谱很特殊, 难以确定其表面温度及光度变化。在误差限内, 常假定所有的 LBV 爆发期间光度恒定; 如果用爆发期间不透明的星风形成的假光球来模拟一颗较大、较冷的星, 就可能使光度恒定。剑鱼 S 在 1985 年正常极小为 10.2^m, 1989 年极大为 9.0^m, 此期间大气详细建模算出温度从 20 000 K 降到 9 000 K, 光度从 $1\,400\,000 L_\odot$ 降到 708 000 $L_\odot$, 相当于可见表面的半径从 $100 R_\odot$ 增到 $380 R_\odot$。1999 年极大期间, 温度进一步降到 7 500 K 与 8 500 K 之间, 没有明显的亮度改变。

5) 黄特巨星

黄特巨星是光谱型 A～K、有延展大气的大质量变星, 它们的初始质量为 $(20\sim60)M_\odot$, 但已丢失大半。它们在目视亮星之列, 绝对目视星等约 -9^m, 也是少见的, 在银河系仅知道 15 颗, 其中 6 颗恰在同一星团内。

早在 1929 年, 术语“特巨星(hypergiant)”就开始使用, 但不是现在所知的星。直到 20 世纪 70 年代后期,定义"特巨星"为比光度型 Ia 更高光度的"0"光度型星,也称为高光度 Ia-0 型或 Ia$^+$。1991 年,仙后 ρ(ρ Cas,见图 10-16)首先被表述为黄特巨星。随后,把类似的变星划为此型,它们位于赫罗图上不稳定带的上部区域(见图 10-1),数目不多,光谱型和温度分别近于 A0～K2、4 000～8 000 K;高温端,由"黄演化空隙"与高光度蓝变星隔开;低温端,黄特巨星与红超巨星没有清楚界限,例如,仙王 RW(4 500 K,55 500 $L_{\odot}$)兼属这两型。黄特巨星的光度范围很窄[(300 000～600 000)$L_{\odot}$],大多可见的最亮绝对星等为 −9.5^m 或 −9.0^m 左右。它们是很大而不稳定的,表面重力小(lg g 小于 2)其至有近于 0 的。它们不规则脉动,温度和光度变化较小,但物质抛失率很大,星周围有星云。它们偶有瞬时较大的爆发而遮住星。

图 10-16　仙后 ρ 及其周围

仙后 ρ 离地球 8 200 ly,它的半径为(450～500)$R_{\odot}$,质量为(14～30)$M_{\odot}$,表面重力为 0.1 cm/s^2,温度为 5 777～7 200 K,绝对星等为 −9.5^m。它是最亮的黄特巨星之一,通常的视亮度约为 4.5^m,但 1946 年出乎意料地变暗到 6^m,这是因爆发所致。2000—2001 年赫歇耳望远镜又观测到它的爆发,抛出率剧增到每年 0.05 $M_{\odot}$,总共抛出的物质相当于 1 万倍地球质量。它约每 50 年发生一次大爆发,抛出其部分大气,导致温度下降 1 500 K 左右,亮度下降 1.5 个星等,抛出率约为每年 10^{-6} $M_{\odot}$。它大多时间的温度高于 7 000 K,半径约为 400 $R_{\odot}$,不规则脉动造成小幅光变。在爆发期间,光度大致恒定于 500 000 $L_{\odot}$,但辐射输出移向红外。

10.3.5　B 型发射线星(Be)——仙后 γ 型变星

1866 年,意大利天文学家 P. A. 塞奇(Pietro Angelo Secchi)最早注意到在仙后 γ 光谱中,有 H_β 发射线和光变,从此开始了 B 型发射线星研究。一般把光谱出现氢巴耳末发射线的 B 型非超巨星称为 **B 型发射线星**,符号为 Be,它们在赫罗图上位于主序之上 $0.5^m \sim 1^m$ 处,可能是处在脱离主序之后的阶段。它们的主要光谱特征如下:① 类似于普通 B 型星的吸收线和连续谱,但吸收线很宽;② 较窄的发射线叠加在吸收线上,发射线呈单峰或双峰,偶尔有更复杂形状(见图 10-17)。宽吸收线轮廓表明自转很快,赤道自转速度达 $400 \sim 450$ km/s。快速自转会导致星周出现气壳,且流出物质集中在赤道面附近。发射线和窄吸收线必定在气壳中形成,分别相当于自转速度 200 km/s 和 100 km/s。IUE 卫星的紫外观测显示,Be 星的宽吸收线常蓝移,表明存在星风,速度可达 1 000 km/s。Be 的质量损失率一般为每年 $10^{-11} \sim 10^{-9} M_\odot$。X 射线卫星观测到一些 Be 星有 X 射线辐射时隐时现,应与 Be 星抛射物质时强时弱相关联。在发射 X 射线的 Be 星中,一部分星 X 射线光度很大,达 $10^{26} \sim 10^{32}$ W,有些还观测到 X 射线脉冲,推断 Be 星与中子星组成了双星系统,称为 Be/X 射线双星。

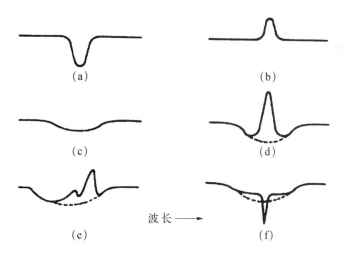

图 10-17　Be 星谱线的轮廓

(a) 宽吸收线;(b) 发射线和吸收线对称重叠;(c) 发射线和吸收线不对称重叠,发射线呈双峰;(d) 宽吸收线中央出现发射线;(e) 出现的发射线呈不对称双峰;(f) 宽吸收线中央出现锐吸收线

仙后 γ(γ Cas)即中文"策"星离地球约 550 ly,其视亮度变化为 $1.6^m \sim 3.0^m$,质量为 $17 M_\odot$,半径为 $10 R_\odot$,光度为 34 000 $L_\odot$,表面温度为 25 000 K,年

龄约为 8 My。20 世纪 30 年代末,它经历一次爆发,增亮到 2.0^m,而后很快减暗到 3.4^m,又逐渐增亮到 2.2^m 左右。它自转很快,视自转速度为 472 km/s,导致其赤道隆起,结合其高光度,抛出物质形成热的拱星气体盘,导致发射和亮度变化。它的光谱光度型为 B 0.5 Ⅳe,处于主序后亚巨星演化阶段。

仙后 γ 也是一种原型 X 射线源,比其他 B 型或 Be 型的辐射强约 10 倍,可能是温度达千万开的等离子体发射的,显示很短周期或长周期的循环。从其 1.21 d 周期强信号可推断存在磁场。它有两颗暗的光学伴星——(γ Cas) B 和 C。主星 γ Cas A 是分光双星,轨道周期为 203.5 d。

10.3.6　A 型特殊星和共生星

还有一些其他型变星,这里简单介绍 **A 型特殊星**和**共生星**。

在光谱型 B 8 - F0 的恒星中,大约十分之一有特殊的光谱特征(某些元素的吸收线特别强),多为 A 型星,称为 **A 型特殊星**,符号为 **Ap**,它们因自转调制而显示时标几天到几年的亮度以及光谱和磁场的变化。

1946 年美国天文学家 H. W. 巴布科克(Horace W. Babcock)开创恒星磁场观测,发现 Ap 星有很强且变化的磁场,一般在 0.1 T 以上,磁场最强的 HD215441 星达 3.44 T。大多数 Ap 星的谱线太宽(可能是自转速度大,并且自转轴与视线的倾角 i 也大)而无法测量磁场,根据它们与窄线 Ap 星光谱特征基本相同而推断 Ap 星普遍有很强的磁场。

目前能较好地解释 Ap 星磁场和光谱周期变化的是斜转子模型:Ap 星的磁轴对自转轴倾角较大,并假定不同元素(因尚不清楚的原因)聚集在星面不同区域,随着星自转,星面上磁场和元素不同分布的区域轮流朝向观测者,便观测到磁场和光谱的周期变化。Ap 星在赫罗图上毗邻主序,但位于主序之上磁变星的位置,磁变星大多是 Ap 星。

共生星是高温星和低温星组成的长周期(>100 d)双星,梅里尔借鉴两种不同生物相互依存的共生现象而提出此词。冷的红巨星(或刍藁型星)通过星风丢失物质给热的高光度白矮星(或主序星)。共生星分为两个次型:D(尘埃)型,与刍藁型星有成协倾向;S(恒星)型,与红巨型有成协倾向。某些共生星可能因热星上的吸积事件或壳闪而发生大爆发,例如,望远镜(座)RR 既属于共生星又划归为慢新星,因而称为"共生新星(symbiotic nova)"。伴星为红巨星的再发新星可能与共生新星有关,例如,北冕 T 和蛇夫 RS 既是共生星又是再发新星(recurrent nova)。

共生星的光谱显示低温恒星吸收特征与星云发射线共存且有光变。吸收特征也称冷成分,主要包括 TiO 吸收带以及 Ca Ⅰ、Ca Ⅱ等吸收线;发射线也称热成分,是高激发原子和离子 He Ⅰ、He Ⅱ、O Ⅲ等的发射线。

10.4　激变变星——新星和超新星

激变变星(cataclysmic variable star)是猛烈爆发的星,它们突然亮度剧增,然后又逐渐变暗而回到宁静状态。"激变"一词源自希腊文,有灾难、泛滥之意。激变变星大多是激变双星(见第 11 章)。激变变星可以依据亮度和光谱变化特征分为(经典)新星、再发新星、矮新星和超新星多个次型。

在我国古代天象记录中,新星和超新星常称为客星。它们并不是新生的星,而是已演化到老年阶段的星,在未发亮以前很暗,亮度突然增加时才被认为是"新"发现。席泽宗和薄树人考证古书资料,从公元前 14 世纪殷墟甲骨文到公元 1700 年有新星和超新星的 90 条记录,其中我国观测到的有 68 次。西方最早记录的是出现于公元前 134 年的**依巴谷**(Hipparchus)**新星**,《汉书·天文志》有它的更确切记载:"元光元年六月客星见于房(房宿是天蝎座)。"

10.4.1　新星

属于新星一类的有经典新星、再发新星以及矮新星。

1) 经典新星(简称新星)

经典新星(classical nova,CN),常简称新星,是经历一次爆发而高速抛出气壳的恒星,在很短时间内(几小时至几天)亮度激增达 $9^m \sim 15^m$,然后缓慢减弱。很多新星在发亮之前甚至暗到大望远镜也观测不到。新星起初以 Nova＋星座名＋发亮年份来命名,如,Nova Cygni 1974(1974 年天鹅座新星),若同年在该星座发现多颗新星,则附加数字符,如,Nova Sagttarii 2011 ♯2,随后又给予变星的符号,例如,1934 年武仙座新星为武仙 DQ,1975 年天鹅座新星为天鹅 V1500 (在天鹅座发现的第 1500 颗变星)。

1918 年天鹰座新星(天鹰 V603)最亮时目视星等达 -1.1^m,仅暗于天狼星。 1975 年 8 月 29 日,天鹅 V1500 突然发亮,最亮时星等为 1.7^m,与天鹅 α(天津四)争辉,但美国帕洛玛天文台的巡天图上该新星位置处没有亮于 21^m 的星(见图 10-18),这表明它增亮幅度超过 19 个星等! 根据光谱特征、最亮时的绝对星等(约 -10^m)以及其他观测资料,确认它是新星而不是超新星。1987 年的**银河新星参考图表**收集了 1670—1986 年发现的 277 颗新星的有关资料,其中 215

颗是已确认的银河新星。1997 年发表的激变变星表中列出新星 276 颗。银河系每年约发现 10 颗。

(a)　　　　　　　　　　　　　　(b)

图 10 - 18　天鹅座 1975 新星

(a) 爆发前看不到,亮度极大时约 2 星等;(b) 衰退后减弱到约 11 星等(箭头所指)

新星的光变曲线特征如下:① 亮度最初增加十分迅速,幅度常达 $12^m \sim 13^m$,也可能更大;② 亮度将达极大之前增亮较慢——极大前的停滞;③ 极大过后,亮度迅速下降,按下降速率分为快新星和慢新星;④ 光变曲线上接近初降终点处,亮度出现起伏,有时起伏可达几个星等——过渡阶段;⑤ 终降阶段,亮度缓慢地减弱,如图 10 - 19 所示。

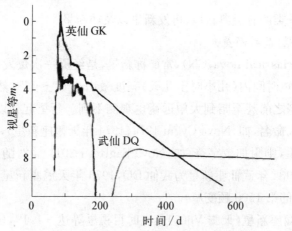

图 10 - 19　1901 年英仙 GK(快新星)和 1934 年
武仙 DQ(慢新星)的光变曲线

新星在可见光亮度极大之后,紫外辐射和红外辐射继续上升一段时间。红外辐射继续上升的时间达 100~300 d。最终基本上恢复到发亮前的亮度,进入后新星阶段,其状态类似于发亮前。大多数新星从发亮到后新星阶段的全过程

中辐射能量为 $10^{38} \sim 10^{39}$ J(作为对照,太阳每年辐射能量为 10^{34} J)。有些快新星,如天鹅 V1500、1988 年大麦哲伦云第二新星和 1990 年大麦哲伦云第一新星,亮度极大时光度超过爱丁顿光度。新星恢复到原先状态之后,有的亮度保持稳定,有的还有一至两个星等的缓变或快变。

　　新星发亮前的光谱资料很少,海豚 HR 的光谱没有谱线,只有连续谱,按连续辐射能量随波长的分布属 O 型或早 B 型星。新星后阶段的光谱资料较多,主要特征是有氢以及电离氦、钙、氮、碳的发射线,氢和氦线一般很宽且谱线强度随亮度而变化,表明星面上的活动在继续进行。新星发亮以后,光谱也伴随亮度变化。

　　新星的亮度和光谱变化特征表明,其外层发生爆发过程,有气壳向外抛出,抛射速度达 1 000 km/s 或更高。亮度极大时,气壳脱离星体不久,体积尚小,密度较大,类似于超巨星的大气。由于气壳在膨胀,气壳中介于星和观测者之间的部分所产生的吸收线向蓝端移动,而气壳的两侧部分产生了宽的发射子线。当气壳的密度变得十分小时,出现典型的发射星云的光谱。新星爆发几年以后,有时可观测到它们周围的星云状的气壳。罗盘座 T 新星的膨胀气壳如图 10 - 20 所示。

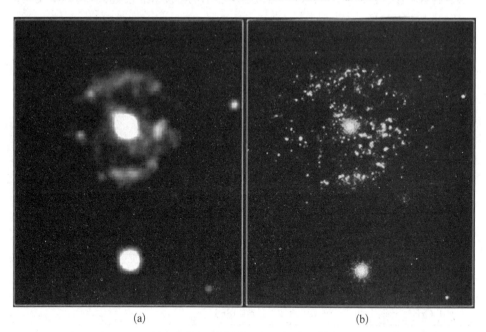

(a)　　　　　　　　　　　　　　　(b)

图 10 - 20　罗盘座 T 新星的膨胀气壳

(a) 地面观测;(b) 哈勃空间望远镜观测

　　新星及其抛射气壳的质量都难以测定,估算分别为 $(0.3 \sim 1.0) M_{\odot}$ 和 $(10^{-5} \sim 10^{-3}) M_{\odot}$。在赫罗图上,爆发后的新星大致在主序和白矮星之间的区域。1954年,沃克发现武仙DQ是食双星,每隔4 h 39 min发生一次交食。这样短的周期说明两颗子星是靠得很近的。随后,克拉夫特观测了10颗后新星阶段的星,其中7颗有确凿的证据表明是双星,绕转周期都不到1 d。也有可能新星都是双星。

从轨道运动速度和交食持续时间的资料可算出恒星大小。新星所属的双星有一颗体积小、密度大的白矮星,而伴星是较冷的巨星或主序星,它们很靠近。冷星体积大,其外层气体在白矮星引潮力作用下流向白矮星,在白矮星周围形成吸积盘。白矮星是已耗尽核燃料的"垂死"恒星,其表面附近引力场很强,当气体掉入白矮星时,很大的下落动能转化成热能,使白矮星表面温度升高。白矮星的外层富含碳、氮和氧,而来自巨星或主序星外层的主要是氢和氦,为白矮星提供核反应的新鲜燃料。当覆盖层质量达$10^{-4} M_{\odot}$时,温度和密度便高到足以使氢、氦、碳、氮和氧参与核反应,致使白矮星外层爆发,成为新星。新星抛出的气壳含碳、氮和氧的丰度比太阳大10~50倍。快新星与慢新星的差别是由于白矮星质量不同,前者质量较大,后者较小。白矮星的质量越大,覆盖层底部的温度和密度越高,越具爆发性。

2) 再发新星

再发新星(recurrent nova)是指已观测到不止一次爆发的新星,已确认银河系有10颗(见表10-2)。再发新星爆发时,典型的亮度变幅约为8.6星等。

表10-2　已知的再发新星

星　名	星等范围	爆　发　年　份
V745 Sco	9.4~19.3	2014,1989,1937
IM Nor	8.5~18.5	2002,1920
CI Aql	8.6~16.3	2000,1941,1917
V4287 Oph	9.5~17.5	1998,1900
V3890 Sgr	8.1~18.4	1990,1962
V394 CrA	7.2~19.7	1987,1949
T Pyx	6.4~15.5	2011,1967,1944,1920,1902,1890
T CrB	2.5~10.8	1946,1866
U Sco	7.5~17.6	2010,1999,1987,1979,1936,1917,1906,1863
RS Oph	4.8~11	2006,1985,1967,1958,1933,1898

经典新星可能是爆发周期很长的再发新星,只观测到一次爆发,而再发新星的爆发周期短。爆发周期短的原因可能是白矮星的质量大,覆盖层只需积累较

小质量便引发核爆炸；或者是白矮星吸积伴星物质的速率高，只需很短的时间覆盖层便能达到核爆炸所要求的质量。

3）矮新星

矮新星（dwarf nova）以短时标（几星期到几年）周期性增亮（$2^m \sim 5^m$），大多在爆发时由星风外流的质量抛射很少或无抛射。它们在爆发期间，大多从发射线光谱变为吸收线光谱，可能是白矮星周围吸积盘的不稳定性所致。在亮度极小时期，经典新星和再发新星的绝对目视星等平均约为 4.5^m，而矮新星的绝对目视星等平均约为 7.5^m。矮新星一次爆发辐射总能量为 $10^{31} \sim 10^{32}$ J。按照光变曲线的形状，矮新星分为三个次型：① 双子 U 型，光变曲线呈现较有规则的准周期爆发［见图 10 - 21（a）］；② 鹿豹 Z 型星，频繁爆发，偶被长时间的"停滞"打断，停滞几乎总是在亮度下降到相同的星等时出现，少数停滞可持续几年，而两次爆发的间隔通常短于 50 d［见图 10 - 21（b）］；③ 大熊 SU 型星，有短时间

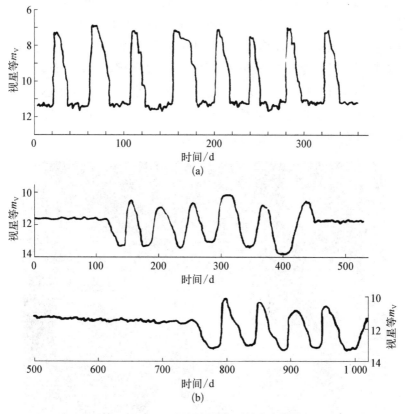

图 10 - 21　不同矮新星次型的光变曲线

（a）双子 U 型星的光变曲线；（b）鹿豹 Z 型星的光变曲线

(持续几天)正常爆发和长时间(持续约 2 星期)超爆,两次超爆之间相隔几百天,且超爆出现比正常爆发更规则;④ 天鹅 SS,1～2 天增亮 2～4 星等,后几十天变回原来亮度。

10.4.2　超新星

超新星(supernova,SN)是爆发规模比新星更大的激变变星,光度增幅为新星的数百至数万倍,高速抛出气壳。超新星爆发是一种罕见天象,从观测研究可得到其前身演化、爆发机制以及重元素起源的线索。

在望远镜发明前,仅有肉眼观测的 9 颗超新星记载,我国都有记载,最早的记录在《后汉书·卷十二·天文下》中:"中平二年(作者注:公元 185 年)十月癸亥,客星(作者注:即超新星,SN 185)出南门中,大如半筵,五色喜怒,稍小,至后年六月消";可能最亮的是 SN 1006(周伯星),《宋史·天文志》记载,"景德三年四月戊寅,周伯星见,出氐南,骑官西一度,状如半月,有芒角,煌煌然可以鉴物,历库楼东。"公元 1572 年和 1604 年出现的超新星(SN 1572、SN 1604)分别由第谷和开普勒做过大量观测而称为第谷超新星和开普勒超新星。

超新星爆发时光度极大,甚至可以与整个星系争辉,因而大望远镜可以发现河外星系的超新星(图 10-22 所示就是一个典型例子)。1885 年在仙女星系中发现了第一颗河外超新星,起初用变星命名为仙女 S,后来称为 SN 1885。现代望远镜每年可发现几百颗河外星系的超新星。

图 10-22　星系 NGC 1309 的超新星 2012Z(×中心)[两小图是它(箭头)
爆发前后的照片](彩图见附录)

1) 超新星的特征和分型

超新星一般以缩写 SN 加上出现年份及该年发现顺序排列的大写拉丁字母命名,26 个字母之后用小写的双字母 aa,ab,…,az,ba,bb,…。例如,SN 1987A 是 1987 年发现的第一颗超新星,SN 2003C 是 2003 年发现的第三颗超新星,SN 2005nc 是 2005 年发现的第 367 颗超新星。

1941 年,德国天文学家 R. 闵可夫斯基(Rudolph Minkowski,即大数学家赫尔曼·闵可夫斯基的侄子)和瑞士天文学家 F. 兹维基(Fritz Zwicky)根据光谱和光变曲线建议超新星主要有 I 和 II 两型。光谱有氢谱线(巴耳末线系)的为 II 型,缺乏氢谱线的则为 I 型。又按照其他元素谱线或光变曲线形状再细分型(见表 10 - 3、图 10 - 23)。在历史超新星中,根据亮度变化记载及其在银河系中的位置,现推测 SN 185、SN 1006、SN 1572 和 SN 1604 属 I 型,SN 1054 属 II 型。各型超新星的物理特性如表 10 - 4 所示。

表 10 - 3　超新星的分型

I 型 不显氢	I a 型　　最亮期有 SI II 谱线 615.0 nm		迅猛聚变爆炸
	I b/ I c 型 Si 吸收特征弱或无	I b 型　显示 He I 谱线 587.6 nm	
		I c 型　Si 弱或无	
II 型 显示氢	II - P/L/n 型 全是 II 型光谱	II - P/L 型 无窄谱线	II - P 型 光变曲线有"坪"	星核坍缩
			II - L 型 光变"线性"减弱	
		II n 型　有些窄谱线	
	II b 型　光谱像 I b 型		

表 10 - 4　各型超新星的物理特性

类　　型	平均光度峰 绝对星等	近似动能 (1 foe＝10^{44} J)	光度峰后的 天数	峰后光度降到 10% 的天数
I a	−19	1	近于 19	约 60
I a/ I b(暗)	约−15	0.1	15～25	—
I b	约−17	1	15～25	40～100
I c	约−16	1	15～25	40～100
I c(亮)	约−22	约 5	约 25	约 100
II - b	约−17	1	约 20	约 100

（续表）

类　　型	平均光度峰绝对星等	近似动能 (1 foe＝10^{44} J)	光度峰后的天数	峰后光度降到 10％的天数
II-L	约−17	1	约13	约100
II-P(暗)	约−14	0.1	约15	—
II-P	约−16	1	约15	约50
IIn	约−17	1	12～30 或更大	50～150
IIn(亮)	到−22	约5	50 以上	100 以上

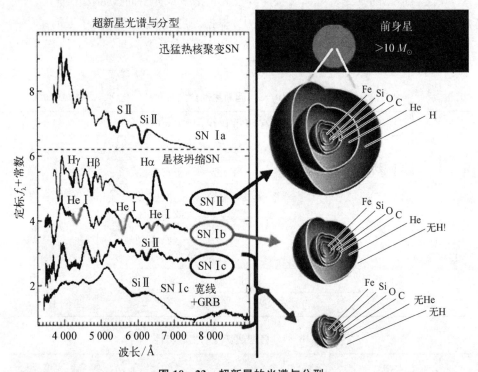

图 10-23　超新星的光谱与分型

（1）**I型超新星**。依据光谱特征，I型超新星（type I supernova）再分型为：Ia型，显示有电离硅的一条强吸收谱线；Ib型和Ic型，没有该条强谱线，Ib型显示中性氦的一些强谱线，而Ic型没有这些谱线。

（2）**II型超新星**。II型超新星也依据光谱再分型。大多II型有很宽的发射线，表明膨胀速度可达几千千米/秒。诸如 SN 2005gl 等一些有较窄的谱线特征，称为IIn型。诸如 SN 1987K 和 1993J 等显示变化型——先期显示氢谱线，但过几周到几月时期变为氦谱线为主，称为IIb型。光度峰后变暗不久，显示出光度几个月近于保持不变"坪"的称为Ⅱ-P型;而光度持续变暗、无"坪"的称为Ⅱ-L型(见图 10-24)。Ⅱ-P型比Ⅱ-L型的更普遍。此外,还有爆发能量更大的"极超新星(superluminous supernova 或 hypernova)"。

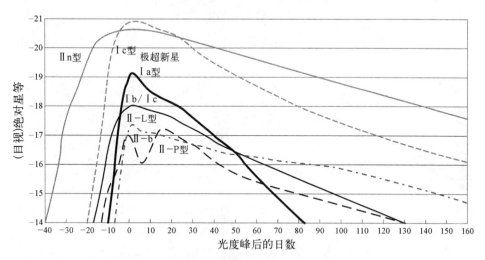

图 10-24　各型超新星的光变曲线

2) 超新星的现代模型

上述的超新星分型综合了它们的光谱和光变观测特征,还需要从观测资料和理论研究来建立模型,探索各型超新星的前身演化、爆发机制和过程及其后果,解释观测事实。现在能达成共识的是两种超新星模型:热核聚变爆炸和星核坍缩,但仍有不少疑难需要研究解决。

(1) Ⅰ型超新星的前身与迅猛聚变爆炸。Ⅰa型超新星的前身是个密近双星系统(binary system),其中的一颗白矮星从伴星吸积足够的物质,使其星核温度升到足够高以致达到碳燃烧的条件,发生迅猛核聚变从而完全爆炸瓦解(见图 10-25)。

正常的Ⅰa型超新星的光变曲线大多相似,在爆发几秒钟内,急剧的热核反应释放巨大能量$[(1\sim2)\times10^{44}$ J],产生强力的膨胀激波,飞出物质速度达 6 000~20 000 km/s;由于热核反应产生的放射元素^{56}Ni 经^{56}Co 到^{56}Fe 衰变,光度也突增到峰值——(目视)绝对星等为-19.3^m,相当于 50 亿 $L_\odot$,它们都一致地达此光度峰值,因此,用做标准烛光(standard candle)来测定其宿主星系的距离。

Ⅰa型超新星的另一种形成过程模型是密近双星的两星(白矮星)合并为一,总质量超过钱德拉塞卡极限(Chandrasekhar limit),而发生别样的爆发,很

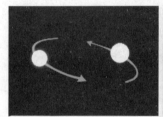
双星的两颗普通恒星

质量大的恒星演化为巨星

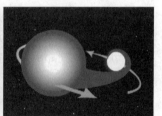
巨星气体流入另颗星,使它扩胀

亮的另星与巨星的核旋到共同包裹内

抛出共同包裹,两星距离变小

巨星残核坍缩而成为白矮星

衰老的伴星开始膨胀,涌向白矮星

白矮星的质量增加到临界值而爆炸

使伴星抛走

图 10 – 25　Ⅰa 型超新星形成的吸积模型

多情况可能不全是超新星,预计它们会比大多正常Ⅰa型超新星的光变曲线宽和光度低。当白矮星的质量大于钱德拉塞卡极限时,预计成为异常亮Ⅰa型超新星,而抛射物质的动能小些,会留下遗骸星。

(2) **大质量恒星的星核坍缩与超新星爆发**。除了上述Ⅰa型超新星外,其他型超新星都是由于大质量恒星的核聚变过程发生剧烈变化而突然变为不稳定,以致星核不能抗衡其重力而坍缩进而造成爆发。这类超新星又称为核心坍缩超新星(core-collapse supernova)或Ⅱ型超新星(type Ⅱ supernova)。星核坍缩可以有不同机制,一般认为是当大质量恒星发展成的铁星核大于钱德拉塞卡极限质量时,它就不再有足够的电子简并压力支撑来抵抗重力。如图 10 – 26 所示,坍缩开始后核心的外围部分向核心坍缩的速度可高达光速的四分之一。这种快速的收缩使核心的温度迅速上升,产生高能量的 γ 射线导致光致蜕变把铁核变成氦和自由中子,并有大量中微子。由于中微子几乎不与一般物质作用,所以能很快地从核心逃逸,带走大量能量从而加速核心的坍缩。

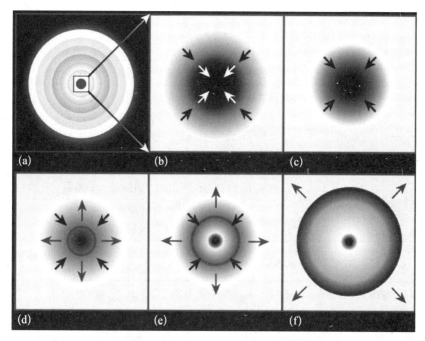

图 10 - 26　核心坍缩超新星形成过程示意图

（a）在大质量的演化恒星内,洋葱样分层元素经历燃烧；（b）形成铁星核,星核质量达到钱德拉塞卡极限质量而坍缩；（c）星核内部被压为中子；（d）使落下的物质反弹,形成往外传播的激波阵面（圆）；（e）激波阵面起初较小；（f）包括中微子的相互作用过程再驱动激波,爆散周围物质,仅留下简并的遗迹

　　星核坍缩后的结果取决于星核的质量和结构。质量小的简并星核形成中子星,质量大的简并星核完全坍缩为黑洞,非简并的星核发生迅猛的聚变。

　　表 10 - 5 列出大质量恒星星核坍缩的一些原因、它们发生的前身恒星类型、产生的超新星型和遗迹。表中未列Ⅱn 型超新星,它们可能是由不同前身星,甚至Ⅰa 型白矮星的各型星核坍缩造成的。

表 10 - 5　大质量恒星的星核坍缩情况（质量和金属度）、产生的超新星型和遗迹

坍 缩 原 因	前身星初始质量[①]（$M_\odot$）	超 新 星 型	遗　　迹
简并 O - Ne - Mg 星核的电子俘获	8~10	暗的Ⅱ- P	中子星
铁星核坍缩	10~25	暗的Ⅱ- P	中子星
	25~40,金属度[②]低于或等于太阳金属度	正常Ⅱ- P	回落物质到初始中子星后的黑洞

(续表)

坍 缩 原 因	前身星初始质量[①]($M_\odot$)	超 新 星 型	遗　　迹
铁星核坍缩	25～40,金属度很大	Ⅱ-L 或Ⅱ-b	中子星
	40～90,金属度很小	无	黑洞
	≥40,金属度近于太阳	暗的Ⅰb/Ⅰc,或有 γ 射线暴的极超新星	回落物质到初始中子星后的黑洞
	≥40,金属度很大	Ⅰb/Ⅰc	中子星
	≥40,金属度很小	无,可能的 γ 射线暴	黑洞
"($e-e^+$)对"不稳定	140～250,金属度小	Ⅱ-P,某些特超新星,可能的 γ 射线暴	无遗迹
光致蜕变	≥250,金属度小	无,(或明亮超新星)可能的 γ 射线暴	大质量黑洞

① 初始质量是指恒星在超新星事件之前的质量;② 金属度是氢、氦以外的元素相对于太阳的比例。

(3) **Ⅱ型超新星的前身和爆发**。初始质量小于 $8\,M_\odot$ 的恒星不会演化到足以坍缩的星核,它们最终失去大气而成为白矮星。至少 $9\,M_\odot$(可能到 $12\,M_\odot$)以上的恒星以更复杂的方式演化,其星核逐步高温燃烧更重的元素,不同元素按轻重形成洋葱样的分层,在较大的星壳中发生元素燃烧过程。质量最小的超新星前身仅有(O-Ne-Mg)星核,这些超 AGB 恒星可以成为星核坍缩超新星。

仍有氢包层的恒星如果在超巨星时期发生了星核坍缩,其结局就是Ⅱ型超新星。亮星的物质损失率取决于其金属度和光度。金属度近于太阳的极亮星在达到星核坍缩前就完全失去了氢,因而不成为Ⅱ型超新星。金属度小的所有星会发生有氢包层的星核坍缩,质量足够大的星可直接坍缩为黑洞而不产生可见的超新星。

初始质量约为 $90\,M_\odot$ 或金属度高的稍小恒星预计成为常见的Ⅱ-P型超新星。中到大金属度的、质量范围接近最大的恒星,在发生星核坍缩时会失去它们的大部分氢,成为Ⅱ-L型超新星。金属度小、质量为 $140\sim250\,M_\odot$ 的恒星,在其星核坍缩时仍有氢大气和氧核,成为有Ⅱ型特征的超新星,抛出大量 ^{56}Ni 且光度很大。

(4) **Ⅰb 和Ⅰc 型超新星的前身与爆发**。类似Ⅱ型超新星,Ⅰb 和Ⅰc 型超新星是经历星核坍缩的大质量恒星。它们是双星的子星,由于与伴星相互作用,失去其大部分外(氢)层之后,发生星核坍缩。

Ⅰb 型超新星更常见,是由还带有氦大气的 WC 型沃尔夫-拉叶星演化而来的。由于质量范围窄,它们在星核坍缩前演化为剩下很少氢的 WO 星,成为Ⅰc 超新星前身。各型星核坍缩超新星的前身星百分比如表 10-6 所示。

表 10-6　各型星核坍缩超新星的前身星百分比

星　　型	前　身　星	百分比/%
Ⅰb	WC　沃尔夫-拉叶星	9.0
Ⅰc	WC　沃尔夫-拉叶星	17.0
Ⅱ-P	超巨星	55.5
Ⅱ-L	耗尽氢壳的超巨星	3.0
Ⅱn	在驱出物密云内的超巨星	2.4
Ⅱb	极贫氢的超巨星	12.1
Ⅱpec	蓝超巨星	1.0

还有百分之几的Ⅰc 型超新星与 γ 射线暴(gamma ray burst,GRB)有关。这种 γ 射线暴的产生机制是星核坍缩形成的快速自转磁体产生的喷流。喷流把能量转移给膨胀的外壳,产生超光度超新星。

(5) **超新星的能量输出**。虽然我们常见超新星突然发亮的可见光事件,但其释放的电磁辐射只占总能量的很少部分,尤其是星核坍缩超新星发射的电磁辐射能量占总能量的比例更少。各种类型超新星产生的能量差别很大(见表 10-7)。

表 10-7　超新星的能量

类　型	近似的总能量/10^{44} J(foe)	抛出质量/$M_\odot$	中微子能量/foe	动能/foe	电磁辐射/foe
Ⅰa	1.5	0.4~0.8	0.1	1.3~1.4	~0.01
星核坍缩	100	(0.01)~1	100	1	0.001~0.01
特超新星	100	~1	1~100	1~100	~0.01
"($e-e^+$)对"不稳定	5~100	0.5~50	低	1~100	0.01~0.1

注:foe 是一个用来描述超新星释放的能量的单位,1 foe=10^{44} J 或 10^{51} erg。

Ⅰa 型超新星爆发时产生的大部分能量直接用于重元素合成和抛出物的动能。虽然过程的详细情况仍不完全了解,但结局是高动能地抛出前身星的全部物质;其中约 $\frac{1}{2}M_\odot$ 是硅燃烧产生的放射^{56}Ni,^{56}Ni 很快衰变(半衰期为 6 d)

为 ^{56}Co,再衰变(半衰期为 77 d)为稳定的 ^{56}Fe,这两个过程有电磁辐射。随着抛出物变得透明,光变曲线快速减弱。

星核坍缩的超新星的大部分能量以中微子发射,有 99% 以上的中微子在坍缩开始的头几分钟就逃离出去,因此促成了所观测星体的坍缩。虽然这些超新星的平均目视光度暗于 I a 型,但释放出的总能量却大很多。坍缩导致的重力势能转变为动能,猛烈压缩星核,起初由核反应中产生电子中微子,随后是来自超热中子星核的热中微子。过程的动能和镍产额略少于 I a 型且光度更暗些,但有总量为几个 $M_\odot$ 的残余氢去电离而使得光度减弱缓慢,因而光变曲线呈现"坪"。

某些星核坍缩超新星会变为黑洞,并且驱动相对论性喷流,产生短暂高能定向的 γ 射线,从而进一步转移大量能量到喷射物质。这是一种能产生高光度超新星的情况,是 I c 特超新星和 γ 射线暴能持续很久的原因。如果相对论性喷流太短暂而不能穿透恒星包层,则可能产生低光度的 γ 射线暴和超新星。

当超新星爆发过程发生在拱星周环的介质内时,会产生激波而把大部分动能转化为电磁辐射。即使初始能量完全正常,由于光度不依照指数式衰减,超新星会以高光度持续,成为 II n 型特超新星。

虽然"'(e−e$^+$)对'不稳定型"超新星的光谱和光变曲线类似于 II-P 超新星,但是其星核坍缩后的性质却更像 I a 型。最高质量事件释放出的总能量与其他星核坍缩超新星相当,但中微子产额很低,因而释放的动能大,电磁辐射强。它们的星核比白矮星大得多,从星核抛出的放射性镍和其他重元素可能要大出几个量级,且目视光度高。

(6) **超新星遗迹**。对于银河系中早已爆发的超新星,如今只有观测爆发后留下的遗迹并加以研究。**超新星遗迹**(supernova remnant,SNR)有膨胀的光学星云、射电展源、X射线展源和脉冲星。但这四种遗迹俱全的仅有几个(如 1054 年超新星、船帆座超新星)。很普遍的遗迹是射电展源,光学遗迹的膨胀星云较少。

大多超新星遗迹呈空心环形气壳状;少数是实心的,中央有明亮结构;还有介于两者之间的复合型。天鹅圈和仙后 A 遗迹属空型心,蟹状星云是实心型,船帆座超新星遗迹为复合型。

天鹅座圈的幕状星云(或称网状星云)[见图 10-27(a)]也是一个射电展源,大致呈球对称形状,角直径为 3°,线直径为 40 pc,距离为 770 pc。不同部分的膨胀速度略有差异,为 120 km/s 左右,估计是 3 万多年前爆发的一颗超新星的遗迹。抛出的气壳因受到星际物质阻碍,膨胀速度逐渐减小。

仙后 A 是最强的射电源,角直径为 4.2′。在该源的位置图上没有明亮的星云,但有许多微弱的纤维和星云碎片[见图 10-27(b)]。碎片以 7 400 km/s 的速度离开一个中心点。通过仔细分析碎片位置随时间的变化推断,应是 1670 年左右的一颗超新星爆发的遗迹。但由于离太阳很远(2 800 pc),受星际物质的遮掩,大部分遗迹在光学波段上看不到,而且没有相应的超新星记载。

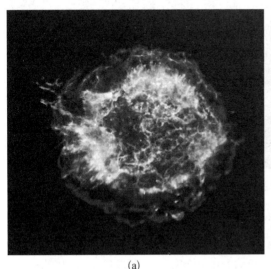

(a)　　　　　　　　　　　　　　　　　　(b)

图 10-27　超新星遗迹的射电展源

(a) 天鹅座圈是超新星的遗迹;(b) 仙后 A 的射电亮度分布

超新星抛出速度很高的气壳在星际气体中产生激波,气体加热到温度几百万度以上便发射 X 射线,已观测到一些超新星遗迹发射 X 射线。天鹅座圈比仙后 A 年龄大得多,前者比后者发射的 X 射线能量低。还探测到仙后 A 的 γ 射线发射谱线(1.16 MeV,由 ^{44}Ti 原子核产生)。

蟹状星云(crab nebula)是 1054 年超新星的遗迹(见图 10-28)。这颗超新星仅我国和日本有记载。例如,《宋史·天文志》记载,"至和元年五月己丑,(客星)出天关东南可数寸,岁余稍没";《宋会要》记载,"至和元年五月,晨出东方,守天关。昼见如太白,芒角四出,色赤白,凡见二十三日"。就是说,这颗超新星于 1054 年 7 月 4 日出现,位置在金牛 ζ(天关)附近,有 23 天白昼可见,像(太白)金星那样亮(由此估计约为 -5^{m}),到 1056 年 4 月 6 日消失。

1731 年,英国业余天文学家 J. 比维斯(John Bevis)首先用望远镜在金牛 ζ 近旁看到了一个模糊的云雾状天体(M1)。19 世纪中叶,爱尔兰天文学家(第三代罗斯伯爵)W. 帕森思(William Parsons)看到它的纤维状结构酷似蟹钳,从此称它为**蟹状星云**。1921 年,比较相隔 8 年和 11.5 年拍摄的蟹状星云照片,发现

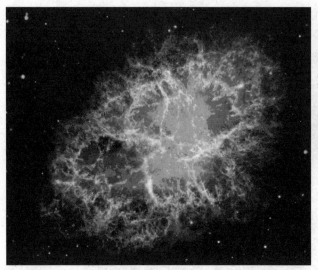

图 10－28　蟹状星云及其中央的脉冲星(彩图见附录)

它在膨胀。哈勃于 1928 年首先提出蟹状星云是 1054 年超新星的遗迹。它离太阳 2 000 pc,光学区域的角大小为 $7' \times 4.8'$,相应线大小为 4 pc×3 pc,质量为 $(2 \sim 3) M_{\odot}$。从光谱发射线的多普勒位移得出纤维膨胀最大速度达 1 500 km/s,估计超新星亮度极大时绝对星等为 -18^m,爆发前的恒星质量约为 $9 M_{\odot}$。已证认强射电源金牛 A 的光学天体就是蟹状星云,强射电辐射是从它的蓝色区域发出的。它中央角直径为 $2'$ 的区域发射 X 射线,又接收到它的红外辐射和 γ 射线。从这些发现不仅可以得到它在不同波段的辐射谱,而且可估计出在整个电磁频谱的辐射功率为 1.0×10^{31} W。现在普遍认为,它的辐射产生机制是同步加速辐射。蟹状星云中央有脉冲星(中子星)。

　　(7) **超新星 1987A**。1987 年 2 月 24 日,发现在蜘蛛星云西南区出现一颗 5^m 星,推算出绝对星等已达 -13^m 左右,判断为超新星,命名为"超新星 1987A(SN 1987A)"。实际上,更早以及差不多同时,还有几个记录,不过有的是在发现之后才显影底片,其星等为 6.5^m。它离地球 16.8 万光年。图 10－29 是超新星 1987A 的 X 射线像和光学像。

　　在它爆发的光信号抵达地球之前约 3 h,日本的中微子检测器检测到 12 个中微子,历时 12.439 s,几乎同时,美国和苏联的检测器也记录到中微子。确信有 25 个中微子来自该超新星,这是第一次直接观测到来自超新星的中微子,观测符合超新星理论模型,估计其总数为 10^{58},总能量为 10^{46} J。

　　这是近 400 年来最明亮的、唯一肉眼可见的一颗超新星,是太阳系之外被观

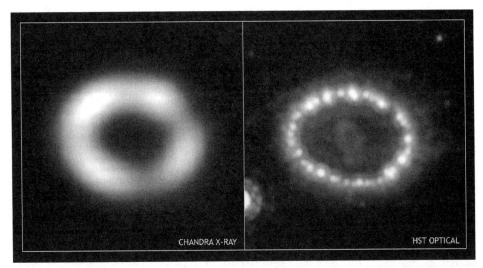

图 10 - 29　超新星 1987A 的 X 射线像(左)与光学像(右)(彩图见附录)

测得最全面的天体。通过从射电波段到 γ 射线进行的观测,已经取得了丰富的高质量资料,证认出它的前身星。超新星 1987A 已成为检验超新星理论最佳的试金石。

关于超新星 1987A 的重要观测特征,以及对理论的检验和提出的挑战列举如下:① 光谱有很强的氢线,属大质量的 II 型超新星。② 但它不是一颗典型的 II 型超新星,其光变曲线很独特,亮度持续 3 个月连续增加到最大,比典型 II 型超新星光度小,最亮时的绝对目视星等仅为 -15^m。③ 前身星(SK - 69°202)是蓝超巨星,光谱型为 B3 I,质量约为 15 $M_\odot$,光度为 $1.1 \times 10^5 L_\odot$,表面有效温度为 16 000 K,半径为 50 $R_\odot$,爆发时氢包层质量约为 10 $M_\odot$。哈勃空间望远镜在它周围拍摄到的气环以 10 km/s 的速度向外膨胀,该环距离超新星 0.2 pc,但不是在超新星爆发过程中抛出的,而是几百万年前从 SK - 69°202(由红超巨星向蓝超巨星演变时)抛出的,通过爆发时的强辐射加热并电离了环中的气体而导致发光。④ 按照 II 型超新星爆发理论,星核坍缩时大部分的引力能以中微子形式释放,在约 10 s 期间发生了中微子暴,从星核反弹的激波向外传播至星面而引起恒星在紫外和光学波段的亮度剧增,中微子事件比发现光学增亮约早 3 h,应该是激波从星核传至星面的时间。可是意大利学者早 4.6 h 检测到的中微子事件令人迷惑不解,一般认为它们与超新星 1987A 无关——这些中微子的来历只能成为悬案了。⑤ 超新星 1987A 的光变曲线分成两段,前段以激波释放的能量为主,后段主要由超新星抛出的放射性元素钴 ^{56}Co 衰变提供能量,两者的过渡大致出现在爆发后的 4 星期,爆发后的 1 000 多天由钴同位素 ^{57}Co 的衰变维持着超新星的光度。⑥ ^{56}Co 衰变时产生 γ 射线,γ 射线经历多次散射,变为 X 射线。爆发后 120 d,几颗卫星观测到^{56}Co 衰变产生的 847 keV 和 1 238 keV 的 γ 谱线,1987 年 7 月观测到来自该超新星遗迹的 X 射线,但比理论预期的时间提前一倍出现。⑦ Ⅱ型超新星爆发后,理论预言星核应坍缩成一颗中子星,但迄今尚未在超新星 1987A 的位置上发现中子星。⑧ 爆发后约 450 d 开始,有尘埃形成的证据,尘埃有小颗粒和光学厚颗粒簇。10 多年来,人们一直在严密监视其遗迹的光学、红外和射电波段辐射,进行深化研究。

(8) **超新星爆发的计算机模拟。**超新星爆发的计算机模拟将理论恒星模型体现在大型数值模拟中,通过大型数值计算揭示超新星爆发机制。计算过程需考虑各种物理条件和环境参数,并需要使用超级计算机。例如,多次荣登超级计算机世界排名榜首的、位于美国橡树岭国家实验室的高峰(Summit)超级计算机就用于超新星爆发计算。计算结果可用图像展示,给人以超新星爆发瞬间各种物理量的动态变化影像。随着计算机技术(硬件和软件)的快速发展,已出现越来越复杂的多维超新星爆发模拟。使用不同类型的模型,输入相关物理量,模拟各种化学成分的产量、喷射质量以及关键的核合成过程,研究其中的原子核和中微子形成过程。人们还试图将模拟结果与最新的超新星观测结果联系起来,从而讨论超新星理论模型的含义。

以核坍缩超新星模拟为例,问题的关键是构造濒临死亡恒星的等离子体流体动力学模型,描述恒星在核心坍塌期间所形成的物质对流行为:激波何时形成,如何形成,还有何时以及如何停止并重新激活,等等。到 20 世纪 90 年代,人们清楚地认识到模型必须涉及有中微子参与的物质对流,即来自下方的中微子和来自上方的物质的对流过程。恒星核心由中子星组成,同时具有向外扩展的中微子层,好像岩心被一个膨胀的地幔包围,在膨胀物质和致密中子星之间形成一个冲击边界。对流发生在地幔区域和中微子层内。在爆炸期间,中子俘获产生比铁更重的元素(详见第 15 章),同时中微子的"压力"将这些新生元素压向"中微子层"的边界,随后抛向周围空间。

最早期的模拟利用简单的一维模型,即把整个系统看成是各向同性的。后来的模拟表明,仅靠核心坍塌后的激波反弹的冲击能量远不足以驱动超新星爆炸,所以一些理论模型在停滞的冲击过程中引入了一种流体动力学不稳定性。这种不稳定性是由非球形扰动引起的,扰动使失速的物质受到冲击振荡,从而使其变形。这种空间的不对称性需用多维模型来描述。三维计算机模拟是描述由于转动、对流和喷射不对称所引起结果的关键,它与观察到的光曲线与合成的化学元素产率紧密相关。现在已经很清楚地知道,中微子在产生和维持超新星爆发中起着非常关键的作用,而爆炸性核合成是星际介质中各种重元素产生的原因。

超新星爆发的计算机模拟虽然已有 50 年以上的历史,但目前还是一个尚未完全解决的课题。其中主要是因为问题的高度复杂性,导致研究进展缓慢。需要指出,这类大型计算机模拟对计算条件有很高的要求,几乎每前进一步都依赖于新一代计算机的出现。超新星爆发的计算机模拟是一个极具挑战性的研究领域,是一个方兴未艾的重要交叉学科课题。

10.5　白矮星

恒星演化晚期因能源耗尽而引力坍缩的高密度天体统称**致密星**(compact star),主要有**白矮星**、**中子星**和**黑洞**三类。此节讲述白矮星。

10.5.1　白矮星概况

白矮星(white dwarf)一般是密度大、体积小、光度低、表面温度较高的白色星。它们是恒星演化晚期抛出外部而残留的星核,质量与太阳相当[范围为$(0.17\sim1.33)M_\odot$,大多为$(0.50\sim0.7)M_\odot$],但半径仅为$(0.8\%\sim2\%)R_\odot$,体积小到与地球相当,因而密度很大($10^4\sim10^7$ g/cm^3,平均为 10^6 g/cm^3,即每立方厘米 1 吨)。它们内部已没有热核反应能源,靠储存的热能传导到表面来维持发光,因而光度低。在赫罗图上,它们位于主序下面的条带区,划为光度型Ⅶ。

白矮星首先发现于三重星系统波江 40(40 Eri)内,它包含一颗亮的主序星40 Eri A、密度接近双星的白矮星 40 Eri B 和主序红矮星 40 Eri C。1783 年 1 月31 日,W. 赫歇尔(William Herschel)发现双星 40 Eri B/C;F. 斯特鲁维(Friedrich Struve,1825 年)和 O. 斯特鲁维(Otto Struve,1851 年)又进行了观测;1910 年,H. N. 罗素(Henry Norris Russell)、E. C. 皮克林(Edward Charles Pickring)和 W. 弗莱明(Williamina Fleming)发现暗星 40 Eri B 是光谱 A 型的(白星),由此开始了对白矮星的研究。

第二颗被确认的白矮星是天狼 B。1844 年,F. 贝塞耳(Friedrich Bessel)根据天狼星在天球的波浪形运动路径,推断它有颗看不见的伴星。1862 年,A. G.克拉克(Alvan Graham Clark)用口径为 47 cm 的折射望远镜第一次观测到这颗预料的伴星——天狼 B。1915 年,W. S. 亚当斯(Walter Sydney Adams)确认天狼B 是白矮星。1998 年紫外卫星观测得出天狼 B 特性如下:有效温度为 24 790 K,

质量为 $1.034\,M_\odot$,半径为 $0.008\,4\,R_\odot$,平均密度达 $2.5\times10^6\,\mathrm{g/cm^3}$。1917 年,荷兰天文学家 A. 范马南(Adriaan van Maanen)发现单独的白矮星——范马南星(van Maanen's Star)。到 1999 年,白矮星已知有 2 000 多颗。此后,Sloan 数值巡天发现白矮星超过 9 000 颗。

白矮星大多是双星的成员,也有些是单星。从测定的距离和视星等,可以算出它们的绝对目视星等为 $8^m\sim16^m$,因而这些低光度的白矮星只有距地球近的才易观测到。从光谱观测得出它们的表面有效温度大多为 5 500~40 000 K,对应于光谱 O 型到 K 型。白矮星按光谱特征分为多个次型(见表 10 - 8)。还有按次要特征的 DP(有可测偏振的磁白矮星)、DH(没有可测偏振的磁白矮星)等次型。

表 10 - 8　白矮星按光谱特征分型

次　型	光谱主要和次要特征	占比/%	温度/K
DA	有 H 谱线;无 He Ⅰ 或金属谱线	约 80	
DB	有 He Ⅰ 谱线;无 H 或金属谱线	约 16	12 000~30 000
DC	连续谱;无谱线		低于 12 000
DO	有 He Ⅱ 谱线,伴有 He Ⅰ 或 H 谱线		45 000~100 000
DZ	有金属谱线;无 H 或 He Ⅰ 谱线		
DQ	有碳的谱线		
DX	不清楚或未分型的光谱		

10.5.2　简并电子气及其物态方程

虽然白矮星和主序星都是稳定的恒星,内部各层处于向内的引力与向外的气体压力抗衡状态,但实际的具体情况有很大差别。主序星的星核进行(原子)核聚变反应——核燃烧,释放巨大能量,维持向外的气体压力和辐射压力,因而导致其质量-半径关系和质光关系。白矮星的星核已停止核燃烧,那么,它靠什么压力来抗衡引力呢?

1924 年,爱丁顿指出,在白矮星内部的高温条件下,原子失去其结合的束缚电子成为自由电子气,裸原子核得以挤紧而导致白矮星的高密度。在 E. 费米(Enrico Fermi)和 P. 狄拉克(Paul Dirac)提出电子气的量子统计理论后,R. H. 福勒(Ralph Howard Fowler)于 1926 年提出,白矮星内的电子气的"简并(degenerate)"压力可以抗衡引力。在量子力学中,每个电子都只能处于不同的量子能态,因为它们必须遵守泡利不相容原理(Pauli exclusion principle)。在电子数密度足够大的情况下,大多数电子被迫处于高能量状态,也具有高动量,由此形成的"简并"压力远大于普通的气体压力。

不同于经典力学的宏观粒子位置和动量都可同时确定,微观粒子同时具有粒子性和波动性,它们的位置和动量不能同时精确测定。微观粒子的这种性质由 W. 海森堡(Werner Heisenberg)不确定关系描述:

$$\Delta x \cdot \Delta p \geqslant \frac{h}{2\pi} \tag{10-6}$$

式中,h 是普朗克常数。可见,粒子所占体积越小,其动量不确定度越大。

利用不确定关系,可以定性地导出简并电子气的状态方程(也称物态方程),即简并电子气压力与密度之间的关系。电子气的压力可以近似地写为

$$p = n m_e v^2 \tag{10-7}$$

式中,n 和 m_e 是电子的数密度和质量;v 是平均速度。若单位体积 V 内有 N 个电子,则 $n \propto \dfrac{N}{V}$,由于不同元素的原子电离提供的电子数不同,比例系数与气体成分有关。作为数量级估计,每个电子被限制的体积为 $\dfrac{V}{N}$,其位置不确定度 $\Delta x \propto \left(\dfrac{V}{N}\right)^{1/3}$,动量不确定度 Δp 与 mv 相当。把 Δx 和 Δp 代入不确定关系,得出 $v \propto \left(\dfrac{h}{2\pi m_e}\right)\left(\dfrac{N}{V}\right)^{1/3}$。再把 n、v 的表达式代入式(10-7),可得出

$$p \propto \left(\frac{N}{V}\right)^{5/3} \propto \rho^{5/3} \tag{10-8}$$

式中,ρ 是电子气的密度。当电子气密度非常大时,许多的电子具有非常大的动量,其速度可能接近光速而符合相对论。考虑了相对论效应后,其简并压力与密度关系则为

$$p \propto \left(\frac{N}{V}\right)^{4/3} \propto \rho^{4/3} \tag{10-9}$$

这里得出的一个重要结论是,由于量子效应而导致简并压力与温度 T 无关,只与密度有关。注意这个结论与理想气体的状态方程完全不同。理想气体的压力是由粒子的热运动产生的,与密度和温度都成正比,即 $p \propto \rho T$。

10.5.3　白矮星的质量-半径关系和钱德拉塞卡极限

对于普通主序恒星而言,质量越大的,其半径及体积也越大。而白矮星却是质量越大,其半径及体积越小。那么,白矮星的质量与半径有怎样的关系呢? 由于白矮星处于稳定状态,可以用其总能量极小,即引力势能与动能平衡来讨论。

白矮星单位质量的动能 E_k 主要来自电子运动,电子动量 p 可以利用海森堡不确定关系取其不确定度,$p \sim \Delta p \propto \dfrac{h}{2\pi}\left(\dfrac{N}{V}\right)^{\frac{1}{3}}$,从而得 $E_k = p^2/2m_e \approx \left(\dfrac{h}{2\pi}\right)^2 \left(\dfrac{N}{V}\right)^{2/3}/2m_e$。 如果把对单位质量和单位体积的讨论扩展到白矮星的总质量 M 和总体积 V,则白矮星的总动能为

$$E_{k(\text{total})} = N\left(\frac{h}{2\pi}\right)^2 \left(\frac{N}{V}\right)^{2/3}/2m_e$$

另一方面,白矮星内电子总数 N 又可以表示每原子中的电子数 Z(即原子序数)乘上白矮星内包含的原子核数 $\dfrac{M}{Am_p}$(其中 A 为每原子核的核子数,m_p 为每个核子的质量,M 是白矮星总质量)。再考虑到作为球体的白矮星总体积 V 正比于其半径的立方(R^3),则 $E_{k(\text{total})}$ 又可以表示为

$$E_{k(\text{total})} = \frac{(h/2\pi)^2 (Z/A)^{\frac{5}{3}} M^{\frac{5}{3}}}{2m_e m_p^{5/3} R^2}$$

而白矮星的总势能可以近似地表示为

$$|E_{g(\text{total})}| \approx \frac{GM^2}{R}$$

式中,G 是引力常数。在白矮星稳定状态条件下,其总能量处于极小,即引力势能与动能平衡。由 $E_{g(\text{total})} \approx E_{k(\text{total})}$ 可得出

$$R \approx \frac{(h/2\pi)^2 (Z/A)^{\frac{5}{3}}}{2m_e m_p^{\frac{5}{3}} GM^{\frac{1}{3}}}$$

不考虑与成分有关的 Z 和 A,以及常数(如 G 等),可得出白矮星的质量-半径关系为

$$R \sim M^{-\frac{1}{3}} \tag{10-10}$$

可以看出,白矮星半径和其质量的立方根成反比,即质量越大,其半径及体积越小、密度越大。在上述推导中,如果白矮星内的电子速度近于光速 c,则电子的动能应取相对论公式 $E_{kl} \approx \dfrac{M^{\frac{1}{3}} N^{\frac{4}{3}} hc}{2\pi R}$。

　　电子简并压力支持白矮星稳定的另一个重要结果是白矮星质量有上限。W. 安德森(Wilhelm Anderson)于 1929 年、E. 斯通纳(Edmund Stoner)于 1930 年首先公布白矮星的质量极限。现在常引用的是 1931 年钱德拉塞卡的论文"理想白矮星的最大质量"的结果:对于无自转的白矮星,其最大质量近于 5.7 $\dfrac{M_\odot}{\mu_e^2}$,μ_e 是每个电子的平均相对分子质量(其论文确定 μ_e 为 2.5,质量极限为 0.9 $M_\odot$)。1935 年,他计算了白矮星的内部结构,得出这个极限质量为 1.44 $M_\odot$,称为**钱德拉塞卡极限**。因这个重要成果及其他杰出成就,钱德拉塞卡(与福勒)获 1983 年诺贝尔物理学奖。

　　为了更准确地计算白矮星的质量-半径关系和质量极限,必须更好地描述白矮星物质的物态方程(作为离中心距离函数的密度-压力关系),利用流体静力平衡等微分方程一起来计算其内部结构,包括相对论性的修正。图 10-30 为计算结果示例。

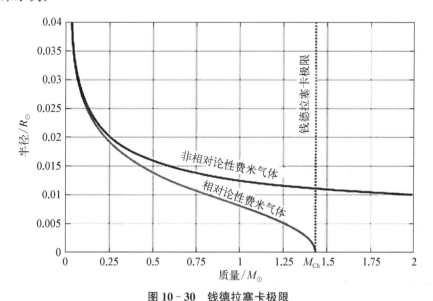

图 10-30　钱德拉塞卡极限

　　由于白矮星内部的大量电子是高能态的,光子能量不能匹配电子可能的量子态,因而辐射的热传输很低,但热传导很高。于是,白矮星内部维持均匀温度约

10^7 K,非简并物质的外壳大致作为黑体辐射而从约 10^7 K 冷到 10^4 K。白矮星仍长期可见,发出的可见光辐射颜色变化范围很宽,从光谱 O 型主序的蓝白色到 M 型红矮星的红色,表面有效温度从 15 000 K 以上到 4 000 K 以下,相应光度从 $100\,L_\odot$ 以上到 $1/10\,000\,L_\odot$ 以下。热的白矮星表面温度超过 30 000 K,可以观测其软 X 射线和极紫外辐射。白矮星辐射来自其以前存储的能量,随着能量缓慢耗失而变冷,内部物质结晶。从观测资料推算出某些白矮星有 32%~82% 的质量已结晶。

白矮星的极限质量与其化学组成以及自转有关。如果白矮星自转很快,离心力抵消了部分引力,其最大质量就会大大超过钱德拉塞卡极限。然而,除了某些双星的白矮星外,大多数白矮星自转并不快,视自转速度 $v\sin i$ 小于 50 km/s。

一些白矮星表面磁场强度达 10^2~10^4 T,强磁场也有助于抗衡引力,因而会提高极限质量值。白矮星的质量存在上限,意味着只有质量小于钱德拉塞卡极限的恒星,或者质量虽然大于该极限,但在演化过程中损失了多余质量的恒星,才能演变成白矮星。

白矮星表面的引力场很强。按照广义相对论,引力场越强,时钟走动越慢。于是,在地球上的观测者看来,具有强引力场的天体发射光的周期变长,即频率降低了,谱线红移,这一现象称为**引力红移**(gravitational redshift)。白矮星谱线的引力红移达到可测程度,在可能误差范围内,观测到天狼 B 和波江 40 B 的引力红移与理论预言符合,成为广义相对论的三大天文验证之一。

10.6　中子星和脉冲星

质量超过钱德拉塞卡极限的恒星,一旦核燃料耗尽后会怎样呢? 即使它们坍缩到白矮星的体积,电子气的简并压力仍不能与巨大的引力相抗衡,星体将继续坍缩,而密度越来越高。直至出现另外的力支撑住星体时,坍缩才会停止。它会成为怎样的一种天体呢?

10.6.1　中子星

1932 年,J. 查德威克(James Chadwick)发现中子后不久,L. D. 朗道(Lev Davidovich Landau)就提出可能由中子组成的恒星概念。1934 年,W. 巴德(Walter Baade)和 F. 兹维基(Fritz Zwicky)指出,超新星爆发可以将普通恒星变为由中子组成的所谓**中子星**(neutron star)。此时期关于中子星的理论探讨几乎是纸上谈兵,人们还不知道应该观测什么来验证,因而中子星研究就沉默了下来。直到 1967 年 11 月，F. 帕西尼(Franco Pacini)指出，若中子星旋转并有磁场，就会发出电磁波。虽不知此情，时为英国剑桥大学的女博士生 J. 贝尔(Jocelyn Bell)和导师 A. 休伊什(Antony Hewish)却偶然发现了射电脉冲星，进一步研究确认脉冲星就是一种中子星。从此，中子星和脉冲星成为现代热门课题。

概要地说，中子星是大质量($10\,M_\odot \sim 20\,M_\odot$)恒星演化晚期留下的坍缩星核，是体积最小、密度最大的恒星。虽然它们的典型半径是 10 km 量级的，其质量仍有约 $2\,M_\odot$，因而比白矮星更致密。中子星几乎完全由中子组成。中子是费米子，由于泡利不相容原理，产生的中子简并压力用来抗衡引力而阻止坍缩，使系统维持稳定。

可观测的中子星是很热的，典型的表面温度约为 6×10^5 K，其密度达 10^{14} g/cm^3，这意味一茶勺(约 5 mL)的中子星物质就有几十亿吨。它们的磁场是地球磁场的 $10^8 \sim 10^{15}$ 倍，其表面重力是地球表面重力的 2 000 亿倍。

现在已知的银河系和麦哲伦星系的大约 2 000 颗中子星，大多数是作为射电脉冲星而探测到的。它们集中于银盘，也有垂直银盘散布的。离我们最近的有：RX J1856.5 - 3754，约 400 ly；PSR J0108 - 1431，约 424 ly。

1) 逆 β 衰变与中子星

随着星体内密度升高，由于简并性，越来越多的电子获得了很大的动量，出现逆 β 衰变。当电子的速度接近光速时，可以发生如下的逆 β 衰变过程：

$$p + e \rightarrow n + \nu \qquad (10 - 11)$$

即一个高能电子(e)与一个质子(p)碰撞，形成了一个中子(n)，并发射出一个中微子(ν)。这种过程导致电子密度减小、电子压力降低，同时原子核内的中子数与质子数的比率增大，引起了原子核的结合力减弱。由于中子不带电荷而没有静电斥力，星体进一步坍缩。当密度大约达到 4×10^{14} kg/m^3 时，中子开始从原子核内"滴出"，形成原子核外的中子流体。密度升到 10^{17} kg/m^3 时，原子核便完全瓦解，除了混杂很少量的质子和电子外，物质几乎全部是自由中子组成的。此时的中子也是简并的，其简并压力可以与引力相抗衡，这种主要由中子组成的稳定恒星就是中子星。

2) 中子星的质量极限

与白矮星的钱德拉塞卡极限类似，中子星也应有一个质量上限，若超过此上限，引力就将大于中子的简并压力，平衡结构不再存在。自 1939 年以来，美国核物理学家 J. R. 奥本海默(Julius Robert Oppenheimer)和加拿大的 G. 沃尔科夫(George Volkoff)及其他研究者计算中子星模型。但因为不太了解极高密度的物态，中子星质量的理论极限至今仍不确切，估计为$(1.5 \sim 3)M_\odot$。质量更大的恒星则演化成为"黑洞"(见 10.7 节)。实际观测到,脉冲星 PSA J0348+0432 的质量为 $(2.01\pm0.04)M_{\odot}$,可以作为中子星质量极限的经验参考。

3) 中子星的性质

(1) **质量和温度**。中子星的质量范围可能从至少 $1.1\,M_{\odot}$ 到 $3\,M_{\odot}$,而实际观测到的中子星最大质量约为 $2.01\,M_{\odot}$。如前面所述,白矮星质量的钱德拉塞卡极限和中子星质量极限仍不是完全严格确定的,而实际情况又是多样复杂的。在质量极限左右,形成中子星与白矮星以及中子星与黑洞的恒星质量范围可以有重叠,例如,有质量小于钱德拉塞卡极限的中子星。

新形成的中子星的内部温度范围为 $10^{10}\sim10^{11}$ K。然而,其发射的巨量中微子带走很多能量,以致孤立中子星的温度在几年内就降到 10^6 K 左右,其电磁辐射大多在 X 射线波段。

(2) **密度、压力和磁场**。中子星的密度范围为 $3.7\times10^{17}\sim5.9\times10^{17}$ kg/m^3,近于原子核的密度(3×10^{17} kg/m^3)。中子星内的密度随深度增大,从深处的约 6×10^{17} kg/m^3 或 8×10^{17} kg/m^3 到外壳处的约 10^{17} kg/m^3。压力从内壳的 3×10^{33} Pa 增大到中心的 1.6×10^{35} Pa。

中子星有很强的磁场,估计其表面磁场强度至少为 10^8 到 10^{15} Gs(1 Gs= 10^{-4} T)。磁场变化可能是不同类型中子星差别的主要因素。其磁场的起源尚不很清楚,一种原因可能是中子星保留其前身的总磁通量,而因其坍缩的形成过程(表面积大减)导致磁场强度大增。

(3) **重力与物态方程**。中子星表面重力约为 1.86×10^{12} m/s^2。由于广义相对论的"光子路径弯曲——引力透镜"效应,也会看到通常意义上看不见的背面区域发射出来的光子。若中子星的半径为 $3GM/c^2$ 或更小,光子就会被捕获到绕中子星转动轨道上,从有利点可以看见中子星整个表面发射的光子。

中子星也可能有类似于白矮星的质量-半径关系,质量越大,半径越小。由于中子质量是电子的 1 840 倍,需在更高密度才简并,所以中子星半径比白矮星小得多,只有 $10\sim20$ km。科学家已提出中子星的相对论物态方程几种模型来表述半径与质量的关系。对于特定的中子星质量,各模型给出最可能的半径。例如,质量为 $1.5\,M_{\odot}$ 的中子星,几种模型给出的可能半径为 10.7 km、11.1 km、12.1 km、15.1 km。总之,中子星的物态方程及质量与半径的关系仍不十分清楚,需要计及广义相对论效应。

4) 中子星的结构

由于中子星这样的高密度物质在量子理论描述上和观测上的困难,目前还不能准确知道其物态方程。中子星具有原子核的某些特征,在通俗科普作品中常把中子星描写为巨核(giant nucleus)。然而,中子星与原子核在很多方面是很不同的,尤其是原子核是靠强相互作用维持的,而中子星则是由重力(引力)维持的,因而中子星的密度和结构可能是更可变的。

已有的数学模型给出了对中子星结构的一般理解,但通过中子星震荡研究可以推测某些细节。用于研究普通恒星的星震学,依据分析恒星的震荡谱来揭示恒星内部结构,也可以用于揭示中子星的内部结构。现代的中子星模型表明,其表面物质由普通原子核组成,它们挤压为固态晶格,有流过它们间隙的电子海。因为铁原子核的核子束缚能最高,中子星表面有可能是铁原子核,也有可能重元素沉于表面之下,而表面只留下氢、氦等轻元素。若表面温度超过 10^6 K,其表面应是液态相的而非固态相。

假设中子星的“大气”至多几毫米厚,磁场完全控制其动力学。大气下面是“固态”壳,由于引力场特强,固态壳极其坚硬又平滑(表面最大不规则约为 5 mm)。越是深入中子星内部,引力也就越大。在高压下质子和中子之间的核力将原子核扭曲成奇怪的形状,比如长条形,就像意大利细面条,这种核物质状态称为核面(nuclear pasta)。往内,核素的中子数增多,由于压力极高而保持稳定。深度再增加,此过程继续,中子滴变为主导,自由中子浓度速增,该区存在核子、自由电子和自由中子。重力和压力胜过“强力”,核子可能变得更小,直到星核。按定义,那里存在的大多是中子。

星核的超密物质成分仍未确定。一种模型把星核描述为中子简并超流物质(大多是中子,加上一些质子和电子)。也可能是更新奇的物质形式,包括简并的奇异物质(含奇异夸克、上夸克、下夸克)或极密的简并夸克物质。

图 10-31 给出中子星的一种结构模型,图中 ρ_0 是核物质饱和(核子开始接触)密度。

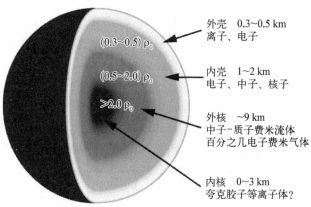

图 10-31　中子星结构模型

5) 中子星的类型

中子星可以大致分为以下两类及其多个次型。

(1) **孤立的中子星**：即不是双星成员的单独中子星,可再分为以下几型。

自转所致脉冲星(RPP)：或称为射电脉冲星(radiopulsar)。由于强磁场和自转,中子星发射的定向脉冲辐射以规则时间间隔射向我们。

磁星(magnetar)：有极强磁场(规则中子星磁场 1 000 倍以上)、自转周期长(5～12 s)的中子星。

射电宁静的中子星：包括 X 射线弱的孤立中子星和超新星遗迹内的中心致密体(年轻的射电宁静非脉冲 X 射线源)。

(2) **X 射线脉冲星**(X-ray pulsar)或吸积所致脉冲星(accretion-powered pulsar)：一种 X 射线双星。又分为低质量 X 射线双星,伴有主序星、白矮星或红巨星;中等质量 X 射线双星;高质量 X 射线双星;双星脉冲星,有白矮星或中子星伴星的脉冲星。

此外,还有理论预言的有类似性质致密天体：原中子星、奇异星-夸克星(已有候选星)、弱电星……这些还有待未来的研究和观测揭晓。

10.6.2　脉冲星

1) 脉冲星的发现和命名

1967 年 7 月,英国剑桥大学休伊什小组研制成观测小角径射电源的星际闪烁的射电望远镜,工作波长为 3.7 m(频率为 81.5 MHz),可记录迅变信号。研究生贝尔于 8 月 6 日记录到一组很强的信号起伏,经过一个月监测,排除了地球上的干扰或来自太阳的可能。他们随即安装了一台能记录到信号强度更快变化的接收机,于 11 月 28 日首次看到了这个奇怪源的信号是一系列规则脉冲,脉冲周期为 1.337 3 s。不久,贝尔又发现另外三个源,脉冲周期都是 1 s 左右。他们幽默地以外星人科幻小说中的"小绿人"称它们为 LGM 1、2、3、4。贝尔写道："一帮傻乎乎的小绿人却选择了我的天线和频率来与我们通信,但很快断定射电脉冲不是外星人的信号,而是来自特殊天体。"后来称作**脉冲星**(pulsar)。实际上,在此之前,别的射电望远镜曾记录到几次脉冲星信号,都当作干扰信号而忽视了! 著名天文学家曼彻斯特和泰勒在他们的《脉冲星》专著里写道："献给贝尔。没有她的聪明和百折不挠,我们就分享不到研究脉冲星的幸运。"1968 年他们在《自然》杂志上发表了题为"一个快速脉冲射电源的观测"的学术论文,认为脉冲射电源星可能是中子星。这一发现震动了天文界,新的观测研究成果纷至沓来。休伊什获得 1974 年诺贝尔物理学奖。图 10-32 和图 10-33 分别是第一颗脉冲星 CP1919 的射电脉冲观测记录文稿以及休伊什和贝尔在他们的射电望远镜前的留影。

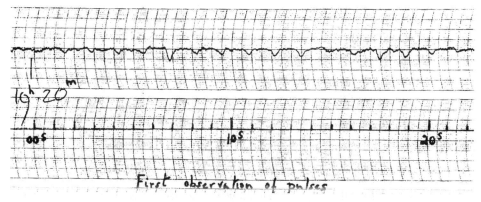

图 10-32　1967 年 11 月 28 日第一颗脉冲星 CP1919 的射电脉
　　　　　冲观测记录(强度向下增加)

图 10-33　休伊什(右)和贝尔(左)及他们的射电望远镜

　　1982 年以前观测到的脉冲星脉动周期在 0.03~4.3 s 范围内,脉冲持续时间多数在 0.001~0.05 s 范围内。后来又发现周期短到毫秒数量级的"毫秒脉冲星",例如,1982 年发现的 PSR1937+214 周期为 1.557 8 ms,1983 年发现的 PSR1953+29 周期为 6.133 7 ms。很多毫秒脉冲星在球状星团中,说明它们是很古老的。已发现的 4 000 多个脉冲星大多位于银道附近。

　　特别重要的是,1968 年在船帆座超新星遗迹中的和蟹状星云中的脉冲星,它们的脉冲周期分别为 0.089 2 s 和 0.033 1 s。1969 年和 1970 年又先后发现蟹状星云射电脉冲星的光学、X 射线和 γ 射线脉冲,周期与射电脉冲的周期一致,其能量主要集中在 X 射线波段,目视星等变化于 13.9^m 与 17.7^m 之间,光谱很特殊,只有连续谱,没有吸收线,很久以来就怀疑它是 1054 年超新星爆发后留下的星核。1974 年还发现了船帆座射电脉冲星的 γ 射线脉冲,1977 年又发现了光学脉冲。

起初,脉冲星以两个字母加一个四位数字命名,第一个字母标志发现的天文台符号,第二个字母 P 为脉冲星的首个字母,四位数字表示该脉冲星在 1 950.0 年历元的赤经,例如,CP 1919 是剑桥天文台发现的脉冲星,其赤经是 $19^h 19^m$,它就是最早发现的那颗脉冲星。NP 0531 是美国国家射电天文台发现的脉冲星,其赤经为 $05^h 31^m$,它就是蟹状星云中那颗脉冲星。AP 代表美国阿雷西博射电天文台发现的脉冲星;JP 代表英国焦德尔班颗射电天文台发现的脉冲星;MP 代表澳大利亚莫隆洛射电天文台发现的脉冲星。后来,统一采用 3 个字母 PSR(脉冲射电源"pulsating source of radio"的缩写),并附以赤经的数字、赤纬的度数来命名。例如,第一颗发现的脉冲星名为 PSR 1919+21,蟹状星云脉冲星和船帆座脉冲星分别为 PSR 0531+21 和 PSR 0833-45。必要时赤纬度数写到 $\frac{1}{10}$ 度,如 PSR 1913+167。有时为了明确起见,以射电脉冲星、光学脉冲星、X 射线脉冲星和 γ 射线脉冲星分别专指不同波段发现的脉冲星。已发现的光学脉冲星和 γ 射线脉冲星很少,其他都是射电脉冲星或 X 射线脉冲星。

2) 脉冲星的主要特征

概括脉冲星的观测资料,有以下主要特征。

(1) 脉冲周期短,且很稳定。它们的脉冲周期范围为 1.6 ms~4.3 s,大多为 0.6 s 左右。它们的脉冲周期像原子钟那样准确,例如 PSR1937+214 在 1 年仅减少 $3×10^{-12}$ ms。脉冲窄,多数脉冲星的脉冲宽度与周期的比值约为 $\frac{1}{30}$。

(2) 脉冲周期 p 总是缓慢地略变长。一般典型变化率仅约为 10^{-14} s/d。PSR0531+21 的周期变化率最大($3.652\ 6×10^{-8}$ s/d)。脉冲星的年龄上限可以用特征时间 t 表示,脉冲周期短的 t 小,脉冲星就年轻。随着时间推移,p 变大,t 大,表示脉冲星年老。对于 PSR0531+21,$t=2\ 480$ 年,实际上,蟹状星云超新星是 1054 年爆发的。

但是,有个别脉冲星除了很规则的周期变长外,还有不规则的周期突然减小。PSR0833-45 在 1969 年 2 月 24 日到 3 月 3 日之间周期大约减小 $2×10^{-7}$ s(见图 10-34),随后在几星期内恢复到接近正常的周期,后来又出现类似的突变。它的规则周期变化率是 $1.1×10^{-8}$ s/d,比突变时的周期变化率小,而且两者变化的方向相反。这种现象称为**自转突变**,因为周期突然减小是由自转突然加快(星震)引起的。

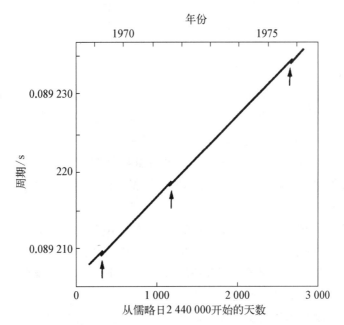

图 10 - 34　PSR0833 - 45(船帆座脉冲星)在 1968—1976 年的周期变化[有 3 次突变(见箭头)]

(3) 单个脉冲辐射常是高偏振的,具有强磁场($10^7 \sim 10^8$ T)。各个脉冲的强度和形状彼此不同,呈现混乱变化(见图 10 - 35)。但把几百个脉冲的系列叠加后的累积脉冲轮廓是相当稳定的,有单峰、双峰和多峰。一般说来,周期短于 1 s 的多为单峰,周期长于1s的双峰或多峰居多。

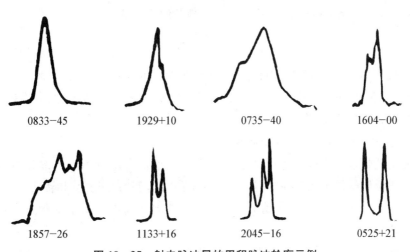

图 10 - 35　射电脉冲星的累积脉冲轮廓示例

(4) 脉冲星辐射功率为 $10^{18}\sim10^{24}$ W,辐射频谱为幂律谱 $S(\nu)\propto\nu^{\alpha}$,指数 α 一般为 $-1\sim-3$,以 -1.5 左右常见。有的频谱曲线由两段斜率不同的直线组成,低频段的 α 近于 -1。

3) 脉冲星——快速自转的中子星

根据脉冲星的观测资料,理论分析很快证认脉冲星是高速自转的中子星。首先它具有极规则的脉冲周期,表明脉冲不可能来自恒星大气的局部扰动,而应与恒星的整体性质有关。而且,一个辐射迅速变化的天体,其大小不应超过在变化时标内的光传播距离,否则,天体各部分的辐射会平滑掉迅变信息。脉冲持续时间仅为几秒到几十毫秒,因而其体积大小至多与行星相当,这样的候选恒星只有白矮星和中子星。

恒星中,具有精确周期运动的可能方式有三种:双星轨道运动、星体脉动和自转。

即使考虑两颗白矮星以几十毫秒的周期绕转,它们的距离也会比白矮星半径小得多。若考虑两颗中子星相互绕转,会得到轨道周期很快减小的结论,也不符合观测事实。因此都不可能。

根据恒星脉动理论得出的脉动周期与平均密度关系式(10-4),用白矮星密度计算出脉动周期为 10 s 量级,绝不可能短于 1 s;如果中子星脉动,周期应在 $1\sim10$ ms,又比大多数脉冲星的脉冲周期短很多,因而,也应排除星体脉动。

恒星自转角速度不应超过临界值 ω,它由赤道物质所受引力与离心力的平衡条件决定:

$$\omega^2 = \frac{Gm}{R^2} \qquad (10-12)$$

由此得出,力学稳定恒星的自转周期 p 必须受限于下式:

$$p \geqslant (3\pi)^{\frac{1}{2}} (G\bar{\rho})^{\frac{1}{2}} \qquad (10-13)$$

对于白矮星,自转周期至多允许短到 1 s 的量级。对于中子星,自转周期允许短到 1 ms。因此,脉冲星是快速自转的中子星已成为公认的结论,但也不排除周期较长的是自转白矮星。

4) 脉冲星的高速自转和强磁场

大质量恒星的星核在超新星爆发期间坍缩为中子星,保留其大部分角动量。由于中子星体积很小,转动惯量也小。由角动量 J、转动角速度 ω 和转动惯量 I 之间的关系 $J = I\omega$ 可知,在角动量守恒条件下,转动惯量很小,ω 就会很大,即中子星是高速自转的。

从脉冲的高偏振及辐射束形状自然地联系到脉冲星有强磁场。比如,在磁场中的相对论性电子同步加速辐射具有很强的偏振和方向性。对于 PAR0531+21 的计算表明,星面磁场可达 10^8 T 量级! 这似乎难以置信。其实, 这不难从普通恒星坍缩为中子星来解释。例如,一颗原先半径为 10^6 km 的恒星 坍缩到半径为 10 km 的中子星,由于其内部的原子都已电离,磁感应线冻结在等 离子体中,星体坍缩前后磁通量不变,即保持为常数 $4\pi R^2 B$(R 是星的半径,B 是星面磁场强度)。如果半径缩小到原来的 $\dfrac{1}{10^5}$,则磁场增强 10^{10} 倍。于是,只 要原先星面磁场有 10^{-2} T,坍缩的中子星就会有 10^8 T 的星面磁场。此外,从脉 冲星自转变慢的速率也导出中子星磁场应为 $10^7 \sim 10^8$ T。

　　5) 脉冲星模型

　　上述脉冲星的特性可用"倾斜自转磁中子星模型"(见图 10-36)来解释: 中子 星有很强的磁场,磁轴与自转轴倾斜,沿着磁轴发射的辐射束随着中子星自转,就 像灯塔的光束扫射那样,当它扫过地球的方向时,就观测到一个脉冲。中子星每自 转一周,辐射束扫过地球一次,因此脉冲周期就是中子星的自转周期。显然,在这 种"灯塔效应(light house effect)"中,辐射束越宽,观测到的脉冲持续时间越长。若 中子星的辐射束不指向地球就不能被发现。若脉冲星太远,脉冲信号很弱,加上受 星际空间大量自由电子的干扰,脉冲特征变模糊,也难以发现。考虑到这些因素, 银河系内实际存在的脉冲星数目应比已发现的多得多,估计应该有 10^8 颗。

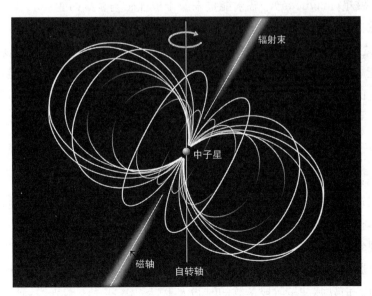

图 10-36　倾斜自转磁中子星模型(从磁极区发出的
辐射束随自转而射向地球)

6) 脉冲星的能源和辐射

按照电磁辐射的能量来源,脉冲星分为以下三类:

(1)自转供能脉冲星　辐射能量来源于自转能量损失。如果观测到的脉冲周期变长,则说明脉冲星自转变慢,转动能量减小。以角速度 ω 自转的球形中子星,其转动能为

$$E_k = \frac{I\omega^2}{2} \tag{10 - 14}$$

而半径为 R、质量为 M 的密度均匀球的转动惯量为

$$I = 0.4MR^2 \tag{10 - 15}$$

I 的量级为 $10^{37} \sim 10^{38}$ kg·m^2。取式(10 - 14)两边的时间导数,得到转动能的损失率为

$$\dot{E}_k = I\omega\dot{\omega} = \frac{-4\pi^2 I\dot{p}}{p^3} \tag{10 - 16}$$

对于 PSR 0531+21,$\dot{E}_k \approx -4.7 \times 10^{31}$ W,足以提供蟹状星云的辐射总功率(1×10^{31} W)。因此,人们普遍认为,脉冲星的辐射能由中子星的转动能转化而来。

(2)吸积供能脉冲星(包括大多数 X 射线脉冲星)　辐射能量来源于吸积物质释放的引力势能。

(3)磁星(magnetar)　辐射能量来源于极强磁场衰减的能量。

虽然这三类都是中子星,它们的观测情景和蕴含的物理意义是不同的。然而,它们之间也存在关联。例如,X 射线脉冲星可能是已失去其能量来源的老的自转供能脉冲星,而它们的双星伴星膨胀和开始转移物质给该中子星后,它就又变为可见的。此吸积过程又会转移足够角动量给该中子星而使它"复活"为自转供能脉冲星。当这些物质落到该中子星里,就埋藏于其磁场中,成为平均脉冲星磁场的 $\frac{1}{1\,000} \sim \frac{1}{10\,000}$ 的毫秒脉冲星。这种弱磁场对于减慢脉冲星的自转作用小,因而毫秒脉冲星成为寿命长达几十亿年的最老脉冲星。

根据理论推测,中子星内部以自由中子为主,有超流性,没有黏滞性,而少量质子流体很可能有超导性。PSR0833 - 45 和 PSR0531+21 的自转突变可能是"星震"现象。

射电脉冲星自转越来越慢,总有一天,转动能已太小,产生不了可探测到的脉冲辐射。估算脉冲星阶段持续的时间为 $10^6 \sim 10^7$ 年。一般来说,脉冲周期越短的射电脉冲星应该越年轻。例如,PSR0531+21,由于 1054 年超新星爆发的

历史记载而确定它的准确年龄,它是与超新星遗迹成协的脉冲星中最年轻的,脉冲周期最短。PSR0833 - 45 的脉冲周期也很短,根据船帆座超新星遗迹估计其年龄约 11 000 年,也是十分年轻的。毫秒脉冲星的脉冲周期更短,它们是否更年轻呢? 分析表明它们却是老年脉冲星。一种较流行的解释是毫秒脉冲星在双星系统中由于吸积物质使自转"再加速",导致其周期短达毫秒量级。

10.7　黑洞

质量超过中子星质量上限的恒星,当内部核燃料耗尽后,星核坍缩到小于引力半径时,就成为不被外界观测者看见的**黑洞**(black hole)。"黑洞"一词是美国理论物理学家 J. A. 惠勒(John A. Wheeler)于 1967 年首次使用的,是指恒星或其他天体坍缩进入一个空间区域,包括光在内的任何物质或信号都出不来,其表面称为**视界**(horizon)。

10.7.1　黑洞的概念

1783 年,英国天文爱好者 J. 米歇尔(John Michell)指出,有与太阳同样的密度,但半径是太阳的 500 倍的天体,其表面逃逸速度大于光速,使得它发射的光子都不能逃逸出来。1798 年,拉普拉斯在《宇宙体系论》中也独自提出,一个密度如地球而直径为太阳 250 倍的发光天体,其引力使光不能离开它。拉普拉斯的预言建立在牛顿的经典力学基础上,是很容易推算的。根据逃逸速度的公式,将逃逸速度取为光速 c,则这个天体的半径为

$$R_g = \frac{2GM}{c^2} \tag{10-17}$$

质量 M 以平均密度与体积的乘积表示,并取地球的平均密度值,便可算出 $R_g \approx 250\,R_\odot$,它的质量为 $5.8 \times 10^7\,M_\odot$。

爱因斯坦的广义相对论发表后,德国物理学家 K. 史瓦西(Karl Schwarzschild)在 1915 年立即求得爱因斯坦引力场方程的球对称解。按照这个解,质量为 M 的不旋转球形天体存在临界半径 R_g,称为**引力半径**或**史瓦西半径**(Schwarzschild radius),其表达式正好与式(10-17)相同。在 R_g 之内,时空弯曲得如此厉害,以致光不能逃逸出去。

不旋转的黑洞称为**史瓦西黑洞**(Schwarzschild black hole),其引力半径 R_g

由式(10-17)确定,与质量成正比。例如,地球的半径必须不大于 9 mm 才能成为黑洞;太阳质量的黑洞,$R_g = 2.95$ km;星系级质量($10^8 \, M_\odot \sim 10^{10} \, M_\odot$)的大黑洞,$R_g = 2 \sim 200$ AU。黑洞质量越小,平均密度越大。如,质量为 $3 \, M_\odot$ 的黑洞,平均密度为 2.0×10^{18} kg/m^3;而质量为 $1.4 \times 10^8 \, M_\odot$ 的黑洞,平均密度与水相同。

一个天体(或天体系统)的引力半径 R_g 与它的实际尺度 R 的比率——R_g / R 标志其引力场的强弱。若 $R_g / R \ll 1$,则属于弱引力场;若 $R_g / R \leqslant 1$,则属于强引力场。对于地球、银河系、太阳、白矮星、中子星和黑洞的 R_g / R 量级依次为 $10^{-8.9}$、10^{-6}、$10^{-5.4}$、10^{-4}、10^{-1} 和 1。由此可见,大部分天体(天体系统)的引力场是很弱的,时空弯曲很小,牛顿引力理论完全适用。但对于黑洞,由于时空弯曲很大,必须用广义相对论处理。

史瓦西黑洞是黑洞的最简单特例。较普遍的是旋转的黑洞。自 1963 年新西兰数学家 R. 克尔(Roy Kerr)求得爱因斯坦引力场方程更普遍的解后,开始研究旋转的黑洞——称为**克尔黑洞**(Kerr black hole 或 rotating black hole),其引力半径为

$$R_g = \frac{GM}{c^2} + \left(\frac{G^2 M^2}{c^4} - a^2 \right)^{\frac{1}{2}} \qquad (10-18)$$

式中,$a = \dfrac{J}{Mc}$,是一个与旋转角动量 J 有关的量。$a = 0$ 对应于史瓦西黑洞。

爱因斯坦提出的广义相对论虽然预言了黑洞,但他本人并不相信黑洞真的可以存在。在爱因斯坦去世 10 年后,英国数学物理学家罗杰·彭罗斯(Roger Penrose)利用广义相对论的概念加上巧妙的数学方法对黑洞的形成进行了详细描述:在黑洞的核心隐藏着一个奇点,它的时空曲率无穷大,密度也趋于无限大。一旦物质开始朝着奇点坍缩,就没有什么能阻止坍缩的继续,所有物质只能沿一个方向走向奇点。这篇论文被认为是自爱因斯坦以来对广义相对论最重要的贡献,为此彭罗斯荣获 2020 年度的诺贝尔物理学奖。著名科学家史蒂芬·霍金(Stephen Hawking)后来与彭罗斯一起将奇点的存在性证明推广到更加一般的情况,包括早期宇宙。

10.7.2 黑洞的奇特性质

1965 年以来,在相对论天体物理学基础上,黑洞研究取得了一些重要结果,现列举几项如下。

（1）随着恒星坍缩，星面之上的引力场增强，星面发射的光线严重弯曲。当半径减小到某一数值时，沿星面水平方向光子将绕星转动，形成了一个由光子构成的球状壳层——**光层**（photon sphere）。随着恒星进一步坍缩，沿着与星面水平方向成越来越大的角度发射的光子将绕恒星转动。最后，星面通过**视界**时，沿垂直于星面方向发射的光子也不能逃逸出去。史瓦西黑洞的光层半径等于引力半径的 1.5 倍。于是，外界观测者可能会看到在 $1.5\,R_g$ 处有一光圈。

（2）随着恒星坍缩，引力红移更显著，星面发射光的波长越来越长。星面坍缩到视界时，发出的各种波长光都无限红移（波长趋于无穷大）。因此，史瓦西黑洞的视界又是无限红移面。但克尔黑洞的无限红移面是以旋转轴为对称轴的曲面，除了两极以外，无限红移面与视界不相重合，两者之间的区域称为**能层**。进入克尔黑洞能层的任何物体都将被黑洞拖曳着一起转动〔故这一区域又称为动圈（ergosphere）〕，而在能层以外的物体相对于黑洞中央有可能处于静止状态。因此，克尔黑洞的无限红移

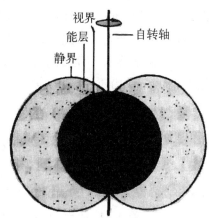

图 10 - 37　克尔黑洞的视界、能层和静界

面也称为**静界**（见图 10 - 37）。一个闯入能层的粒子会一分为二，一部分掉进黑洞，另一部分携带比原先更多能量逃出能层。此过程中，转动能被提取出来，它旋转减慢，最后变成不旋转的史瓦西黑洞。

（3）物体都有各自复杂的特性。例如，每颗恒星都有质量、光度、大小、密度、磁场、化学组成等。但黑洞是最简单的统一的整体，因为任何物质一旦进入黑洞的视界，将永远消失，没有任何信息从视界内传递出来，以致谈论黑洞内物质的性质毫无意义。黑洞仅通过它的质量、角动量和电荷对外界产生影响，因而只用这三个物理参数就可以描述黑洞的全部特征。常通俗地将黑洞的单纯性称之为"黑洞无毛发定理（no-hair theorem）"。

（4）黑洞视界的面积就是它的表面积。霍金证明了**黑洞面积不减定理**：任何黑洞的表面积不可能随时间减小。两个黑洞可以碰撞而结合成一个黑洞，合成的黑洞的视界面积一定不小于原先两个黑洞的视界面积之和。但是，一个黑洞不能分裂成两个黑洞，因为这会导致黑洞表面积随时间减小，违反面积不减定理。

(5) 质量大于中子星质量上限的恒星及质量为星团和星系数量级的天体都有可能由自发的引力坍缩而形成黑洞。有些学者认为,在"极早期宇宙"的激烈爆发中一些物质受到极其强大的压缩而形成(小于中子星质量上限的)小黑洞。以 10^{12} kg 小黑洞为例,其引力半径仅为 10^{-15} m,与质子的大小相当。然而,按照霍金的黑洞"蒸发"理论,许多小黑洞应早已消亡。

(6) 根据量子场论,真空并不是绝对的空虚,而是在不断地产生着正-反粒子对(如电子和正电子),并且又很快湮没。由于它们的存在时间短促,不能直接探测到,故称为虚粒子对(一个具有正能量,另一个具有负能量)。设想在黑洞视界稍外的真空产生了虚粒子对,在它们湮没之前有一个粒子可能被吸入黑洞,剩下的一个粒子丧失了湮没的对象,如果它是负能量粒子,随即掉进黑洞;如果它是正能量粒子,由于"隧道效应",存在一定的概率能穿透黑洞的引力势垒而逃逸出去。总的效果是一部分正能量粒子被发射出去,而掉进黑洞的粒子多为负能量的,导致黑洞的质量减小。这就是黑洞的"蒸发"。应当注意,在黑洞蒸发过程中,粒子实际上是从视界的外面发出的,不违背视界内的物质不可逃逸出去的论断。黑洞的质量越小,粒子越容易穿透其引力势垒,蒸发越快。蒸发过程的能量释放率与黑洞质量的平方成反比,而黑洞的寿命与质量的立方成正比。质量为 $1\,M_\odot$ 的黑洞一年仅辐射 10^{-20} J 的能量,其寿命长达 10^{67} 年;质量为 10^{12} kg 的小黑洞每秒发射 6×10^9 J 的能量,其寿命为 10^{10} 年,与星系年龄相当。随着黑洞质量减小,蒸发过程加快进行。在宇宙极早期形成的小黑洞应早已蒸发尽了。

(7) 近 40 年来,常用黑洞模型来解释用其他天体难以说明的一些高能宇宙现象。从观测上说,迄今还没有黑洞存在的直接证据。

10.7.3 黑洞的探测

既然光和其他任何物体都不可能从黑洞传递出来,如何探测黑洞呢? 只能通过间接的途径,主要有 4 种可能探测的方式。

(1) 小黑洞蒸发到最后阶段,蒸发速率越来越高,可能会产生强大的 γ 射线或 γ 射线暴。

(2) 黑洞强大的引力场使得经过它近旁的光线受到很大的偏折。与凸透镜会聚光线类似,黑洞能起一个引力透镜的作用,以特有的方式对它后面的天体产生放大或畸变的现象。

(3) 在恒星坍缩或大质量天体落入黑洞的过程中,会发射**引力波**(gravitational wave)。在地球上用十分灵敏的仪器已经探测到引力波(见

11.7 节）。

（4）向黑洞下落的气体可以达到极高的速度，因而获得很大的动能。如果气体在掉进黑洞视界之前经某种机制把动能转化成热能，便有 X 射线辐射。X 射线源的观测和分析也是寻找黑洞的一种方法。然而，γ 射线暴、引力透镜效应和 X 射线辐射并非是黑洞独有的。例如，气体向中子星或白矮星下落也会产生 X 射线辐射。因此，在分析一个具体的现象时，必须排除其他各种可能性，最后剩下的唯一的选择才是黑洞。寻找黑洞最好从 X 射线双星着手。如果一个发射强大的 X 射线的双星系统中有一颗子星看不见，根据另一颗可见子星的轨道运动可估计出看不见的那颗子星的质量。如果估计的质量远大于中子星质量上限，那么，它很可能就是黑洞。天鹅 X-1、大麦哲伦云 X-3、麒麟 V616（1975 年麒麟座新星）、天鹅 V404、狐狸座 QZ 和天蝎座 J1655-40（1994 年天蝎座新星）都是黑洞候选者。在这 6 个 X 射线双星中，估算出看不见子星的质量大于 $3M_\odot$。例如，从 92% 光速的反向射电喷流推断 J1655-40 之伴星可能是质量为 $(4\sim5.2)M_\odot$ 的黑洞。

据估计黑洞在宇宙中是普遍存在的，比如我们银河系中心就有一个看不见的、质量极大的天体控制着周边恒星的轨道。它离地球约 26 000 光年，质量是 400 多万倍太阳质量，目前人们对这个天体的唯一解释就是一个超大质量黑洞（supermassive black hole）。这很有可能是离我们最近的超大质量黑洞，因此也被认为是研究黑洞的最佳目标。自 20 世纪 90 年代初以来，科学家们一直试图透过尘埃云观测银河系这个位于人马座 A* 的区域。德国科学家赖因哈德·根策尔（Reinhard Genzel）和美国科学家安德烈娅·盖兹（Andrea M. Ghez）分别领导一个研究团队，他们不断完善观测技术，追踪观测区域内众多恒星中一批最亮恒星的运动轨迹。两个研究团队在数十年如一日的观测后得出一致结论：银河系中心存在一个质量非常大且看不见的天体，使周边恒星急速旋转。由于这项重大成果，根策尔和盖兹（与彭罗斯一起）分享了 2020 年度诺贝尔物理学奖。

第 11 章　双星和聚星

在引力作用下相互绕转的两颗恒星的系统称为物理双星,简称为**双星**(binary star)或联星。那些仅因在天球上投影方向靠近而实际相距很远,没有物理联系的"光学双星"不是我们这里讨论的双星。这些可以由视差测量、自行或视向速度区分出来。若两星视角距较大,可以用望远镜观测分开的双星称为**目视双星**。从光谱特征辨别的双星称为**分光双星**。若两星很近、常有物质交换的称为**密近双星**。若双星的轨道面侧向我们,就会发生交食而两星的合亮度呈现周期性变化,称为**食双星**或**食变星**。三颗恒星在引力相互作用下组成的系统称为"三合星",四颗恒星组成的系统称为"四合星",依此类推。三到七颗恒星在相互引力作用下组成的系统总称**聚星**。恒星中约三分之一是双星或聚星。研究双星有重大意义。从双星的轨道可以直接定出双星的质量。两星的相互扰动对恒星结构和演化会产生重大影响。双星又是寻找黑洞和验证引力辐射的对象。

11.1　双星的发现和分类

自从开始利用望远镜后,大大提高了人们观测星空的能力,发现了很多对双星。本节简述一些发现双星的主要例子以及双星的分类。

11.1.1　双星的发现

最早在 1650 年,意大利天文学家 G. B. 利齐奥里(Giovanni Battista Riccioli)发现了第一对双星,它就是大熊(座)ζ,即北斗七星的柄三星中间那颗,我国称之为"开阳"。两子星 ζ′ 和 ζ″ 相距 14″,视亮度分别为 2.4^m 和 4.0^m,后来发现它们都是分光双星。实际上,肉眼看到开阳旁(角距 11′)的大熊座 80(中名"辅")也是分光双星,且与开阳有物理联系。现在知道,大熊 ζ 实际是六合星(见图 11 - 1)。

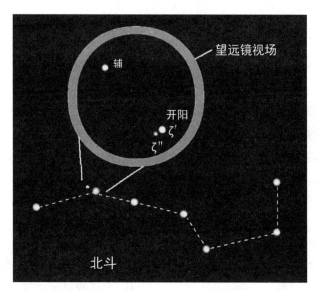

图 11-1　大熊 ζ——开阳双星

　　1656 年，惠更斯注意到猎户座 θ^1 不是单星，而是几颗星聚在一起，1685 年，丰特奈神父（Father Fontenay）发现南天亮星——南十字（座）α 是双星。从 17 世纪后期到 18 世纪 70 年代，发现的著名双星还有白羊 γ、半人马 α、室女 γ、双子 α 和天鹅 61 等，它们都是天文学家在进行其他观测时偶尔发现的。双星研究的开创性工作应属于 W. 赫歇耳（William Herschel），他自 1779 年开始了有系统地搜寻双星，并分别于 1782 年、1784 年和 1821 年编制了双星表，共列入 848 对双星，表中双星以字母 H 加编号表示。1827 年，法国天文学家 Félix Savary 计算了大熊 ξ 双星轨道，此后，发现和测量了更多的双星。1837 年，俄国天文学家 B. Я. 斯特鲁维（Струве，Василий Яковлевич）编制了 3 112 对双星的表，以符号 Σ 表示。斯特鲁维发现了 500 多对双星，1843 年发表并于 1850 年修正的表简称 OΣ。20 世纪编制的目视双星表有：1906 年美国 S. W. 伯纳姆（Sherburne Wesley Burnham）的《双星总表》，简称 β 或 BGC，包括赤纬 −30° 以北的 13 655 对目视双星；1932 年利克天文台 R. G. 艾特肯（Robert Grant Aitken）等的《在北天极 120° 以内的双星新总表》，简称 ADS，列出 17 180 对目视双星；1963 年利克天文台 Hamilton M. Jeffers 等人的《目视双星索引表》，简称 IDS，收集到 1960 年为止发现的 64 247 对目视双星。2008 年，华盛顿双星表（Washington Double Star Catalog，WDS）含 10 万多对双星和多重星（也包括光学双星），但已知轨道的仅几千例。

　　双星的两星都称为子星。通常把较亮的子星称为主星，另一颗子星称为伴星；两子星常记为 A 和 B，或右上方加 1 和 2。例如，天狼 A 和天狼 B，α^1 Cru 和 α^2 Cru。

11.1.2　双星的分类

基于观测方法,或考虑到恒星演化,依据子星在赫罗图上的位置,或按照子星之间物质交换情况,人们提出了几种双星分类法。由于完整表述一对双星系统需要 7 个参数,即每颗子星的半径、质量、光度以及两子星的平均距离,这些分类法所考虑的因素都是不足的。

基于观测方法作双星分类是一种老的、最常用的方法,它把双星分为目视双星、分光双星、食双星和天测双星四类。有的可以属于不同的类,如既属分光双星,又属食双星。

1) 目视双星和天测双星

目视双星(visual binary stars)原指通过光学望远镜可以用肉眼看出的双星,它们离地球较近较亮,两子星相互绕转轨道周期很长(几十年到几百年)。显然,如果双星的两子星之间角距足够大(大于望远镜物镜的分辨角)且足够亮(亮于望远镜的极限星等),那么根据望远镜的性能,用大口径物镜望远镜就可以看出更多角距较小、较暗的目视双星。双星两子星的相对亮度也是重要因素,如果其亮度悬殊,就不易在亮子星的辉光下识别出暗子星,例如,图 11 - 2 所示的天狼星A 及其伴星天狼星 B。现代使用更敏感的探测器(如 CCD)取代肉眼,用干涉技术提高分辨能力,观测波段从可见光扩展到射电、X 射线等波段,因而可以直接观测拍摄到射电双星、X 射线双星。

图 11 - 2　哈勃空间望远镜拍摄的天狼星 A (中央)和 B(左下方的小亮点)

天体测量发现,有些较近的(10 pc 内)亮恒星相对于背景星的移动路径呈波浪形,似乎在绕空间某点做轨道运动,从而推测它与一颗未看见的暗伴星组成双星,称为**天测双星**(astrometric binary stars)。足够长时期内仔细测量该亮星的位置变化,探测因伴星引力作用所致的变化,可以用开普勒定律推求出未知伴星的质量和轨道运动周期。最著名的例子是天狼星,先从其移动波浪路径推测它是有伴星的双星,而后才观测发现其伴星(见 11.3 节)。天测双星也可归属于目视双星。

2）分光双星

许多双星的两颗子星靠得很近,不能用望远镜观测分辨出来,但可以从其光谱观测谱线的多普勒位移——视向速度周期变化来确定,这类双星称为**分光双星**(spectroscopic binary stars)。若双星的轨道面不垂直于视向,两子星轨道运动速度的视向分量就都发生周期性变化(然而,当轨道运动速度垂直于视向时,其视向分量为零,谱线都没有位移,相互重叠)。随后,轨道运动速度的视向分量逐渐增大,一子星远去而其谱线红移,另一子星走近而其谱线蓝移,两子星的合成结果是谱线呈双。约 $\frac{1}{4}$ 周期后,视向分量最大,谱线位移也最大。尔后,谱线位移逐渐减小到零,开始下个周期的谱线位移。这样,在两子星的轨道运动过程中,它们的合成光谱的各谱线发生由单线变双线,再变单线。光谱变化的周期就是轨道运动周期。这是两子星的亮度相当而得到两子星的双谱情况[见图 11 - 3(a)],因而称为**双谱(分光)双星**(SB2)。然而,若伴星比主星暗得多,则只能拍摄到主星的光谱。若增加拍摄感光时间来获得伴星光谱,则主星的光谱就会感光过度,致总合光谱模糊不清。在只有主星光谱的情况下[见图 11 - 3(b)],也可以由其谱线的周期性位移来确定为双星,称为**单谱双星**(SB1)。

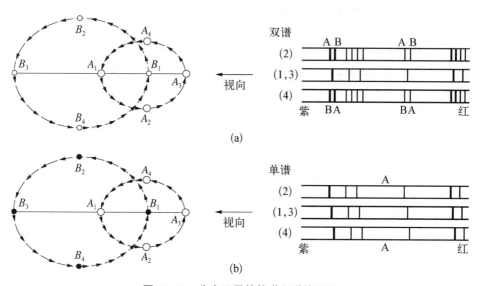

图 11 - 3　分光双星的轨道和谱线位移

这类双星的两颗子星距离通常很小,轨道运动速度很大,容易发现和观测研究。然而,若其轨道面垂直于视向则视向速度总是为零,不能识别谱线的多普勒位移,就确认不了双星。

已发现的分光双星中,轨道周期有短至 82 min 的(天箭 WZ),有长达 88 年的(蛇夫 70)。1989 年加拿大自治领天体物理观测台(Dominion Astrophysical Observatory)发表的《分光双星系统轨道根数第八表》列出了 1 469 对分光双星的轨道根数和评注,是研究分光双星的重要参考资料。离地球较近的约 40 对既是目视双星,又是分光双星。近些年来,使用干涉等观测技术方法,观测精度大有改进,观测也扩展到红外、射电和 X 射线波段,发现很多相应波段的重要分光双星。

3) 食双星

如果双星的轨道面接近于视向,则可以发生两子星相互交食现象,它们的叠加合亮度呈周期性变化,称为**食双星**(eclipsing binary stars),也称**食变星**。它们是一种外因(交食)变星,常记载于变星表,已知有 4 000 多对。著名的英仙 β(大陵五)既是食双星,也是分光双星。观测这样的双星可以得出恒星的很多重要资料(见 11.5 节)。

一般地说,在食双星的每个轨道周期中,光变曲线呈现两个极小,较深的极小称为主极小,较浅的称为次极小。光变曲线的形状取决于两子星的大小及轨道面与视向的倾角。不同倾角的轨道运动和光变曲线示意于图 11-4 中,图(a)是倾角较小情况,伴星掩食主星时呈现主极小,主星掩伴星时呈现次极小,两个极小都较深;图(b)是倾角较大情况,伴星掩食主星的主极小和主星掩伴星的次极小都较浅。

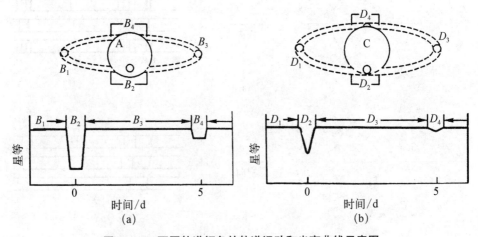

图 11-4   不同轨道倾角的轨道运动和光变曲线示意图

2013 年的食变星表中包含 7 179 对食变星。大多数食双星可以按光变周期、极小深度和光谱等数据而归属于三类(详见 11.4 节),但有些食双星的归类较难。

用口径 8 m 望远镜可以测量大约 1 995 对（银）河外的食双星，从而由它们直接测出诸如大、小麦哲伦星系，仙女星系和三角星系（M33）等河外星系的距离。

11.2 双星的轨道

类似于由行星的视位置观测数据计算其轨道根数，也可以由双星的观测数据算出轨道根数。

11.2.1 目视双星的轨道

双星的两子星都围绕共同的质量中心转动。在每一时刻，两子星与它们的质量中心总在一条直线上。若两子星的质量分别为 m_1 和 m_2，它们离质量中心的距离为 r_1 和 r_2，则 $m_1 r_1 = m_2 r_2$。两颗子星的真轨道是相似的椭圆，但大小不同，质量较小的伴星有较大的轨道（见图 11-5）。

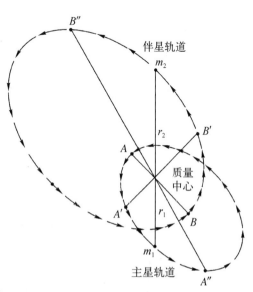

图 11-5 双星的两颗子星的轨道

在实际观测中，常以主星 A 作为原点，测定伴星相对于主星的角距 ρ 和位置角 θ[见图 11-6(a)]，由一系列观测的 ρ、θ 值绘制伴星 B 绕主星 A 的视轨道[见图 11-6(b)]。这是相对轨道在天球切面的投影。

讨论太阳系的行星轨道运动时，选取地球轨道平面（黄道面）作参考平面，有六个轨道根数。研究目视双星在相对轨道上的运动，选取天球切面为参考平面，有七个轨道根数：a 为轨道半长径，以角秒（"）为单位；e 为偏心率；i 为轨道面与天球切面的交角；Ω 为轨道面和天球切面的交线的位置角，相当于行星轨道的升交点黄经，交线的位置角取 $0°$ 到 $180°$ 之间的值[见图 11-6(c)]；ω 为伴星在轨道面上从升交点运动到近主星点的角度；t 为伴星通过近主星点的时刻，通常用带有小数的年份表示；P 为绕转周期，以回归年为单位。

这七个轨道根数中，i 和 Ω 决定了轨道面相对于天球切面的位置；ω 决定了在轨道面内椭圆轨道长轴的方向；a 和 e 确定椭圆轨道的大小和形状；P 和 t 用以确定在任何时刻伴星在轨道上的位置。由于双星两子星的质量不是预先知道

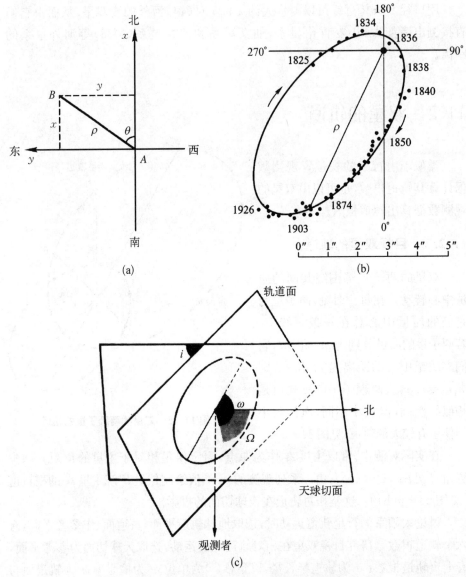

图 11 - 6　目视双星在相对轨道上的运动

(a) 伴星相对于主星的位置；(b) 室女的视轨道；(c) 轨道根数 i、Ω 和 ω

的，所以 P 不能由 a 求出，需要增添这个根数；可从视轨道推算这七个轨道根数。由于很多目视双星的轨道周期很长（几百年以上），迄今仍没有得出完好的视轨道，得到轨道根数的仅占已知目视双星总数的 1％。1969 年，P. 穆勒等的《目视双星第三轨道历表》包括 610 对双星。1985 年，阎林山等的《736 对目视双星历表和视轨道总表》给出了 2003 年的历表和视轨道。

11. 2. 2 分光双星和食双星的轨道

许多双星的两子星角距很小,用望远镜也分辨不出来,但可从它们光谱线的周期性多普勒位移确定分光双星的轨道根数。当双星轨道面法线与视向交角较大时,相互绕转的子星就有视向速度的周期性变化,尤其是轨道面法线垂直于视向的双谱和单谱情况(见图 11-3)。

与目视双星不同,从每条视向速度曲线可得出该子星的绝对轨道,即绕双星的质量中心转动的轨道的根数,而不是相对轨道的根数。视向速度曲线的周期就是绕转轨道周期 P。视向速度曲线的形状主要与 e,ω 有关,把观测的和不同 (e,ω) 的理论视向速度曲线进行比较而近似地得出 e 和 ω 以及 P。图 11-7 给

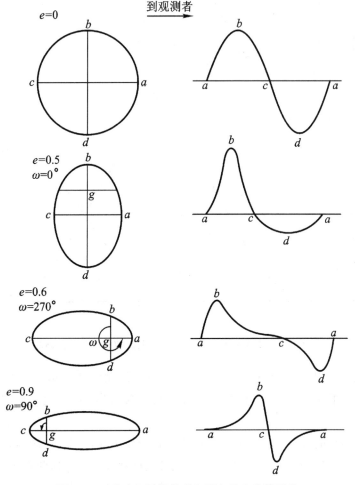

图 11-7 分光双星的轨道和视向速度曲线形状

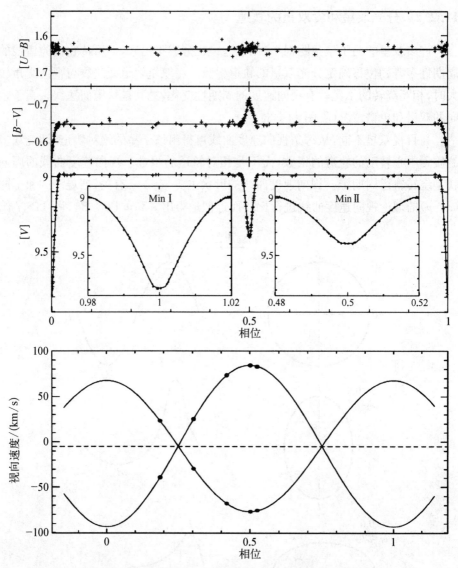

图 11-8 食双星 TV Nor 的亮度、色指数和视向速度曲线

出 4 个例子。升交点位置角 Ω 不能定出,一般只能得到 $a\sin i$,只有当分光双星同时又是食双星的情况下才可以从光变曲线得出 i,从而得到独立的 a 和 i 值。

  光变曲线的形状依赖于两子星的大小以及轨道面对视线的倾角。食双星的光变曲线不仅取决于轨道根数,还依赖于其他一些因素,包括两颗子星的大小、光度、形状以及两颗子星互相反射光等。按照光变曲线形状,食双星主要分为三大类和多个亚类型。分析光变曲线是非常复杂的问题,所得出的有关两颗子星的轨道和物理性质的数据统称为食双星的测光轨道根数。

食双星的亮度和视向速度随时间变化是重要的观测资料。子星的光谱线多普勒位移是相对于实验室光源(标准波长)比较光谱测量的,得到的是子星相对于地球的视向速度。经过不同时间的多次观测,需要进行地球绕太阳公转的修正,而归算到子星在不同时刻相对于太阳的视向速度变化曲线,从而测定出其轨道运动周期。为了更准确地测定亮度和视向速度在轨道运动周期内的变化特征和规律,常把各周期的观测结果叠加,时间改为以表示子星在轨道上的相对位置——**相位**,即以轨道周期为单位的相对时间间隔 0～1。作为示例,图 11-8 给出食双星 HD 143654＝TV Nor(矩尺)的亮度(V 星等)、色指数($B-V$,$U-B$)和视向速度的变化曲线。从资料研究得出,它是不接双星系统,轨道为圆,绕转周期为 8.524 391 d,倾角为 89.708°,$\dfrac{r_1}{a}=0.067\,68$,$\dfrac{r_2}{a}=0.057\,03$;主星与伴星的质量分别为 2.053 $M_\odot$ 与 1.665 $M_\odot$,半径分别为 1.839 $R_\odot$ 与 1.550 $R_\odot$。

11.3　恒星质量的测定

在恒星中,仅有某些双星的质量可以从轨道运动直接而可靠地确定。虽然在某些情况下也有一些方法估算单星的质量,但这些方法都是间接的,可靠性较差。

11.3.1　目视双星的质量测定

对于目视双星,由轨道半长径是 a'' 和周年视差为 ξ''(可以认为双星的两子星离我们同样远)可得出 $a=\dfrac{a''}{\xi''}$;在开普勒第三定律中,P 改用回归年为单位,a 改用 AU 为单位,质量改用 $M_\odot$ 为单位,则

$$M_1+M_2=\frac{a^3}{P^2}=\frac{a''^3}{\zeta''^3 P^2} \tag{11-1}$$

由式(11-1)可见,对于视差已知的目视双星,可由其轨道角半径和绕转周期算出两星的质量之和。1844 年,贝塞耳根据天狼星的波浪形自行路径推断它有一颗未见的伴星(见图 11-9)。1862 年,克拉克观测到此伴星。1915 年,威尔逊天文台确定这颗伴星是白矮星。在天狼星这个双星系统中,亮的(目视星等为

-1.47^m,光谱为 A1V 型主序星）
主星为天狼 A,暗的（8.44^m,光谱
为 DA2 型)伴星为天狼 B,绕转周期
$P = 50.09$ 年,轨道半长径 $a'' =$
$7.50''$,周年视差 $\xi'' = 0.379''$(离我们
2.64 pc,即 8.60 ly),由式(11-1)和
$M_1 a_1 = M_2 a_2$,算出天狼 A 和 B 的质
量为 $M_1 = 2.02\ M_\odot$ 和 $M_2 =$
$0.978\ M_\odot$。它们的半径为 $R_1 =$
$1.71\ R_\odot$ 和 $R_2 = 0.008\ 4\ R_\odot$。

对于小犬 α(南河三),$P =$
40.8 年,$a'' = 4.548''$,$\xi'' = 0.285''$,
两星质量为 $1.50\ M_\odot$ 和 $0.60\ M_\odot$。

测定恒星的质量是相当艰难
的,要几年甚至更长时间的观测才
能得到所需的数据,它们的可靠性
取决于双星的具体情况。如果视向
速度曲线的畸变或谱线很弱,测定
的质量数据就不太准确。

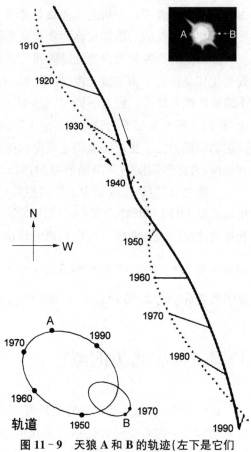

图 11-9　天狼 A 和 B 的轨迹(左下是它们
相对于质心的轨道)

右上是天狼 A 和 B 的像,天狼 A 的特殊形状是
因光阑的衍射造成的

11.3.2　质量函数

比起目视双星来说,分光双星
和食双星的质量测定要复杂困难得
多,这里仅简述结论。

对于双谱分光双星,可以定出 $m_1 \sin^3 i$ 和 $m_2 \sin^3 i$。如果同时又是食双星,
从光变曲线可得 i,因而能求出 m_1 和 m_2。

对于单谱分光双星,只能得出一个所谓"质量函数"$f(m_1, m_2, i)$:

$$f(m_1, m_2, i) = \frac{m_2^3 \sin^3 i}{(m_1 + m_2)^2} \qquad (11-2)$$

式中,m_1 是光谱可见的主星的质量;m_2 是光谱不可见的伴星的质量。在这种情
况下,即使同时是食双星,也不能求出 m_1 和 m_2。但 $m_1 \sin^3 i$、$m_2 \sin^3 i$ 和
$f(m_1, m_2, i)$这种数据对于恒星质量的统计仍然是有用的。

对于食双星,光变曲线的形状和交食的持续时间与两子星的相对半径 r_1 和 r_2 有关(绝对单位的半径 R_1 和 R_2 以轨道半长径 a 绝对单位表示,$r_1 = \dfrac{R_1}{a}$, $r_2 = \dfrac{R_2}{a}$)。 因此,从光变曲线可以决定 r_1 和 r_2。如果食双星同时是双谱分光双星,由于 a 可确定,也可求出两子星的 R_1 和 R_2。

11.3.3 决定双星主要参数的小结

观测双星的轨道运动来测定恒星的质量是一项相当艰巨的工作。为了获得一对双星的质量数据,不论是目视双星,还是分光双星兼食双星,需要几年甚至更长的时间,得出的数据的可靠性取决于所观测双星的具体情况。例如,对于视向速度曲线中出现畸变或伴星的谱线很弱的分光双星,测定的质量数据就不可靠。两子星的质量已可靠定出并用于确定恒星的质光关系的双星只有几十对。为了便于简明地浏览上述三类双星的轨道根数、质量和半径可否确定,表 11 - 1 概括地归纳了主要情况。

表 11 - 1 双星观测可以得到的重要参数

参　　数	目视双星	分光双星 单　谱	分光双星 双　谱	食　双　星
P	$\sqrt{}$	$\sqrt{}$	$\sqrt{}$	$\sqrt{}$
a	a''	$a_1 \sin i$	$a \sin i$	$\times$
e	$\sqrt{}$	$\sqrt{}$	$\sqrt{}$	$\sqrt{}$
ω	$\sqrt{}$	$\sqrt{}$	$\sqrt{}$	$\sqrt{}$
T	$\sqrt{}$	$\sqrt{}$	$\sqrt{}$	$\sqrt{}$
i	$\sqrt{}$	$\times$	$\times$	$\sqrt{}$
Ω	$\sqrt{}$	$\times$	$\times$	$\times$
m_1	如果已知视差	$f(m_1, m_2, i)$	$m_1 \sin^3 i$	$\times$
m_2	如果已知视差	$f(m_1, m_2, i)$	$m_2 \sin^3 i$	$\times$
R_1	$\times$	可从光谱和光度资料估计	可从光谱和光度资料估计	$r_1\left(\dfrac{R_1}{a}\right)$
R_2	$\times$	可从光谱和光度资料估计	可从光谱和光度资料估计	$r_2\left(\dfrac{R_2}{a}\right)$

11.3.4   力学视差

利用式(11-1)和恒星的质光关系,可以求出双星的周年视差,称为**力学视差**(dynamical parallax)。

把式(11-1)改写为

$$\varsigma'' = \frac{a''}{P^{\frac{2}{3}}(M_1 + M_2)^{\frac{1}{3}}} \tag{11-3}$$

P 和 a'' 由测定轨道得出,对于未知的 M_1 和 M_2,可以把测出的 P 值由角秒表示为 P'' 并代入式(9-8)而算出两子星的绝对星等,再利用质光关系得出它们的质量 M_1 与 M_2 并代入式(11-3),最后算出 ς''。若得到更准确结果,可以重复上述步骤。在由视星等和视差计算绝对星等时,还需做星际消光修正(见12.3节)。

11.4   密近双星

密近双星是指两子星距离很近且因相互引力作用很强而使子星发生畸变和物质转移的双星,子星的物理状况和演化表现为复杂而有趣的现象。按观测方法的双星分类还不足以反映出不同类型双星之间的本质区别。1955年,工作在英国的捷克天文学家 Z.科帕尔(Zdeněk Kopal)根据两子星之间有无物质转移的原则,提出一种分类法。这种分类法涉及双星的临界等势面,即天体力学中圆形限制性三体问题讨论的内容。三体问题是研究三个天体在相互引力作用下的动力学问题:如果其中的两个天体质量很大,而第三个质量小因而对两个质量大的天体的运动所产生的影响很小,称为限制性三体问题。如果两个质量大的天体在圆形轨道上绕它们的质量中心转动,则称为圆形限制性三体问题。这里简短地介绍有关结论。

11.4.1   洛希瓣

对于双星系统,两子星的引力势相互影响,而且若两子星相距较近,彼此的潮汐作用更能使子星发生畸变,则计算双星系统引力势成为非常复杂的问题。简便的是**圆形限制性三体问题**(见上册3.3节)。法国天文学家 E.洛希(Édouard Roche)首先计算了双星的等势面,图3-15(见上册)适用于双星系统,有效引力为零的 L_1、L_2、L_3、L_4 和 L_5 拉格朗日点,其中 L_1、L_2 和 L_3 位于两子星的连线上,L_4 和 L_5 分别与两子星形成等边三角形。图 11-10 给出代表性等势面与双星轨道平面的截面图,在每颗子星的邻域,以该星的引力为主,等势面近于以它为中心的球面。两子星的临界等势面有接点 L_1(内拉格朗日点),临界等势面又称为洛希面(在此截面图上成横写 8 字形),它所包围的两个区域称为**洛希瓣**(Roche lobe),洛希瓣的相对大小取决于两子星的质量之比,质量较大子星的瓣也较大。在 L_1 附近的小质点虽然可以处于静止状态,但不稳定,受扰动就离开。例如,一颗子星外流物质可以通过 L_1 流入另一颗子星的周围。

11.4.2　密近双星分类

科帕尔以两子星有无充满洛希瓣为依据(见图 11-10),把密近双星分成三类:① 不接双星(detached binaries),两颗子星都比各自的洛希瓣小;② 半接双星(semidctached binaries),一颗子星完全充满或几乎充满洛希瓣;③ 相接双星(contact binaries),两颗子星都完全充满或几乎充满洛希瓣。据此分类,大陵型双星是不接或半接双星,大多渐台型双星是半接双星,大多大熊座 W 型双星是相接双星。再细分为以下亚类。

不接系统细分如下。DM:两子星都是主序星的;DR:都是亚巨星的;DGE 与 DGL:早型与晚型巨星和亚巨星的;DW:主星是白矮星的;D2S:有接触迹象(星风)的。

半接系统细分如下。SA:经典大陵型;SC:冷半接触(两子星是晚型亚巨星或巨星);SH:热半接触(较热星是早 B 型的,较冷星是早 A 型的);S2C:激变半接触(含主星白矮星

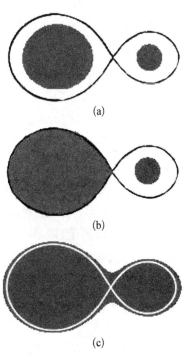

(a)

(b)

(c)

图 11-10　密近双星(质量比为 3)分类

(a) 不接双星;(b) 半接双星;(c) 相接双星

或其前身和较小的伴星);S2H 和 S2L-X 射线半接触的两亚类(大质量 X 射线双星组成绕大质量 OB 星的致密天体,主星为中子星或黑洞与小质量伴星组成的小质量 X 射线系统)。

相接系统中两子星的表面大于临界洛希瓣。它们是有共同包层的同步、圆

轨道系统,细分如下。CB:近接触的(常由共同包层内有效温度很不同的两星组成);CE:早型系统(光谱型早于 A0 的两子星接近其洛希瓣);CW:晚型系统(主星光谱型常晚于 A-F,也称为大熊 W 型——W UMa);CG:巨星系统(两子星都是早型巨星或超巨星)。

11.4.3　双星中的吸积过程

密近双星中两子星的质量转移会导致轨道运动周期发生变化、视向速度曲线和光变曲线畸变等。因此,研究物质转移过程对解释密近双星的一些现象是至关重要的。

1) 抛射和吸积

在恒星的演化中,其表面经常发生以星风方式或由于恒星突然激烈爆发而流失物质的过程,统谓之**抛射**。不同类型恒星因抛射所致的质量损失率差别很大,如太阳风损失率每年仅为 $10^{-14} M_\odot$,WR 星、M 型超巨星和 O 型主序星的星风损失率可达每年 $10^{-5} M_\odot \sim 10^{-4} M_\odot$。**吸积**(accretion)是指恒星俘获物质的过程,取决于恒星的引力和其周围的物质源情况。对于单星,如果它处于气体-尘埃星云内,其引力可以吸积气体-尘埃落入而质量增大。对于双星,尤其是密近双星,一颗子星的抛射为另一颗子星吸积提供了丰富物质,它们之间的物质转移更有效。

2) 吸积的机制

双星中的吸积有两种可能机制。

(1) **洛希瓣溢流**(Roche-lobe overflow)　如果一颗子星在演化过程中体积膨胀,充满洛希瓣,物质会经内拉格朗日点转移到另一子星周围而被吸积,形成吸积盘。

(2) **星风**(stellar wind)　即使两颗子星都没有充满洛希瓣,但如果一星属于巨星、亚巨星、早型主序星等类型,则会"吹出"很强的星风,其中小部分可以到达伴星。类似于单星穿入气体-尘埃星云而发生吸积的情况。如同在大气中飞行炮弹近旁形成的激波,另一子星近旁也有激波产生,但与炮弹不同的是,还有恒星的强引力作用。激波阵面的形状和位置取决于星风密度及其相对于伴星的速度,有锥形与弓形之分。锥形激波呈掠状,位于伴星背向星风侧(见图 11-11 的虚线),而弓形激波在伴星朝向星风侧。气体通过激波后,沿波阵面切向的速度分量不变,但垂直于波阵面的速度分量减小,总速度小于当地逃逸速度的那部分气体就被伴星俘获。

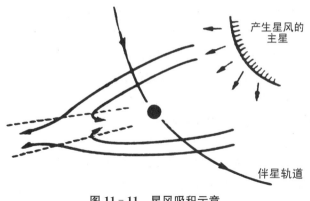

图 11‐11 星风吸积示意

3）吸积盘的形成

由于主星的轨道运动和自转，溢出其洛希瓣而流向伴星的气体具有较大角动量，不是径直落到伴星，而是先绕伴星旋转，形成薄的气盘，称为**吸积盘**（accretion disk）。然后，因吸积盘内邻近层之间的黏滞力作用，气体逐渐丧失角动量，而螺旋式地落入伴星。实际上，由于伴星绕双星的质量中心转动，吸积的气体比其溢出洛希瓣时角动量要小得多，是否能形成伴星周围的吸积盘是很不确定的。

虽然光学望远镜不能直接观测到双星中的气体盘、气体环或气体壳，但观测已提供了充分的证据，说明它们存在于很多密近双星中。这些证据包括光谱出现发射线、光变曲线形状异常、很强的 X 射线发射（见 11.6 节）等。

4）吸积盘的热斑

对于半接双星，充满洛希瓣的乙子星（见图 11‐12 左下方）物质流向甲子星，

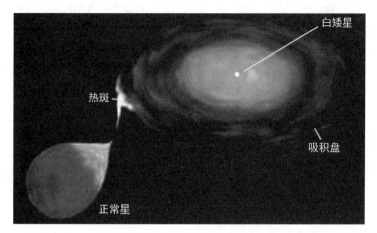

图 11‐12 半接双星中的气流、吸积盘和热斑（其中白矮星
可视为甲子星，正常星为乙子星）

如果甲子星的周围已形成了吸积盘,则在吸积盘外缘被气流冲击处就产生一个明亮的热斑。在一些激变变星,尤其是矮新星的光变曲线上,明显地反映出存在热斑。

矮新星是双星系统,甲子星原先是质量较大的主星,演化快,已演化为白矮星。乙子星原先是质量较小的伴星,演化慢,现在仍处于主序或正脱离主序演化,但其物质充满其洛希瓣。矮新星的光谱有发射线,应产生于吸积盘中。在不爆发期间,其光变曲线的主要特征(见图 11-13)可以用热斑模型来解释。研究表明,当矮新星处于不爆发的亮度极小期间,热斑是主要发光源,即其光学亮度强于两子星和吸积盘,因而,图 11-13 基本反映了热斑的亮度变化。热斑位于吸积盘外边缘靠近乙子星侧,随着子星的轨道运动,热斑绕甲子星旋转。如果轨道面与视向的交角足够小,当乙子星经过热斑与观测者之间时,就会掩食热斑而对应于光变曲线上的亮度极小,取为相位 0.0。光变曲线在相位从 0.6 到 0.1(包括掩食)的半个轨道周期有一"驼峰",表明热斑转到吸积盘的近观测者一侧;而热斑在另半个轨道周期(相位从 0.1 到 0.6)位于吸积盘的远离观测者侧,因盘内物质的部分遮挡,而相应于光变曲线上亮度较弱的平直正常部分。光变曲线不是完全光滑的,而是有振荡的——亮度闪变。驼峰部分(A)比正常部分(C)的振荡幅度大。在掩食时(B),振荡消失。由此可见,亮度闪变来源于热斑,但其中原因还不十分清楚,可能是由于气流冲击的不稳定或吸积盘本身的不稳定过程所致。

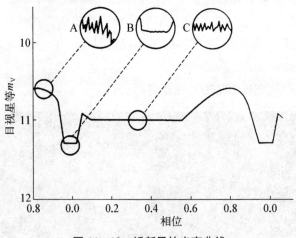

图 11-13   矮新星的光变曲线

11.5   著名的双星和聚星

本节介绍一些著名的双星和聚星,它们在人类认识双星和聚星的不同阶段中起过重要作用。

11.5.1 英仙 β——大陵食双星

英仙 β,西文名为 Algol(魔星),中文名为大陵五,是最早发现的食双星(食变星),离太阳 92.8 ly。它的光变周期(即两子星的轨道绕转周期)为 2.867 328 d,轨道为圆,轨道面法线与视向倾角为 98.70°。图 11-14 给出它的光变曲线和两子星的相应位置。当伴星运行到主星两侧时,不发生交食,两子星的总亮度为 2.20ᵐ;当伴星运行到主星与观测者之间位置时,主星的一部分被遮掩,持续 9.7 h,光变曲线上呈现主极小,最暗时亮度降到 3.40ᵐ;当伴星运行到主星背后时,伴星的一部分被主星遮掩,但由于伴星比主星暗得多,光变曲线上呈现为次极小,两子星的总亮度仅减弱 0.06ᵐ;在两个极小之间,亮度也有变化,从主极小到次极小亮度略增,从次极小到主极小亮度略减,这主要是由于伴星朝主星的一侧被亮的主星照得亮于另侧,并反射到观测方向之故。分析光变曲线极小部分的形状,可知交食不是全食,而是偏食。

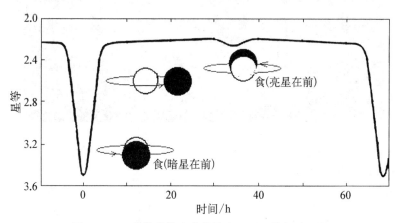

图 11-14 英仙 β 的光变曲线和两子星的相应位置

1) 大陵双星佯谬

按照恒星演化理论,双星的子星是同时形成的,大质量子星比小质量的演化快得多而先成为亚巨星,小质量子星仍处于主序。但是,观测事实是 Algol 的大质量子星 A 仍处于主序演化阶段,而小质量的 B 子星是已处于演化后期的亚巨星,这不符合恒星演化理论,故谓之 **Algol 佯谬**(Algol paradox)。此佯谬可以用物质转移解释:当大质量星成为亚巨星时,充满其洛希瓣,其大多物质转移给原质量较小的仍处于主序的另一子星,因而导致 Algol 食双星的观测情况。在某些类似 Algol 的双星,可以看见这种转移的气体流。

2）大陵三星系统

解释大陵光谱特征的疑难导致存在第三子星的推测，后来果然有了观测证实。图 11-15 为 2009 年 8 月 12 日的近红外 H 带干涉像显示的 Algol 三星系统。三星中，最大和最亮的是 Algol Aa1（见图 11-15 中 Algol A），它与 Aa2（见图 11-15 中 Algol B）组成 Algol 食双星，轨道为圆，距离仅 0.062 AU。图中 B 与 A 的形貌是真实的，Aa1 与 Aa2 的质量、半径、光度、温度和光谱型分别为 $3.17 M_\odot$ 与 $0.7 M_\odot$、$2.73 R_\odot$ 与 $3.48 R_\odot$、$182 L_\odot$ 与 $6.92 L_\odot$、13 000 K 与 4 500 K，B 8 V 与 K0。第三星（Algol Ab，见图 11-15 中 Algol C，其形貌是人为制成的影像）离 Algol 食双星的平均距离为 2.69 AU，轨道周期为 680.168 d，轨道偏心率为 0.227，轨道面倾角为 83.66°，其质量、半径、光度、温度和光谱型为 $1.76 M_\odot$、$1.73 R_\odot$、$10.0 L_\odot$、7 500 K 和 A7m。

图 11-15　Algol 三星系统

3）大陵系统的耀斑

Algol 系统也显示 X 射线和射电波耀斑（flare）。X 射线耀斑被认为是 A 和 B 子星的磁场与物质转移相互作用所致。射电波耀斑可能是类似于太阳黑子磁周所产生的，但这些恒星的磁场比太阳强十倍以上，因此射电耀斑更强和更久。

色球活跃的子星磁场活动会影响伴星的回旋半径变化，致使其轨道周期变化 $\dfrac{\Delta P}{P} \approx 10^{-5}$。Algol 系统子星之间的物质转移较少，但有些 Algol 型双星显示轨道周期变化。

4）大陵型双星

以 Algol 双星为原型的一类双星称为**大陵型双星**（Algol-type binary），或**大陵型食变星**（符号为 EA），最初是以光变曲线的形状来定义的。科帕尔分类法提出后，从演化观点来看，大陵型双星是指一类半接食双星，主星是其洛希瓣未充满的(光谱)"早型"主序星,而伴星是其洛希瓣充满的较冷、较暗、质量较小的后主序星,其历史早期是质量大的,经过演化到溢出其洛希瓣而质量减小。

大多大陵型食变星是非常近密的双星,因而轨道周期很短,典型周期为几天。周期最短的(0.116 7 d)是室女 HW(HW Vir),最长的(9 892 d)是御夫 ε(ε Aur)。经过很长时期,一些效应可以造成绕转周期的变化:某些大陵型双星的近密子星之间发生物质转移可导致轨道周期单调增加;如果一颗子星是有磁活动的,可造成绕转周期的量级有 $\dfrac{\Delta P}{P} \approx 10^{-5}$ 并反复变化;磁制动或大偏心率的第三星影响可导致周期的较大变化。

大陵型食变星的光变幅一般约一个星等量级,最大变幅达 3.4 星等(V342 Aql)。虽然大多情况亮子星的光谱型是 B、A、F 或 G 型的,但暗子星可以是任何光谱型的。

在变星总表(2003 年)列出了 3 554 对大陵型食变星,占总数的 9%。它们有不接的主序系统 DM(α CrB、δ Ori、ζ Phe、λ Tau),有亚巨星的不接系统 DS(S Cnc),有一或两颗巨星和亚巨星 GS(ε Aur、BL Tel),也有半接系统 SD(R CMa、U CrB、u Her、VW Hya、U Sge),以及光谱早型(O - A)相接系统 KE(VV Ori)。

11.5.2　天琴 β

天琴 β,西文名 Sheliak(伊斯兰天文学的天琴星座之名),中文名渐台二,是天琴 β 型食变星(符号 EB)的典型,离太阳 960 ly。

1784 年,英国天文学家 J. 古德里克(John Goodricke)发现天琴 β 是食变星(食双星)。其光变曲线如图 11 - 16 所示,光变周期为 12.941 4 d。其轨道面几乎沿视向(法线倾角为 92.25°),轨道是角半径为 0.865″ 的圆。两子星周期性交

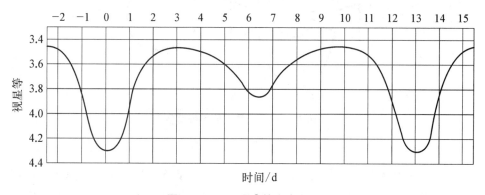

图 11 - 16　天琴 β 的光变曲线

食。两子星很密近,光学望远镜不能分辨而成为分光双星。在 2008 年,阵干涉仪和红外复合仪拍摄到主星和伴星吸积盘的像,第一次可以计算其轨道根数。除了规则交食,该系统显示有较小和较慢的亮度变化,归因于吸积盘变化,伴有光谱线尤其发射线额轮廓和强度变化,变化不规则,但有 282 d 的周期。

观测研究表明,它是半接双星系统,主星 A 与伴星 B 的质量、半径、光度和温度分别为 $13.156 M_\odot$ 与 $2.97 M_\odot$、$6.0 R_\odot$ 与 $15.2 R_\odot$、$26\,300 L_\odot$ 与 $6\,500 L_\odot$、$3\,000$ K 与 $13\,000$ K。主星是光谱型 B7 主序星,伴星可能也是 B 型的。较暗的、质量较小的子星一度是质量更大的、先演化为离开主序的巨星,充满洛希瓣而把其大部分物质转移给另一颗子星——现在的大部分质量被吸积盘包围,盘的外缘有热斑(见图 11-17),在垂直盘投影有双极、类喷流特征。吸积盘封住了观测伴星的视野,减弱了它的视光度,因此很难查明其光谱型。两子星之间物质转移率约为每年 $2\times10^{-5} M_\odot$,这导致轨道周期每年增加约 19 s。天琴 β 光谱能显示出吸积盘产生的发射线,该系统的亮度约 20% 是吸积盘产生的。

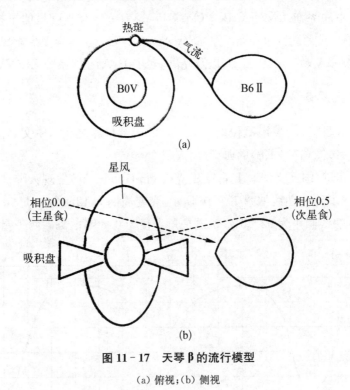

图 11-17   天琴 β 的流行模型

(a) 俯视;(b) 侧视

以天琴 β 为原型的食双星称为天琴 β 型食变星,已知有 835 颗,两颗子星都是质量较大的(几个 $M_\odot$)巨星或亚巨星,离得很近,因相互引力作用而变为椭球形轨道。大质量的子星先演化到巨星或超巨星,充满洛希瓣,其物质很快(不到50万年)转移给另一子星,因而变为质量较小的伴星,部分物质成为星风。此型双星的光变曲线较平滑,交食开始和结束是渐变的,这是因为两子星间的物质流很大,成为包围整个系统的共同大气。在大多情况,亮度变幅小于一个星等,变幅最大的(2.3 个星等)是 V480 Lyr。光变周期很规则,典型周期为一到几天,由子星相互绕转周期定出,最短的(0.29 d)是 QY Hydrae,最长的(198.5 d)是 W Crucis。在周期大于 100 d 的此型系统中,一般有一个子星是超巨星。

有时把天琴 β 系统作为 Algol 型食变星的一种亚型,但是它们的光变曲线不同(Algol 变星的食变极小更锐)。另一方面,天琴 β 型变星有点像 W UMa 型食变星,但是后者一般是更密近的相接双星,其子星的质量较小(约 1 $M_\odot$)。

11.5.3　大熊 W

大熊 W(W UMa)是离地球约 170 ly 的食双星或食变星,光变周期为 0.333 6 d,视亮度变化于 $7.75^m \sim 8.48^m$,主星被食时主极小暗 0.73 星等,伴星被食时次极小暗 0.68 星等,其光变曲线如图 11 - 18 所示。其两子星密近,两洛希瓣外包层直接接触,轨道半径为 2.443 $R_\odot$,轨道倾角为 86.0°。它们都是光谱型 F8V$_p$ 的,主星与伴星的质量和半径分别为 1.19 $M_\odot$ 与 0.57 $M_\odot$、1.084 $R_\odot$ 与 0.775 $R_\odot$。自1903 年以来,轨道周期有变化,可能是物质转移或磁场制动效应所致。已观测到子星表面有黑子和强 X 射线发射,表明此类变星的磁活动程度大。它还另有一颗 12^m 的伴星 ADS 7494B。

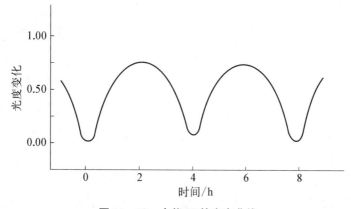

图 11 - 18　大熊 W 的光变曲线

以大熊 W 为原型的食双星称为大熊 W 型食变星,也称小质量相接双星,是食双星-食变星的重要类型,符号为 EW。2017 年 3 月,国际变星索引(VSX)列出约 40 785 个 EW 型双星系统。这些星是光谱型 F、G 或 K 的,两子星都充满其洛希瓣并相互接触,经二者洛希瓣的颈部连接处转移物质和能量,拥有共同包层。此型食双星又可分为四个亚型:A 型,两子星都比太阳热,光谱型为 A 和 F,绕转周期为 0.4~0.8 d;W 型,两子星是较冷光谱型 G 或 K,绕转周期较短 (0.22~0.4 d),两子星的表面温度差小于几百开;B 型,两子星的表面温度差较大;H 型,其伴星与主星的质量比为 0.72,有额外角动量。这些星首先显示周期-颜色关系:周期较短的系统较红。它们的光变曲线不同于经典食双星,常呈椭形而非分离食,这是由于子星相互引力扰动,子星的投影面积经常改变。两子星的表面温度几乎相同,两个亮度极小也通常相同。周期极短的,其金属度也低,年龄可能老于那些长周期的。

11.5.4 御夫 ε 和御夫 ζ

御夫 ε 和御夫 ζ 是两对奇特而又不同的食双星(见图 11 - 19)。

1) 御夫 ε

御夫 ε(ε Aur),西文名为 Almaaz,中文名为柱一,是一个异常的食双星系统,其性质仍不十分清楚,是近年来的重要观测研究对象。它约每 9 963 d(即 27.1 年)发生一次交食,亮度从视星等 (V)2.92^m 降到 3.83^m,食延持续 640~730 d(见图 11 - 20)。此外,还有 96~97 d 非惯常周期的小幅脉动。估计该系统离地球约 2 000 ly。

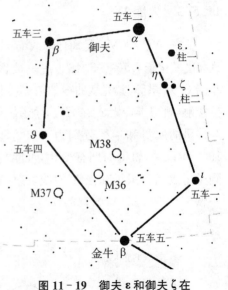

图 11 - 19 御夫 ε 和御夫 ζ 在御夫座的位置

对于其观测特征,早先提出过特大弥漫星、黑洞、奇异轮胎星盘等解释,现在都已不再采纳了。现在有两种解释:大质量模型,主星是约为 15 $M_\odot$ 的黄超巨星;小质量模型,主星是约为 2 $M_\odot$ 的较低光度演化星。

较普及的是大质量模型。光谱上,主星是高光度 Ⅰa 或 Ⅰab 的,距离的估计误差常导致亮超巨星光度。主要问题是伴星的性质,伴星很可能是小质量主序星双星或更复杂的系统。

小质量模型提出,主星是 2 $M_\odot$~4 $M_\odot$ 的演化渐近巨星支的(可能是因为物质丢失多),而伴星则是埋在(几乎朝向我们)厚盘内的、约 6 $M_\odot$ 的正常 B 型主序星。

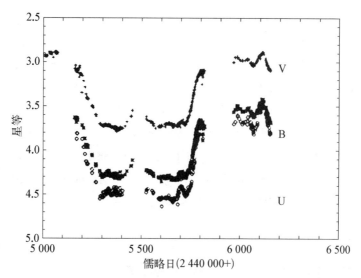

图 11‑20　御夫 ε 在 1982—1984 年交食期的光变曲线

现在已能够很好地测定御夫 ε 食双星的轨道,对地球倾角 87°,主星与伴星距离约 35 AU(大质量模型),或 18 AU(小质量模型)。

观测资料研究表明,御夫 ε 的可见子星——ε Aur A 属于光谱型 F0 半规则脉动后渐近巨星支的,估计其半径为 143～358 $R_\odot$,光度为 37 875 $L_\odot$,发白光,显示有很强的电离钙吸收谱线和弱的氢吸收谱线。与它交食的是有尘盘包围的 B 型主序星,尘盘宽约 3.8 AU,厚为 0.475 AU,在主星被掩食时仍可见到它的某些光。

2) 御夫 ζ

它的西文名为 Sadatoni,中文名为柱二,也是长周期(982 d,即约 2.7 年)食双星系统,离地球约 790 ly,轨道面近于视向(倾角为 87.0°),轨道半径为 905 $R_\odot$、偏心率为 0.4,在每个轨道周期内发生两子星相互交食各一次,合亮度从交食前的 3.75^m 降到 3.99^m。主星是光谱 K 型亮巨星或超巨星,伴星是光谱 B5V 或 B7V 主序星。主序与伴星的质量分别为 4.94 $M_\odot$ 和 4.8 $M_\odot$。由于巨星或超巨星有延展大气,可以从交食过程的亮度和光谱变化研究得到其大气情况。类似例子还有天鹅 31 和天鹅 32。

11.5.5　双子 α

双子 α(α Gem),西文名为 Castor,中文名为北河二,离地球 51 ly,是星空著名的聚星系统。1718 年被记载为目视双星,两星角距从 1970 年的 2″增大到 2017 年的约 6″,它们(记为主星 A 和伴星 B)的亮度为 1.9^m 和 3.0^m。第三星

(记为 C)离主星 $73''$，发现其亮度有规则周期变化而认为是食双星，但现在认为变化是由于一颗或两颗星的表面不同亮区所致，而赋予它 YY Gem 变星之称。这三颗实际上都是分光双星，因而北河二是三对双星组成的六合星系统。A 和 B 的主星 Aa 和 Ba 与其暗伴星的轨道周期分别为 9.21 d 和 2.93d，A 星和 B 星绕转周期为 445 年。C 星绕它们的轨道周期长达几千年。

A 星和 B 星都是 A 型主序星，伴星是红矮星。Aa 与 Ba 的质量、半径、温度分别为 $2.76 M_\odot$ 与 $2.98 M_\odot$、$2.4 R_\odot$ 与 $3.3 R_\odot$、10 286 K 与 8 842 K。C 是两颗几乎同样的红矮星，Ca 与 Cb 的质量分别为 $0.599 2 M_\odot$ 与 $0.597 1 M_\odot$，它们的半径和温度几乎相同，分别为 $0.619 1 R_\odot$ 和 3 820 K。

11.5.6　猎户 θ^1

猎户座 θ^1 是位于猎户星云(M42)内的聚星系统，离太阳 1 344 ly，肉眼看似乎是颗 4^m 星，用望远镜看实际上是四合星，四颗子星大致组成四边形，故常称为"猎户四边形(Orion Trapezium Cluster)"(见图 11 - 21)。后来又测定出几颗子星，因而称为"猎户四边形星团"，它是母星云直接形成的较年轻星团。由于红外光可透过周围的尘埃云，星像更明显，约半数星含有蒸发的拱星盘——可能是形成行星的前身，还识别出褐矮星和小质量逃离星。5 颗亮星(A、B、C、D、E)质量范围为 $(15\sim30)M_\odot$，它们的相互距离在 1.5 ly 范围内，负责周围星云的大多数照明，最亮的是 $C(5.16^m)$，A 与 B 是食双星，可能还另有双星成员。它们可能是较大猎户星云团(直径为 20 ly，约 2 000 颗星)的部分。四边形内可能有大于

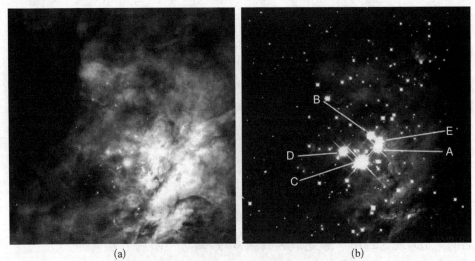

(a)　　　　　　　　　　　　　(b)

图 11 - 21　猎户四边形的可见光(a)和红外(b)像

$100\,M_\odot$ 的黑洞造成的成员星的较快速度弥散。

11.6　X 射线双星

X 射线双星是一类非常重要的双星系统。本节详细介绍 X 射线双星的分类、典型的 X 射线双星及其内部发生物质交换的吸积现象。

11.6.1　X 射线源的发现和命名

由于地球大气吸收 X 射线辐射，人们需要用气球、火箭和卫星把仪器带到外空，才可以探测到来自天体的 X 射线辐射。1962 年，火箭达高度 230 km，偶然发现第一个宇宙 X 射线源——天蝎 X-1(Sco X-1)，其 X 射线辐射大于其可见光辐射 10 000 倍(作为对比，太阳的 X 射线辐射弱至其可见光辐射的 100 万分之一)，而且，天蝎 X-1 的能量输出大于太阳全部波长的总辐射 10 万倍。科学家随之发射越来越多的空间 X 射线卫星，天义台同时开展 X 射线大文学探测。意大利出生的美国天文学家 R. 贾科尼(Riccardo Giacconi)以其对 X 射线天文学开创性的贡献获得 2002 年诺贝尔物理学奖。

早期发现的 X 射线源以所在星座以及同一星座发现的顺序来命名，如天蝎 X-1、天鹅 X-2、半人马 X-3 等。后来，从美国发射的乌呼鲁(Uhuru)卫星到 Einstein-X 射线天文台发现的 X 射线源数目大增，遂汇编成表，以卫星或天文台的代称加 X 射线源的大致赤经和赤纬坐标来命名。Uhuru 的代称为 U，常用的第三和第四 X 射线源表分别以 3U 和 4U 表示，如 3U1956+35(即天鹅 X-1)、4U1118-60(即半人马 X-3)、4U1656+35(即武仙 X-1)。此外，E 为 Einstein-X 射线天文台的代称，H 为 HEAO-1 的代称，EXO 为 EXOSAT 的代称，A 为 Ariel-V 的代称，G 为 Ginga 的代称，1RXS 为第一批 ROSAT X 射线巡天的代称，等等。

已知的 X 射线源数目至少超过 12 万，包括主序星、密近双星、超新星遗迹、球状星团、正常星系、活动星系、射电星系、类星体及星系团中的星系际热气体等。

11.6.2　X 射线双星的分类

X 射线双星(X-ray binary)是 X 射线辐射很亮的一类双星系统。X 射线是从"供体(donor)"——一颗子星(通常是较正常恒星)出来，降落到"受体(accretor)"——另一颗很致密的子星(中子星或黑洞)的物质所产生的(见

图 11 - 22)。降落的物质释放引力势能转化为 X 射线辐射。X 射线双星内的物质转移率和寿命取决于供体的演化状况、子星的质量比和轨道。

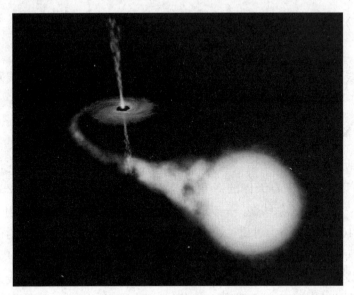

图 11 - 22　X 射线双星示意图

X 射线双星可按光学可见的供体星的质量分为以下主要四类,还细分有几型。

1) 小质量 X 射线双星(LMXBs)

这类是受体为致密星(黑洞或中子星)的双星系统。供体可能是主序星、白矮星或红巨星,通常充满其洛希瓣,因而转移物质给致密星,其质量小于受体的质量。已探测到银河系约有 200 个这类系统,其中有 13 个在球状星团。钱德拉 X 射线天文台已发现遥远星系也有这类双星。

典型的这类双星系统的辐射几乎全在 X 射线波段,可见光辐射少于 1%,成为 X 射线巡天的最亮天体,但在可见光星空却是很暗的,视星等为 $15^m \sim 20^m$。这类系统的最亮部分是致密天体周围的吸积盘。它们的轨道周期为 10 min 到几百天。

2) 中等质量 X 射线双星(IMXBs)

这是一类受体为致密星(黑洞或中子星)、供体为中等质量星的双星系统。

3) 大质量 X 射线双星(HMXBs)

这是一类 X 射线很强的双星系统,供体是大质量星(O 型或 B 型,或蓝超巨星),发射 X 射线的受体是黑洞或中子星。大质量星的部分星风被受体俘获,降落时产生 X 射线。

在这类系统中,大质量星主宰光学辐射,很亮因而容易被观测到。致密星是

X 射线的主宰源。此类著名的例子也是首先证认的,有黑洞的天鹅 X-1 以及 Vela X-1 和 4U 1700-37。

4) 微类星体

此类又称射电发射 X 射线双星,是类星体的堂姐妹,与类星体有一些共同特性:射电辐射强且变化,常可分辨出一对射电喷流和致密星(中子星或黑洞)周围的吸积盘。类星体的黑洞是超大质量的(百万 $M_\odot$),而微类星体的致密体仅有几个 $M_\odot$。被吸积的物质来自正常星,吸积盘在光学和 X 射线区很亮。微类星体有时称为"射电喷流 X 射线双星",以便与其他 X 射线双星区别。部分射电发射来自相对论性喷流,往往呈现出视超亮运动。值得关注的微类星体包括 SS 433(可见到来自两喷流的原子发射线是可变的)、GRS 1915+105(喷流速度特别大)、很亮的天鹅 X-1(探测到高能 γ 射线,其能量 $E>60$ MeV)。

11.6.3　典型的 X 射线双星

作为 X 射线双星的典型,这里概述天鹅 X-1、武仙 X-1 和半人马 X-3。

天鹅 X-1(即 3U1956+35,也是 V1357 Cyg)是 1964 年火箭飞行发现的最强 X 射线源,其 X 射线流量密度峰值为 2.3×10^{-23} W $m^{-2}Hz^{-1}$。它属于大质量 X 射线双星,估计其致密体是质量约为 14.8 $M_\odot$ 的黑洞,视界半径约为 44 km。另一子星是蓝超巨星——变星 HDE 226868[光谱型为 O9.7 Iab,质量为 $(20\sim40)M_\odot$,半径为 $(15\sim17)R_\odot$,光度为(30 万~40 万)$L_\odot$],轨道半径约为 0.2 AU,轨道周期为 5.56 d,它出来的星风提供绕 X 射线源的吸积盘物质,内盘物质被加热到百万开,产生观测到的 X 射线。此外,还有吸积盘进动所致的周期约 300 d 的变化,垂直于盘的一对喷流携带降落物质的部分能量到星际。该系统离太阳约 6 100 ly。

天鹅 X-1 的 X 射线辐射有复杂的快速脉冲变化(见图 11-23),时标从毫秒到年,显示几个周期。多年来,已探测到天鹅 X-1 的软态和硬态 γ 射线及其变化和能量谱,再结合其他波段的观测资料,建立了该双星系统的数值模型,得到上述的一些重要参数。

武仙 X-1(Her X-1,即 4U1656+35)是中等质量的 X 射线双星,它由中子星和正常星武仙 HZ(HZ Her)组成。武仙 HZ 可能由于其洛希瓣溢流而向中子星转移物质,形成周围的吸积盘。其 X 射线辐射也有复杂的快速脉冲变化[见图 11-24(a)],脉冲周期为 1.24 s(由于中子星自转),以轨道周期 1.70 d 发生双星交食[见图 11-24(b)],还有与吸积盘进动相关的 35 d 周期。扭曲的吸积盘反向进动,调制 X 射线照射武仙 HZ 和地球。

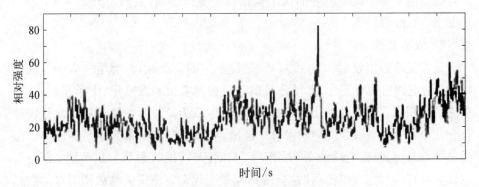

图 11-23   天鹅 X-1 的 X 射线脉冲

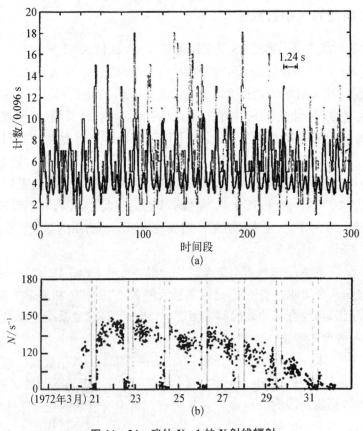

(a)

(b)

图 11-24   武仙 X-1 的 X 射线辐射

(a) X 射线脉冲,1971 年 11 月 6 日 Uhuru 卫星观测;(b) 长期的和中期的变化,每对竖线为伴星掩致密星

从 X 射线脉冲周期的多普勒位移可以推求轨道,进而估算出伴星的质量。然而,由于武仙 HZ 朝 X 射线源的一侧被 X 射线加热从而温度(估计达 10 000 K)高于另一侧(约 6 000 K),使其光谱型及质量的估计较困难。先前得到 X 射线源和武仙 HZ 的质量分别为 1. 80 $M_\odot$ 和 2. 5 $M_\odot$,较新的结果是 0. 85 $M_\odot$ 和 1. 87 $M_\odot$。

半人马 X-3(即 4U1118-60)是 X 射线脉冲(X-ray pulsar)双星系统,也是分光食双星,其脉冲星(中子星)绕大质量的 O 型超巨星转动,中子星吸积来自超巨星的物质而发射 X 射线。X 射线脉冲的平均周期为 4. 84 s,周期为 2. 09 d 的脉冲幅度变化是由轨道运动所致(见图 11-25)。

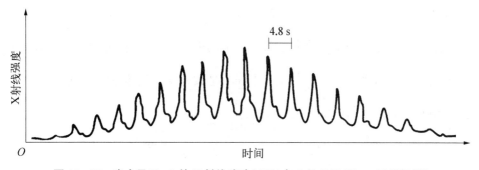

图 11-25 半人马 X-3 的 X 射线脉冲(1971 年 5 月 7 日 Uhuru 卫星记录)

半人马 X-3 位于银道面,离太阳 5. 7 kpc。其 X 射线子星是快速自转的磁中子星(magnetar),可见光子星是超巨星——克热明斯基(Krzeminski)星。经内拉格朗日点 L_1 的该超巨星洛希瓣溢流物质,形成中子星的吸积盘,最终螺旋落入中子星。中子星磁场联通落入气体到中子星表面区,释放引力势能,而成为热斑,发射出 X 射线。

中子星每 2. 09 天被该超巨星规则地交食。这些规则交食持续约 $\frac{1}{4}$ 轨道周期,不时地有 X 射线放出。半人马 X-3 的自转周期史显示了一种加快趋势,脉冲周期不断减小,这些可由吸积物质不断施加于中子星的转矩来解释。

克热明斯基星是光谱型 O6-7 Ⅱ-Ⅲ 的,质量为 20. 5 $M_\odot$,半径为 12 $R_\odot$,有引潮变形。

11. 6. 4 X 射线脉冲星的初步分析

有些 X 射线双星是 X 射线脉冲星,它们的脉冲周期短至 1 s 量级,长达 100 s 量级,总的说来,它们比射电脉冲星的脉冲周期长得多。然而,诸如天鹅

X-1、武仙 X-1 和半人马 X-3 等的辐射功率(光度)可高达 10^{31} W 甚至 10^{32} W,比一般的射电脉冲星辐射功率大得多。如此强的 X 射线辐射的能源来自何处? 显然,仅靠中子星损失自转动能来提供辐射能是远远不够的。而且,诸如武仙 X-1 等 X 射线脉冲星的脉冲周期在变短。考虑到密近双星的致密星吸积另一颗子星来的物质形成吸积盘这一因素,现在来估算致密星吸积物质是否可以提供发射 X 射线的有效能源。

假设质量吸积率为 $\dot{m}$,速度为 v,若其动能全部转化为热辐射,则辐射功率为

$$L = \frac{\dot{m}v^2}{2} \tag{11-4}$$

实际上,这是被吸积物质在致密星引力场中的引力势能转化的能量。若物质向致密星自由下落,则 $v^2 = \frac{2Gm_x}{R}$,其中,m_x 是致密星的质量,R 是其引力半径。于是,吸积能和热辐射的功率关系可写为

$$L = \frac{Gm_x\dot{m}}{R} = \eta\dot{m}c^2 \quad 或 \quad \eta = \frac{Gm_x}{Rc^2} \tag{11-5}$$

式中,G 是引力常数;c 是光在真空中的速度;η 是能量转换效率或产能率,与吸积天体的致密度有关。中子星的能量转换效率约为 0.10%,黑洞的能量转换效率为 10%~42%,白矮星的能量转换效率约为 0.01%。氢燃烧核反应的能量转换效率约为 0.7%。

这种能量释放极其有效。以中子星为例,典型的中子星质量约为一个太阳质量,即 $m_x \approx M_\odot$,典型的中子星半径值 $R \approx 10$ km。假设中子星表面吸积了 m 克物质,则释放的引力能为 $\frac{GM_\odot m}{R}$,约为 $0.1mc^2$,这比高效能源核聚变反应的释能效率还要高出一个量级(m 克氢的核聚变反应中释放的能量小于 $0.01mc^2$)。这种吸积过程带来的高效能量释放用于说明诸如武仙 AM 那样低光度 X 射线双星的能源是不成问题的。

从上述分析和观测资料说明,X 射线双星的一颗子星是"供体"——可以抛射出物质的正常恒星,另一颗子星是"受体"——致密星(中子星或黑洞)吸积前者抛来的物质而形成吸积盘。吸积而降落的物质释放的引力势能转化为热能,足以发射很强的 X 射线。

11.6.5 吸积盘和吸积柱

虽然 X 射线双星的 X 射线辐射都是致密星的热吸积盘发射出来的,但如前所述,各类型 X 射线双星的观测特征差异归因于其供体普通子星和受体致密星吸积的具体情况不同。如果普通子星已充满其洛希瓣,就出现其溢流被致密星吸积的过程,拥有较大角动量的物质形成致密星周围的较大吸积盘。如果普通子星未充满其洛希瓣,但其很强的星风会产生如图 11-11 所示的吸积,也可能在致密星周围形成吸积盘。对于诸如天鹅 X-1 的大质量 X 射线双星,普通子星已完全充满其洛希瓣,流向致密星的物质太多,产生的辐射(光度)会超过爱丁顿极限,因此应主要由星风吸积来形成致密星周围的吸积盘,且因其角动量小,吸积盘也不可能很大。在小质量的 X 射线双星中,其普通恒星的星风很弱,不足以产生可探测的 X 射线,主要是由洛希瓣溢流而形成致密星周围的吸积盘。

吸积盘中的气体粒子即使起初在近圆轨道绕致密星转动,也会因“黏滞性摩擦”而发生角动量和能量转移,而趋向开普勒式内快外慢的较差转动。相邻的气体环之间产生轨道切向应力,力矩作用导致角动量向外转移,而气体螺旋式内移,释放的引力势能转化为热能,加热吸积盘,并以辐射能发射出去。如果致密星是史瓦西黑洞,则吸积盘的内边界半径等于 $3R_g$。如果致密星是没有磁场的中子星或白矮星,则吸积盘的内边界就是星的表面。吸积盘释放的引力势能向内方向增加,因而内区温度升得更高,一般可达 $10^6 \sim 10^9$ K 的范围,可以发射 $10^2 \sim 10^5$ eV 的 X 射线。

对于有强磁场的中子星的吸积,电离气体无论是螺旋式还是沿径向落向中子星,到达所谓阿尔文面和中子星磁球时,它们的运动都会受到磁场的控制,而沿着与该界面相交的磁感应线流向磁极区,形成高温的极冠。在极冠上空呈现漏斗形的吸积通道,称为**吸积柱**(accretion column,见图 11-26)。X 射线主要是吸积柱或极冠内的电离气体发射的。只要中子星的磁轴与自转轴倾斜,因中子星自转,就会表现为 X 射线脉冲星。

非相对论性(速度远小于光速)电子在磁场中绕磁力线回旋,其角频率 ω 取决于磁场强度 B、电子的电荷 e 和质量 m_e 及光速 c:

$$\omega = \frac{eB}{m_e c} \tag{11-6}$$

ω 称为拉莫尔频率(Larmor frequency)。非相对论性电子回旋产生的辐射称为**回旋加速辐射**(cyclotron radiation),由一系列分立谱线组成,其频率依次等于拉

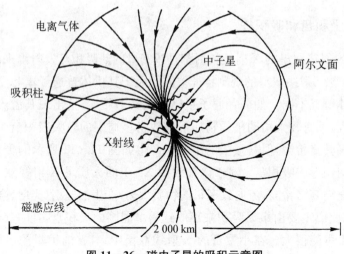

图 11 – 26　磁中子星的吸积示意图

莫尔频率的整数倍,强度随频率增大而减小,以致回旋辐射的能量主要集中于由式(11 - 6)确定的基频辐射。1976 年,观测到武仙 X - 1 的 X 射线谱有 58 keV 谱线,被认为是吸积柱的电子回旋加速辐射的基频谱线,相应的磁场强度为 5.3×10^8 T[①]。由回旋加速辐射谱线推求中子星磁场是个可行的好方法。

　　高偏振星中的致密星是有强磁场的白矮星,其周围的磁球相当大,从而控制电离气体沿着磁离线流向磁极,以致不能形成吸积盘。中介偏振星中的白矮星磁场较弱,其周围的磁球较小,形成的吸积盘退化成环形。而矮新星中的无磁场白矮星周围吸积盘可以不受阻碍地发展。激变变星中的这几种次型之间存在某些观测特征差异,可以根据是否存在吸积盘及其大小来解释。

11.6.6　SS 433 食双星系统

　　SS 433 记录于美国天文学家 N. 桑杜利克(Nicholas Sanduleak)和 C. B. 斯蒂芬森(Charles Bruce Stephenson)在 1977 年发表的 H_α 发射线的(SS)星表,编号为 433,故名 SS 433(见图 11 - 27)。它是天鹰座银道面的变星 V1343 Aql,亮约 13.5^m,离地球 5.5 kpc。它又是致密的射电源 4C 04.66 和 X 射线源 4U 1908+05。SS 433 位于射电展源(超新星遗迹)W50 的中央,是个非常奇特的天体。SS 433 是 X 射线食双星系统,主星可能是中子星,更可能是黑洞,又是第一个发现的微类星体。伴星的光谱提示这是一颗晚 A 型星。

―――――――――

　　① 　在强磁场情况,严格说,应考虑量子效应,但计算结果与经典公式(11 - 6)的结果相差不大。此外,引力红移效应可能对计算结果有 10%~20%的影响。

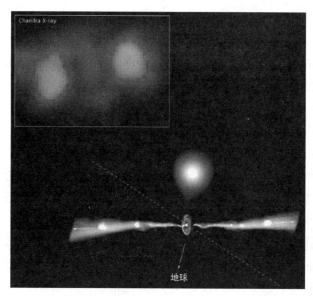

图 11 - 27　SS 433

从观测资料得出,伴星很快地流失物质,为主星吸积而形成吸积盘。吸积盘旋入主星而变得极热,发射很强的 X 射线,沿主星自转轴两侧的热氢反向喷流。喷流内的物质以速度为 26% 的光速喷出。估计伴星质量为(3~30)$M_\odot$(小于主星的原来质量),因而伴星寿命较长。两星很密近,轨道周期为 13.1 d。

喷流和吸积盘绕地球与 SS 433 连线倾角的轴进动,因而喷流有时朝向地球,有时背离地球,导致观测到的谱线发生蓝、红多普勒位移,喷流以锥螺旋式向空间喷扫。当冲击到周围的 W50 超新星遗迹云时,使之扰动呈拉长形。

2004 年甚长基线阵观测到,其喷流生成后有时就很快地冲击物质变亮。被击物质变亮有时移位一些时间(但不确定),导致喷流亮度发生变化。

SS 433 的光谱不仅有多普勒位移,也有相对论效应——除去多普勒效应,仍有速度约 12 000 km/s 的残余红移。但这不代表该系统远离地球的实际速度,而是由于"时间膨胀(time dilation)"使得运动的钟相对于静止的钟的"滴答声"慢得多。在这种情况中,相对论性运动激发喷流内的原子显得振动更慢,而其辐射显示红移。

11.6.7　暂现 X 射线源和 X 射线暴源

1) 暂现 X 射线源

不同于大多 X 射线源的持续发射,有些 X 射线源的发射是间歇性的或暂现的——平常未观测到,而突然发出 X 射线强辐射,经几星期到几个月衰退直至消失,这称之为**暂现 X 射线源**(transient X-ray source)。暂现 X 射线源也是 X 双星,其中一部分已得到光学观测证认。它们可分为两类:一类有硬 X 射线谱,称为暂现硬 X 射线源,属于大质量硬 X 射线双星;另一类有软 X 射线谱,称为暂现软 X 射线源或 X 射线新星,属于小质量 X 射线双星。

大多硬 X 射线源是 **Be/X 射线双星**(BeXRBs),由一颗 Be 型星和一颗中子星组成。中子星通常在大偏心率椭圆轨道绕 Be 星转动。Be 星的星风形成盘所限平面往往不同于中子星的轨道面。中子星经过 Be 星的盘面时在短时间吸积大量气体。当气体落入中子星时,就见到硬 X 射线亮耀斑。截至 1996 年发现了约 20 个此型双星,仅 LSI+61°303 和英仙 X 有高光度和硬谱($kT = 10 \sim 20$ keV)。

LSI+61°303 可能是此型的一例。它是周期性的射电发射双星,也是 γ 射线源 CG135+01。它也是以周期 26.490 d 的非热射电暴为特征的射电变化源。该周期归因于一个致密体(可能是中子星)绕快速自转 B0 Ve 星的偏心轨道运动。光学的和红外波段光度的测量显示出 26.5 d 的调制。虽然还不准确知道致密体的质量,但其质量可能超过中子星而成为黑洞。

英仙 X(X Per)是由一颗仙后 γ 型变星和一颗脉冲星组成的双星系统,是此型中的周期较长、偏心率较小的。它的 X 射线持久,通常没有很大的变化。观测到一些大概和吸积盘变化有关的 X 射线强耀斑,但未发现和强的光学变化相关。

暂现软 X 射线源由一颗致密星(可能是中子星)和某型小质量($<1 M_\odot$)正常星组成,显示发射变化的低能(软)X 射线,可能是由于正常星向致密星转移物质变化而产生的。例如,天鹰 X-1(Aquila X-1)是此类中暂现时间很短的,约每年暴发一次,但周期不固定。它的致密星是弱磁化的中子星,伴星是其洛希瓣充满的晚 K 型星。此系统的轨道周期为 18.95 h,离我们 $4 \sim 6.5$ kpc。2000 年 9 月发生暂现 X 射线暴发,当该源光度增加时,光度/能谱很快从 LH(低/硬)态过渡到 HS(高/软)态。然而在光度衰减相期间,返回 LH 态发生于较低光度(质量吸积率低)时,X 射线暴发于(在硬度-强度图上)一个"恍惚的环",这是标准的简单吸积模型难以解释的。

2) X 射线暴源

X 射线暴是 X 射线双星的一类,显示光度周期性快速增加(典型的到十倍以上),峰在电磁谱的 X 射线波段。这类系统由一颗吸积的致密星(有 X 射线暴发的中子星)和一颗主序星供体组成。不同于其他暂现 X 射线源,暴上升快($1 \sim 10$ s),随之能谱变软。个别暴的积分能量达 $10^{39} \sim 10^{40}$ erg(作为对比,稳态吸积到中子星的能量为 10^{37} erg 量级,1 erg＝10^{-7} J),暴与持续的 X 射线能量比为 1～1 000,典型的为 100 量级。X 射线暴在几小时到几天再现,也有更长时间再现的。再现周期取决于两星的距离、吸积率、吸积物质的成分。X 射线暴分为两型:Ⅰ 型 X 射线暴,光度增高快,随之缓慢地逐渐减低;Ⅱ 型 X 射线暴显示很快的脉冲形,脉冲隔开几分钟。大多 X 射线暴是 Ⅰ 型的,只观测到两例是 Ⅱ 型的。

图 11-28 为一 X 射线暴源记录。

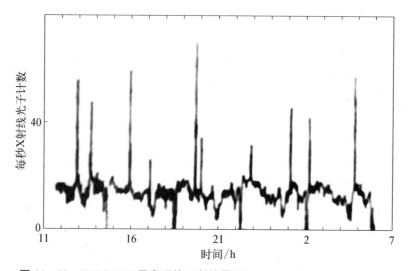

图 11-28　EXOSAT 卫星发现的 X 射线暴源 EXO 0748-576 的 20 h 记录

当 X 射线双星的一颗子星因半径大,或离相伴的中子星太近而充满其洛希瓣时,就开始流出物质到中子星。子星也可能超过爱丁顿光度,或由强的星风而抛出物质,有些被中子星吸积。在轨道周期短和伴星质量大的情况,这些过程可以把物质从伴星转移到中子星。这些物质来自伴星的表层,富集氢、氦。由于中子星的引力场很强,这些物质高速下落,常与其他吸积物质碰撞而形成吸积盘。在 X 射线暴中,这些物质吸积到中子星表面,形成稠密层,集聚数小时后由于重力压缩,温度可达 1×10^9 K,就开始剧烈的热核反应。几秒钟内,吸积物质燃烧,发出亮的 X 射线闪耀,至少某些氢连续燃烧生成氦,氦再聚集燃烧,此行为类似于再发新星。在致密星为白矮星情况下,吸积的氢最终经历爆发性燃烧。

由于中子星的质量决定 X 射线暴的光度,明亮的 X 射线暴可以看作“标准烛光”。比较观测的与预言的流量值,就可以较准确地得出其距离,也可以确定中子星的半径。

11.7　γ射线暴和引力波

　　γ射线暴是目前天文学中最活跃的研究领域之一,是电磁辐射在宇宙中表现出的一种极端现象。γ射线暴是指来自天空中某一方向的γ射线强度在短时间内突然增强,随后又迅速减弱的现象,持续时间在 0.01~1 000 s,辐射主要集中在 0.1~100 MeV 的能量段。γ射线暴发现的数十年后,人们基本可以确定这是发生在宇宙学尺度上的恒星级天体中的爆发过程。引力波是一种时空曲率的扰动,是由加速天体(物质)源产生,以光速从源向外传播的波。由于引力波的直接探测在 2016 年首次获得成功,引力波天文学在近几年来成为天文学界,乃至整个科学界备受关注的一门学科。

11.7.1　γ射线暴

　　美国的 Vela 卫星原用于监测核武器爆炸发射的γ射线脉冲。1972 年 7 月 2 日,它测到不像核武器的γ射线闪耀(暴)。分析不同卫星探测暴的不同到达时间后,粗略估计了 16 个暴的空间位置,肯定地排除了这些γ射线来自地球或太阳系的可能,而应是来自宇宙的。在 1973 年公布时称之为 **γ射线暴**(gamma-ray burst,GRB)。它们持续 10 毫秒到几小时,是来自遥远星系的一类极高能爆发,是宇宙发生的最亮电磁事件。

　　观测的大多γ射线暴的强辐射被认为是超新星或超级新星快速自转、大质量星坍缩形成中子星、夸克星或黑洞期间释放的。γ射线暴的一种亚类——"短暴"似乎源自一个不同过程:双中子星合并。

　　γ射线暴源大多离地球几十亿光年,意味着爆炸是极高能的(一次典型γ射线暴在几秒钟内释放的能量相当于太阳一生的百亿年发射的总能量),也是罕见的(每个星系、每百亿年发生几次)。所有观测到的γ射线暴都来自银河系之外,虽然有些类似的现象——软γ射线重现耀斑与银河系磁星有关。

　　1)γ射线暴余辉

　　γ射线暴在其他波段的对应天体是什么? γ射线暴来源的模型假设暴的抛射物与星际气体碰撞会产生较长波的缓慢衰减辐射——**余辉**(afterglow)。1997 年,BeppoSAX 卫星探测到γ射线暴 GRB 970228 的衰减 X 射线余辉;20 h 后,赫歇耳望远镜证认出其衰减的光学对应体是遥远的宿主星系。BeppoSAX 卫星还发现 GRB 970508 的光谱红移 $Z=0.835$,因而证明γ射线暴发生在极远的星系。次年发现的 GRB 980425 与超新星 SN 1998bw 有关联,这表明 γ 射线暴与大质量恒星死亡的关系,成为 γ 射线暴来源的有力线索。加载专用仪器探测 γ 射线暴的还有康普顿 γ 射线天文台和 HETE‑2、Swift 及 Fermi 飞船。γ 射线暴源相当均匀地分布在各天区,康普顿 γ 射线天文台的"爆发和瞬编试验设备(BATSE)"记录的 γ 射线暴分布如图 11‑29 所示。

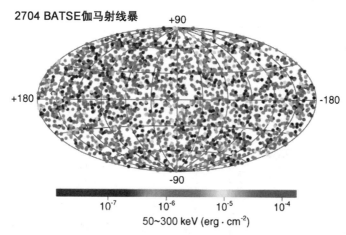

图 11‑29　康普顿伽马射线天文台的"爆发和瞬变源试验设备(BATSE)"记录到的伽马射线暴分布图(彩图见附录)

2) γ 射线暴分类

γ 射线暴的光变曲线极其多样和复杂(见图 11‑30),没有两个 γ 射线暴的光变曲线是一样的,几乎都有大的变化。观测到的发射时段从毫秒到几十分钟,有单峰的或几个独立亚脉冲的,个别峰可能是对称的或是快增亮而慢衰减的。某些 γ 射线暴有"先兆"事件——弱暴,随之(几秒到几分钟完全无发射后)是强得多的"真"暴。某些事件的光变曲线极其混乱和复杂,几乎没有明显样式。虽然提出了多种分类方案,但仅基于光变曲线形态不同,没有反映出爆炸前身的真实物理差别。然而,大量 γ 射线暴的持续时间分布图表现出清楚的双峰性,存在"短""长"两类,其分布的范围很宽,且有重叠。

短 γ 射线暴是指持续时间约少于 2 s 的。在几十个定位的短 γ 射线暴余辉中,有几个在少见或无恒星形成区,因而排除了与大质量恒星的关联,也与超新星无关,确信它们在物理上不同于长 γ 射线暴。在理论上,致密双星系统的两颗中子星合并或中子星与黑洞合并,将会发生暂现的天文事件——**千新星‑宏新星**(kilonova‑macronova 或 r 过程超新星),由于 r 过程中重原子核的放射性衰变(详细过程在第 15 章讨论)而发射短 γ 射线暴和强的电磁辐射。第一颗千新星

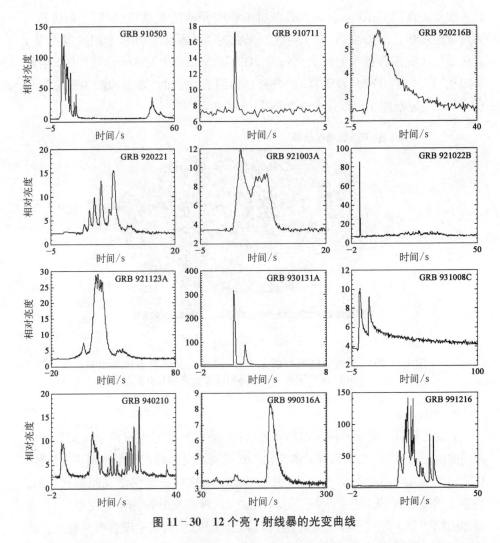

图 11-30   12 个亮 γ 射线暴的光变曲线

sGRB 130603B 先作为短 γ 射线暴于 2013 年被探测到,然后被哈勃空间望远镜
监测(见图 11-31,宿主星系 NGC 4993)。

长 γ 射线暴是指持续时间大于 2 s 的,占观测事件的 70%。它们的余辉最
亮,红移大,可以更详细地观测。它们几乎都与恒星快速形成的星系有联系,很
多情况也与核坍缩超新星以及大质量恒星死亡有关。

超长 γ 射线暴的持续时间超过 10 000 s,主要特征就是持续时间很长。它们
是蓝超巨星坍缩、引潮瓦解事件或新生**磁星**(magnetar,有极强磁场的中子星)所
致。研究较多的有 GRB 101225A 和 GRB 111209A。但由于探测灵敏度不够,
这类 γ 射线暴目前已确认的很少。

2017-8-22　2017-8-26　2017-8-28

图 11‐31　哈勃空间望远镜所摄的第一颗千新星的衰减过程

3）能量和光度

虽然 γ 射线暴源极其遥远（几十亿光年），但观测到的 γ 射线暴很亮。长 γ 射线暴的热辐射能流（主要在 γ 射线）可与银河系（几十光年远）的亮星辐射流匹敌。例如，75 亿光年远的光学对应体 GRB 080319B 的视星等为 5.8^m，说明其能源极强，辐射本领（光度）极高。

什么过程导致 γ 射线暴在这么短时间产生如此巨大能量？人们还不完全清楚。目前认为，γ 射线暴是一种高度集中的爆炸，爆炸能量大多集中于窄喷流，可以由观测的余辉光变曲线"喷流破裂"来估计喷流的角宽度。其后时间内，缓慢衰减的余辉开始随喷流快速衰退，不再有效地展现其辐射。喷流角度的显著变化在 2°～20°范围内。由于它们的能量在空间高度集中，大多 γ 射线暴发射的 γ 射线如果不指向地球，就不能被探测到。但当 γ 射线指向地球时，沿窄束集中的发射就显得特别亮。典型的 γ 射线暴释放出的能量约 10^{44} J，与亮的 Ⅰ b/c 型超新星相当。短 γ 射线暴离我们较近，但能量可能不完全集中。

4）γ 射线暴的前身

由于大多数 γ 射线暴源距离我们太远，识别其前身是个极具挑战性的问题。

一些长 γ 射线暴与超新星成协以及它的宿主星系是快速形成的恒星的事实为长 γ 射线暴与大质量恒星成协提供了一个强有力证据。广泛被接受的长 γ 射线暴起因是坍缩模型：质量极其大的、金属度低的快速自转星在其演化末阶段，其星核坍缩为黑洞。靠近星核的物质如雨一样落向中心，旋入高密度的吸积盘。降入黑洞的物质驱动一对沿自转轴方向出来的相对论性喷流，击穿恒星包层，最终经过恒星表面，成为 γ 射线辐射。另外的模型以新形成的磁星取代黑洞。

在银河系内，可能产生长 γ 射线暴的最类似的天体有伍尔夫-拉叶星。船底 η 和 WR 104 可能是未来 γ 射线暴的前身。但还不知道银河系是否有产生 γ 射线暴的适当条件。

产生短 γ 射线暴成因最受青睐的模型是组成双星系统的两颗中子星合并。两颗中子星因引力辐射（即引力波，见后面的讨论）释放能量而缓慢旋近，直到引潮力突然撕裂中子星而坍缩为单一黑洞。类比于星核坍缩模型，落到新黑洞的物质产生吸积盘，释放能量暴。也有释放短 γ 射线暴的其他模型，包括一个中子星与一个黑洞合并的模型、吸积感生中子星核坍缩或原始黑洞蒸发。

11.7.2   引力波与引力波天文学

引力波（gravitational wave）是一种时空曲率的扰动，是由加速天体（物质）源产生、以光速从源向外传播的波。1916 年，爱因斯坦以广义相对论为基础，预言了引力波的存在。引力波以相似于电磁辐射的辐射能量形式——**引力辐射**（gravitational radiation）传输能量。

在牛顿的万有引力定律中，引力是一种超距作用，可以在瞬间（速度无限大）传播至任意远处。在广义相对论中，物质的存在造成时空弯曲，引力被处理为时空弯曲所导致的现象。一般地，在给定体积内所含物质越多，其体积边界的时空曲率越大。当大质量天体在时空中运动时，时空曲率随之发生变化。在某些情况下，加速天体产生的曲率变化以波的方式，以光速向外传播，这就是引力波。通俗地说，引力波是时空弯曲的涟漪。

引力波是横波，有偏振，以光速传播，携带扰动源的能量、动量和角动量。如同其他波，引力波也用以下特征量表述：① 波幅，常用符号 h 表示波幅的大小，即经拉伸或压缩变动后与原来的比例。由于波源太远，经过地球的引力波非常弱，$h \approx 10^{-20}$。② 频率，常用符号 f 表示每秒钟的振荡次数$\left(\text{连续两次极大拉伸或压缩之} \right.$间所需时间 t 的倒数 $\left.\dfrac{1}{t}\right)$。③ 波长，常用符号 λ 表示连续两次极大拉伸或压缩之间的距离。④ 波速,波的极大拉伸或压缩点的移动速度。对于波幅小的引力波,波速等于光速 c。如同光波,其频率、波长与波速之间的关系为 $\lambda f = c$。

引力波天文学(gravitational-wave astronomy)是观测天文学 20 世纪中叶以来逐渐兴起的一个新兴分支,其发展基础是广义相对论中引力的辐射理论在各类相对论性天体系统研究中的应用,用引力波来搜集可探测的引力波源(如白矮星、中子星、黑洞组成的双星系统,超新星事件,早期宇宙的形成)的观测资料。与观测电磁波的传统观测天文学不同,引力波天文学具有如下特点:① 引力波直接联系着波源整体的宏观运动和性质;② 若比较波长与波源尺度,宇宙间的引力波并不像电磁波那样波长比波源尺寸小很多;③ 可以直接观测见不到的黑洞,对探索暗物质也很重要;④ 引力波与物质的相互作用非常弱,在传播途中不易衰减或散射,可以揭示宇宙遥远深处和早期的信息。

1) 研究探测简史和意义

引力波存在的可能性最早在 1893 年由英国数学家 O. 黑维塞德(Oliver Heaviside)提出,他直观地运用了与电磁波的类比:与二者相对应的力都遵从平方反比律。爱因斯坦 1916 年预言的引力波有三型,但是爱丁顿在 1922 年指出,其中两型用了人为坐标系,会选择任何速度传播,继而也怀疑第三型。1936 年,爱因斯坦和 Nathan Rosen 给 *Physical Review* 的文稿写道,因为场方程的任何这样的解都会有奇点,完整的广义相对论不会存在引力波。该文重写后以相反结论发表在别处。

1956 年,英国理论物理学家 F. 皮拉尼(Felix Pirani)补救了用不同坐标系造成的混乱,"挖出"了引力波。由于当时关注的是不同的问题(引力波是否传输能量),因而忽略了此工作。1957 年在美国北卡罗莱纳教堂山的会议期间,著名物理学家 R. 费曼(Richard Feynman)提出一个"思想实验",即"黏珠的论点":如果拿一个有珠子的杆,那么,引力波经过的效应是珠子沿杆移动,摩擦生热,意味着经过的引力波做了功。紧接着,数学家 H. 邦迪(Hermann Bondi)发表"黏珠的论点"的详细版本。教堂山会议后,美国物理学家 J. 韦伯(Joseph Weber)开始设计和建造第一个引力波探测器——Weber 杆,1969 年,他声称探测到了引力波,但其结果未被确认。然而到了 1974 年,美国人 R. A. 赫尔斯(Russell Alan Hulse)和 J. H. 泰勒(Joseph Hooton Taylor)发现射电双星脉冲星 PSR 1913＋16 而得出引力波的间接证据,从而激励了引力波的直接探测。后来用越来越先进的高敏度激光干涉仪直接探测引力波,终于在 2015 年 12 月公布了第一次成功地探测到引力波,其信号命名为 GW150914(GW -引力波,观测日期为 2015 - 09 - 14)。新的探测结果随之不断出现。

引力波的探测有重大而深远的意义。它不仅能直接验证广义相对论，更提供了一个观测宇宙的新途径，就像观测天文学从可见光天文学扩展到全波段那样再一次极大地扩展了人类的视野。传统天文学完全依靠于电磁辐射的探测，而引力波天文学的兴起则标志着观测手段的革新。引力波可以穿透电磁波不能穿透的空间区域，可以揭示宇宙更多前所未知的信息和奥秘。

2) 引力波的源与谱

一般地说，引力波是由不完全球对称或自转对称的天体加速及其变化辐射出来的。较强的引力波源有密近双星、致密星(中子星或黑洞的合并)、自转的中子星、超新星爆发、黑洞形成及碰撞和捕获物质、宇宙早期暴胀等。

原则上可以存在任何频率的引力波。但是，很低频的不可能探测到，很高频的没有可信源。合理的探测频率范围为 $10^{-16} \sim 10^4$ Hz 的几个频带(见图 11-32)

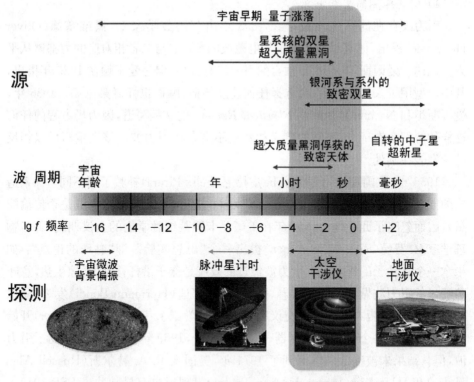

图 11-32　引力波源、谱和探测带(彩图见附录)

11.7.3　引力波的间接证明——射电脉冲星 PSR 1913+16

1974 年，赫尔斯和泰勒发现射电双星脉冲星 PSR 1913+16(故称为 Hulse-

Taylor 脉冲星),其脉冲周期为 59 ms。它由一颗脉冲星(中子星)和一颗伴星组成,轨道周期为 7.75 h,轨道扁长(近星距为 $1.1 R_\odot$,远星距为 $4.8 R_\odot$)。脉冲星的质量为 $1.4 M_\odot$,伴星的性质还未确切知道,估计其质量约为 $1.4 M_\odot$,可能也是中子星。多年观测表明,绕转轨道在"旋近(inspiral)",两星逐渐靠近(每轨道周期缩小 3.1 min),经几亿年后它们就会合并。从该系统的极端密度和小的轨道半径导致巨大的轨道进动(每年 4.2°),恰好符合广义相对论的预言值。轨道缩小失去的能量就成为引力波辐射出去,因而间接地验证了引力波。由于这一重大发现,赫尔斯和泰勒获得 1993 年诺贝尔物理学奖。

目前至少已发现另外 8 颗双星脉冲星,产生的引力波幅更大,有可能直接探测到其引力波。

11.7.4　引力波的直接探测

引力波的存在更重要的是直接探测——测量经过的引力波效应,而且直接探测也可提供其产生系统——源的更多信息。因为球面波的振幅 h 反比于源的距离 R 而减弱($h \propto 1/R$)以及源地距离太远这一事实,到达地球的引力波振幅极其微小($h \sim 10^{-21}$),需要极灵敏的探测器。Weber 杆型探测器接受入射的引力波,激发共振频率而放大可探测水平,低温冷却、有超导量子干涉装置的新型 Weber 杆仍在运用,但还不够灵敏。荷兰、英国、意大利、中国的一些大学或机构的这类探测器各具特色,例如,重庆大学探测器计划探测频率约 10^{11} Hz、振幅约 $10^{-3} \sim 10^{-32}$ 的引力波。

更灵敏的探测器是用激光干涉仪测量分离的"自由"物质之间被引力波感生的运动。它可把物质分开很大距离(增加信号尺度),在很宽频率范围内保持灵敏度。这类引力波天文台的简化工作原理如图 11-33 所示。激光源发出的相干光束射到光束分离片,分离为相互垂直的投射与反射的两束(光臂长为 4 km),各经反光镜反射回来,两束反射光分别再经光束分离片反射和透射汇合,发生干涉而形成干涉图。图 11-33(b) 中,当引力波(灰色部分)经过左臂时改变波长,因而改变干涉图,从干涉图的差别可以得到引力波的信息。经多年的发展,2015 年,一批地基干涉仪开展探测。现在,最灵敏的是 LIGO——激光干涉仪引力波天文台,它的三个探测器放于三地,可探测引力波振幅小到 5×10^{-22}。

2016 年 2 月 11 日,LIGO 宣布,2015 年 9 月 14 日首次直接探测到的引力波信号 GW150914 是 13 亿光年远的两个质量为 $29 M_\odot$ 和 $36 M_\odot$ 的黑洞合并所产生的。信号持续约 0.2 s,经历了约 8 个周期后波幅从频率 35 Hz 到 250 Hz 增强到峰值 1.0×10^{-21}。新合并成的黑洞质量为 $62 M_\odot$。按照质量-能量关系

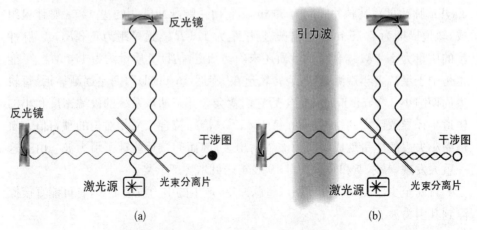

图 11-33　引力波干涉探测仪原理

(a) 无引力波；(b) 有引力波

$(E=mc^2)$，等价于 $3\,M_{\odot}$ 的能量作为引力波发射，在合并最后不到 $1\,\mathrm{s}$ 期间，释放的功率是可观测宇宙所有恒星总和的 50 倍以上。由于位于美国路易斯安那州的利文斯顿（Livingston，L1）和华盛顿州的汉福德（Hanford，H1）的两个探测器与源之间的角度，它们所测的信号有 $7\,\mathrm{ms}$ 的时间差（见图 11-33）。信号来自南天球，大致在麦哲伦云。引力波观测的可信度为 $99.999\,94\%$。随之，又探测到三次更确定的引力波事件（GW151226——$14.2\,M_{\odot}$ 和 $7.5\,M_{\odot}$ 的两个黑洞合并，GW170104——$31.2\,M_{\odot}$ 和 $19.4\,M_{\odot}$ 的两个黑洞合并，GW170814——$30.5\,M_{\odot}$ 和 $25.3\,M_{\odot}$ 的两个黑洞合并），还有一次疑似的引力波信号 LVT151012。因对探测引力波的贡献，美国科学家 R. 韦斯（Rainer Weiss）、K. 索恩（Kip Thorne）和 B. 巴里什（Barry Barish）共同获得 2017 年诺贝尔物理学奖。

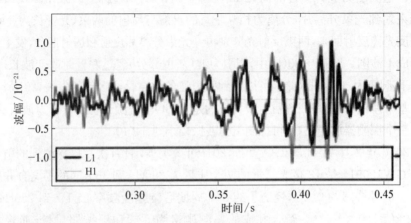

图 11-34　引力波事件的首次测量

　　由法国、意大利、荷兰等 6 个欧洲国家参加、以 Virgo(室女)命名的 Virgo 引力波天文台也是个大型干涉仪，两臂长 3 km，观测频率宽，灵敏度很高(h 达 10^{-22})。它与 LIGO 协作，2017 年 8 月 17 日探测到引力波信号，于 9 月 27 日报道了 GW170817，这是两颗质量为($1.17 \sim 1.60$)$M_\odot$ 中子星的合并(系统总质量为($2.73 \sim 2.78$)$M_\odot$)，发生在约 1.3 亿年前。不同于两个黑洞合并仅探测到引力波，这次前所未见的两个中子星合并不仅产生引力波(见图 11 - 35)，还促成随后的电磁事件，产生电磁对应体，即与引力波事件关联的光信号。从光学对应体的观测，发现这两个中子星合并的过程中产生了大量的重元素，如金、铂及铀等。费米 γ 射线空间望远镜在探测到引力波后 1.7 s 又探测到 γ 射线暴 GRB 170817A，它来自星系 HGC 4993 附近，这由随后的电磁事件(AT 2017gfo)证实。国际上 70 个天文台和 100 多架望远镜的观测取得宽范围电磁谱的资料，进一步确认合并体的中子星及有关"千新星(kilonova)"的性质。我国第一颗空间 X 射线天文卫星——慧眼 HXMT 望远镜，在引力波事件发生时成功监测了引力波源所在的天区，对其伽马射线电磁对应体(简称引力波闪)在高能区(MeV)的辐射性质给出了严格的限制，为全面理解该引力波事件和引力波闪的物理机制作出了重要贡献。我国南极巡天望远镜 AST30 - 2 对 GW 170817 开展了有效的观测，持续到 8 月 28 日，获得了大量的重要数据，并探测到此次引力波事件的光学信号(见图 11 - 36)。

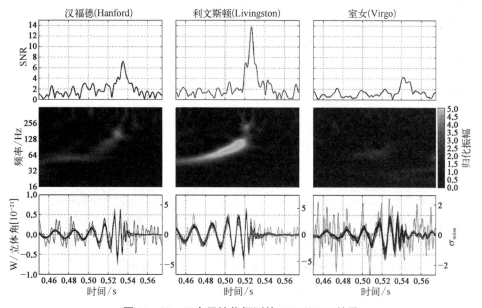

图 11 - 35　三台干涉仪探测的 GW170817 结果

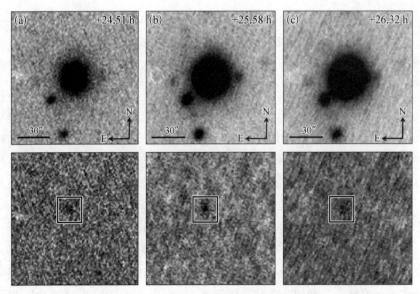

图 11 - 36　AST3 - 2 在 8 月 18 日观测的引力波光学信号(方框内)

预计今后几十年,伴随着各种大型探测器的建成与升级,将会见证多信使观测的大发展。LIGO、Virgo 和其他引力波探测器将通过增强现有仪器,发展和融合新的技术,提高探测灵敏度。第三代地基引力波探测器 Einstein Telescope 正在研发中。空间引力波探测也将开始:欧洲 Lisa 项目关键技术验证星已经发射,关键技术得到验证。电磁波的探测也会因大型综合巡天望远镜(large synoptic survey telescope,LSST)以及其他大型探测器有很大提高。微波的探测能力也会因为 SKA 的建成提高 50 倍。这些空前的探测能力的提升以及各个组织间不断加强的合作一定会带来令人激动的发现,标志着全人类进入一个**多信使天文学**(multi-messenger astronomy)时代。

11.8　双星与变星的关系

双星和变星是从不同特征角度而言的。双星泛指两颗有物理联系的恒星系统,有可以直接观测分辨的,更多的是从观测资料间接推断的。变星泛指视亮度显著变化的恒星,也扩展到光谱等变化的恒星。虽然在双星和变星的分类中用了不同的术语,但其含义相同,例如,食双星-食变星,大陵型双星-大陵型(食)变星,激变双星-激变变星等。

双星系统的光变原因和过程以及相应的变星可列举如下的例子:两子星相

互掩食——食变星；两子星引潮作用导致变形——椭圆变星；吸积率变化或吸积盘不稳定——激变变星；致密星或吸积盘发射的 X 射线照射伴星一侧，其被照侧轮流对向地球所致的光变——部分激变变星和 X 射线双星；向致密星转移的物质超过一定数量，引起爆发——新星和 Ⅰa 型超新星。很多类型的变星是按双星共性定义的，能较好地反映其本质。例如，激变变星（激变双星）定义为由一颗白矮星和一颗充满其洛希瓣的晚型恒星组成的半接双星。表 11-2 列举了一些双星系统的两子星的类型及其对应的变星和双星的类型，一般把质量大的作为主星，而密近双星中把致密星作为主星，另一颗子星则作为伴星。

表 11-2 双星系统的两子星及其对应的变星和双星的类型

主 星	伴 星			
	主序星（或亚矮星）	巨星或超巨星	白 矮 星	中 子 星
主序星或亚矮星	部分大陵型变星 猎犬 RS 型星 大熊 W 型双星	部分大陵型变星 部分共生星		
白矮星	激变变星 部分 X 射线双星	再发，新星 部分共生星	双白矮星系统	
中子星	部分 X 射线双星	部分 X 射线双星	部分射电脉冲星	部分射电脉冲星
黑洞	部分 X 射线双星	部分 X 射线双星		

第 12 章　星团、星云和恒星演化

　　用望远镜观测星空,容易看到由众多恒星组成的集团——**星团**(star cluster),还有许多云雾斑状天体——**星云**(nebula)。其中有些是银河系内的气体,尘埃云——**(银河)星云**,有些是在银河系之外,像银河系一类的庞大恒星系统——**河外星系**或**星系**(galaxy)。

　　1784 年,C. 梅西耶(Charles Messier)在法国天文年历上刊登了包括 103 个天体的表(其中 57 个是星团,46 个是各种星云或星系),简记为 M(编号),例如,M1——蟹状星云、M31——仙女星系、M45——昴星团。1786 年,W. 赫歇尔首先发表《星云表》(*Astronomical Catalogue of Nebulae*)。1864 年,由其子 J. 赫歇尔扩展为《星云和星团总表》[*General Catalogue of Nebulae and Cluster of Stars*(GC)],天体总数为 5 079 个。1888 年,丹麦裔爱尔兰天文学家 J. L. E. 德雷耶(John Louis Emil Dreyer)编制《星云星团新总表》(*New General Catalogue of Nebulae and Clusters*),简称 NGC(编号),天体总数为 7 840 个;1895 年和 1908 年发表的 NGC 续编——《星云星团新总表续编》(*Index Catalogue of Nebulae and Clusters of Stars*),简称 IC(编号),增加了 5 386 个,例如,M1＝NGC1952＝蟹状星云,M25＝IC4725(疏散星团)。2012 年,W. G. 施泰尼克(Wolfgang G. Steinicke)发布《修正的总表和续编》[*Revised New General Catalogue and Index Catalogue*(RNGC/IC)],可认为是目前最全面和最权威的 NGC 和 IC 目录之一。

12.1　星团

　　星团是由引力相互作用而组成的恒星集团。星团可按形态和成员星的数目等特征分成两类:疏散星团和球状星团。

12.1.1　疏散星团

疏散星团(open cluster)形态不规则,用望远镜观测容易分辨出一颗颗恒星。各疏散星团含十几至几千颗恒星,成员星常以年轻的热蓝星为主,分布得较松散,引力束缚较弱,可能会被巨分子云或其他星团的引力瓦解,成员之间近相遇也可能造成恒星抛出。少数疏散星团用肉眼可见,著名的有金牛座昴星团(M45,Pleiades)和毕星团(Hyades)、鬼星团(M44＝NGC2632,Praesepe,又名蜂巢星团)、英仙双星团(即英仙 h——NGC869 和英仙 x——NGC884)。

已发现的银河系的 1 100 多个疏散星团集中在银道面附近,离银道面一般小于 650 光年,所以又称为银河星团。已知的疏散星团离太阳多在 1 万光年以内,在更远的或者因处于银河的密集背景星场而不易证认,或者受星际尘埃云遮挡而看不见。估计银河系的疏散星团总数为 $10^4 \sim 10^5$ 个。

疏散星团的直径大多在 3～30 ly,超过 30 ly 的较少。疏散星团的成员除主序星以外,还有 WR 星、Be 星、Ap 星、金牛 T 型星、耀星、经典造父变星、白矮星、双星等。有些疏散星团与星云在一起,它们是年轻的。

昴星团(M45)位于金牛座,晴夜肉眼可见其亮星(见图 12－1 中的小图),它是离我们最近、也是最亮的疏散星团之一。它离地球的平均距离为 444 ly,视角径为 110′,其半径约为 43 ly,成员星有 1 000 多颗,估计总质量约为 800 $M_\odot$,最亮的以希腊神话的七姐妹命名,因而西方称它为七姐妹星团(Seven Sisters)。

图 12－1　昴星团

昂星团以热的高光度蓝星为主,其年龄至少 1 亿年,而暗星多为褐矮星。最亮星周围是被它们照亮的反射星云。估计昂星团还可以幸存 2.5 亿年而瓦解。

英仙座的双重星团(见图 12-2),即 NGC 884(英仙 x,左下)和 NGC 869(英仙 h,右上),它们是夜空中最亮、离我们最近的年轻疏散星团。两个星团相距仅几百光年,可能组成一个共同的引力束缚系统,并互相绕转。但是还不知道这个系统的未来如何:可能它们将合并为一个更大的星团,也有可能它们的距离会越来越大。早在公元前 130 年,古希腊天文学家依巴谷把它们当作两颗恒星。英仙 h 离太阳约 7 600 ly。英仙 x 离太阳约 6 800 ly。它们都很年轻,年龄为 1 400 万年左右,以约 39 km/s 的速度接近地球。

图 12-2   英仙座双星团(彩图见附录)

1) 移动星团

星团成员星在星团内的各自相对运动不大,但都参与整体的运动,因而它们的空间速度矢量大致是平行且相等的。几个较近疏散星团的成员星的自行已经测出。正如平行的铁轨看起来像在远处汇聚一样,在天球上沿着(或背着)各成员星的自行方向延伸,大体上交于一点——**汇聚点**(或**辐射点**,见图 12-3)。可以定出汇聚点或辐射点的疏散星团称为**移动星团**。有汇聚点的移动星团正在远离太阳;有辐射点的移动星团则正在接近太阳。例如毕星团、昂星团、鬼星团、大熊星团(Ursa Major Moving Group 或 Collinder 285)等。

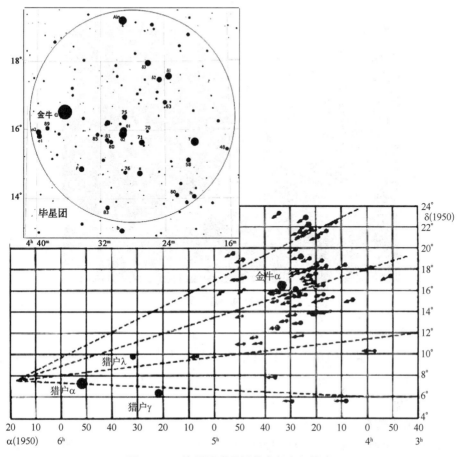

图 12 - 3　毕星团成员星的自行和汇聚点

毕星团离太阳 153 ly,大约由 350 颗恒星组成,向中心密集,视角径为 330′。成员星大多是 G 型和 K 型主序星,最蓝的是 A2 型星,还有几颗 G 型和 K 型巨星。目前毕星团以 44 km/s 的速度远离太阳。大约在 8 万年前,毕星团离太阳最近,距离只有现在的一半。6 500 万年后它远离而成为视角直径为 20′ 的普通暗星团。毕星团各成员的自行略有差别,再过几亿年该星团会瓦解。

鬼星团(见图 12 - 4)位于巨蟹座,又称蜂巢星团(praesepe),因其位置在鬼宿而得名,中国古代称为积尸气。其大小不到 10 pc,成员星有 1 000 多个,总质量为(500~600)$M_\odot$,其中心离太阳约 160 pc,比毕星团远得多。鬼星团也是移动星团,正远离地球而去,其速度的大小和方向都同毕星团的差不多。伽利略首次分辨出这个“朦胧的”天体,记载:“被称为 Praesepe 的星云,不只是单颗恒星,而是一团超过 40 颗小恒星的集合。”1764 年 3 月 4

图 12-4　鬼星团

日列入星表。

大熊星团是最近的移动星群,其中心离太阳约为 80 ly,角直径约为 20°,线径约为 30×18 ly。其成员星约 100 颗,包括北斗七星中的 5 颗、α CrB、δ Aqr、γ Lep、β Ser 等,它们很年轻,年龄约 5 亿年。

2) 星群视差

由移动星团成员星的自行和视向速度的观测数据可定出它们的视差,称为**星群视差**。

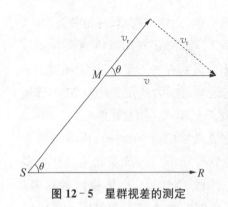

图 12-5　星群视差的测定

可以认为移动星团各成员星的空间速度 v 大小相等并指向同一方向。在图 12-5 中,S 表示太阳,M 表示移动星团中的一颗恒星。SR 表示汇聚点方向,它是与 v 平行的。因为两平行线向同一方向延长在天球上交于一点。θ 表示恒星 M 和汇聚点 R 的角距,容易由观测得出。显然,恒星 M 的切向速度 v_t 和视向速度 v_r 的关系为

$$v_t = v_r \tan\theta \qquad (12-1)$$

v_r 由恒星光谱线的多普勒位移得出。将式(12-1)代入式(9-23),便得到移动星团成员星的视差 p'' 公式:

$$p'' = \frac{4.74\mu}{v_r \tan\theta} \qquad (12-2)$$

要应用这个公式求视差,需知 μ、v_r 和 θ 的观测值。但若能由一颗已知 v_r 的成员星,利用公式 $v = v_r \sec\theta$ 来决定整个星团的空间速度,就可把式(12-2)改成

$$p'' = \frac{4.74\mu}{v \sin\theta} \qquad (12-3)$$

应用这个公式于其他成员星时,知道 μ 和 θ 的值便行了。

天文学上,有多种方法测量恒星距离。有些方法首先需要以另种方法测定的较近恒星的距离为基准,然后应用于更远的恒星。这样一段一段地"阶梯"式接力外推,才得出遥远的恒星以至河外星系的距离。星群视差的精度也很高,将测量的距离延伸到几十至一百多 pc。

3) 疏散星团的颜色-星等图

因为恒星的光谱型与色指数有对应关系,且测量暗星的色指数比较简便,因此可用恒星的色指数代替光谱型。可以近似地认为星团的成员星的距离相同,因而它们的视星等的分布就代表绝对星等的分布。以成员星的色指数(常用 $B-V$ 表示)为横坐标、视星等为纵坐标绘制色指数-星等图(见图12-6)。用纵坐标零点改正距离的量(距离模数 $m-M$)就可换算为绝对星等或光度,而色指数可换算为温度,于是可得到绝对星等(光度)-温度表示的赫罗图(见图12-7)。

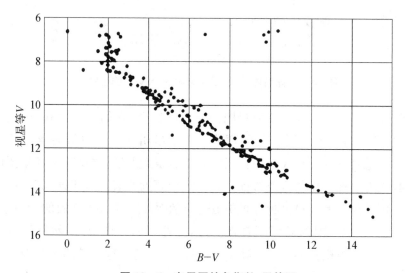

图 12-6　鬼星团的色指数-星等图

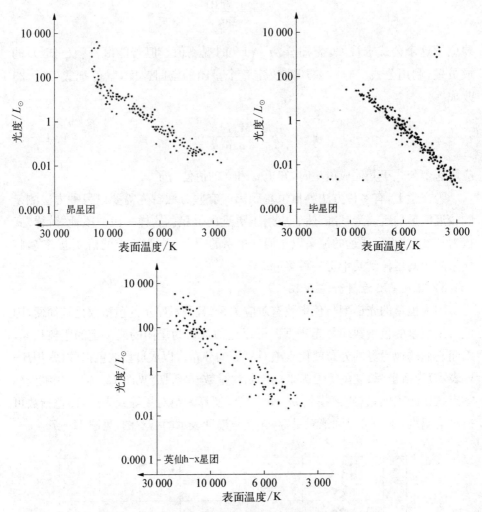

图 12-7   昴星团、毕星团和英仙 h－x 星团的赫罗图

图 12-8 是 10 个著名疏散星团的赫罗图组合,它们的主序在下部会聚,而上部呈现出向右方不同程度的弯曲。每个星团开始弯曲折向点的位置不同,右方各星团的巨星和超巨星构成的分支有很大差别,这反映了各星团的年龄不同,成为恒星演化的重要佐证。除了几个邻近的疏散星团外,其余的都太远,不能用三角视差或星群视差的方法来定距离,但可以把星团的颜色-星等图与距离已知的星团的赫罗图叠在一起,使两者的主序拟合,然后比较纵坐标,就可得出距离模数 $m-M$,因而求得星团的距离。这也是测定疏散星团距离的主要方法。

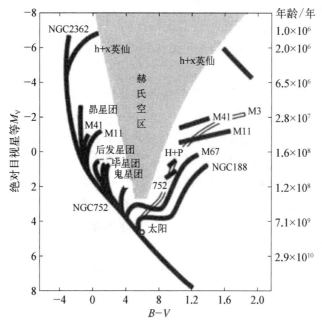

图 12 - 8　10 个疏散星团的赫罗图组合

12.1.2　星协

星协是很松散的星团，其成员星虽有共同起源，但相互之间的引力很弱，从而结构表现离散。1947 年，苏联的 B. A. 阿姆巴楚米扬（Виктор Амазаспович Амбарцумян）认为，一部分 O 型和 B 型星集结不是偶然现象，而是组成具有物理联系的系统——**星协**（stellar association）。星协主要由光谱型大致相同、物理性质相近的恒星组成。星协成员星甚至比周围星场的密度还小，通常看不出恒星集结，而主要由它们的共同运动和年龄证认的，也用它们的化学组成来识别成员星。星协用其所在星座命名。

阿姆巴楚米扬首先按成员星的性质把星协分为两种：**OB 星协**，含 11～100 颗光谱 O 型和 B 型大质量恒星，也含低、中质量恒星，最近的是天蝎-半人马（座）OB 星协，离太阳约 400 ly；**T 星协**，基本成员是金牛 T 型星，最近的（离太阳 140 pc）是金牛-御夫（座）T 星协。后来，加拿大人 S. 范登贝尔格（Sidney van den Bergh）又提出第三种——照亮反射星云的 **R 星协**，例如，麒麟 R2 星协。

星协大致呈球状。它们向银道面集结，并常位于星云附近。已知的 OB 星协约 50 个，T 星协约 25 个，R 星协约 40 个。如果星协在银河系内做均匀的扁平分布，则估计目前银河系包含的 OB 星协数目的数量为 10^3 个，T 星协为 10^5

个。例如，猎户座的 OB 星组成 O 星协，它的一个核心在四边形聚星（猎户 θ^1）周围、位于猎户星云深处的疏散星团；天鹅座的 OB 星群组成 O 星协，包括一些大光度的天鹅 P 型星，有 5 个疏散星团作为核心，还有一些四边形聚星；猎户座中部还有 4 个 T 星协。

星协是很年轻的不稳定的系统。首先，OB 星协的成员都是一些年轻恒星，辐射和质量损失大，年龄不超过 10^7 年。组成 OB 星协核心的四边形聚星和星链是不稳定的恒星组态，它们应当在 10^7 年内瓦解。因此，目前观测到星协是年轻的系统。作为 T 星协基本成员的金牛 T 型星常与星云有联系，也是很年轻的。其次，星协内恒星的空间密度比疏散星团小得多，成员星之间的引力很弱。由于银河系起潮力的作用及成员星各自的随机运动，星协不可能维持 10^7 年以上，最终将瓦解，成员星渗入银河系普遍星场中。英仙 ζ 附近的 OB 星协恒星的运动如图 12 - 9 所示。

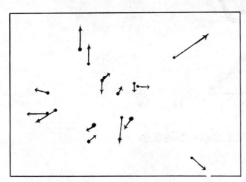

图 12 - 9　英仙 ζ 附近的 OB 星协恒星的运动示意图

（箭头的端点表示 50 万年后成员星的位置）

星协扩张的最显著例子是三颗速逃星（runaway star）：御夫 AE、天鸽 μ 和白羊 53 以 100 km/s 以上的速度背离猎户座中的 OB 星协区域运动。天文学家认为，它们是在 250 万年前的一次爆发过程中从该星协抛射出的。

12.1.3　球状星团

球状星团（globular cluster）是呈球形或扁球形的紧密恒星集团，成员星的平均密度比太阳附近星场大 50 倍，中心区密集度可达千倍，包含 $10^4 \sim 10^7$ 颗恒星，直径为 10 ly 到 30 ly，累积绝对目视星等为 -2.60^{m}（Pal 13）至 -10.27^{m}（半人马 ω），大多亮于 -6^{m}。成员星大多为黄色和红色的老年星，它们的质量都小于 $2\,M_\odot$。在银河系已发现了 150 多个球状星团，还可能有 $10 \sim 20$ 个仍未发现的，它们大多在银河系外部的银晕中，各自在半径 13 万光年或更大轨道上绕银核转动。

北半天球最亮的是武仙座球状星团 M13（NGC6205，见图 12 - 10），离地球 2.5 万光年，直径约 150 ly，至少含 10 万颗恒星，累积目视星等为 5.80^{m}。较亮的还有猎犬座的 M3（NGC5272）、巨蛇座的 M5（NGC5904）和武仙座的 M92（NGC6341）等。

图 12 - 10　武仙座球状星团 M13(NGC6205)(彩图见附录)

　　全天最亮的是半人马 ω[NGC 5139,见图 12 - 11(a)],离地球 1.58 万光年,视角径为 36.3′(直径为 172 ly),含几百万颗老年恒星,累积目视星等为 3.9ᵐ,其中心可能能有黑洞。它处在南半天球,我国南方(如海南岛)可见。

　　在球状星团中已发现 2 000 多颗变星,大多数是天琴 RR 型星,其次是室女 W 型星。可利用天琴 RR 型星来测定所在星团的距离。球状星团大多数位于以人马座为中心的半个天球,人们最初就是从这个现象领悟到太阳偏离银河系中心。与疏散星团不同,球状星团并不向银道面集中,而是呈现一个大致以银心为球心的球形空间分布。它们大多数在离银心 20 kpc 内,各自在巨大的椭圆轨道上绕银心转动,轨道面与银道面的倾角较大。球状星团的另一个显著特征表现在赫罗图上。在球状星团 M3 的赫罗图[见图 12 - 11(b)]上,最暗的一些恒星构成一段主序,上端右方弯折点出现在 $V=19^{\mathrm{m}}$ 的位置,往上几乎是垂直亚巨星支,散布在右上角的是红巨星支。从亚巨星支和红巨星支的会合处向左有条水平支,中部有天琴 RR 型星所在的"空区"。空区对应于恒星演化短期不稳定阶段。已发现 M3 的天琴 RR 型星近 200 颗。此外,在红巨星支的左侧,有与水平支相接的"渐近巨星支"。

　　大多数球状星团有类似于 M3 的颜色-星等图,主要差别在于主序折向点位置、亚巨星支的宽度和天琴 RR 空区在水平支上的位置有所不同。利用颜色-星等图可定出球状星团的距离,将它的主序与疏散星团或太阳邻近恒星赫罗图的主序拟合就可确定距离模数。光谱分析表明,球状星团的成员星都是贫金属恒

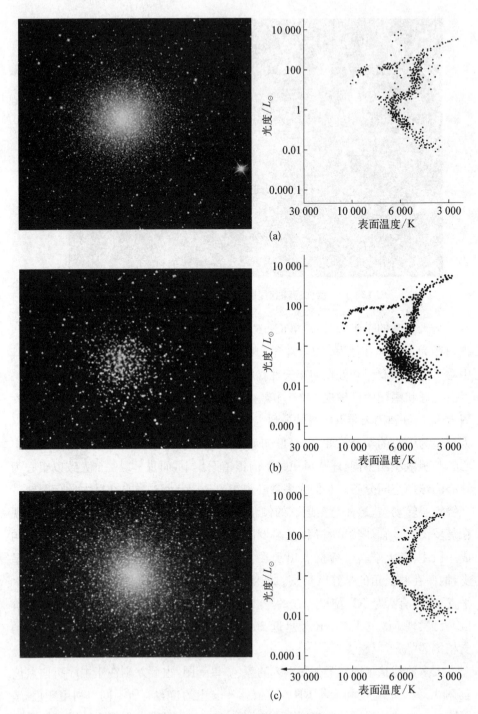

图 12 - 11   三个球状星团及其赫罗图

(a) 半人马 ω 星团;(b) M3(NGC5272)星团;(c) NGC104 星团

星,其金属度是疏散星团的或太阳邻近恒星的 $\frac{1}{100}$ 左右。光学和射电波段观测没有找到球状星团存在大量星际气体或尘埃的证据。这些观测事实说明球状星团是年老的恒星集团,在那里恒星形成的过程早已停止。

12.2　星云

早在公元前约 150 年,托勒密在《天文学大成》中就记录了 5 个模糊星,他也指出大熊座和狮子座的云雾区。964 年,波斯天文学家 A. 苏菲(Abd al-Rabman al-Sufi)在其《恒星之书》(*Book of Fixed Stars*)中首次谈到真正的星云。在中国和阿拉伯曾观测记录了 1054 年超新星。1610 年,望远镜发现了猎户星云。18 世纪以来,赫歇尔等发现了许多云雾斑状天体,称之为星云(nebula)。后来认识到,其中绝大多数位于银河系之外。与银河系同类的庞大恒星系统称为**河外星系**或**星系**。仅小部分是银河系内的气体-尘埃云,称为**银河星云**。本节讲述银河星云,简称星云。按照形状、大小和物理性质,银河星云可分为**行星状星云**(planetary nebula)、**发射星云**(emission nebula)、**反射星云**(reflection nebula)和**暗星云**(dark nebula)。超新星遗迹也可归入银河星云。发射星云和反射星云都是亮的,一起称为**亮星云**(bright nebula);而亮星云和暗星云因形状不规则又统称为**弥漫星云**(diffuse nebula)。图 12 - 12 是一些星云的图像。

12.2.1　行星状星云

W. 赫歇耳把圆形或扁圆形的星云称为**行星状星云**(planetary nebula,PN)。其实多数是其他形状的,但是这个不妥当的习惯称呼也沿用了下来。吸收紫外线的高能气体壳层围绕着中央的恒星发出漂亮的荧光,使其成为一个色彩炫丽的行星状星云。1864 年,惠更斯首先观测分析“猫眼”星云(NGC 6543)光谱,显示有未知元素的发射线。其实,**行星状星云**是一种**发射星云**,是红巨星晚期抛出的电离气体扩展的发光壳。相对于典型恒星寿命几十亿年而言,它们只是持续几万年的短期现象。很多行星状星云有中央星,有的或因星云遮挡,或者太暗而不易辨认,但由行星状星云的发光性质而推断确实存在很热的中央星。有的中央星是双星,伴星是高温恒星。各中央星质量的分布峰在 $0.6\,M_{\odot}$ 附近,大于 $0.8\,M_{\odot}$ 的极少,光度相当弥散($0.1\,L_{\odot} \sim 10^2\,L_{\odot}$)。

图 12 - 12 星云图像(彩图见附录)

(a) 环状星云(M57);(b) 蝴蝶星云(NGC 2346);(c) 爱基摩斯星云(NGC2392);(d) 蚂蚁星云(Mx 3)

行星状星云的视角径一般不超过几十角秒,也有半度以上的,线直径为 0.1 光年至几光年,质量为 $(0.1 \sim 1) M_\odot$。它们的面亮度低,环状星云(M57 = NGC6720)的平均亮度仅为 16^m/平方角秒。离我们近的是宝瓶座螺旋星云 NGC7293,中央星的距离为 $21 \sim 31$ pc。几种不很精确方法估算的行星状星云距离都在几百 pc 以外。行星状星云一般是由数密度为 $100 \sim 10\,000/cm^3$ 极其稀疏气体(这比地球大气数密度 $2.5 \times 10^{19}/cm^3$ 稀疏得多)组成。已发现银河系约 3 000 个行星状星云,它们集聚在银道面和银河系中心附近。在邻近的星系中也发现了这类星云。

行星状星云的光谱包括连续谱和发射线两种成分。连续谱由不同的过程产生,在射电、红外和光学的蓝紫区,分别由电子的自由-自由发射、受中央星加热的尘埃颗粒的热辐射以及氢和氦离子的复合过程产生。发射线大多是氢、氦、氮、氧的原子和离子的谱线,其中氢原子的巴耳末线系很显著。但最强的两条发射线是所谓的 N1(500.7 nm)和 N2(495.9 nm)线,在紫外区波长为 372.6 nm 和 372.9 nm 的一对发射线也相当亮。人们起初以为 N1 和 N2 线是由一种未知的元素产生的。1927 年,美国人 I. S. 博温(Ira Sprague Bowen)证认它们是二次电离氧(O Ⅲ)所生的禁线(forbidden line),又论证紫外区的那对发射线为一次电离氧(O Ⅱ)所生的禁线。为了表示禁线,通常将产生该线的元素和电离次数的符号放入方括号中。例如,上述 N1 和 N2 线表示为[O Ⅲ]500.7 和 495.9。

1929 年,罗斯兰证明:行星状星云辐射场十分稀薄,高频光子转换为低频光子的荧光过程占绝对优势。从不同谱线确定的行星状星云温度为 $10^3 \sim 10^4$ K。中央星的典型表面温度为 50 000 K,辐射能量主要在远紫外区。星云内的原子吸收了中央星发射的高频光子而电离,自由电子与离子通过自由-束缚跃迁复合到某一个束缚能态,然后经一次或一连串的束缚-束缚(级联)跃迁而到达基态。在这种所谓复合荧光过程中,星云将来自中央星的高频远紫外辐射转换为低频

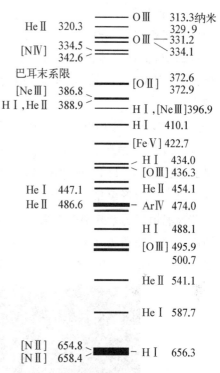

图 12 - 13　行星状星云的光谱发射线

的可见光区的辐射,其中的复合过程产生了可见区的连续谱,而束缚-束缚跃迁产生了光谱中的发射线(见图 12 - 13)。这就是行星状星云在可见区发光机制以及发射线产生机制。由于中央星在远紫外区的辐射比可见区强得多,可见光照片上中央星往往比星云暗几个星等。

行星状星云的发射线特征表明,行星状星云在膨胀,典型膨胀速度为 20 km/s。如果取行星状星云的直径为 0.5 pc,则构成星云的物质应在 12 000 年以前从中央星抛出。相隔几十年拍摄的行星状星云照片表明星云在缓慢膨胀。这类星云的多种形状主要取决于气壳从中央星抛出的方式,另外中央星的自转速度、辐射压力和磁场也起重要作用。估计从行星状星云进入星际的物质为每年 5 $M_\odot$,而各类恒星抛出物总量约每年 30 $M_\odot$。

12.2.2　发射星云

发射星云(emission nebula)是指在很弱的连续光谱背景上有许多发射线的亮星云。它们光谱特征相似于行星状星云,主是有氢、氦、氧、硫、氖和铁的原子与离子的发射线,其中有些是禁线。在发射星云内或近旁总有一颗或一群高温恒星,光谱型属于O、B0或B1。这些星的紫外辐射激发星云气体而发光,因氢的发射线很强而呈红色。其发光机制与行星状星云相同。发射星云由气体和尘埃组成,估计气体占总质量的99%,尘埃占1%。现已发现1 000多个发射星云,它们聚集在银道面附近,但分布并不均匀,有与高温恒星类似成群的倾向。

猎户座δ、ε、ζ三颗亮星连成一线,构成"猎户"腰带,往南是佩剑,肉眼可见4^m亮斑的就是猎户星云(即M42＝NGC1976,见图12-14)。它是个典型发射星云,离太阳1 344 ly,视角径约为1°(线径24 ly),质量为$10^2 M_\odot$量级。其最亮部分靠近四边形聚星(猎户θ^1)周围的一小群O型和B型星。星云的氢原子被这些高温恒星的紫外辐射电离,然后在复合荧光过程中发出红色光辉。它仅是被高温恒星照亮的巨大星际云中的一部分,这个大星际云伸展达300 ly范围,质量为$(5\times10^3\sim1\times10^5)M_\odot$。明亮的猎户星云后面还发现了分子云和红外源。

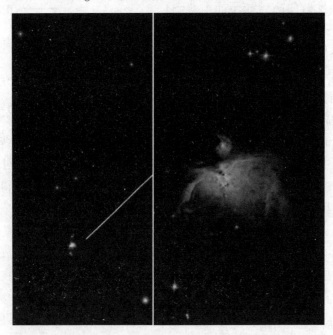

图12-14　猎户星云M42(彩图见附录)

天鹅座的星云 NGC 7000 形似北美洲墨西哥湾而称为"北美洲"星云（见图 12-15），离太阳约为 1 800 ly，视角径约为 2°，它也是发射星云，因氢 H。强而显红色。

12.2.3　反射星云

1912 年，美国天文学家 V. 斯里弗（Vesto Slipher）宣布，与昴星团一起的星云有吸收线光谱，且与该星团亮星的光谱相似。这类亮星云的发光机制与发射星云不同，它们仅是反射和散射近旁亮星的光而显得明亮可见的，故名**反射星云**（reflection nebula），已知的约 500 个。反射星云产生反射的粒子很可能是冰状小颗粒，由氢、碳、氮、氧等

图 12-15　北美洲星云（NGC 7000）

较轻元素的简单分子化合物组成。根据反射星云的颜色稍蓝于照亮星的资料，得出颗粒的平均半径应为 0.25 μm。也观测到一些混合型的亮星云，即在同一个星云里，一部分表现为发射星云，另一部分表现为反射星云。由此可见，发射星云和反射星云并没有本质上的区别，光谱差别是由照亮星的类型决定的。反射星云的照亮星是温度较低的，缺乏强烈的紫外辐射，以致不能有效地激发星云中的原子，因而在光谱中不出现发射线。

人马座的星云 M20（= NGC 6514）因呈三瓣而称为三叶星云（见图 12-16），离太阳 5 200 ly，视角径为 28′（大小约 42 ly）。它是反射星云（右上）、发射星云（左下）、暗星云（发射星云的分瓣暗"隙"）和疏散星团的异常组合。它是银河系旋臂的恒星形成区，斯必泽（Spitzer）空间望远镜发现那里有可见光未见的 30 颗恒星胎和 120 颗新生恒星。

12.2.4　暗星云

如果气体-尘埃星云附近没有恒星，则星云呈现为**暗星云**（dark nebula）或**吸收星云**（absorption nebula），它们大多是形状不规则的，缺乏清晰边界。暗星云既不发光，也没有近旁星光供它反射，但可以吸收和散射来自它后面的远方星光，甚至全部遮住其背后的恒星，可在银河远处背景星场的衬托下发现。沿着银

图 12 - 16   三叶星云 M20(＝NGC 6514)(彩图见附录)

河有很多暗区就是暗星云。

　　图 12 - 17 是银河在南十字座中的一段,中央的暗区是"煤袋"暗星云。若暗星云遮挡背后的**亮星云**(bright nebula),在亮星云的照片上就呈现暗"斑"而判断暗星云的存在。三叶星云分开三瓣的暗隙就是暗星云(见图 12 - 16)。有些暗星云与亮星云在一起。一个著名的例子是猎户 ζ 南面的马头星云(见图 12 - 18),它是一个很大暗星云的一部分,"马头"四周的光芒是从亮星云发出

图 12 - 17   南十字座的"煤袋"暗星云

的。由于紫外光和 X 射线不能穿入暗星云中央,在那里温度大约只有 10 K。暗星云与亮星云并没有本质的差别,故统称**弥漫星云**(diffuse nebula)。根据暗星云减弱星光的程度及星际尘埃的吸收和散射性质,估计半径约 4 pc 的典型弥漫星云含尘埃的质量为 $20 M_\odot$,而一般认为星云内气体的质量比尘埃大 100~150 倍。

20 世纪 40 年代由美籍荷兰天文学家 B. 博克(Bart Bok)最先发现,在某些亮星云的明亮背景上有很小的圆形暗斑,年复一年,总是在同样的位置上,这些很小的暗星云称为(博克)**球状体**(Bok globules,见图 12-19),已知的约有 200 个。它们的直径小于 3.3 ly,质量为 $(0.1\sim10^2)M_\odot$。有些亮星云的背景上没有球状体。有些球状体出现在亮星云的边缘,那里气体和尘埃受到膨胀气体的压力,大概还受到星云中央的高温恒星的辐射压力,蜷缩成球状小星云。许多球状体的中央包含红外源,可能是正在收缩并将形成恒星的天体。

图 12-18 猎户座中的马头星云及其周围的
亮星云和暗星云(彩图见附录)

图 12-19 星云 NGC 281(星团 IC
1590)内的球状体

12.3 星际物质

星际物质(interstellar matter)或**星际介质**(interstellar medium)指恒星际空间中存在的各种物质,包括气体(多种离子、原子、分子)和尘埃及宇宙线。星际辐射场是以电磁辐射形式占据同样体积的能量。1904 年,德国天文学家 J. 哈特曼(Johannes Hartmann)注意到猎户 δ 有 B0 型星不应出现 CaⅡ 的 K(吸收)谱线(见图 12－20),而且该分光双星的其他谱线都有周期性的位移,唯独 K 谱线没有位移。1919 年,又发现一些早型分光双星的 NaⅠ的 D 谱线也没有位移。对于 K 线和 D 线的来源,有人曾提出产生于星际气体或恒星近旁气体两种解释。研究否定了后一种解释,而公认星际气体的存在。1930 年,研究疏散星团的距离和大小得到奇怪结果:它们离太阳越远,似乎越大! 后来知道其原因在于存在星际尘埃的减光作用[称为**星际消光**(interstellar extinction)],使星团视亮度减暗,误以为更远,从而导致测定的星团大小被夸大了。

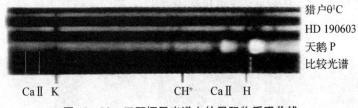

猎户θ¹C
HD 190603
天鹅 P
比较光谱

CaⅡ K　　　　CH⁺　CaⅡ H

图 12－20　三颗恒星光谱上的星际物质吸收线

1936 年观测到猎户 ε 和 ζ 光谱的 Ca 的 K 线和 H 线显示成双的不对称轮廓,归因于星际物质分布不均匀和多个孤立云吸收的叠加所致。半个多世纪以来,星际物质的观测研究颇受关注,从地面光学望远镜到射电望远镜,再到空间望远镜开展多波段观测,用飞船采集样品以及实验和理论研究,从中取得了一些重要成果。

12.3.1　星际物质的性质

星际物质中,各种气体占质量的 99%,尘埃仅占 1%。在气体中,按原子数目区分,氢占 91%,氦占 9%,其他重元素(常统称"金属")总共占 0.1%。按质量区分,氢占 70%,氦占 28%,重元素总共占 1.5%。氢和氦主要是早期宇宙核合成的,而重元素来自恒星演化的核过程(见第 15 章)。

相对于地球标准(海平面空气的分子数密度约为 $10^{19}/cm^3$)而言,星际物质是极其稀疏的。在星际物质的冷、密区,主要是星际分子,分子数密度只有 $10^6/cm^3$。在热、弥漫区,主要是星际离子,离子数密度低到 $10^{-4}/cm^3$。

恒星在星际物质最密集区——**分子云**(molecular cloud)内形成,又把其演化过程生成的物质和能量经星风、晚期膨胀及超新星而补充给星际物质。分布不均匀的星际物质呈现的构态如表 12－1 所示。

表 12 - 1　星际物质的构态

构　态	体积占比/%	标高/pc	温度/K	密度/cm^{-3}	氢的状态	主要观测技术
分子云	<1	80	10~20	10^2~10^6	分子	射电和红外发射和吸收线
冷中性介质 (CNM)	1~5	100~300	50~100	20~50	中性原子	HI 21 cm 吸收线
暖中性介质 (WNM)	10~20	300~400	600~10^4	0.2~0.5	中性原子	HI 21 cm 发射线
暖电离介质 (VIM)	20~50	1 000	8 000	0.2~0.5	电离	H_α 发射和脉冲星色散
H II 区	<1	70	8 000	10^2~10^4	电离	H_α 发射和脉冲星色散
冕气体,热电离介质(HIM)	30~70	1 000~3 000	10^6~10^7	10^{-4}~10^{-2}	电离金属	高电离金属 X 射线发射和吸收线

12.3.2　星际原子和 H I 区及 H II 区

地面天文台已观测到钙、钠、钾、铁、钛等元素的中性和电离原子产生的星际吸收线,还证认出碳、氮和氢组成的一些简单分子化合物的星际吸收线和吸收带。在辐射能量密度和物质密度都稀少的星际空间,绝大多数氢原子处于基态,所产生的吸收线在远紫外区,不能透过地球大气层,所以地面上观测不到。1972年发射"哥白尼卫星"以及早几年发射的火箭都探测到了星际氢、碳、氮、氧、镁、硅、磷、硫、氯、氩、锰的中性和电离原子的谱线以及氢分子 H_2 的吸收带。此外还发现了氘化氢(HD)分子的谱线,星际氘(即重氢,符号 D)与氢的原子数之比为 1∶200,比地球上和太阳大气的相应比率大得多。

在许多恒星的高色散光谱中,星际吸收线是多重的,即同一条谱线出现几条子线,最多的可达 7 条。这表明星际原子不是均匀分布的,常集聚成**星际云**(interstellar cloud)。星际云相对于地球具有不同的视向速度,当星光穿过它们时,形成了位移不等的子线。子线的数目反映了星光穿过的星际云的数目。平均而言,在银道面附近 1 000 pc 范围内,视线会遇上七八个星际云,每个直径为 30~50 ly,质量约几百 $M_\odot$。

在星际空间,氢原子大部分处于中性状态的区域称为 **H I 区**或 **H I 云**,氢原子大部分已电离的区域称为 **H II 区**。早在 1944 年,荷兰天文学家 H. C. 范德胡

斯特(Hendrik C. van de Hulst)从理论上预言氢原子基态可发射波长为 21 cm
的射电。观测表明,大多数星际中性氢原子聚集在银道面附近。原来,构成氢原
子的一个质子和一个电子都有自旋,自旋的方向只能取相互平行或反平行两种
组态,平行组态的能量略高些。原子都有处于较低能态的趋向,平行组态最终要
自发跃迁到反平行组态,发射波长为 21.11 cm(频率为 1 420.4 MHz)的辐射,如
图 12-21 所示。那么,氢原子中的质子和电子是如何从自旋反平行组态变成平
行组态的呢? 这是通过氢原子与电子或其他原子的碰撞实现的。在星际空间,
一个氢原子与其他粒子碰撞每隔几百万年才发生一次,但当它一旦获得了自旋
平行组态,大约要经过 1 000 万年才会自发地跃迁到能量最低的状态。有的碰
撞可能使它再次失去自旋平行组态。最终的结果是达到一种平衡:自旋平行组
态的氢原子数目是反平行组态的 3 倍。虽然对于每一个氢原子而言,发射
21 cm 的辐射是稀有事件,但是,由于星际空间存在大量的氢原子,范德胡斯特
预期在任一时刻的 21 cm 辐射足以用射电望远镜探测到。果然,人们在 1951 年
成功地探测到来自银河一些天区的 21 cm 辐射。

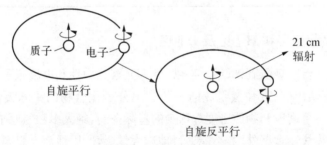

图 12-21 氢原子产生 21 cm 射电辐射的示意图

星际电离氢原子也有光学和射电两种研究方法。前者通过分析诸如行星状
星云和发射星云光谱中的氢发射线,后者则通过观测电离氢原子(即质子,HⅡ)
与自由电子相互作用过程中产生的射电辐射。当自由电子在质子近旁经过时,
因自由-自由跃迁在厘米和分米波段产生连续辐射。当自由电子被质子俘获时,
常复合到中性氢原子的很高能态,然后经级联跃迁到较低的能态,直至基态。许
多级联跃迁的第一个跃迁产生射电发射线。射电辐射可以穿过星际物质而传来
信息,因此星际电离氢原子的射电观测往往比光学观测更重要。HⅡ区通常出
现在 O、B 型星或它们所在星团的周围,因为只有高温恒星才发射大量的紫外
光,使其附近的星际氢原子电离。行星状星云和发射星云都是 HⅡ区。丹麦天
文学家 B.斯特龙根(B. Strömgen)首先研究了 HⅡ区,推算出恒星周围 HⅡ区
的半径[称为**斯特龙根半径(Strömgen radius)**]。若星际氢原子的平均数密度为

$10^6/m^3$,则高温 O5 型星的斯特龙根半径为 140 pc; B0 型星的斯特龙根半径为 50 pc; A0 型星的斯特龙根半径只有 1.5 pc。在 H Ⅱ 区,电离气体的典型温度为 8 000 K,密度为 $10^7 \sim 10^{12}/m^3$。H Ⅱ 区的周围是 H Ⅰ 区(见图 12 - 22),两者之间的分界较分明。估计银河系内的星际电离氢原子含量比中性氢原子含量低两个数量级。

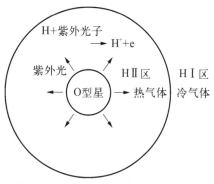

图 12 - 22　高温恒星周围的 H Ⅱ 区和 H Ⅰ 区示意图

　　许多 H Ⅱ 区含有相当多的尘埃,尘埃颗粒吸收了高温恒星以及电离气体的辐射而加热到 30 ~ 300 K,发出红外连续辐射,成为强的红外源。在银河系内,H Ⅱ 区属于最强红外源之列,红外光度可高达 $10^7 L_\odot$。

12.3.3　星际分子和分子云

　　星际分子(interstellar molecules)是星际的或拱星的稀疏尘埃在气体云内由化学反应形成的。它们的谱线主要在红外到射电波段。早在 1937 年就发现了星际 CH(次甲基)和 CH^+(次甲基正离子),1940 年又发现了 CN(氰基)分子。20 世纪 70 年代,哥白尼卫星探测到了氢分子 H_2 的紫外吸收线。然而,星际分子在低温条件下,基本上都处于最低的电子能态。分子通过与其他分子或原子偶尔碰撞,大多仅改变其转动能态,最终从较高的转动能态跃迁到较低能态,通常产生毫米和厘米波段的发射线。自 20 世纪 60 年代以来,射电观测发现有越来越多的星际分子。1963 年首先发现了 OH(羟基)分子,1968—1969 年发现 NH_3(氨)、H_2O(水)和 H_2CO(甲醛),1970 年发现了 CO(一氧化碳)。星际尘埃显然是由大量更复杂的有机分子(COMs)——可能是聚合物组成的。2004 年,在红矩形星云(red rectangle nebula)发射的紫外光探测到蒽和芘的光谱特征,推断星云存在形成早期生命至关重要的多环芳烃(PAHs)。2010 年探测到星云可能有生命"种子"——"富勒烯(fullerene)"或"布基球(buckyballs)",2013 年探测到土卫六高层大气有 PAHs,至 2017 年 5 月,已探测出近 200 种。氢分子无疑是最丰富的星际分子,其次是 CO、OH 和 NH_3。然而,氢分子在射电波段没有辐射,不可观测。但由于 CO 分子谱线是氢气碰撞激发 CO 产生的(氢分子与 CO 分子数之比约为 10 000∶1),于是 CO 成了 H_2 的示踪物:凡是存在 CO 分子的天区必定有更多的 H_2。因此,CO 的 2.6 mm 谱线与 H Ⅰ 原子的 21 cm 谱线都在研究星际物质中起重要作用。在 20 世纪 70 年代,"哥白尼卫星"探测到氢分子的紫外吸收线(见图 12 - 23)。在热的(2 000 K 以上)星际云中也观测到 H_2 的红外发射谱线。在银河系中,星际分子的质量约占星际物质的一半,最丰富的氢大约一半是 H_2。

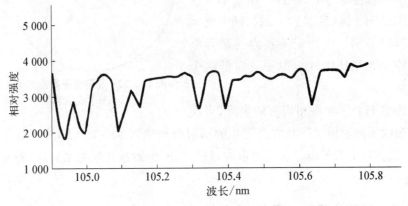

图 12 - 23　星际分子氢的吸收线

　　观测表明,虽然有些星际分子(如 CO)几乎散布在所有的天区,但大多数星际分子集结成**分子云**(molecular cloud)。分子云常在 HⅡ 区附近,在光学波段通常是暗而不见的,温度为 20～50 K,质量一般为 $10^4\,M_\odot$～$10^6\,M_\odot$。云内应有足够的尘埃来屏蔽星光中的紫外线,使分子免遭破坏。分子的射电或红外辐射光子带走分子云的能量,使云的内部冷却和保持低温。冷而密的最大分子云称为**巨分子云**(giant molecular cloud)。大量星际物质聚在巨分子云复合体中,有以下的典型性质:① 大多由分子氢组成,其他分子只占质量的小部分;② 平均密度为每立方米几亿分子,个别云略密一些;③ 大小为几十到几百光年;④ 复合体总质量为 $(10^4\sim10^7)M_\odot$,典型的为 $10^5\,M_\odot$,个别为 $10^3\,M_\odot$。云的核心温度低至 10 K,分子密度高达 $10^{12}/m^3$,常是恒星形成的地方。

　　猎户星云后面有个巨分子云,是离太阳最近的分子云之一,由小而密的核心以及延伸的低密度云两部分组成。核心大小仅为 0.5 ly,密度为 $10^{11}/m^3$,质量为 $5\,M_\odot$。低密度云的直径至少为 30 ly,最大分子密度为 $10^9/m^3$,质量至少达 $10^4\,M_\odot$。猎户星云近旁年轻恒星多,如图 12 - 24 所示。

　　脉泽是英文名词 maser[①] 的音译名,也常用译名**微波激射**。1965 年,人们在

----

　　① 由 microwave amplification by stimulating emission of radiation 各词头字母组成,意为微波受激辐射放大。

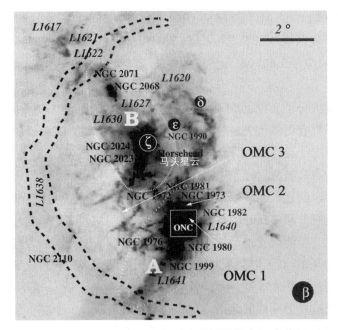

图 12-24　红外卫星所摄猎户座恒星形成区(负像)

[包括分子云复合体 A 与 B(虚线)、OMC1、2、3,可见光星云,尤其星云团 ONC(方框)]

探测猎户星云中 OH 分子的谱线时,领悟到宇宙中存在着天然的微波激射。后来又发现了水(H_2O)的微波激射,频率为 22 235 MHz(波长为 1.35 cm),一氧化硅(SiO)的微波激射,频率为 43 122 MHz(6.95 mm)和 86 243 MHz(3.48 mm),还有 CH_3OH(甲醇)、NH_3、H_2CO、HCN(氰化氢)等分子的微波激射。至今已观测到的微波激射源有 2 000 多个。

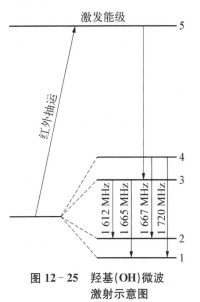

图 12-25　羟基(OH)微波激射示意图

OH 分子的发射线由一组波长很接近的谱线组成。为了阐明它们的产生机制,图 12-25 给出该分子基态附近的能级图。图的下方 4 条相隔很近的能级代表分子不同的转动能态,按能量增加的次序以 1、2、3、4 标记。跃迁 4→1、4→2、3→1 和 3→2 所对应的辐射频率依次为 1 720 MHz、1 667 MHz、1 665 MHz 和 1 612 MHz(相应波长从 17.4 cm 到 18.6 cm)。在各能级的分子数平衡分布的正常情况下,以 1 667 MHz 的谱线最强,1 665 MHz 其次,然后是 1 612 MHz 和 1 720 MHz,它们的强度比率是 9∶5∶1∶1。然而,来自猎户星云的 OH 分子发射线却出乎意料:1 665 MHz 的谱线最强,1 667 MHz 的谱线不出现。显然,对应于 1 665 MHz 谱线的高能级的分子过多,使得这条谱线的强度放大。

在低密度的分子云中,分子之间的碰撞不频繁,以致达不到平衡状态,在某个能级的分子数有可能大大超过平衡状态的分子数(称为能级反转)。设想,处于基态的 OH 分子由于吸收了能量到达某一高得多的激发能级(见图 12 - 25 中以 5 表示的),在微波激射理论中这个过程称为抽运(pumping)。从 5 向低能级的各个跃迁中以到达 3 的概率最大,而且 3 是一个较稳定的能级(亚稳态),自发地向更低的能级 1 和 2 跃迁的概率很小,于是大量的分子聚积在能级 3,出现粒子数反转现象。当能级受迫产生 3→1 的跃迁,沿着入射光子的方向发射出另一个同样能量的光子,而入射光子并未被吸收,仍继续前进。在猎户星云内发生的正是这种过程:一束频率为 1 665 MHz 的光子进入星云后,一路使 OH 分子沿相同的方向受迫发射同样的光子,于是一个光子变 2 个,2 个变 4 个……最终频率为 1 665 MHz 的辐射能量可以被放大几百万倍。

已知的微波激射源可分为两类:出现在星际分子云内或近旁的星际微波激射;在红巨星的拱星包层中的恒星微波激射。在绝大多数恒星羟基微波激射中,最强发射线频率为 1 612 MHz,而不是像猎户星云的 1 665 MHz。这反映了不同的微波激射源中物理条件的差异。

星际微波激射的许多问题还不清楚。例如,抽运过程是一个重要的研究课题,也没有定论,一般认为是尘埃颗粒或正在形成的恒星的红外辐射所导致,或是分子碰撞。星际微波激射源是相当小的,直径仅几十个 AU,分子密度至少达 $10^{14}/m^3$。它们几乎都存在于 HⅡ区和强红外源这种恒星形成的区域内,可能是恒星诞生的先兆。

12.3.4　冕气体区

太空 X 射线望远镜探测到来自星际高温气体的 X 射线辐射。这种类似日冕高温(10^6 K 或更热)的星际气体称为**冕气体**。其粒子密度很小,仅为 0.000 4~0.003/cm³(即几百到几千立方厘米才有一个电离原子或电子)。它们是超新星爆发抛出的以及从年轻的热星流出来的,似乎与其余星际物质处于压力平衡。天鹅座的肥皂泡星云(soap bubble nebula, PN G75.5＋1.7,见图 12 - 26)似乎与冕气体区有关,它是直径约 1 500 pc 的很大的热气体壳,现在已知几个这样的"超级泡"。

图 12-26　天鹅座肥皂泡星云

总之,星际物质以气体为主。星际气体可以分为四种基本成分(见表 12-2)。

(1) H I 云是冷且密度小的,直径仅几光年,质量为几 $M_\odot$,约占星际物质的 25%。

(2) 云际物质的密度更小,温度几千开,大致与 H I 云压力平衡,约占星际物质的一半。

(3) 分子云的密度大,但温度低,可大到直径为 200 ly 和百万 $M_\odot$,通过自引力聚集形成恒星,约占星际物质的 25%。

(4) 冕气体区温度很高,但密度很小,约占星际物质的 5%,占星际空间的 1/5。

表 12-2　星际物质的四种成分

成　　分	温度/K	密度/厘米$^{-3}$	气　　体
H I 云	$50\sim150$	$1\sim1\,000$	中性氢,其他电离原子
云际物质	$10^3\sim10^4$	0.01	部分电离
冕气体	$10^5\sim10^6$	$10^{-4}\sim10^{-3}$	高次电离
分子云	$20\sim50$	$10^2\sim10^6$	分子

12.3.5　星际尘埃

在星际物质中,星际尘埃约占总质量的 1%,平均每百万立方米仅一个尘粒。约占 90％的星际气体只吸收恒星在某些波长的可见光,而星际尘埃则在很宽的可见光波段吸收和散射星光,对星际消光起主要作用。

星际消光(interstellar extinction)指介于恒星与我们之间的星际物质在可见光波段减弱星光的星等数,表示符号为 A_v。必须考虑星际消光影响,才能够正确地用由视星等和绝对星等定出恒星距离。因此式(9-7)和式(9-8)应分别改成

$$M = m + 5 - 5 \lg r - A_v \qquad (12-4)$$

$$M = m + 5 + 5 \lg p'' - A_v \qquad (12-5)$$

改正值 A_v 由观测确定。原则上,可以选取绝对星等已知的恒星,用不受星际消光影响的测距法(如三角视差)来定出距离,由无消光的式(9-7)或式(9-8)计算的视星等与观测的(有消光)视星等之差就是 A_v。观测表明,不同(视线方向)天区的星际消光有显著差别。银道面附近每 kpc 典型 A_v 值为 2^m。

星际消光不仅随距离和视线方向变化,而且对不同波长有选择性:蓝光减弱得比红光严重。因而恒星的视颜色偏红,称为 **星际红化**(interstellar reddening)。它表明引起消光的尘埃颗粒应是 $0.1 \, \mu m$ 大小的,它们不是简单地挡住光,而是散射光。波长较长的红光容易穿过尘埃云,而蓝光遭到更多的散射,所以红光和红外波段可观测到更远的天体。

色指数是恒星颜色的量度,星际红化引起的恒星色指数的改变称为**色余**(color excess),用 CE 表示:

$$CE = C - C_0 \qquad (12-6)$$

式中,C 是观测到的恒星色指数,可由多色测光精确测定;C_0 是同一恒星完全不受星际消光影响时应有的色指数(可由恒星的光谱型推算,因为光谱型是由原子的谱线及它们的强度而定的,不受星际消光影响)。星际红化使 CE 为正值,CE 越大,星际红化越甚。

星际消光和红化的程度都是由介于恒星与我们之间的尘埃数量决定的,不难设想,A_v 与 CE 之间存在一定的关系。由于 CE 较容易由观测得出,实际上常是由 CE 推算 A_v。测定星际消光和红化常选用 O 型、B 型星和经典造父变星,因为它们的光度大,虽远仍相当亮。

从一般恒星发出的应是非偏振光。1949 年,用精密的光电偏振计探测到遥远恒星的星光存在部分偏振现象。星光部分偏振是星际尘埃造成的。尘埃颗粒应呈条形,且长轴方向大体上一致。当非偏振的星光通过尘埃云时,光波在尘埃

颗粒长轴方向遭到较多的吸收和散射，于是造成了部分偏振。星光的偏振和消光有一定联系，大致地说，消光 A_v 值 1^m 对应于偏振度 1%。偏振测量表明：相邻的恒星偏振方向接近。银道面附近的偏振方向有平行于银道面的趋势，其原因是星际磁场使星际尘埃有规则地排列。由星光偏振和其他方法估算，星际磁场强度为 $10^{-10} \sim 10^{-9}$ T 量级，在星际物质稠密区可能存在更强些的磁场。

星际尘埃(interstellar dust)是什么？由红外观测以及消光和偏振的资料分析，已获得星际尘埃成分的一些信息：硅酸盐很丰富，可能有金属颗粒，尤其是铁，还有石墨、水冰以及由碳、氮、氧、氢组成的其他冰。某些颗粒可能有硅酸盐、铁或石墨构成的小核，外面包裹着冰。为解释星际消光的性质，天文学家提出了颗粒的核-幔模型：核约 $0.05~\mu m$，由硅酸盐、铁、石墨组成。幔约 $0.5~\mu m$，由冰物质组成。当颗粒漂到热区(如 H II 区)，冰幔蒸发，留下赤裸核。颗粒的脏冰幔吸收紫外光而形成有机物(如甲醛- H_2CO、沥青之类化合物)，冷的星际尘埃对于某些星际分子的形成起重要作用。

越来越多的证据表明，星际尘埃颗粒最初主要是在晚型星(尤其红巨星)冷的(温度为 2500 K 左右)大气中产生的。密度较大的颗粒在温度 10^3 K 下可由气体凝结而成，各种冰在温度 10^2 K 下生成。可以期望，不同类型的星产生不同成分的颗粒，例如，富氧星产生硅酸盐颗粒，富碳星产生较多的石墨颗粒。形成的颗粒最终随星风流入星际空间。事实上，发现某些红巨星的红外光谱有波长为 $9.7~\mu m$ 的硅酸盐吸收带，表明星周存在这种颗粒。北冕 R 型星亮度突然下降很可能是流出的富碳气体凝结成大量石墨颗粒而引起的现象。此外，新星和超新星抛出的气壳及诞生恒星的气体星云可能也是形成星际尘埃的场所。有冰幔的颗粒大概是在温度低的浓密分子云中央产生的。但尘埃形成机制的细节仍是未解之谜。

12.3.6　宇宙线

宇宙线(cosmic rays)主要是来自太阳系之外的高能辐射，绝大多数是高能带电粒子，约 99% 是原子核，约 1% 是电子。在原子核中，最多的是质子(氢原子核)，占 89%，其次是 α 粒子(氦原子核)，占 10%，重元素核(HZE，即高原子序数核素)占 1%。还有少量稳定的反物质，诸如正电子或反质子。

1) 宇宙线的发现

1912 年 8 月 7 日，奥地利出生的美国物理学家 V. 赫斯(Victor Hess)用气球载三台静电计升空到 5.3 km，测量空气电离度。他发现电离率随海拔升高而变大,断定是由来自地外的穿透性极强的射线所产生的,于是称之为宇宙线,并由 1913—1914 年升空 9 km 的测量确证。赫斯因这一发现而获得 1936 年的诺贝尔物理学奖。宇宙线的最高能量约为 3×10^{20} eV,约为大型强子对撞机所加速粒子能量的 4 000 万倍。作为对照,观测最高能的 γ 射线光子能量只达 10^{14} eV。因此,宇宙线高能粒子的探测研究成为粒子物理学和高能天体物理学的热门前沿,取得重要成果者屡次获得诺贝尔物理学奖:P. 布莱克特(Patrick Blackett),1948 年;汤川秀树,1949 年;C. F. 鲍威尔(Cecil Frank Powell),1950 年;W. 博特(Walther Bothe)和 M. 玻恩,1954 年。丁肇中主持的阿尔法磁谱仪(AMS)涵盖多种宇宙线粒子的精确而独特的数据,从而开拓未知边界,首次测得银河系宇宙线的年龄大约是 1 200 万年,刷新了对宇宙线的认识。

2) 宇宙线的分类

宇宙线可以分为原生的**初级宇宙线**(primary cosmic ray)和衍生的**次级宇宙线**(secondary cosmic ray),如图 12 - 27 所示。

初级宇宙线分为两型:**银河宇宙线**(galactic cosmic ray)是来自太阳系之外的高能粒子。费米(Femi)空间望远镜 2013 年取得的资料说明大部分来自超新星爆发,活动星系核可能也产生宇宙线。**太阳宇宙线**(solar cosmic ray)则来自太阳的能量较低的高能粒子(主要是质子)。

次级宇宙线是初级宇宙线进入地球大气后,与大气原子和分子(主要是氧和氮)碰撞而级联产生的轻粒子(γ 射线、μ 介子、质子 p、π 介子、正负电子、中子 n、中微子 ν,见图 12 - 27)。进入高层大气的宇宙线流量与宇宙线的能量、太阳风、地球磁场有关。到达地面宇宙线粒子能量-频数为:1×10^9 eV - 1×10^4 m^{-2}s^{-1};1×10^{12} eV - 1 m^{-2}s^{-1};1×10^{16} eV - 1×10^{-7} m^{-2}s^{-1};1×10^{20} eV - 1×10^{-9} m^{-2}s^{-1}。

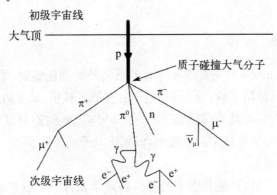

图 12 - 27　初级宇宙线和次级宇宙线

　　3) 宇宙线对地球的影响

　　宇宙线对地球有重要影响,主要表现于以下几方面: ① 改变大气化学。宇宙线电离大气的氧和氮分子,导致很多化学反应。有的反应造成臭氧匮乏,有的反应连续产生大气的不稳定同位素,例如, $n + {}^{14}N \rightarrow p + {}^{14}C$, 或记为 ${}^{14}N(n, p){}^{14}C$, 使过去 10 万年 ${}^{14}C$ 大致保持常数(70 吨)。这一事实用于 ${}^{14}C$ 考古年代测定[美国化学家 W. F. 利比(Willard Frank Libby)由于发现放射性碳定年法获 1960 年的诺贝尔化学奖]。② 环境辐射污染。③ 影响电子产品。④ 影响健康。⑤ 气候变化。

　　宇宙线源在空间是均匀分布的,或者宇宙线源分布虽不均匀,但它们发射的带电粒子被星际磁场搅乱了运动方向,以致到达地球时呈现出各向均匀。现在人们普遍接受后一种解释。为了研究远离地球的星际空间中的宇宙线,只能采用间接的方法。其一是探测银河 γ 射线。当宇宙线中的高速质子与星际物质中的氢原子碰撞时,发生核反应,产生 π^0 介子。而 π^0 介子是不稳定的,平均寿命只有 10^{-16} s,立即衰变而产生一对 γ 光子(或一个光子和一对正负电子)。这些 γ 射线的平均能量约为 100 MeV,对应波长为 10^{-5} nm。卫星携带的 γ 射线望远镜获得的资料表明,银河系内 γ 射线的分布与星际氢原子的分布十分相似。可以认为,在地球大气层外探测到的宇宙线的资料对整个银河系具有典型意义。

　　星际物质发射很强的射电,其中有一种弥漫发射的成分,来自天空的所有方向,频率范围为 1～1 000 MHz,强度随频率的增加而降低,具有同步加速辐射的特征。这种弥漫射电是宇宙线中的高速电子在星际磁场中产生的同步加速辐射。于是,探测银河弥漫射电成为研究宇宙线的另一种间接方法。

　　由于宇宙线带电粒子的运动路径被星际磁场弯曲,因此不可能根据它们到达地球的方向来追踪来源。关于宇宙线的起源和加速机制还没有确定的结论。一部分低能宇宙线($10^5 \sim 10^{10}$ eV)肯定来自太阳耀斑中的加速。能量极高(10^{17} eV 以上)的大概来自银河系之外。大部分宇宙线是在超新星爆发过程中产生的,带电粒子可能在旋转中子星的电磁场中被加速,或者膨胀气壳中的激波也有足够能量将粒子加速到很高的速度。有些超新星遗迹是很强的同步加速射电辐射源,也发射 γ 射线。这些事实支持了宇宙线与超新星有关联的观点。

12.3.7　中微子天文学

　　中微子天文学是在专用台站用中微子探测器观测天体的天文学分支,研究天体上产生中微子的过程及其对天体结构和演化的作用。由于中微子与物质的作用非常微弱, 穿透本领极强, 被称为绝佳的天文信息传播者,可以提供独特机会来观测一般望远镜见不到的过程。例如,恒星发射的中微子可提供恒星内部核反应过程的信息。

早在 1930 年,W. 泡利(Wolfgang Pauli)就提出存在中微子的设想。直到 1956 年,F. 莱因斯(Frederick Reines)和 C. 考恩(Clyde Cowan)才从核反应实验确认中微子的存在,莱因斯因此获 1995 年的诺贝尔物理学奖。自 1965 年以来,人们开展了大气的、地下的以及湖底或海底的(可以避免干扰)中微子探测,成为探测宇宙的另一种重要途径。1968 年以来,从探测来自太阳的中微子(见上册 8.3 节)发展到来自超新星(见 10.4 节)以及其他恒星、活动星系核和星暴星系的中微子,也可以间接探测暗物质及开展宇宙学研究。2010 年建成的、位于南极点附近的 IceCube(冰立方中微子天文台)有着世界上最大的中微子探测器,它使用了 5 160 个探测器来探测极其强烈的宇宙源发出的高能中微子。当中微子与冰中的水分子碰撞时,就会释放出高能亚原子粒子。这些粒子移动非常迅速,并且会发出切伦科夫辐射(Cherenkov radiation),被 IceCube 所捕获。科学家们希望借助这种信息识别中微子的来源。

已取得中微子探测重要成果而获诺贝尔物理学奖的有：L. M. 莱德曼(Leon Max Lederman)、M. 施瓦兹(Melvin Schwartz)和 J. 施泰因贝格尔(Jack Steinberger)(证明存在三种不同"味道"的中微子,1988 年);小柴昌俊(Masatoshi Koshiba)(探测宇宙中微子,2002 年);梶田隆章(Takaaki Kajita)和 A. B. 麦克唐纳(Arthur Bruce McDonald)(发现中微子振荡,从而证实中微子有质量,2015 年)。

12.4　恒星的形成

观测研究得出,自从 132 亿年前银河系形成以来,恒星持续地产生和演化着。虽然无法观测到一颗恒星从"胚胎"到死亡的整个演化史,但可以观测到处于不同演化阶段的大量恒星,综合观测资料并结合理论研究,人们现在已相当清楚地了解了各类恒星的形成演化史。

12.4.1　概述

从观测和理论研究,可用图 12-28 来概述从银河系旋臂到恒星的多尺度碎裂和物质聚集的过程。银河系存在大量的恒星际介质(interstellar medium, ISM),其分布是很不均匀或碎裂的,恒星的形成主要发生在较密的旋臂区。旋臂区碎裂为很多以中性氢原子(H I)居多的 H I 云。H I 云碎裂为以分子(尤其 H$_2$)居多的**巨分子云**(giant molecular cloud, GMC)。巨分子云又碎裂为一些较小且较密的分子云, 在地面光学观测到了相应的"星际云"。分子云碎裂为一些更密的分子云核。某些分子云核自引力收缩形成中央的原恒星(protostar), 而转动的外部物质以及从周围吸积的物质形成"绕星盘(circumstellar disk)"或"原行星盘(protoplanetary disk)"。

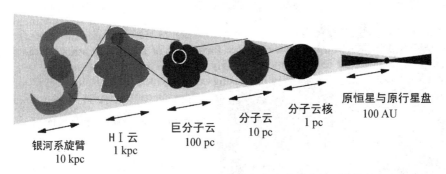

银河系旋臂　　HⅠ云　　巨分子云　　分子云　　分子云核　　原恒星与原行星盘
10 kpc　　　1 kpc　　100 pc　　10 pc　　1 pc　　100 AU

图 12-28　从银河系旋臂到恒星和行星系的多尺度碎裂和物质聚集过程示意图

恒星的形成环境和过程很复杂。分子云是气体和尘埃、中性和电离物质、热等离子体的湍动混合体。这些物质在引力场、磁场、转动、激波、湍动、宇宙线和各种辐射场作用下, 碎裂和聚集成一些云核, 某些云核进一步收缩而形成原恒星和绕星盘(或原行星盘)——这样的整个体系称为**年轻恒星体**(young stellar object, YSO)。由各种观测资料可以得到各类恒星形成的各阶段的主要因素和过程, 从而建立合理的恒星形成和早期演化理论。

综合观测资料, 可按演化先后把巨分子云分为三种位形(见图 12-29): (a) 没有与分子云成协的 HⅡ(电离氢)区, 未产生大质量恒星; (b) 分子云内的恒星形成活动已开始, 产生一颗或几颗大质量恒星, 它们电离周围而形成类泡结构; (c) 分子云的大部分已分裂并聚

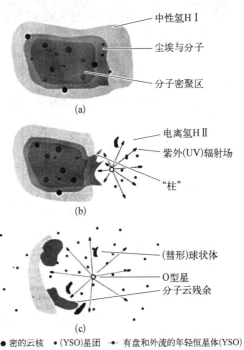

中性氢HⅠ
尘埃与分子
分子密聚区
(a)

电离氢HⅡ
紫外(UV)辐射场
"柱"
(b)

(彗形)球状体
O型星
分子云残余
(c)

● 密的云核　· (YSO)星团　→ 有盘和外流的年轻恒星体(YSO)

图 12-29　巨分子云的三种位形示意图

集为星团和 O 型星,HⅡ区很大。若考虑星际辐射场、湍动、角动量和磁场,实际情况更复杂。

由于可见光不能透过分子云的尘"茧",因而看不到其内的恒星形成区。但红外和射电辐射可以透射一些出来,而 X 射线则可以完全透射出来,从而揭示了很多分子云的结构和性质。分子云的大小为 1~200 pc,质量为 $(10~10^6)$ $M_\odot$,典型温度为 10~50 K,氢分子密度为 $10^2~10^6/cm^3$,常具有很不规则的不均匀结构——块、泡(洞)、通道、弓、纤维,基墩或造星柱(pillars of creation)等。有些分子云内有稠密的云核,甚至有年轻恒星。例如,鹰状星云(M16)离我们约 5 900 ly,在它的部分影像及恒星环境(见图 12-30)可见到,云核被热星蒸发了周围物质而显示前方的三个尘多的造星"柱"或"基墩",其大小达 70 000 AU,是恒星的诞生地。在"柱"尖显露出气-尘浓密小核——"蒸发的气态球状体(evaporating gaseous globule, EGG)"(推测是恒星的前身)。在这些柱上已识别出约 70 个 EGG。

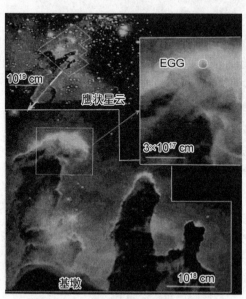

图 12-30　鹰状星云的基墩和 EGG (彩图见附录)

左上是地面望远镜所摄,下为哈勃空间望远镜所摄其云核区(左上的框区),因附近亮星紫外辐射照射而显见三个暗尘造星"柱",右上是 EGG 的一例

12.4.2　基本理论研究

恒星的形成是一个由稀疏物质聚集变密的过程。吸引和排斥是宇宙的基本矛盾。宇宙中的主要吸引因素是物质之间的万有引力,而主要排斥因素是物质热运动产生的压力(热压力)。引力使物质云团收缩和聚集,而热压力使物质云团膨胀和散开。

1) 金斯定理

早在 1902 年,英国物理学家、天文学家和数学家 J. H. 金斯(James H. Jeans)提出,弥漫物质中出现引力不稳定性使局部变密而形成天体,导出了出现不稳定性的**金斯判据**或**金斯定理**。这是广泛应用的经典理论,现概述之。考虑引力的连续介质完整的微分方程组:

连续方程

$$\frac{\partial \rho}{\partial t} + \nabla \cdot (\rho V) = 0 \qquad (12-7)$$

运动方程

$$\frac{\mathrm{d}v}{\mathrm{d}t} = -\nabla \Phi - \frac{1}{\rho} \nabla p \qquad (12-8)$$

物态方程 $\qquad\qquad p = p(\rho) \qquad\qquad\qquad (12-9)$

泊松方程 $\qquad\qquad \nabla^2 \Phi = 4\pi G\rho \qquad\qquad (12-10)$

式中，ρ、p、v 和 G 分别是介质体积元的密度、压强、运动速度和引力常数。

若发生密度扰动，则上述方程组化为波动方程，可导出临界波长——**金斯长度**(Jeans' length)：

$$\lambda_J = c_s (\pi/G\rho)^{1/2} \qquad (12-11)$$

式中，c_s 是声速。相应地，直径 λ_J 的物质团质量称为**金斯质量**(Jeans mass)：

$$M_J = (\pi/6)\rho\lambda_J^3 \qquad (12-12)$$

若扰动区 $\lambda > \lambda_J$，或 $M > M_J$，引力就大于热压力，发生**引力不稳定性**，物质云团发生收缩，物质变密聚而形成天体，这称为**金斯定理**(Jeans's theorem)。

对于理想气体的等温过程：

$$\lambda_J = \sqrt{\frac{\pi k T}{\mu m_H G\rho}} \approx 6 \times 10^7 \left(\frac{T}{\mu \rho_0}\right)^{\frac{1}{2}} (\mathrm{cm}) \qquad (12-13)$$

$$M_J = \frac{\pi}{6}\lambda_J^3 \rho_0 \approx 10^{23} \frac{(T/\mu)^{\frac{3}{2}}}{\rho^{\frac{1}{2}}} \ (\mathrm{g})$$

$$= 1.2 \times 10^5 \left(\frac{T}{100 \ \mathrm{K}}\right)^{\frac{3}{2}} \left(\frac{\rho}{10^{-24} \ \mathrm{g \ cm^{-3}}}\right) \mu^{-\frac{3}{2}} M_\odot \qquad (12-14)$$

式中，k 是玻耳兹曼常数；μ 是平均相对分子质量；m_H 是单位原子质量。

对于理想气体的绝热过程：

$$\lambda_J = \sqrt{\frac{\pi \gamma k T}{\mu m_H G\rho}} \approx 6 \times 10^7 \left(\frac{\gamma T}{\mu \rho_0}\right)^{1/2} (\mathrm{cm}) \qquad (12-15)$$

$$M_J = \frac{\pi}{6}\lambda_J^3 \rho_0 \approx 10^{23}\frac{(\lambda T/\mu)^{\frac{3}{2}}}{\rho^{\frac{1}{2}}} \quad (\text{g})$$

(12 - 16)

$$= 1.2 \times 10^5 \left(\frac{\gamma T}{100\ \text{K}}\right)^{\frac{3}{2}} \left(\frac{\rho}{10^{-24}\ \text{g cm}^{-3}}\right) \mu^{-\frac{3}{2}} M_\odot$$

式中，$\gamma = \dfrac{C_p(\text{比定压热容})}{C_V(\text{比定容热容})}$，对于单原子气体，$\gamma = \dfrac{5}{3}$；对于双原子气体，$\gamma = \dfrac{7}{5}$；

对于多双原子气体，$\gamma = \dfrac{4}{3}$。

2) 位力定理

在天体演化研究中，常用能量的比较来判断物质团的稳定性，可以导出和金斯判据相当的**位力定理**（virial theorem）。考虑质量为 m 分子的运动，若 $\boldsymbol{r}$ 是它的位置矢量，$\boldsymbol{F}$ 是它受到的作用力，则

$$m\frac{\mathrm{d}^2\boldsymbol{r}}{\mathrm{d}t^2} = \boldsymbol{F}$$

用 $\boldsymbol{r}$ 做两端的标量积：

$$m\frac{\mathrm{d}^2\boldsymbol{r}}{\mathrm{d}t^2}\cdot\boldsymbol{r} = m\frac{\mathrm{d}}{\mathrm{d}t}\left(\boldsymbol{r}\cdot\frac{\mathrm{d}\boldsymbol{r}}{\mathrm{d}t}\right) - m\left(\frac{\mathrm{d}\boldsymbol{r}}{\mathrm{d}t}\right)^2 = \frac{m\,\mathrm{d}r^2}{2\mathrm{d}t^2} - m\left(\frac{\mathrm{d}\boldsymbol{r}}{\mathrm{d}t}\right)^2 = \boldsymbol{F}\cdot\boldsymbol{r}$$

或

$$\frac{m}{2}\frac{\mathrm{d}r^2}{\mathrm{d}t^2} = m\left(\frac{\mathrm{d}\boldsymbol{r}}{\mathrm{d}t}\right)^2 + \boldsymbol{F}\cdot\boldsymbol{r}$$

考虑到转动惯量，$I = \Sigma m r^2$，对全部分子求和：

$$\frac{1}{2}\frac{\mathrm{d}^2 I}{\mathrm{d}t^2} = \Sigma m\left(\frac{\mathrm{d}\boldsymbol{r}}{\mathrm{d}t}\right)^2 - \Sigma \boldsymbol{F}\cdot\boldsymbol{r}$$

(12 - 17)

右端第二项称为"位力（virial）"。若假定作用力只是分子间的相互引力，式(12 - 17)右端两项分别是总动能（热能）的 2 倍和总势能 W 之和，即

$$\frac{1}{2}\frac{\mathrm{d}^2 I}{\mathrm{d}t^2} = 2E + W$$

(12 - 18)

若 $2E + W = 0$，则物质团是稳定平衡的，即惯量矩不随时间变化；若 $2E + W < 0$，则物质团引力坍缩而形成天体。对于半径 R、质量 $M = \dfrac{4\pi R^3 \rho}{3}$ 的分子气体球，可得到物质团的收缩条件为

$$R^2 > \frac{5f}{4\pi G \rho \gamma} c_S^2 \qquad (12-19)$$

式中，f 是分子自由度；$\gamma = \dfrac{f+2}{f}$。准确到同量级（忽略系数的差别），这与金斯长度等价。然而实际情况很复杂，当存在外压力、磁场、自转、湍动时，从普遍连续物质运动方程可导出转动惯量变化与自转能 E_r、湍动能 E_t、内能 U、磁能 E_m、外压所做功 $3pV$ 之间的关系：

$$\frac{1}{2}\frac{\mathrm{d}^2 I}{\mathrm{d}t^2} = 2E_r + 2E_t + 3(\gamma-1)U + E_m + W + 3pV \qquad (12-20)$$

一般地说，除了外压所做功帮助物质团收缩外，其余能量都是抗衡引力而阻碍收缩的，但它们通常都小于引力势能 W。

恒星的形成涉及很多重要的物理过程，多年来人们进行了一系列研究。依据金斯定理，冷而密的分子云的质量超过金斯质量 M_J（约 1 000 $M_\odot$），就会收缩变密。在分子云收缩变密过程中，可能变得不均匀，某些局部区受到扰动（例如，经过旋臂的密度激波区，邻近超新星爆发产生的激波作用，星际云碰撞，大质量热星的辐射等）而触发变密，相应的金斯质量 M_J 为恒星质量级，局部区就可以成为独立的密云核而自吸引坍缩（收缩）。于是，分子云就瓦解、或者说碎裂为一些局部密云核，密云核收缩而演化为"原恒星"，进而演化为恒星。这样，分子云可以成群地形成恒星。大质量恒星演化快，成为超新星爆发而触发附近星际云物质变密，瓦解为小云核进而形成恒星。

实际情况还应当考虑外部压力、磁场、自转、湍动的作用。观测表明，巨分子云的平均湍动能大于热能（内能），平均磁能介于热能与动能之间，而最大的是引力势能，因而分裂为多个云核。一些数值计算模拟证明，在密的分子云中央，云核坍缩；而在大尺度上，可形成云核和簇。这些得到了一些恒星形成区的观测佐证。

12.4.3　从原恒星到主序星

在分子云中，云核的初始密度（约 10^{-20} g/cm^3）比恒星的平均密度（约 1 g/cm^3）小 20 个数量级。在满足金斯判据条件下，云核物质发生自吸引坍缩而变小和变密，成为"原恒星（protostar）"。而常用"年轻恒星体（young stellar objects，YSOs）"泛指在遍及全部形成期间的（前主序）恒星系列，特别用于坍缩期的和不易区分演变阶段的情况，包括绕星盘，而原恒星则指其恒星核。

　　原恒星仍处在引力收缩阶段,进程先快后慢,这个阶段历时 $10^5 \sim 10^6$ 年。原恒星收缩伊始,内部的热压力远小于引力,收缩基本上是外部物质向中心自由下落。解运动方程

$$\frac{\mathrm{d}^2 r}{\mathrm{d}t^2} = -\frac{GM_r}{r^2}$$

得到云核完全坍缩需要的时间,即"自由降落时标"

$$t_{ff} = \sqrt{\frac{3\pi}{32G\rho}} \qquad (12-21)$$

式中,ρ 是初始平均密度。例如,初始密度为 10^{-19} g/cm^3,自由降落时标 t_{ff} 约 20 万年。在坍缩过程中,主要是中央核心区密度迅速增大,形成一个星核,吸积外部物质而增大;由氢分子和颗粒的红外辐射而致冷,因此温度变化不大(近于等温)。

　　一旦核心区密度超过 10^{-13} g/cm^3,内区变为光学厚的密度,使压缩能不会辐射出去。内区的温度和压力相应增加,形成热压维持的稳定核心(半径 R)。于是由引力收缩能 W 等于辐射能 L_R 而定义"热时标(thermal time scale 或 Kelvin-Helmholtz time scale)"t_{KH} 为

$$t_{KH} = \frac{|W|}{L_R} \sim 7 \times 10^{-5} \kappa_R \frac{M_R^2}{R^3 T^4} \qquad (12-22)$$

式中,$W = \dfrac{GM}{R}$;L_R 是核心表面的光度;κ_R 是平均不透明度(opacity)(相应光学厚度 $\tau = \int \kappa_R \rho \mathrm{d}r$,$\tau \geqslant 1$ 为光学厚的,$\tau \ll 1$ 为光学薄的)。假定太阳的不透明度 $\kappa_R \sim 1.2$ cm^2/g,类似太阳的恒星需要 3 000 万年才收缩到主序,因而热时标比自由降落时标大几个数量级。

　　若热的核心以质量吸积率 $\dot{M}$ 吸积外部降落物质,则"吸积时标"为

$$t_{acc} = \frac{M_{CORE}}{\dot{M}} \qquad (12-23)$$

吸积时标 t_{acc} 也显著大于自由降落时标。若 $t_{KH} > t_{acc}$,则核心就会绝热地演化,原恒星的光度由吸积激波主宰。

　　随着星核增大和变密,热能散逸受阻,导致温度上升,热压力增大。于是,原恒星的红外辐射增强而成为红外源。当压力基本上与引力平衡时,星核收缩就大大减慢而转入准静态时期。

在一颗原恒星的演变过程中，其光度和表面有效温度在变化，因而在 H-R 图的位置移动呈现为演化迹（见图 12-31）。图的右侧有原恒星演化受限制的不稳定带——"Hayashi 禁带"〔是由日本天体物理学家林忠四郎（Chushiro Hayashi）首先证明的〕，其边界由原恒星内部完全对流而确定。原恒星绝热坍缩的早期演化沿着图中"时间线"1 与 2 之间近于向下的"Hayashi 迹（Hayashi track）"。原恒星从中央开始停止对流时，演化迹离开 Hayashi 迹向左转折，表面温度升高，进入"时间线"2 与 5 之间"辐射迹"。当原恒星完成吸积相过程而进入准流体静力收缩阶段时，就成为光学上可见了。这

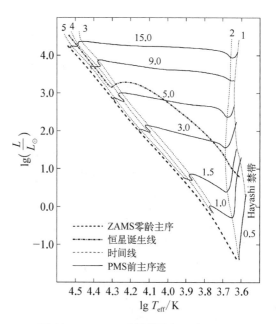

图 12-31　不同质量的原恒星在 H-R 图上的演化迹（实线）

每条曲线上以太阳质量为单位标记的：$0.5 M_\odot$、$1.0 M_\odot$、$1.5 M_\odot$、…、$15 M_\odot$

时，不同质量的原恒星到达 H-R 图的"诞生线"位置，开始成为"前主序星（pre-main-sequence star，PMS star）"。再继续完成收缩，演化到其核心区发生"氢燃烧"热核反应，产生的核能完全补偿表面的辐射损失，从而得以维持稳定，就成为**零龄主序**（zero age main sequence，ZAMS）星。

　　某些年轻疏散星团的赫罗图可以提供从原恒星收缩形成主序星演化的观测佐证。它的 O 型和 B 型星已演化到主序，但大多 A～M 型星还未到达主序。一种很自然的解释是：星团内的所有恒星大致在同一时间开始形成，但由于大质量演化快，当它们演化到达主序时，质量较小的仍处在向主序收缩演变的过程中，其中包括许多前主序的金牛 T 型星。

12.5　恒星的演化

　　恒星演化是恒星随着时间的推移而变化的过程。根据恒星的质量大小，一颗恒星的寿命可以从大质量恒星的几百万年到最小质量恒星的万亿年——比目

前宇宙年龄还长得多。由于恒星的变化在其生命中的大多数阶段发生得非常缓慢,无法一一追踪探测,所以恒星演化不可能通过观察单一恒星的生命来研究。天文学家只能通过观察在生命过程中不同时间段的许多恒星,结合计算机模拟类比去了解恒星是如何演化的。

12.5.1　主序阶段

恒星演化到达主序后,开始了内部热核反应的漫长演化史。重元素是在恒星内部的高温、高压条件下依次由轻元素"燃烧"的热核反应而产生的,导致了恒星的结构和性质随时间的演化。

在恒星演化的主序阶段,其中心区从氢燃烧点火到氢几乎全部聚变成氦的时期称为主序演化阶段。在这一阶段内,恒星内部基本处于准平衡状态,包括流体静力平衡(各层向外的压力被向内的引力所平衡)和热平衡(任一体元在每秒钟获得的能量等于它释放的能量,每秒钟整个恒星表面辐射损失的能量与中央区热核反应产生的能量平衡)。因此,恒星演化的主序阶段长期处于稳定状态,其结构和演化唯一地由初始质量和化学丰度决定——遵从"罗素-沃克定理(Russell - Vogt theorem)"。对于给定恒星的初始质量、化学成分等资料,可以通过计算不同时间的内部结构以及恒星辐射的总光度和表面温度等物理量,因而确定它在赫罗图上的位置。

主序恒星都是由氢燃烧提供长期能源。恒星质量大于 $1.1 M_{\odot}$ 的,其中心区温度达 1.6×10^7 K 以上,以碳-氮-氧循环反应链产能为主。恒星质量小于此值的,其中心区温度低些,以质子-质子链产能为主。关于氢燃烧过程的详细讨论见第 15 章。

此阶段的恒星位于赫罗图的主序上,所持续时间 t 由中心区含氢数量以及其燃烧消耗率决定,而两者分别与恒星的质量 M 和光度 L 有关,因而,$t \approx \frac{M}{L}$ (10^9 年)。恒星的质量越大,处于主序阶段的时间越短,这是因为大质量恒星虽然有较多的氢燃料,但因光度大,氢燃烧消耗比质量小的恒星快得多。主序星的性质如表 12 - 3 所示。

表 12 - 3　主序星的性质

光 谱 型	质量/$M_{\odot}$	光度/$L_{\odot}$	主序阶段时间/年
O5	40	405 000	1×10^6
B0	15	13 000	11×10^6

（续表）

光 谱 型	质量/$M_\odot$	光度/$L_\odot$	主序阶段时间/年
A0	3.5	80	44×10^7
F0	1.7	6.4	3×10^9
G0	1.1	1.4	8×10^9
K0	0.8	0.46	17×10^9
M0	0.5	0.08	56×10^9

　　随着氢不断聚变为氦,恒星中心区的核素总数目减少而总压力也减少。重力-压力的不平衡导致中心区收缩变得致密因而温度升高,燃烧变得更快而释放更多能量使光度增强,驱使外层膨胀和冷却,因而在赫罗图上呈现主序带。在氢开始燃烧时,恒星处于带的下界-零龄主序,而后在赫罗图上向右上演化到带的上界。

　　主序演化阶段是恒星一生中驻留时间的最长阶段,约占恒星寿命的90%,这是各种类型恒星中的主序星占大多数的原因。太阳年龄约为100亿年,在主序演化阶段过了大约一半时间(见图12-32)。

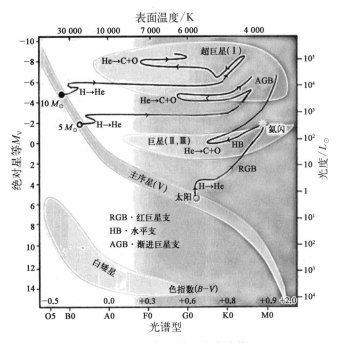

图 12-32　恒星的后主序演化

12.5.2 后主序阶段

除了质量最小的恒星,中心区氢燃烧生成的"灰烬"(氦)不与外部混合。随着氢的不断消耗,氦在中心区积累,产能减少,外层的重力使氦中心区收缩,温度升高,邻接中心区的氢层点燃,氢燃烧向外蔓延,导致恒星的外层膨胀,进入后主序阶段。中等质量的恒星演化为红巨星(red giant star),而大质量恒星演化为超巨星(supergiant star)。

当氦中心区因继续收缩而升温到 1.2×10^8 K,开始氦燃烧(氦聚变为碳、氧)。氦燃烧是逐渐平稳进行的。但$(0.4 \sim 3) M_\odot$恒星会出现失控的爆发性氦燃烧——称为**氦闪**(helium flash):在短时间(几分钟内)产生巨大能量而使恒星光度增强,但很快又调整到稳定的氦燃烧。于是,氢燃烧层之内又有氦燃烧而膨胀的中心区,这使得支持外层的能量减少,外层收缩而表面略变热,导致恒星在赫罗图上向左下移动。氦燃烧生成以碳氧灰烬组成的中心区,再收缩变热,点燃邻接的氦层,其外部则是氢燃烧层。恒星在赫罗图上的表现是打了个圈又移近氦闪(见图 12 - 32)。

主序之后的热核反应越来越剧烈,大多数恒星不稳定,表现为各类变星。小质量恒星演化到巨星阶段,其中心区是氦燃烧后留下的氦再产生聚变生成碳、氧核,外面是氢燃烧层,再外面是已熄火的氢燃烧层,最外则是恒星大气。大质量恒星演化到超巨星阶段,其中心区依次还会发生碳燃烧(碳聚变为钠、氖、镁、氧)、氖燃烧(氖聚变为氧、镁)、氧燃烧(氧聚变为硫、硅、磷)……燃烧过程终止到铁。

于是,除了氢、氦及少数轻元素外,大多数元素的原子核都是在恒星内部由热核反应生成的。小质量和大质量恒星内部发生的热核反应如图 12 - 33 所示。随着热核反应,恒星内部结构也发生改变。除了这些稳态的核合成,大质量恒星演化到一定阶段(例如超新星爆发)还会发生爆发式核合成(详细讨论见第15 章)。

12.5.3 星团的赫罗图与恒星演化

有证据表明,一个星团的所有恒星都是在同一星际云中,大致同时形成的。它们的年龄和化学成分大致相同,而且它们都离地球大致同样远,只是因各恒星的质量不同而演化程度不同。因此,星团可提供不同质量恒星的演化证据。

在星团早期,大质量恒星因演化快而率先到达主序,中、小质量恒星演化慢

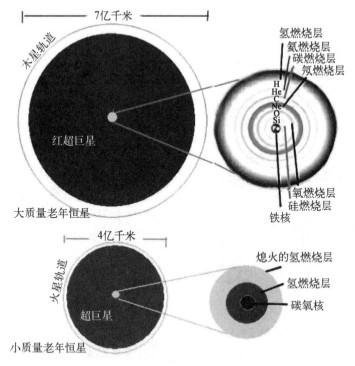

图 12 - 33　恒星内部结构

而仍处于主序前期。随着时间推移,大质量恒星逐渐离开主序,而中、小质量恒星才刚到达主序。再后,大质量恒星开始死亡,中等质量恒星离开主序,小质量恒星仍处在主序。星团的实际赫罗图很好地验证了上述模型(见图 12 - 8)。可以估算一个星团在赫罗图上处于从主序向红巨星"折向点"处恒星(对应其中心区氢燃烧刚耗尽氢)的年龄,这也是该星团的年龄。在多个星团的组合赫罗图上,折向点越低(光度和温度小)的星团越年老。

球状星团与疏散星团的赫罗图有三个差别:一是球状星团的"折向点"更低,年龄为百亿年以上,而疏散星团的年龄仅几百万年;二是球状星团的主序低于(暗于)零龄主序,这是因为成员恒星缺乏重元素,它们可能是银河系早期(缺乏重元素时期)形成的上代恒星,而重元素多的疏散星团恒星则可能是后代或更晚形成的恒星;三是球状星团处于赫罗图上的水平支折向左(蓝)侧,表明氦燃烧导致的不稳定而使演化过程向左打圈。

12.5.4　恒星演化的晚期与归宿

随着恒星内部的燃料耗尽、热核反应终止,恒星将走向死亡。不同质量的主

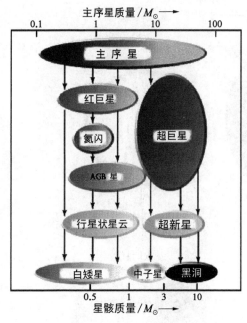

图 12 - 34　恒星死亡的三种方式

序恒星走向死亡的晚期演化和归宿不同，大致有图 12 - 34 的三种方式。

质量较小的恒星演化为红巨星，坍缩为白矮星。大质量恒星演化为红超巨星，经超新星爆发，留下的星核变为中子星。质量特大的恒星也经超新星爆发，留下的星核成为黑洞。

主序下端是冷的小质量"红矮星"，它们是从中心到表面整体对流的，气体经常混合，内部氢燃烧耗尽而生成氦元素后，无法进行下一步的燃烧，热核反应就此终止。它们在自引力作用下收缩而升温，直到坍缩到气体"简并"致密而抵抗压缩，在赫罗图上演化过程向左成为白矮星。热传导在致密的白矮星内很有效，传导到表面的能量向空间辐射掉，逐渐变冷而演化为"黑矮星"。白矮星质量越大，它的内部引力越大，因而半径就越小，质量上限为钱德拉塞卡极限 $1.4\,M_\odot$。

中等质量的类太阳恒星可以点燃中心区氦和邻接的氢层，变为红巨星。当中心区的氦耗尽而变为碳时，核反应终止，星体发生收缩，释放的引力势能变为热能，再加之其周围的氢燃烧产能，使外部的富氢层抛出，成为"行星状星云"。而留下的中心星核坍缩、演化为白矮星。若白矮星是密近双星成员，还会吸积另一成员膨胀的气体，演化为 Ⅰa 型超新星爆发。

大质量恒星经氦燃烧合成碳氧星核，但不简并，可以收缩升温，进而发生新的热核合成反应，合成氖和氧。氖氧星核收缩升温而点燃氖燃烧，如此循环地收缩升温和开始新的热核合成，直到合成"铁峰元素"（丰度大的铬、锰、铁、钴、镍）。进一步合成的热核反应需要消耗能量而不是产生能量。同时，星核之外依次有较轻元素的燃烧层，结果是（铁）星核增大，直到星核质量超过钱德拉塞卡极限（$1.4\,M_\odot$），星核开始坍缩成为中子星。星核坍缩速度非常快，仅 0.1 s 就把释放的几乎全部引力势能（约 10^{53} erg）交给中微子，而中微子仅约 10 s 就从星核跑出来。大部分中微子继续以近光速、无阻挡地穿过恒星的外部，小部分中微子把恒星的外层物质高速推斥出去，呈现 Ⅱ 型超新星爆发。超新星爆发在几星期内发出的辐射可达(100~1 000)亿 $L_\odot$,其光辉相等于一个旋涡星系的总辐射。超新星爆发还抛出重元素物质到恒星际,成为下一代恒星形成的原料。

50 $M_\odot$ 以上的特大恒星是较少的,它们的前期演化与上述的大质量恒星类似,但演化进行得更快。当它们演化离开主序,很快地抛出其大气,仅留下氦(星)核。这些天体就是沃尔夫-拉叶(W - R)星。它们在进一步演化中发生爆炸,呈现为 Ⅱ 型超新星。它们的铁星核比中子星质量还大,以致中子简并也不能阻止坍缩。最后坍缩到星核的引力非常大,连光子也逃不出,这就是黑洞。中子星和黑洞的质量分界线[(2~3)$M_\odot$]称为"奥本海默限(Tolman - Oppenheimer - Volkoff limit 或 TOV limit)"。这是中子星的质量上限,类似于白矮星质量上限的钱德拉塞卡极限。

12.6 密近双星的形成演化

半数以上的恒星处于双星状态。一般认为,双星与单星一样是星际云碎裂的小云形成的,但因初始角动量较大,在一个小云自吸引收缩中自转加快,发生自转不稳定性而分为两个原恒星,从而形成双星的两颗子星。也有人论证在新形成的星团中的原恒星相遇而俘获成双星的。还有人认为密近双星是因快速自转而分裂为双星的。相距甚远的两子星基本上各自与单星一样演化。密近双星的两子星是半接或相接的,它们之间的质量转移影响到子星的演化。

虽然密近双星的两颗子星在它们各自的早中期演化阶段基本遵循同样的光谱型单颗恒星的演化规律,但到了主序后的演化阶段,先后演化为膨胀的巨星,其外部物质填充洛希瓣,并向伴星转移物质。有的甚至演化到完全的白矮星、中子星或黑洞。于是各子星的环境和条件变了,其演化进程也严重改变,呈现多样复杂而又美妙的壮丽现象。

当大质量子星很快演化到巨星,其体积膨胀而充满洛希瓣,有物质经过"内拉格朗日点"而流入物质到较小的另一颗子星。于是,失去质量的主星就演化为质量较小的恒星,而伴星得到物质成为仍在主序的大质量恒星,著名的交食双星大陵五就是这样的双星(见图 12 - 35)。密近双星的演化可以导致一颗星失掉外层物质而转移给另一颗,然后前者坍缩为较小质量的特殊星。

如果双星的一颗子星是质量较大的,则很快演化为白矮星,而另一颗子星是质量较小的正常恒星,刚演化到膨胀的巨星阶段,外部物质填充其洛希瓣,经内拉格朗日点流向白矮星,形成吸积盘。在继续流来的物质冲激吸积盘部位呈现

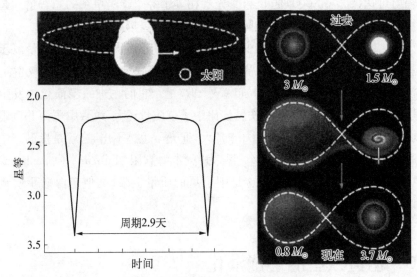

图 12-35   交食双星大陵五的演化

热斑(见图 11-12)。于是,我们观测到由一颗白矮星和一颗伴星组成的双星系统——激变变星(cataclysmic variable)。它们爆发增亮时更容易被发现。这种变星因具体情况不同而显示为新星、超新星等各型爆发现象。它们通常呈现为相当蓝的天体,其变化是强且快速的,产生强烈的紫外线甚至是 X 射线和一些特有的发射线。在吸积的过程中,物质在白矮星的表面累积,通常含有丰富的氢,多数情况下,吸积层最底部的密度和温度终将上升到可以点燃核聚变反应。短时间内,核反应将数层体积内的氢燃烧成氦,外面的产物和数层的氢会被抛入星际空间,可看成是新星的爆发。被高速(几千千米/秒)抛出的热气壳虽然质量仅约万分之一 $M_\odot$,但光度可大到 10 万 $L_\odot$。随后气壳因膨胀变冷而稀疏,亮度衰弱。随后,吸积盘又开始发展,积累了千年到万年,可能再爆炸成为再发新星或矮新星。如果吸积的过程能持续进行得足够久,白矮星的质量将达到钱德拉塞卡(质量)极限,内部增加的密度和温度可能点燃已经死寂的碳燃烧,并触发Ⅰa型超新星的爆炸,最终将白矮星完全摧毁。

若是由质量不同的正常恒星组成的双星,质量较大的子星先演化为白矮星,则和上述情况类似,可以导致Ⅰa型超新星的爆炸,其具体演化的过程如图 12-36 所示。

若密近双星的一颗子星的质量很大,它将较早地演化为中子星,而质量小的演化为白矮星,从白矮星流到中子星的物质形成盘,由于中子星的磁场作用,在垂直盘面的两极方向产生 X 射线喷流(见图 12-37)。这样的双星称为 X 射线双星。

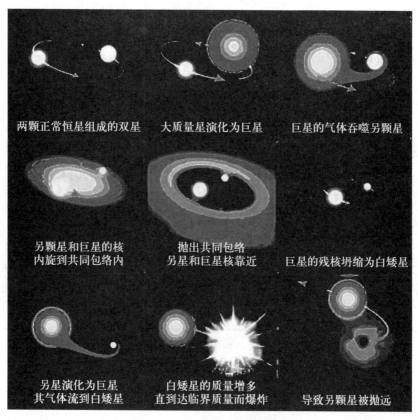

两颗正常恒星组成的双星　　大质量星演化为巨星　　巨星的气体吞噬另颗星

另颗星和巨星的核
内旋到共同包络内

抛出共同包络
另星和巨星核靠近

巨星的残核坍缩为白矮星

另星演化为巨星
其气体流到白矮星

白矮星的质量增多
直到达临界质量而爆炸

导致另颗星被抛远

图 12‑36　Ⅰa 型超新星的演化

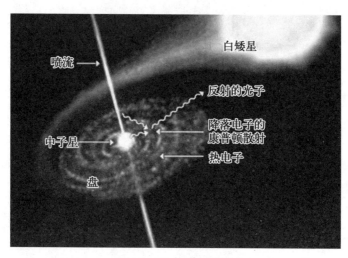

图 12‑37　X 射线双星

　　图 12-38 从一颗恒星的形成、一生的演化及其最后的归宿,描述了不同质量恒星的一生。

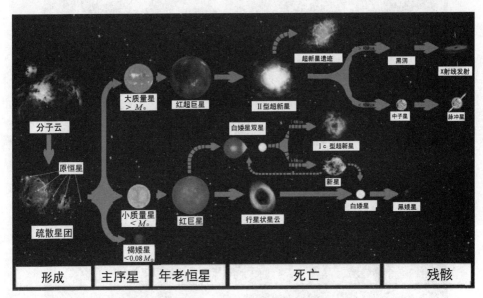

图 12-38　恒星的形成演化概览(彩图见附录)

第13章　银河系

　　银河系是太阳及太阳系所在的庞大天体系统,由大量多种类型恒星、星团、星际物质组成。一般地说,这种天体系统称为星系。银河系就是"我们的"星系,它的观测研究有重要的实际而深远的意义。

13.1　银河和银河系

　　在远离城镇的乡野,仰望晴朗无月的夜空,可看到一条美妙的淡白色辉光带横贯天穹,这就是**银河**(见图 13-1),我国古代又称之为天河、银汉、星河等,西方人称它为 Milky Way。可惜的是,现代城镇深受光污染,夜晚星空所见的星辰屈指可数,更难得目睹银河的丰姿了。

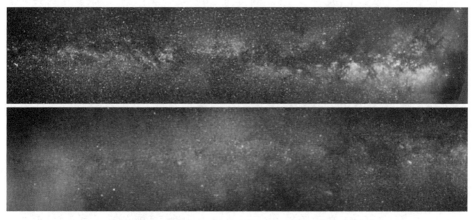

图 13-1　横跨星空的银河(上图夏季,下图冬季,彩图见附录)

　　银河在天球上呈现一个大圆光带,在天鹰座及麒麟座与天赤道相交。银河各段的宽窄和亮度不均匀,窄处仅 4°～5°,宽处达 30°。银河自天鹅座向南被"大分叉"的暗区分成两支:西支较短,东支蜿蜒地延展到人马座。

1610 年,伽利略首先使用望远镜观察星空,发现银河实际上是由密集的恒星组成的。只因人的肉眼分辨本领差,才感觉呈辉光带的面貌,而望远镜提高了分辨能力,便可以识别出点点的恒星。到 18 世纪,瑞典人 E. 斯维登堡(Emanuel Swedenborg)认为银河是旋转的恒星系统,宇宙中有很多这类恒星系统,而英国天文学家 T. 赖特(Thomas Wright)认为银河是恒星构成的巨大圆盘。而真正开展观测研究的是赫歇耳父子。W. 赫歇耳用望远镜系统地进行了恒星计数观测,计数 117 600 颗星,断定恒星系呈扁盘状,太阳离扁盘中心不远。其后,J. 赫歇耳在 19 世纪将恒星计数扩展到南天,首次绘制出盘状结构模型,但却错误地把太阳放在了盘的中心。到 20 世纪初,天文学家把这个恒星系统称为**银河系**。1901 年,荷兰天文学家 J. C. 卡普坦(Jacobus Cornelius Kapteyn)分析恒星的亮度、数目和自行,得出银河系直径约 10 kpc,太阳离中心 2.5 kpc 以内。他曾担心星际消光掩没了遥远的恒星,使得结果不够准确。1915 年,美国天文学家 H. 沙普利(Harlow Shapley)注意到,大多数球状星团离银河很远,且在人马星座方向数目最多。为了解释这种奇特的分布,有两种可能的选择:一是假定太阳位于银河系中心(以下简称**银心**,Galactic center),而球状星团相对于银心的空间分布不对称;二是假定球状星团相对于银心的分布是对称的,而太阳远离银心。他采纳了后一种选择,用造父变星的周光关系测定了球状星团的距离,由方位和距离得出它们的空间分布,1918 年提出了太阳位于银河系外区,建立了凸透镜形的银河系结构模型。这是继哥白尼的"日心说"之后再次破除人类处于宇宙中心的陈旧观念,其意义重大深远。

一般地说,由大量恒星、星团、(气体和尘埃)星云及星际物质组成的天体系统称为**星系**(galaxy)。我们所在的星系就是银河系。

"不识庐山真面目,只缘身在此山中",处于银河系一隅的地球人很难认识银河系的全貌,尤其是看不到被星际物质所遮掩的区域。受河外星系(如仙女星系)形态的启示,结合银河系的观测资料,人们才逐渐揭示出银河系结构的真面貌。20 世纪 20 年代,天文学家发现了银河系的自转。1932 年,荷兰天文学家 J. H. 奥尔特(Jan Hendrik Oort)综合附近恒星运动的观测资料,首先建立了银河系的自转模型。银河系有庞大的**银盘**(galactic disk),**银心**在人马座方向。太阳远离银心,位于银盘对称面附近,因而从地球上观测,呈现盘面方向星多、垂直于盘面方向星少的银河表观天象。

1954 年,人们研究由中性氢发出的 21 cm 谱线,得到银河系自转(随银心距)分布曲线。1958 年,人们绘制出第一幅银河系旋涡结构图像。20 世纪 70—

80 年代,新的地面望远镜和太空望远镜开始从微波到 X 射线对银河系进行多波段测绘。1976 年,天文学家绘出银河系电离氢云的分布图,显示出**旋臂**(spiral arm)结构;1993 年,绘出现代的银河系结构图。到了 21 世纪,系统的观测使得探测范围扩展到以前没注意的银河系大天区结构。近十多年来,各天文学研究组建构强力的计算机模拟,依据更新、更好的观测资料,摒弃过时观念,重建银河系的详细结构模型。

13.2　银道坐标系和恒星的运动

正如使用黄道坐标系可以客观、方便、合理地讨论太阳系的行星位置和运动,建立**银道坐标系**(galactic coordinate system)则便于描述恒星在银河系的空间分布和运动。

13.2.1　银道坐标系

在天球上沿着银河中线画出的一个大圆,称之为**银道**,银道所在平面称为**银道面**(galactic plane),取作银道坐标系的基本平面。银道两侧与银道角距 90°的两点分别称为**北银极**(north galactic pole)和**南银极**(south galactic pole),如图 13-2 所示,图中还绘出了天赤道,北、南天极 P 和 P'。银道坐标为银经和银纬。银纬自银道量起,从 0°到 90°,向北为正,向南为负,以 b 表示;银经以 l 表示,逆时针方向沿银道计量,从 0°到 360°。1958 年以前,北银极的赤道坐标(赤经,赤纬)取为:$(A, D)=(12^h40^m, +28)$(历元 1900.0 年),称为标准银极,且银经的起点取为银道对天赤道的升交点 Ω。现在把这一坐标系统称为**旧银道坐标系**,此系统的银经和银纬长记为 (l^I, b^I)。1958 年,国际天文学联合会(IAU)第 10 届大会根据新的观测资料,规定北银极的赤道坐标为 $(A, D)=(12^h49^m, 27°24')$(历元 1950.0 年),并改为银经从银河系中心方向起算,称为**新银道坐标系**,即国际通用银道坐标系,银经和银纬用 (l^{II}, b^{II}) 表示。历元 2000 年新值:$(A, D)=$

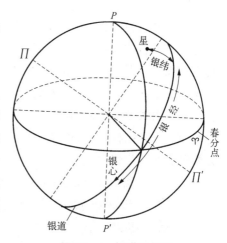

图 13-2　银道坐标系

$(12^{h}51^{m}26.282^{s}, 27°07'42.01'')$。

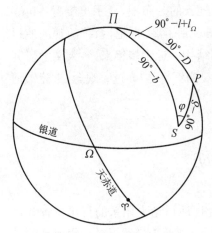

图 13-3　球面三角形 ΠPS

银心方向的赤道坐标为 $\alpha = 17^{h}42^{m}26.603^{s}$，$\delta = -28°55'0.455''$（历元 1950 年）或旧银道坐标（$l_0^{I}$，$b_0^{I}$），或 $\alpha = 17^{h}45^{m}37.224^{s}$，$\delta = -28°56'10.23''$（历元 2000 年）。银道升交点的赤经 $\alpha_{\Omega} = 282.86°$ 和银经 $l_{\Omega} = 32.93°$（历元 2000 年）。

在由北银极 Π、北天极 P 和恒星 S 构成的球面三角形（见图 13-3）中，三边分别为 $90°-b$、$90°-\delta$ 和 $90°-D$，相应的球面角分别为 $\alpha-A$、$90°-l+l_{\Omega}$ 和 φ。用球面三角公式可推出银道坐标（l，b）与赤道坐标（α，δ）互相转换的公式：

$$\sin b = \sin \delta \sin D - \cos \delta \cos D \cos(\alpha - A)$$
$$\sin(l - l_{\Omega})\cos b = \sin \delta \cos D + \cos \delta \sin D \cos(\alpha - A) \quad (13-1)$$
$$\cos(l - l_{\Omega})\cos b = \cos \delta \sin(\alpha - A)$$

$$\sin \delta = \sin b \sin D + \cos b \cos D \sin(l - l_{\Omega}) -$$
$$\sin(\alpha - A)\cos \delta = \sin b \cos D - \cos b \sin D \sin(l - l_{\Omega}) \quad (13-2)$$
$$\cos(\alpha - A)\cos \delta = \cos b \cos(l - l_{\Omega})$$

13.2.2　不同波段观测的银河系及其概貌

银河系有各种类型的恒星、星团、星际云及星际物质，它们在各波段的辐射不同。目视观测仅能看到银河系的可见光情况，且因星际物质消光而难观测到远方的天体。但红外、射电、X 射线、γ 射线辐射易于穿透过来。为了更全面地认识银河系的结构和性质，人们早已开展了银河系的多波段观测和综合研究。图 13-4 用银道坐标绘出不同波段的观测情况，银河系的主要部分显示中间厚、外部薄的扁盘结构，称为**银盘**。但不同天体的分布有差别，尤其是一些球状星团远离银盘而成为**银晕**成员。

综合现有观测资料，将银河系的概貌示于图 13-5。从形态上可分为**核球**（bulge）、**银盘**（galactic disk）、**银晕**（galactic halo）三大部分。假如观测者在银河系以外，从银道方向侧视，银河系最显著部分是银盘；如果从银极方向俯视，银河系呈现旋涡面貌。中央凸起的扁球称为**核球**，而**银核**（galactic nucleus）隐藏在

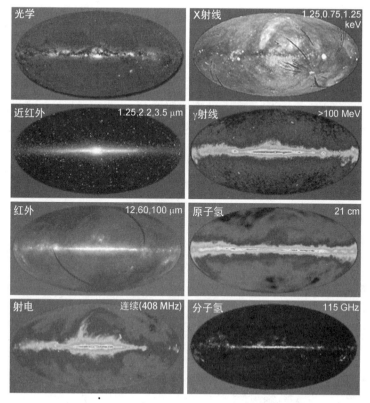

图 13-4 银河系的多波段观测结果(彩图见附录)

核球中央的很小区域内。在银道面附近的银盘有**旋臂**(spiral arm)结构。近年又揭示出内区有**棒旋星系**(barred spiral galaxy)特征,因而银河系属棒旋 SBbc 型星系。在银盘外的广阔空间散布着球状星团和天琴 RR 型星等天体,形成了一个近于球形的银晕。银河系的结构及其各部分的具体情况将在后面详述。

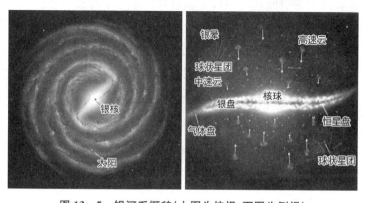

图 13-5 银河系概貌(上图为俯视,下图为侧视)

13.2.3 恒星在银河系的运动

如 9.3 节所述,恒星的空间运动速度通常是由自行和视向速度测定而得到的。为了研究恒星和太阳在银河系的运动,需要建立日心银道直角坐标系。取太阳为坐标系的原点,在银道面上分别取银经 0°和 90°方向为 x 轴和 y 轴的正方向(见图 13-6),北银极方向为 z 轴的正方向,r 为太阳到恒星的距离,则有

$$x = r\cos l \cos b$$
$$y = r\cos l \sin b$$
$$z = r\sin b \qquad (13-3)$$

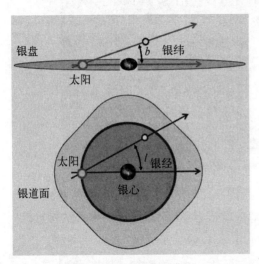

图 13-6　银经与银纬

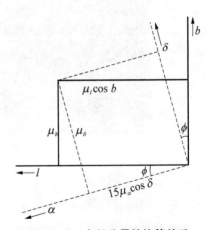

图 13-7　自行分量的换算关系

为了计算恒星的空间速度在日心银道直角坐标系的三个分量 v_x、v_y 和 v_z,应把观测得到的自行 μ_α 和 μ_δ 换算成银经和银纬自行 μ_l 和 μ_b。为此,考虑北银极 Π、北天极 P 和恒星(在天球的视位置)S 的球面三角形(见图 13-3),涉及过 S 的赤经圈与银经圈所交球面角 φ,规定它从银经圈按逆时针方向计量 0°到 360°。由于自行一般都是很小的,可以把球面三角形当作平面三角形(见图 13-7),进而可得出换算公式为

$$\mu_l \cos b = 15\mu_\alpha \cos \delta \cos\varphi + \mu_\delta \sin \varphi$$
$$\mu_b = \mu_\delta \cos \varphi - 15\mu_\alpha \cos \delta \sin\varphi \qquad (13-4)$$

式中,μ_l 和 μ_b 以角秒/年为单位。从图 13-3,由正弦定律可得

$$\frac{\cos D}{\sin \varphi} = \frac{\sin(90^\circ - \delta)}{\sin(90^\circ - l + l_\Omega)}$$

令 $90^\circ - D = i$，于是

$$\sin \varphi = \frac{\sin i \cos(l - l_\Omega)}{\cos \delta} \tag{13-5}$$

切向速度与自行各分量的关系，就是圆周上的弧长与圆心角的关系。圆周的半径相当于恒星的距离 r，弧长等于半径乘（弧度单位的）角度，而 r 常以周年视差值 p'' 表示：

$$r = \frac{a \csc 1''}{p''} \tag{13-6}$$

式中，a 是日地距离。于是，换算到单位为 km/s 的速度分量为

$$v_l = 4.74 \frac{\mu_l \cos b}{p''}$$

$$v_b = 4.74 \frac{\mu_b}{p''} \tag{13-7}$$

由式（13-3）对时间 t 求导数而得到速度各分量：

$$v_x = \frac{\mathrm{d}x}{\mathrm{d}t}, \ v_y = \frac{\mathrm{d}y}{\mathrm{d}t}, \ v_z = \frac{\mathrm{d}z}{\mathrm{d}t}, \ v_r = \frac{\mathrm{d}r}{\mathrm{d}t}$$

结果得出它们的计算公式为

$$\begin{aligned}
v_x &= v_r \cos l \cos b - v_l \sin l - v_b \cos l \sin b \\
v_y &= v_r \sin l \cos b + v_l \cos l - v_b \sin l \sin b \\
v_z &= v_r \sin b + v_b \cos b
\end{aligned} \tag{13-8}$$

13.2.4　太阳在银河系的运动

天体运动总是相对的。上述的恒星运动是相对太阳而言的。假如恒星不动，而只有太阳在运动，那么观测的恒星运动仅是太阳运动的反映。

1）本动和视差动

太阳运动所指向的天球上一点称为**太阳向点**（solar apex），与它正相反的点称为**太阳背点**（solar antapex）。如同坐在奔驰着的汽车上的人看到道路前方的树木仿佛散开、后方的树木仿佛会聚一样，所有恒星都应当离向点散开，而朝背

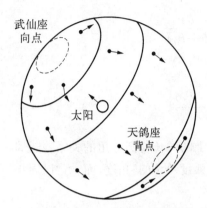

图 13 - 8　由于太阳运动,在天球上恒星都离向点散开,朝背点会聚

点会聚(见图 13 - 8)。如果恒星与太阳都在运动,则观测的恒星运动应当由两部分组成:一部分是恒星本身固有的运动,称为**本动**(peculiar motion);另一部分是由于太阳的运动的反映,称为**视差动**(parallactic motion)。

实际上,观测到的恒星运动中除去视差动之后,在所剩下的部分中还可能包括几种成分。比如,由于银河系较差自转所致的系统性运动部分,属于某星群的恒星的星群系统性运动,银河系的其他形式大尺度运动,等等,再把这些成分除去后才是恒星自身的本动。在这种情况下,尽管所有恒星的位移不会都背离天球上的一点散开,向着相对的一点会聚,但由于视差动,分析大量恒星的运动应当发现大体上具有这种散、聚趋向。

另一方面,太阳运动总是指相对于某个参考系的相对运动。因此,相对于不同参考系就可能表现为不同的太阳运动。参考系通常需要一些具体天体来实现,比如,太阳附近的和远的星群绕银河系中心转动速度不同,那么太阳相对于这些星群的运动就不同。

1783 年,W. 赫歇耳仅仅从 7 颗恒星的自行推算出太阳运动的向点位于武仙座,离织女星不太远,而背点在天鸽座。1837 年,普鲁士天文学家 F. 阿格兰德(Friedrich Argelander)根据 390 颗恒星的自行资料,证实了此结论。分析很多恒星的视向速度资料,揭示了向点附近的恒星具有视向速度负值,而背点附近的恒星具有实现速度正值,这同样是太阳视差动所引起的现象(见图 13 - 8)。

由于恒星的运动主要由本动和视差动两部分组成,要准确地测定太阳对恒星而言的运动速度的大小和方向,就需要先知道恒星的本动。但是要知道恒星的本动,又需要先知道太阳的运动。为了解脱这两种运动相互叠套在一起的困境,设想恒星的本动是无规则的,各个方向和各种速度的都有,本动速度至少对日心银道直角坐标系三轴而言大致是对称分布的。在此前提下,可以求出太阳(本动)速度大小和方向的近似值。然后利用这个结果对各恒星相对太阳的运动做修正,求出各恒星的本动,来检验恒星的本动是否如假设的那样无规则。从下面讲述的恒星空间速度的椭球分布来看,这个假设基本上是合理的。

2) 太阳运动的速度分量

测定太阳相对于恒星的运动,可归结为求向点的坐标与速度的大小。所用方法大致分为三种：第一种只用自行,第二种只用视向速度,第三种用空间速度。三种方法所得的结果相差不多。这里只讨论第三种方法的要点。

选用日心银道直角坐标系,令 X、Y、Z 表示太阳运动速度在该坐标系的 3 个分量。在恒星的本动是无规则的假设下,如果所用的星数 N 足够多,可以把这些恒星本动速度的各个分量的平均取为零,因而所用恒星的每个速度分量平均值冠以负号,就应当等于太阳运动的速度分量。于是,

$$X = -\frac{\sum v_x}{N}$$

$$Y = -\frac{\sum v_y}{N} \tag{13-9}$$

$$Z = -\frac{\sum v_z}{N}$$

式中,恒星的速度 v_x、v_y、v_z 按式(13-8)计算。太阳运动速度 $v_\odot$ 与其分量 X、Y、Z 及向点的银经 L、银纬 B 有如下关系:

$$v_\odot = (X^2 + Y^2 + Z^2)^{1/2}, \quad \tan L = \frac{Y}{X}, \quad \tan B = \frac{Z}{(X^2 + Y^2)^{1/2}}$$

$$\tag{13-10}$$

$$
\begin{aligned}
X &= v_\odot \cos B \cos L \\
Y &= v_\odot \cos B \sin L \\
Z &= v_\odot \sin B
\end{aligned}
\tag{13-11}
$$

这样算出的太阳运动速度和向点坐标是对所用恒星的形心而言的,即把所用各恒星都取为质量相等的几何中心。

3) 太阳运动速度和向点坐标的研究结果

一些天文学家用上述三种方法得出的结果差别不太大。而且这些结果还与所选用的恒星有关,也就是说太阳相对于不同星群的运动是不同的。如果只选取自行、视向速度和视差较准确的恒星(亮的近星,大多是光谱 A、gG、gK、gM 型星),则太阳运动速度和向点的赤道坐标的平均值如下:

$$v_\odot = 19.5 \text{ km/s}, \quad A = 270°, \quad D = +30°(\text{历元 } 1950.0 \text{ 年})$$

其银道坐标是 $(l^{\text{II}}, b^{\text{II}}) = (56°, 23°)$。这是太阳对其附近恒星的形心而言的运动方向和速度,称为**标准向点**,有时称为**本地静止标准**。

4) K 效应

美国天文学家 E. B. 伏洛斯特(Edwin Brant Frost)和 W. S. 亚当斯(Walter Sydney Adams)于 1905 年首先发现,太阳相对于 B 型星的运动显示一种特殊性质。1910 年由卡普坦和伏洛斯特证实,他们得出,32 颗向点附近的 B 型星的视向速度平均值为-(18.4±2.1)km/s,而 29 颗背点附近 B 型星的视向速度平均值为-(28.4±2.1)km/s。这意味着,太阳相对 B 型星的运动速度 $v_\odot = (28.4+18.4)/2 = 23.4$ km/s,而 B 型星平均以速度 $(28.4 - 18.4)/2 = 5.0$ km/s 远离太阳,因而说明 B 型星组成的子系统以此速度向外扩张。这种远离太阳的速度通常以 K 表示,称为"K 项",这种现象则称为"K 效应"。

越来越多的研究证实,对于离我们较远的 B 型星,K 项出现负值,距离 1 000~2 000 pc 处的平均 K 为-4 km/s。负的 K 值不能用相对论效应解释。目前比较普遍的看法是,K 效应可能反应的是恒星系统的整体膨胀或收缩。

5) 恒星本动速度的分布——速度椭球

可以把恒星的本动速度理解为相对于星群形心的运动速度,也称为"剩余速度"。对于有某种特性(如前面所述 B 型星)的星群,除了算出它们对形心而言的太阳运动速度和向点之外,还可以进行更深入的分析,探讨恒星本动速度分布的统计规律以及蕴含的诸如星群在银河系的运动规律上的意义。为此,分别作 $v_x - v_y$、$v_y - v_z$、$v_z - v_x$ 图,每颗恒星对应于图上一点,若星数足够多,可以看出图上的点子大致构成椭圆形,而三维分布呈椭球。1907 年,德国天文学家 K. 史瓦西首先提出这种三维正态椭球分布,因而称为史瓦西分布。以速度椭球的中心作为一个新坐标系的原点,以速度椭球的三个轴作为新坐标系的三轴。把原来的三个速度分量转为新坐标系的分类,求出速度弥散度 $\sigma_i^2 = \sum v_i^2/N$。于是,该星群的运动特性就可以用 10 个量表示:太阳对该群星形心的运动速度 $v_\odot$(三个分量),太阳向点坐标 L 和 B,三个速度弥散度,两个主轴的平方。

6) 平均视差

虽然太阳相对于某一组恒星来说每秒钟只位移十几千米,但经过一段时间后,累积的位移就相当可观了。取 $v_\odot \approx 15$ km/s,则每年的位移达 3.15 AU,比测量恒星的三角视差所利用的基线(地球轨道直径)长,所以太阳的运动提供了更长的基线,可用于测量恒星的距离。这条基线是通过观测恒星的运动来定的,但必须消去恒星的本动(对距离差不多的一组恒星求平均的自行和视向速度来抵消本动,留下视差动)。这样,由恒星的运动定出的是一组恒星的**平均视差**(mean parallax),也称为**统计视差**(statistical parallax)。

一般来说,可以认为物理特性和光度相当且视星等相同的一组星距离是差不多的。以视星等 5^m 的 A 型星为例,太阳相对于它们一年移动 3.15 AU,而观测得出它们的角位移年均值为 $0.04''$。周年视差是以一个 AU 长度为基线所对应的恒星的角位移。因此,此型星的平均视差应等于 $0.04''/3.15 = 0.012\,7''$,或平均距离为 78.75 pc。平均视差法的一个优点是所用基线随时间变长,对于较远的星,可以用十年或几十年测出它们的自行从而获得它们的距离。平均视差把测距的范围延伸到大约 500 pc,对于研究银河系的结构曾起过重要作用。

13.3　星族

银河系包含恒星 2 000 亿到 4 000 亿颗,行星至少有 1 000 亿颗,数字的准确度取决于那些难以观测到的甚小质量恒星数目,尤其是离太阳远于 300 ly 的。根据近年来开普勒空间天文台的观测资料,大约每颗恒星平均有一颗行星,还有恒星际游荡的行星。作为银河系的主要成员,恒星是多种多样的,呈现出不同年龄的族。

13.3.1　星族的发现

第二次世界大战期间,由于灯火管制,威尔逊山天文台的夜天光很暗,对天文观测条件极为有利。德国天文学家巴德用口径为 2.5 m 的反射望远镜悉心观测研究河外星系,在 M31 外部旋臂区照片上清楚地看出亮星,继而用红敏底片成功地从 M31 中央区域及它近旁的椭圆星系 M32 和 NGC205 分辨出恒星。他绘制了这些恒星的赫罗图,发现它们绝大多数是红巨星,不同于太阳邻近的或疏散星团内的恒星,但与球状星团内的恒星类似。于是他提出,像 M31 那样的星系中的恒星分属两个**星族**(stellar population),称为星族Ⅰ和星族Ⅱ。银河系情况也相同。巴德认为,银盘内的大多数恒星属于星族Ⅰ,银晕以及核球中的恒星主要属于星族Ⅱ。星族Ⅰ和星族Ⅱ的恒星赫罗图可分别用疏散星团和球状星团的典型赫罗图作代表,它们有明显差异。星族Ⅰ恒星的重元素丰度达 1%～2%,而星族Ⅱ恒星的只约万分之一,故有富金属(metal-rich)星和贫金属(metal-poor)星之称(见图 13-9 两类星族的光谱图)。按照核合成理论,重元素在恒星内部合成,经超新星爆发而抛到星际空间,成为形成新一代恒星的原料。一般说,新一代比老一代恒星有更多重元素,金属度(metallicity)越低的恒星年龄越大。星族Ⅱ恒星是银河系早期诞生的恒星，至今已经很老了；而星族Ⅰ恒星是后来形成的，其中包括十分年轻的星。两个星族的恒星在物理特性、演化和空间分布方面都有明显不同。星族的概念使人们朝着星系的结构和演化研究方向迈出了重要的一步。

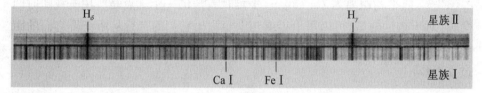

图13-9   类似光谱型的星族Ⅰ和Ⅱ的恒星有同样强度的氢谱线，后者的重元素谱线弱

13.3.2   星族的特性

巴德的两个星族分类过于简单。人们现在将恒星及其他天体分成 5 个星族（见表 13-1）。

表 13-1   星族的特性

特 性	极端星族Ⅰ	中介星族Ⅰ*	晕星族Ⅱ
轨道	圆	扁、受星系扰动	椭圆
分布	不规则、旋臂	有些不规则	均匀、球形
向银心聚集	没有	略有	强
距离银道范围/pc	120	400	2 000
重元素百分比/%	2~4	0.4~2	0.1
总质量/$M_\odot$	2×10^9	5×10^{10}	2×10^{10}
典型年龄/a	10^8	10^9	10^{10}
典型本动速度/(km/s)	10~20	20~100	120~200
典型天体	疏散星团，星协，气体和尘埃，HⅡ区，O 和 B 型星	太阳、天琴 RR 型星（光变周期小于 0.4 天）、A 型星、行星状星云、巨星、新星、长周期变星	球状星团、天琴 RR 型星（光变周期大于 0.4 天）、星族Ⅱ造父变星

*包括较老星族Ⅰ、盘族、中介星族Ⅱ。

（1）极端星族Ⅰ（年轻星族Ⅰ）：由与旋涡结构有关的天体组成。成员星通常出现在星云集聚的区域，尤其是发射星云为标志。成员星都是十分年轻的，年

龄小于 5×10^8 年,有些甚至小于 1×10^6 年,它们向银道面高度集聚。

(2) 中介星族 I(较老星族 I):成员星比极端星族 I 的稍老,年龄达 $5 \times 10^8 \sim 5 \times 10^9$ 年,它们自形成以来已从旋臂和其他诞生地扩散,成员星也向银道面集聚。

(3) 盘族:成员星的年龄为 $2 \times 10^9 \sim 1 \times 10^{10}$ 年,太阳属此星族。

(4) 中介星族 II:大多数年龄约 10^{10} 年,成员星离银道面较远。

(5) 晕族(极端星族 II):包含银河系中最老的天体,年龄在 10^{10} 年以上,它们是在银河系演化的最早阶段形成的,那时银河系并不很扁,成员星离银道面远。

极端星族 I、中介星族 I 和盘族的恒星几乎在圆轨道上绕银心转动,而中介星族 II 恒星的轨道十分扁长。综观这 5 个星族,从极端星族 I 到晕族,成员星年龄增加,重元素丰度减小,向银道面的集聚程度减小,垂直于银道面的速度分量增加。这些资料对于研究银河系的演化和动力学有着深远意义。总的说来,在银道面附近的天体大多属于星族 I,远离银道面在银晕内的天体都属于星族 II。

13.3.3　星族与次系

1925 年,瑞典天文学家 B. 林德布拉德(Bertil Lindblad)提出次系概念,认为银河系由很多次系组成,每个次系都有自己的空间分布特性和运动特性,这些次系相互穿套。苏联天文学家 Б. В. 库卡尔金(Б. В. Кукаркин)和 П. П. 帕连纳戈(П. П. Паренаго)发展了次系的概念,他们根据空间分布和运动特征(绕银心转动速度、速度弥散度等),把物理特性相同或相近的恒星所组成的各个次系分为 3 类:扁平次系、中介次系和球状次系。

扁平次系(plane subsystem)高度聚集于银道面近旁。属于此类的有 O 型星次系、B 型划星次系、经典造父变星和疏散星团次系等。

球状次系(spherical subsystem)向银道面集聚程度小,但向银心集聚程度大,绕银心转动速度比扁平次系约小 100 km/s,速度弥散度则比扁平次系大得多。属于此类的包括天琴 RR 型星次系、球状星团次系、亚矮星次系和室女 W 型星次系等。

中介次系(intermediate subsystem)的空间分布和运动特征介于扁平次系与球状次系之间,包括刍藁型星次系、新星次系、白矮星次系和行星状星云次系等。把星族与次系的类型做比较,显然它们是相似的。因此是两个平行的概念。前者侧重于恒星在赫罗图上演化位置和物理特性,而后者着重于恒星空间分布和运动特征,在多数情况下两者可以统一起来。天文界更多地采用的是星族概念。

13.4 银河系的自转和质量

银盘的形状暗示着银河系在自转。恒星和太阳相对于银心是如何运动的呢?从分析天文观测数据又如何确定银河系的质量分布呢?

13.4.1 银河系自转的发现

19世纪后半叶,天文学家开始探讨银河系的自转,但当时观测资料不多且不准确。美国人 G. 斯特隆堡(Gustaf Strömbweg)于 1924—1925 年分析了大量恒星的空间运动,结果发现了**恒星运动的不对称性**:空间速度小于 63 km/s 的有各种运动方向;但空间速度大于 63 km/s 的有运动方向集聚于银道面内的倾向,且基本上都在以银经 270°为中心的半圆内。于是,以 63 km/s 为界,相对于太阳的空间速度大的称为**高速星**,小的称为**低速星**。图 13 - 10 是离太阳 20 pc以内的高速星在银道面内运动方向的分布,大多数恒星的运动方向指向银经180°→270°→0°的半圆内(从御夫座经猎户座、船底座,至人马座和天蝎座),而没有指向银经 30°→150°区域的。这些星相对于太阳的平均运动指向银经 270°,即太阳相对于它们的运动向点为银经 90°,与银心方向恰好垂直,这成为银河系自

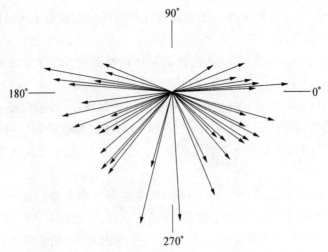

图 13 - 10   恒星运动的不对称性,四周的数字是银经

转的重要证据。

1925 年,林德布拉德为了解释高速星运动的不对称性,提出银河系由若干个空间分布和空间运动特征不同的次系组成,这些次系互相套在一起,银心是它们共同的中心,每一次系具有自己的扁度和绕银心的转动速度。太阳所属的次系的转动速度比高速星次系大得多,因此,观测者看来,它们好像以很大的空间速度朝与太阳转动速度相反的方向运动着。

1927 年,J. 奥尔特(Jan Oort)指出,如果银河系的物质有相当大的一部分聚集在银心附近,则类似于行星绕太阳公转那样,恒星离银心越远,绕转速度越小,即银河系是一种较差自转。他推导出银河系较差自转对视向速度和自行的影响的公式,并通过离太阳 300～3 000 pc 的恒星的视向速度分析,获得了银河系自转的令人信服的证据。

奥尔特假定,在银道面附近、太阳周围的恒星绕银心的转动速度随着离银心距离的增加而减小,如图 13 - 11 所示。图 13 - 11(a)中以箭头表示太阳与它周围 24 颗恒星的转动速度。显然,在银经 0°(人马座)和 180°(御夫座)方向的恒星虽然转动速度不同[见图 13 - 11(b)],但相对于太阳的视向速度为零;在银经 90°(天鹅座)和 270°(御夫座)方向的恒星,由于转动速度的大小和方向与太阳一致,相对于太阳的视向速度也为零;银经 45°(天鹰座)和 225°(大犬座)方向的恒星视向速度为正值,谱线红移;而银经 135°(英仙座)和 315°(半人马座)方向的恒星视向速度为负值,谱线蓝移。恒星视向速度作为银经的函数应呈现两个极大和两个极小的双波,且在视向速度不为零方向越远的恒星视向速度绝对值越大。这些推论均为观测所证实。

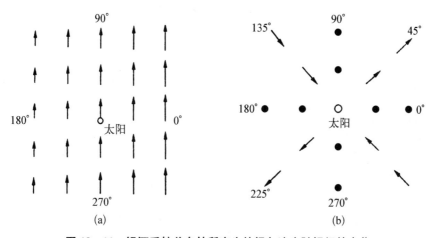

图 13 - 11　银河系较差自转所产生的视向速度随银经的变化

13.4.2　奥尔特公式

现在详细讨论奥尔特公式的推导、其中常数的意义与观测确定。

1) 奥尔特公式的推导

上述视向速度随银经变化的双波特征可以用倍角的正弦表示，参照图 13-12。令 r 表示银道面的恒星 S 与太阳 O 的距离，R_o 和 R 为太阳 O 和恒星 S 离银心的距离，v_o 和 v 为太阳和恒星绕银心的转动速度。假定太阳和恒星都绕银心 C 做圆轨道转动，转动速度分别垂直于轨道半径 R_o 和 R。$\angle SOC = l$ 为恒星的银经。引入角 θ 和 γ，由三角公式可得

$$R = \left[R_o^2 + r^2 - 2R_o r \cos l\right]^{\frac{1}{2}} = R_o\left[1 + \left(\frac{r}{R_o}\right)^2 - 2\frac{r}{R_o}\cos l\right]^{\frac{1}{2}}$$

利于二项式定理展开方括号为级数，在 r 比 R_o 小得多的条件下，略去 $(r/R_o)^2$ 及更高次的幂小量，得

$$R - R_o = -r\cos l \tag{13-12}$$

由图 13-12 可以看出，

$$\gamma = 90° - (l + \theta) \tag{13-13}$$

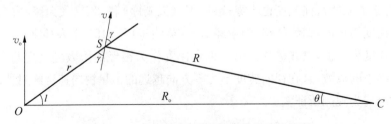

图 13-12　银河系自转的奥尔特公式的推导

由 S 作 OC 的垂线，可以得出：

$$\sin \theta = r \sin\frac{l}{R}, \quad \cos \theta = \frac{R_o - r\cos l}{R} \tag{13-14}$$

把 v 和 v_o 投影在视向及其垂直方向，可得

$$v_r = v\cos\gamma = v\sin(l + \theta)$$

$$v_{or} = v_o\sin l$$

$$v_t = v\sin\gamma = v\cos(l + \theta)$$

$$v_{ot} = v_o\cos l$$

因此，$\Delta v_r = v_r - v_{or} = v\sin(l + \theta) - v_o\sin l$。展开右端第一项，代入式(13-14)，

化简后得，$\Delta v_r = R_o[v/R - v_o/R_o]\sin l$，代入角速度 $\omega = v/R$，得

$$\Delta v_r = R_o[\omega(R) - \omega(R_o)]\sin l \qquad (13-15)$$

把 $\omega(R)$ 展开为 $(R-R_o)$ 的泰勒级数，且对于近星（r 小于 R 或 R_o），近似地取前两项，得 $\omega(R) = \omega(R_o) + (R-R_o)\omega'(R_o)$，$\omega'(R_o)$ 即 $\mathrm{d}\omega/\mathrm{d}R[R=R_o]$ 代入式（13-12），得

$$\omega(R) - \omega(R_o) = -r\omega'(R_o)\cos l \qquad (13-16)$$

代入式（13-15），得

$$\Delta v_r = [-R_o\omega'(R_o)/2]r\sin 2l$$

令

$$A = -R_o\omega'(R_o)/2 \qquad (13-17)$$

最后得出：

$$\Delta v_r = Ar\sin 2l \qquad (13-18)$$

同理，可以推导出银河系自转对切向速度的影响，$\Delta v_t = v_t - v_{ot}$ 的公式：

$$\Delta v_t = Ar\sin 2l + Br \qquad (13-19)$$

$$B = A - v_o/R_o \qquad (13-20)$$

把 Δv_t 转换为相应的银经自行 $\Delta\mu_l$，则可以导出

$$\Delta\mu_l = \frac{A}{4.74}\cos 2l + \frac{B}{4.74} \qquad (13-21)$$

以上讨论的只是位于银道面的恒星情况。在一般情况下，若恒星的银纬为 b，又假设恒星的转动方向平行于银道面，则式（13-12）和式（13-16）的右端之 r 应乘以 $\cos b$。由 v 和 v_o 得出的 v_r 和 v_{or}，也需乘以 $\cos b$，但得出的 v_t 和 v_{ot} 则不需乘以 $\cos b$。因此，式（13-18）右端应乘以 $\cos^2 b$，式（13-21）右端应乘以 $\cos b$，左端应改为 $\Delta(\mu_l\cos b)$，这样就得到**奥尔特公式**（Oort Formulae）：

$$\Delta v_r = Ar\sin 2l\cos^2 b \qquad (13-22)$$

$$\Delta(\mu_l\cos b) = \frac{A}{4.74}\cos 2l\cos b + \frac{B}{4.74}\cos b \qquad (13-23)$$

式中，A 和 B 称为**奥尔特常数**（Oort Constant）；R_o 是太阳到银心的距离；v_o 是太阳绕银心的转动速度；$\omega'(R_o)$ 是银河系自转角速度径向变化率。应当指出，奥尔特公式仅可用于离太阳不太远的恒星。

2) R_0 和 v_0 的测定

从式(13-17)和式(13-20)可见,奥尔特常数 A 和 B 的值与 R_0 和 v_0 有关。实际上,在银河系的研究中,太阳到银心的距离 R_0 与太阳绕银心的转动速度 v_0 是两个基本的量,准确定出它们的数值是十分重要的。

由于星际物质的遮掩,用可见光、紫外或软 X 射线看不到银心,因而测定 R_0 成为一个棘手的问题。然而,在离银道较远处的星际物质少,可以观测到那里的大致空间分布和大致对称的很多球状星团。可以认为它们的分布对称于银心,由球状星团内的天琴 RR 型星定出各星团到太阳的距离和转动速度,就可求出它们的对称中心——银心到太阳的距离 R_0 和速度 v_0。然而,这种方法也存在一些困难,例如,星际消光的修正;星团中恒星密集,视星等不易测准,以及天琴 RR 型星的绝对星等与金属度有关的问题等。1964 年,国际天文学联合会推荐 R_0 和 v_0 的数值分别为 10 kpc 和 250 km/s,1985 年改为 (8.5 ± 1.1) kpc 和 220 km/s。然而,从 γ 射线、硬(高能)X 射线、红外、亚毫米和射电波段可以得到一些可用信息。自 2000 年以来,估计银心到太阳距离 R_0 范围为 $7.4 \sim 8.7$ kpc $(24 \sim 28.4$ kly$)$,v_0 范围为 $220 \sim 250$ km/s。最新基于几何方法和标准烛光估计的 R_0 值有:(7.4 ± 0.3) kpc$[\approx (24 \pm 1)$ kly$]$,(7.62 ± 0.32) kpc$[\approx (24.8 \pm 1)$ kly$]$,(7.7 ± 0.7) kpc$[\approx (25.1 \pm 2.3)$ kly$]$,(8.0 ± 0.5) kpc$[\approx (26 \pm 1.6)$ kly$]$,(8.0 ± 0.25) kpc$[\approx (26 \pm 0.8)$ kly$]$,(8.33 ± 0.35) kpc$[\approx (27 \pm 1.1)$ kly$]$,(8.7 ± 0.5) kpc$[\approx (28.4 \pm 1.6)$ kly$]$。

3) 奥尔特常数

测定了 R_0 和 v_0 之后,如果从观测又得出了银河系自转角速度 $\omega(R)$ 随 R 变化的规律,就可以从式(13-17)和式(13-20)算出奥尔特常数 A 和 B 的值。1964 年、1984 年和 2018 年的采用值如下:

$A = 15$ km/s · kpc(1964),(14.4 ± 1.2) km/s · kpc(1984),(15.3 ± 0.4) km/s · kpc(2018)

$B = -10$ km/s · kpc(1964),$-(12.0 \pm 2.8)$ km/s · kpc(1984),$-(11.9 \pm 0.4)$ km/s · kpc(2018)

采用 2018 年的 A 和 B 的值,太阳处的银河系自转角速度 $\omega(R_0) = v_0/R_0 = A - B = 27.2$ km/s · kpc $= 0.005\,74''/a$,相应的转动周期("银河年")为 226 年。

13.4.3 银河系的自转曲线和质量

银河系的所有天体都绕银心转动,转动速度的大小和方向因天体而异。研究银河系的自转曲线对了解银河系是非常重要的。

　　银河系主要是银盘次系的年轻星族Ⅰ天体,而年老的星族Ⅱ天体构成球状次系。银河系的自转曲线就是指星族Ⅰ天体转动速度随银心距的变化曲线。它们的转动受银河系的物质分布以及引力场分布所支配。若物质高度集中在中央,则像太阳系行星那样遵循开普勒定律。如果呈球形均匀分布,则服从刚体转动规律。测定银河系自转曲线有重要的意义,尤其是可以探索银河系的结构及其质量分布,推断出银河系存在的暗物质(dark matter)的信息。银河系自转曲线就是由观测不同银心距的星族Ⅰ天体绕银心的转动速度 $v(R)=R\omega(R)$。自 20 世纪 30 年代以来,观测了诸如经典造父变星、行星状星云、碳星等星族Ⅰ天体加上中性氢巡天资料,分别地或综合地研究了银河系自转曲线,尤其是银河系外区(银心距 $R>R_\odot$)的 $v(R)$ 变化。20 世纪 70 年代以来,测定出的一些旋涡星系的自转曲线都显示盘外区是相当平的,即 $v(R)$ 大致不变,不是像开普勒运动那样 $v(R)$ 随 R 增大而减小。这成为这类星系存在暗物质晕(DM halo)的证据。在银河系,也观测到银盘外区到银心距 R 约 15 kpc 甚至更远的自转曲线是平的或速度略有增大(见图 13-13),从而推断存在暗物质晕。

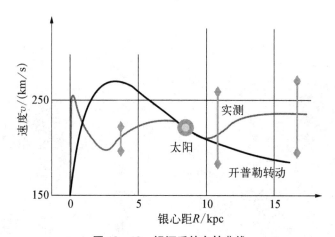

图 13-13　银河系的自转曲线

　　实际上,观测得出银河系的 $v(R)$ 后,在圆轨道的假设下,可计算出在各个 R 处单位质量的物质所受的向心力。向心力取决于半径 R 的轨道以内所有物质的引力总和,在物质对称分布的情形下,轨道以外物质的引力互相抵消,不起作用。于是,根据向心力随 R 的变化便可以分析物质的分布,求得银河系的质量。在 20 世纪 60 年代建立的银河系模型中,自转速度在太阳附近达到极大后,向外单调下降,趋于开普勒运动,从而推算出银河系质量为 $1.8\times10^{11}\ M_\odot$。银河系约有 3 000 亿颗恒星,占总质量的 90%,星际气体和尘埃物质约占 10%。

近 30 年来的观测研究表明,在太阳轨道之外,自转速度反而在增加,表明银河系的物质应分布在比以前设想的大得多的区域,在太阳轨道以外存在着大量的物质。但银晕内可见的天体并不多,从其引力影响推断银河系外部还存在着不可见的暗物质,其质量可达可见物质的量级,甚至可达其 10 倍。

13.5 银河系的结构

如前面所述,想要认识银河系的全貌是很困难的。然而,从河外星系(如仙女星系)形态的启示,再结合银河系的光学、射电及其他波段的观测,人们逐渐了解到银河系的结构。

现在所认识的银河系结构示于图 13 - 14。除了前面所述的银盘、核球和银晕外,由图 13 - 15 人们更清晰地得到银盘的旋涡和旋臂的细节,揭示了内区有**棒旋**和**环**特征、银心的**黑洞**、银盘外的**恒星晕**及**星流**,还有**"泡"**及**暗物质晕**。下面分述之。

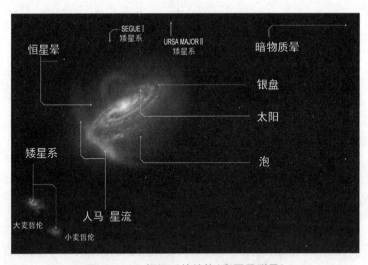

图 13 - 14 银河系的结构(彩图见附录)

13.5.1 核球和棒

银河系中央区密集的老年(年龄约百亿年)恒星大致呈球状分布,称为**核球**(bulge),直径约为 10 kly,在可见光银盘上下延展 1.8 kly,质量约为百亿 $M_\odot$。

近年确证,那里有由年轻恒星组成的棒(见图 13 - 15),长度为 2~10 kpc,与地球到银心视向交角 10°~50°,可分为长棒(long bar)和银河棒(galactic bar),转动周期为(1~1.2)亿年。关于棒的性质还有激烈争议。X 射线发射在棒的周围随大质量恒星排列。一个所谓"5 kpc 环(ring)"包围着中央棒,该环含有银河系分子氢的大部分。若从仙女星系看,这是银河系的最亮特征。

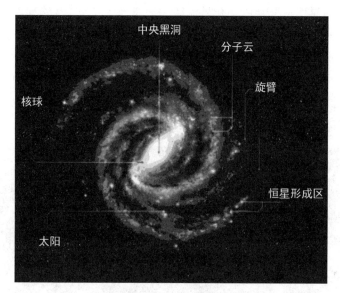

图 13 - 15　银河系的棒旋结构(彩图见附录)

13.5.2　银核、银心与超大质量黑洞

核球深部是银核,其直径将近 10 pc,含有快速转动的尘埃和气体环-拱核盘(circum-nuclear disk)包围着中央穴。穴含有数百万恒星,包括红巨星和大质量蓝星。穴的中心是密集恒星和一个强而致密的射电源——人马座 A^*,作为银心的标志。

银心是银河系自转的中心,由不同方法得到银心离太阳为 24 000~28 400 ly (7.4~8.7 kpc)。由于沿着视向的星际尘埃遮掩,在可见光、紫外光或软 X 射线波段看不见银心,但在 γ 射线、硬 X 射线、红外、亚毫米波射电波段可得到银心的信息。1958 年,IAU 决定银心的赤道坐标为赤经 $17^h45^m40.04^s$、赤纬 $-29°00'28.1''$(历元 J2000)。

银心周围的物质运动表明,人马座 A^* 是个超大质量黑洞(见图 13 - 16),其质量为(410~450)万 $M_\odot$,但不能直接观测到,估计黑洞的吸积率约 1×

$10^{-5} M_\odot$，这与不活动星系核相符合。吸积释放能量而提供给更大的射电源。2008年，甚长基线（射电）干涉测得人马座 A* 的直径为4400万千米（0.3 AU）。2010年，用费米（Fermi）γ射线太空望远镜探测到银核南、北有两个高能发射的巨大球形泡（见图13-17），直径各约25000 ly。后来，用帕克斯（Parkes）望远镜在射电频率确认与泡关联的偏振发射。给予最好的解释是，这是银河系中心640 ly内的恒星形成驱使的磁化外流。2015年1月5日，观测到人马座 A* 有破纪录的 X 射线耀斑，比通常耀斑亮400倍（见图13-18）。自19世纪90年代起，德国的根策尔研究团队使用欧洲南方天文台在智利的甚大望远镜（Very Large Telescope, VLT）、美国盖兹的团队使用位于夏威夷毛纳基山上的凯克望远镜分别对人马座 A* 进行多年跟踪观测，最后终于初步证实了这个超大质量黑洞的存在。根策尔和盖兹因此荣获2020年度诺贝尔物理学奖。

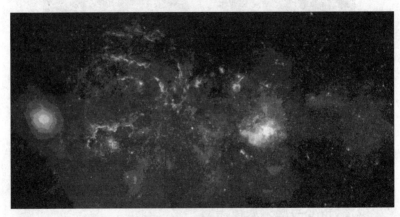

图13-16　人马座 A* 超大质量黑洞隐藏在中右的白亮区内

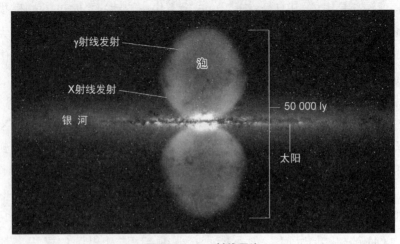

图13-17　γ射线巨泡

图 13 - 18　银心-人马座 A* 的最大 X 射线爆发

(其后隐藏特大质量黑洞,彩图见附录)

大约有 40 颗质量为$(30\sim120)M_\odot$、年龄为$(500\sim700)$万年的高光度恒星在绕银心黑洞的轨道运行,最近识别出一颗以速度 12 000 km/s 经过离银心 45 AU 内。目前还不知道这些年轻的大质量恒星的成因;由于离黑洞非常近,引潮力会阻止它们的形成,因此这成为一个令人困惑的课题。

13.5.3　银盘和旋臂

银盘是银河系中由大量恒星、气体和尘埃沿银河中面附近形成的密集的大圆盘状区域,厚约 2 kly,从银心向外延展 5 000 ly。而最近我国的郭守敬望远镜(LAMOST)和美国的 SDSS 望远镜观测范围可以延展到 6 万光年。2006 年,测绘出以前未解释的银盘弯曲,并得出大、小麦哲伦星系环绕经银河系边缘而造成的波纹或振动。以前认为,这两个星系的质量太小(约为银河系质量的 2%),不会影响银河系。然而,在一个计算机模型中,这两个星系的运动造成了暗物质尾迹,从而放大了它们对银河系的影响。

在中央棒引力影响的外面,银盘的恒星和星际物质主要组成旋涡结构,旋臂所含恒星多于平均的、星际气体和尘埃的密度,H Ⅱ 区和分子云的分布说明恒星的形成集中在 4 条旋臂。但是银河系的旋涡结构还不很确定,旋臂的性质还未得到共识,结构图还在更新。对数螺旋图仅粗略描述了太阳附近的特征,缺乏遮掩区等的观测资料。太阳位于局部支臂(见图 13-19,图中也标出从太阳所见银道附近的主要星座,旋臂以相应星座命名),而且其他星系通常呈现出旋臂也有分支、合并、意外转折和其他不规则特征。在 20 世纪 50 年代,射电观测资料得出,银河系有四条旋臂:矩尺臂、南十字-半人马臂、人马臂、英仙臂。但在 2008 年,斯必泽(Spitzer)太空望远镜观测到的 1.1 亿颗低质量、冷恒星所获图像显示,矩尺臂和人马臂似乎不那么齐聚,因此这两臂降为“小臂”。大质量恒星因为寿命不长,虽然不如低质量恒星那么多见,但它们没有时间远离其诞生地。普查 1 650 颗大质量恒星的分布显示,它们多在矩尺臂和人马臂。

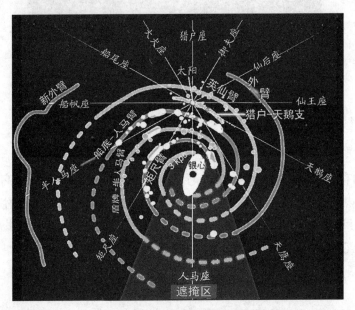

图 13-19   银河系的旋臂(虚线段是外推的结果)

现在认为银河系主要有这几条从中央出来的旋臂:3 kpc 臂(近 3 kpc 臂与远 3 kpc 臂)、英仙臂、矩尺臂-外臂、盾牌-半人马臂、船底-人马臂以及太阳所在的猎户-天鹅支臂(见图 13-19)。近红外的两项巡天主要对红巨星敏感而不受尘埃消光影响,探测到盾牌-半人马臂含红巨星比预料的无旋臂处约多 30%,说明银河系只有两个主要恒星臂——英仙臂和盾牌-半人马臂,其他臂含气体过多而老年恒星不多(见图 13-20)。2015 年 12 月发现,年轻恒星和恒星形成区的分布与四条旋臂匹配,因此,银河系似乎有两条年老恒星的旋臂和四条气体-年轻恒星的旋臂,但对它们的解释还不清楚。扩充的新资料增加了支臂和小旋臂。旋臂的细节如图 13-21 所示。

近 3 kpc 臂是 H I 的 21 cm 射电观测发现的,它离太阳约 5.2 kpc,离银心为 3.3 kpc,从中央核球以大于 50 km/s 的速度向外扩张。远 3 kpc 臂是 2008 年发现的,它离银心 3 kpc。

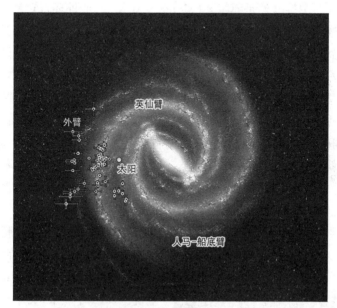

图 13‑20　年轻星团密集于英仙臂(Perseus)、人马-船底臂(Sagittarius‑Carina)和外臂(Outer)

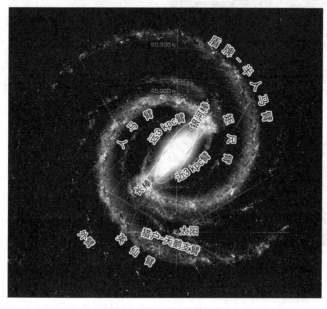

图 13‑21　旋臂的细节

有人提议,银河系包含两个不同的螺旋模式:由人马臂形成的内模式,转动速度快;由船底臂和英仙臂形成的外模式,转动速度较慢。这些臂紧密缠绕。在由不同螺旋臂动力学数值模拟得出的结果中,外模式会形成一个伪环,且两模式由天鹅臂连接。主旋臂外是麒麟环(Monoceros Ring,或外环),它是几十亿年前从别的星系撕裂来的一个气体和恒星环。然而,也有人认为,麒麟环是银河系爆发和扭曲厚盘所产生的高密度结构,而不是别的。如何解释银河系及其他星系的旋涡结构,这是一个重要难题。30 多年前,一般认为旋涡图案是物质臂构成的,始终由同样的一些恒星、气体和尘埃组成。此观点遇到了一些挑战:① 是什么原因使物质聚集在旋臂内? 起初推测是大尺度磁场引起并维持旋涡结构;然而,旋臂的弱磁场(仅 $2\sim6\ \mu Gs$)不可能控制星际物质形成旋臂。② 旋涡结构为何持久? 也就是物质臂存在缠卷难题。银河系及其他星系的自转不是刚体式的,而是较差式的,于是旋臂就会变得越来越紧或越松。许多不同年龄星系都有旋涡结构,说明旋涡结构不是短时期的,至少持续几十亿年。

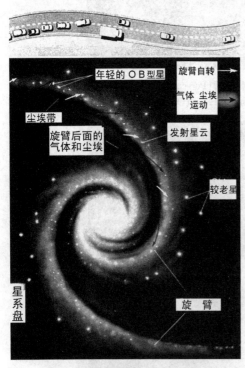

图 13 - 22　密度波理论示意图

气体云从后面追上旋臂,冲进密度波,前沿压缩激波触发恒星形成;大质量恒星的寿命短,离开旋臂前已衰亡;小质量恒星以及残余气体云走出旋臂。

1942 年,林德布拉德提出了一种**密度波**概念来解释星系旋涡结构,但因缺乏**密度波**理论的定量结果而未受重视。1964 年以来,美籍华裔天体物理学家林家翘及徐遐生等发展了密度波理论(density wave theory),取得一些符合观测的结果,引起了很大反响。密度波概念可用公路上流动的汽车来比喻。若路上有辆缓行载货卡车,它后面的小汽车必受阻,但仍不断有小汽车绕过卡车之后而高速前进。在山上的观测者看到这番情景:卡车后面小汽车密集,卡车前面小汽车分布得较稀疏,形成了密度的波动。尽管密集和稀疏地段的小汽车不断在更换,但随着卡车缓慢移动的疏密图案却具有持续性。密度波理论认为(见图 13 - 22),银盘有螺旋式的引力势波谷(相等于缓行卡车),当在近于圆轨道上运动的气体和恒星(相等于奔驰的小汽车)进入螺旋式的引力势波谷后,速度减慢,表现为物质的聚集;当它们穿出波谷后,速度增加,表现为物质的松散。于是出现了物质密度的波动(即密度波)。沿着引力势波谷物质密度最高,呈现为旋臂。引力势的旋涡图案绕银心做刚体式转动,即其上各点的角速度相等。虽然旋臂处的恒星、气体、尘埃常有进出变化,但处于某种动态平衡而旋涡图案不变。显然,密度波理论中不存在旋臂缠卷问题。

密度波理论得出,在高度扁平的星系中有一个旋涡结构盛行的区域。对于银河系,这个区域离中心 5~15 kpc。密度波理论预言,从星系核相对的两侧展出的两条旋臂是稳定的旋涡结构,因而能长久维持。

旋涡图案在星系盘内转动,气体云相对于旋臂的速度超过声速,从后面冲入旋臂时突然受阻而压缩,在前沿形成激波。激波促使被压缩的气体云坍缩,形成巨大的分子云复合体,产生恒星和 H II 区。气体压缩也有助于产生尘埃,在激波后面有尘埃窄带。新诞生的恒星有不同的质量,其中大质量的 O 型和 B 型星寿命短(10^6~10^7 年),它们相对于旋涡图案仅位移很短路程,因而始终标志着旋臂的踪迹。随着旋涡图案在星系盘内转动,不断有新的恒星形成,取代以前形成的恒星(或衰亡,或走出旋臂),因而长期维持着旋臂特征。密度波理论可得出双旋臂的宏观图像,解释旋涡结构的持续性,预示旋臂的一般特征,因此取得很大成功。然而,密度波理论也存在不能解释的问题:螺旋式引力势谷是怎样起源和长久维持旋涡结构的?补偿密度波和激波耗能的供能机制是什么?为什么旋臂有分叉和分支?

最近的研究表明,银河系的(年轻)恒星盘不是平的,近边缘卷翘扭曲,侧视呈 S 形,气体盘也是扭曲的(见图 13 - 23)。

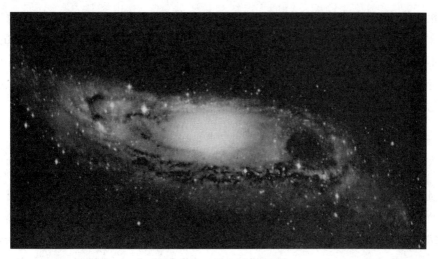

图 13 - 23　银盘的新图像

13.5.4 银晕

银晕是由星系的主要部分向外延伸、大致成球形、可见的组成部分。它可能具有下面几种组成。

1) 恒星晕

包围银盘的是老年恒星和球状星团组成球形的恒星晕,约有 150 个球状星团,其 90%在离银心 10 万光年(30 kpc)内,而诸如 PAL 4 和 AM 1 等球状星团离银心距离超过 20 万光年。它们大多时间在银晕中沿随机取向轨道运行。各球状星团仅几光年大、含数十万或百万颗老年贫金属(星族Ⅱ)恒星。

活跃的恒星形成发生于银盘内,尤其是旋臂内,而不发生在银晕。疏散星团主要位于银盘。综合 21 世纪以来的发现,诸如天鹅臂延续的外臂、盾牌-半人马臂的类似外延、2006 年发现的北天银河的巨大弥漫结构,都表明银盘比以前描述的要大。还有矮星系与银河系并合的室女星流可长达 30 000 光年。

2) 气体晕

钱德拉 X 射线、XMM-牛顿、Suzaku(X 射线)等卫星提供的证据表明,银河系存在大量热气体组成的气体晕,延展几十万光年,远大于恒星晕而且邻近大、小麦哲伦星系。气体晕的质量几乎等价于银河系的本身质量。气体晕的温度为(100~250)万开。

3) 暗物质晕

遥远星系的观测表明,宇宙的普通物质约为暗物质的 $\frac{1}{6}$。普通物质参与四种相互作用,即强作用、电磁作用、弱作用和万有引力作用。但是,暗物质没有电磁作用、强作用,只有万有引力作用,也可能有弱作用。虽然暗物质是不可见的,也不知道它们是什么,但是它们存在于各处,对普通物质(恒星、气体)施予 5 倍于可见恒星和星系的引力。因而从可见物质的分布和运动推断出暗物质、包括暗物质外晕的存在,可能延展到离银心 20 万光年。

13.5.5 太阳的位置与近邻

太阳位于猎户支臂的内缘附近(见图 13-19、图 13-21),在本泡(local bubble)的本绒毛(local fluff)内,处于古德带(Gould Belt)上,离银心(26.4±1.0)kly[(8.09±0.31)kpc],现在离银道面 16~98 ly(5~30 pc)。太阳绕银心的转动周期约 2.4 亿年("银河年")。古德带(也称本星团)是美国天文学家 B. A. 古德(Benjamin Apthorp Gould)在 1879 年发现的,它是太阳附近的一个比较独特的恒星密集带。从猎户旋臂部分伸展出去,长约 700 pc,宽约 70 pc,质量估计为 $2\times 10^5 M_\odot$,主要成员是 B2~B5 型星,还有 O 型星、弥漫星云和几个星协。古德带与银道面成 $16°$ 交角,中心在 $l=270°$, $b= -3°$ 的方向,离太阳 100 pc。带面位于太阳南,相距 12 pc。

太阳在银河系朝武仙座附近的织女星方向运动,与银心方向约成 $60°$。太阳绕银心的运动轨道大致为椭圆,速度约为 220 km/s,约 2.4 亿年(一银河年)转一圈。此期间,再加有银河系旋臂和质量分布不均匀的摄动,相对于银道面上下振荡约 2.7 次。据推测地球上的大规模物种绝灭可能与此有关。太阳的运动和近邻示意图如图 13-24 所示。

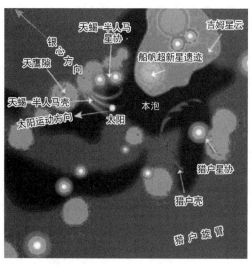

图 13-24　太阳的运动和近邻(彩图见附录)

13.6　银河系的特性

银河系是一个包含太阳系的棒旋星系。从地球看,因为是从盘状结构的内部向外观看,因此银河系呈现在天球上是环绕一圈的带状。本章阐述银河系的基本特性。

13.6.1　银河系的大小和质量

近年的观测研究表明,银河系的恒星盘直径约为 10 万光年(30 kpc),平均约为 1 000 光年(0.3 kpc)厚。相对于银道面,上下扭曲的似环纤维状包围银河,纤维中的众多恒星也可能属于银河系。若果真如此,那么银河系的直径可达 (15~18)万光年(46~55 kpc)。而暗物质晕可扩展至距离银心 100 kpc 以外。

银河系质量的估计取决于所用的方法和资料。如前面所述,可由银河系自转推算银河系质量,估计银河系质量的下限为 $5.8\times 10^{11} M_\odot$。2009 年,用甚长基线阵测量,得出银河系外边缘恒星的速度达 254 km/s。因为轨道速度取决于轨道内的总质量,由此估计银河系质量达 $7\times 10^{11} M_\odot$。根据 2014 年发表的研究,估计银河系的总质量为 $8.5\times 10^{11} M_\odot$。

由银河系自转曲线推断,银河系存在暗物质晕,相对均匀地散布到银心 100 kpc 外。银河系的数学模型给出,暗物质的质量为 $(1\sim1.5)\times10^{12}\ M_\odot$。最近的研究表明,银河系的质量最多为 $4.5\times10^{12}\ M_\odot$,最少为 $8\times10^{11}\ M_\odot$。

银河系所有恒星的总质量为 $(4.6\sim6.43)\times10^{10}\ M_\odot$。银河系还有星际气体,氢和氦各占气体质量的 90% 和 10%。氢的 $\frac{2}{3}$ 是氢原子,其余的是氢分子。星际气体的质量为恒星总质量的 10%~15%,星际尘埃为气体总质量的 1%。

13.6.2　银河系的年龄

银河系个别恒星的年龄可由诸如 ^{232}Th 和 ^{238}U 长寿命放射性元素的相对丰度测定出来。例如,如此测定 CS 31082 - 001 的年龄为 (125 ± 30) 亿年,BD+ 17 3248 的年龄为 (138 ± 40) 亿年。由于白矮星辐射变冷而表面温度降低,由最冷的一些白矮星的温度测量,并与其预料的初始温度相比较,可以估算出它们的年龄。用此方法估算,得到球状星团 M4 年龄为 (127 ± 7) 亿年。球状星团是银河系最老的,可以作为银河系年龄的下限,即 126 亿年。2007 年,测定银晕星 HE 1523 - 0901 光谱的铀、钍以及铕、锇、铱等同位素,一致得出其年龄为 132 亿年。这是银河系中已知的最老年龄,应认为是银河系年龄更好的下限。

同样用放射性元素测量,可得到银盘恒星的年龄为 (88 ± 17) 亿年。这说明银晕与银盘的形成时间几乎有 50 亿年的间断。最近通过分析数千颗恒星的化学特征表明,在银盘形成于 100 亿年到 80 亿年前时,星际气体太热而难于以之前的速率形成新的恒星,恒星的形成时间可能降 1 个数量级。

银河系周围的伴矮星系分布不是随机的,而似乎是从一个较大系统破碎而产生的直径为 50 万光年的一个环结构。星系之间的近相遇扯出巨大的气体尾,后来可能并合而形成与主盘垂直的矮星系环。

13.6.3　银河系的环境

银河系和仙女星系是互为近邻的两个巨大旋涡星系,它们与 50 个近的星系约束在一起而组成**本星系群**(local group,见图 13 - 25),并且是室女超星系团的一部分。近 30 多年来,一个最重要发现就是银河系"吞噬"其他小星系的证据:某些亚群恒星有相似速度,但与恒星绕银心的一般轨道无关。例如,近银道面有一群星可能是来自 $(100\sim120)$ 亿年前与银河系合并的伴星系。银晕也含有各种小合并的证据。2006 年观测到从大熊座延续到六分仪座的细而长、距离为 70 ly 的星流,很可能是另一个矮星系与银河系合并的矮星系残余。更著名的是人马座矮星系在与银河系逐渐合并中,它绕银河系的轨道周期小于 10 亿年,每次经过银河系内就会被引潮力扯出有同样速度的一群星而成为人马星流,在极轨道 13 度内穿过银盘,但离太阳很远(约 48 000 ly)因而无观测效应。

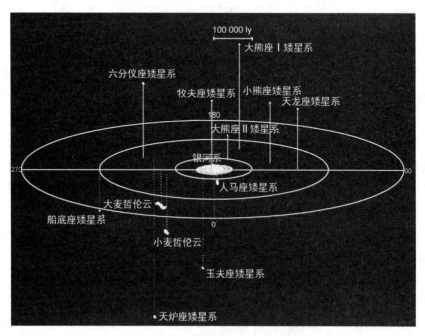

图 13-25　本星系群的部分星系

　　在本星系群中,有两个较小的星系(大、小麦哲伦星系)和很多矮星系绕银河系转动。大麦哲伦星系是离银河系最近的伴星系,其直径为 14 000 ly,有一个近的伴侣——小麦哲伦星系。麦哲伦流(Magellanic stream)是从这两个星系延展出来的中性氢气体流,跨越太空 100°,这是由于银河系的引潮作用拉出的。环绕银河系的矮星系有:大犬座矮星系(最近的)、小熊座矮星系、玉夫座矮星系、天炉座矮星系、狮子座Ⅰ矮星系等。其中最小的直径仅为 500 ly,包括船底座矮星系、天龙座矮星系、狮子座Ⅱ矮星系。可能还有未被探测到的这样的星系,以及某些诸如半人马 ω 的被银河系吸收了的星系。

　　银河系相对于宇宙微波背景静止参考系的速度为 (631 ± 20) km/s。

13.7　银河系的形成与演化

　　虽然银河系是我们所在的星系,观测资料比较丰富,银河系的形成演化研究开展得也较早且内容较多,但是直到近年才取得较大的突破。根据近年的同位素年代测定,银河系年龄的下限为132亿年,即138亿年前的大爆炸后约6亿年形成的。虽然它不可能是宇宙最早期形成的星系,但也属于较早的。而银盘恒星的年龄为(88±17)亿年,说明从银晕到银盘的形成几乎经历了约50亿年。

13.7.1　银河系的形成

关于银河系形成的研究分为两种:一种是较早的,仅考虑普通物质怎样形成银河系;另一种是较新的,考虑暗物质和普通物质是如何一起形成了银河系。

1) 普通物质形成银河系

仅由普通物质怎样形成银河系? 大爆炸后不久,宇宙的普通物质分布的一个或几个小密集区开始形成银河系。某些密集区是球状星团"种子",那里形成了银河系的最老恒星。这些恒星和星团现在成为银河系的恒星晕。在第一批恒星诞生的数十亿年,银河系的质量足够大,以致旋转较快。由于角动量守恒,导致星际气体介质从大致球形坍缩为扁状形成盘。因此,后代恒星(包括太阳和最年轻的恒星)均形成于旋涡盘。

自从银河系第一批恒星开始形成以来,通过星系合并(尤其星系生长早期)和直接从银晕吸积气体,导致银河系增长。银河系目前从它的两个最近的伴星系(大、小麦哲伦星系)经麦哲伦流吸积物质。科学家已观测到在"高速云"吸积物质的证据。然而,诸如银河系最外区的恒星质量、角动量和金属度的特性表明,银河系在近100亿年间没有经历过与大星系的合并。而类似旋涡星系多有大合并发生,例如,近邻的仙女座星系似乎近期有过经合并较大星系而成形的典型演化史。

根据最近的研究,银河系以及仙女星系处在星系颜色-星等图上的"绿谷"区,即星系从"蓝云"(星系活跃地区形成新的恒星)到"红色序列"(缺乏恒星形成)的过渡区。处于绿谷的星系,因缺乏形成恒星的星际介质,恒星形成活动进展缓慢。在对具有相似特性的星系的模拟研究中发现,在最近50亿年内,恒星形成不活跃。

2) 暗物质和普通物质一起形成银河系

暗物质和普通物质又是怎样在一起形成银河系的? 虽然暗物质是不可见的,但观测证据表明,暗物质普遍存在,且多于普通物质。近年来,人们开始探讨包括暗物质在内的银河系的起源演化问题。像其他星系一样,银河系被包裹在一个巨大的暗物质"茧"内。若没有暗物质,普通物质所产生的引力就不足以把银河系束缚在一起。在大爆炸的直接余波中,引力作用导致暗物质中微小涨落扰动的增长,形成越来越密集的各种尺度的暗物质丛。模拟显示,成丛的过程总是演变成混沌的碰撞和合并。在大爆炸后的几亿年,情况略微安定下来,一些暗物质丛开始更像目前银河系周围的情况:大致是几万 pc 的球形暗物质晕。晕内是被暗物质引力束缚的原始氢氦气体薄霾。而后,这种气体逐渐冷却和凝聚,开始形成恒星,成为创建银河系的原物质。但是,导致普通物质演变到现今的银河系结构的过程非常复杂,涉及碰撞、耗散、制冷、加热和爆发等。

一种复杂过程涉及这些暗物质亚晕。超过了一定的质量,它们会吸积足够的气体来形成恒星,进而形成矮星系。若果真是这样的话,应该存在数千个矮星系环绕银河系,可是到目前为止仅发现了二十多个。造成这种差异的一个可能解释是,矮星系因含有异常大量的暗物质而暗弱得难以察觉。例如,Segue 1 矮星系的暗物质是普通物质的千倍。另一种可能是,一些亚晕太小而不形成恒星,因而完全黑暗,只能从其对附近的矮星系或对星流的引力效应来推断,但目前尚未得到确切结果。还有另一种可能是,形成了更多的矮星系,但第一批恒星都是质量巨大的,因酷热和爆炸而失去了所有气体。

13.7.2　银河系的演化

无论以哪种方式,创建的星系会继续快速增长,气体和矮星系的内旋在暗物质晕中心累积更多的气体和恒星,成为原银河系。矮星系也旋离至各处,不可避免地成为恒星晕。

恰在银河系外的区域似乎有这样的事件的遗迹:独特的恒星流沿着矮星系原来的轨道绕着银河系打圈。不过这些星流难以确认,但至少发现它处于瓦解的一个人马座矮星系及其有关星流。星流穿过银河系向各向外延形成约 10 万 pc 的微弱弥漫晕,大致呈球形,质量约为 $10^9\,M_\odot$。这也可能只是数十亿年前瓦解的所有矮星系的残迹,具体情节可能更复杂。

恒星晕分为内晕和外晕。外晕的恒星一般在光谱上只显示微量的诸如铁等重元素,表明它们只是宇宙早期恒星的隔代恒星。内晕的恒星含有较多重元素,有些较年轻(约 114 亿年)。

银盘的模式提示:外晕由瓦解的矮星系形成,而内晕是银心大旋涡的遗迹,原银河系坍缩为现在的风车形。进入的气体和矮星系之间发生的各次碰撞都耗散一些它们的轨道能量,导致它们进一步向内降落。当气体到达银心时,开始时小的旋转速率变大,随着收缩物质的旋转越来越快而扁化为薄盘。与此同时,在盘内,引力相互作用造成恒星和气体云的轨道开始堆积并导致螺旋"密度波",形成螺旋臂。

当研究涉及细节时，出现了一些不确定性。人们还不能确切知道盘的形成经历了多久。银河系在几十亿年前还没有生成恒星所需的原料时，银河系是如何保持造星的？为了造星，银河系本身必须是一个复杂的系统，其物质在恒星与星际气体之间反复循环。然而那里的大部分气体十分稀疏，也许每立方厘米仅有几百个原子，但是有恒星的紫外辐射通过物质盘促进循环。人们在 40 年前就发现，气体有时可以自己聚集为密集云，以致其内部遮了星光，里面的气体可冷到 10~30 K，使气体中的原子形成诸如 H_2 和 CO 的分子云。但引力也造成不稳定性。分子云形成不久，其最厚的丛坍缩、加热、核聚变点火，而成为恒星。分子云的这些恒星形成区常称为星系的恒星"摇篮"，它们是动荡的：新生恒星以猛烈的星风形式抛出其物质，还有很强的紫外线辐射。规模最大的是超新星爆发。另一些恒星膨胀为红巨星，被剥离其外层而结束其生命。这些过程全都把气体驱向更广泛的星际，在那里冷却、凝聚并开始下次循环。可问题是，银河系的气体形成恒星的速率为每年几个 $M_\odot$，按现在的步伐将用尽所有可用的气体，但银河系恒星形成过程至少发生于过去的 100 亿年。这必须从某处获得气体。观测到包围银河系的恒星晕有 X 射线和远紫外辐射的一个气体晕，那里大多是温度百万开的电离氢，从中心延展至几十万 pc。虽然那里密度低到约每立方厘米几百个氢原子，但它是如此之大，以致其质量至少相当于银河系所有恒星的总质量。只要其中小部分进入银河系，就会使恒星形成持续几十亿年。

如果晕气体冷却和凝集，足以落入银河系，就像"雾沉出露水"，可观测到高速云落向银盘。反过来，这些云可能关联于"喷泉"——当恒星爆发为超新星时，抛出的气体到达银盘外（1~10）万 pc。喷泉上冲入气体晕，加速一些电离气体，并作为高速云落回银盘。但以前不知道上冲和落下的是否是同样的东西。

核球的心脏是质量巨大的黑洞，现在恰巧没有东西落进它而处于不活动状态。它一度是较活力充沛的。从银心射入两侧巨大泡的是小而弱的 γ 射线喷流。泡和喷流都是黑洞活跃的特征，物质落入黑洞就送出高能喷流并在周围气体中产生激波。在星系中心有活跃黑洞是相当常见的，可能是星系演化经过的一个阶段。估计银河系的黑洞活跃在约 1 000 万年前，也可能以前有间隔。如果没有东西落进银心黑洞，它不会有 400 万 $M_\odot$。

13.7.3　银河系的未来

观测得出，仙女旋涡星系（M31）正在走近银河系。它现在离银河系约 77 万 pc，相互接近速度为 109 km/s。数值模拟表明，大约 60 亿年后，它们会对头碰撞，相互做轨道运动；到 70 亿年后，它们将合并成一个椭圆星系（见图 13 - 26 模拟的合并过程）。与恒星形成活跃的旋涡星系相反，椭圆星系更像是无特征的、含气体和一些新的恒星。两个大星系合并导致恒星形成暴，很快将耗尽可用的气体，或者合并启动星系中心的黑洞，造成高能激波和喷流，从星系驱出气体，或保持气体但搅拌得很热而不能形成恒星。总之，银河系的起源与演化还有待更深入的探索。

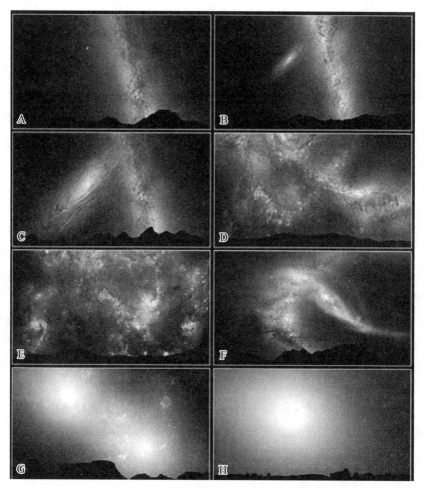

图 13-26　仙女星系 M31 未来与银河系合并的一种模拟（彩图见附录）

第14章 星系和宇宙学

18 世纪提出银河是庞大恒星系统时,包括哲学家康德的一些学者认为,星云可能是类似银河系的恒星系统——星系,并比喻为海洋中的岛屿而称为"宇宙岛(island universe)"。另外一些学者认为,星云是银河系内的气体——尘埃云。两种看法各有观测证据,争论长达 170 年,才逐渐认识到星云实际上有两大类:银河系内的气体——尘埃云和河外星系。1923 年,哈勃用大望远镜拍摄仙女星云(M31＝NGC224),分辨出其外部一些恒星;证认出造父变星,因而由周光关系推算出它的距离远大于银河系直径;又得出 M33 和 NGC6822 的距离更远,因此证实它们是河外星系。他提出星系的形态分类法,还发现星系的视向速度与距离成正比关系(**哈勃定律**,Hubble's law);2018 年 10 月,国际天文联合会表决更改为哈勃-勒梅特定律(Hubble‑Lemaître law),以纪念更早发现宇宙膨胀的比利时天文学家 G. 勒梅特(Georges Lemaitre)。随着现代天文技术的发展,星系的观测研究从可见光波段扩展到其他各波段,不断地扩展深空范围,揭示星系组成星系团、超星系团等性质,进而研究宇宙的大尺度结构。

最近估计,可观测宇宙有星系约 2 000 亿(2×10^{11})到 2 万亿(2×10^{12})或更多,大多星系的直径在 1 000～100 000 pc,分开的距离为百万秒差距(Mpc)量级。

星系之间充有稀疏气体,平均原子密度小于 $1/m^3$。大多星系在引力上组成**星系群、星系团、超星系团**。在最大尺度上,这些星系集团普遍排成包围**巨洞**(immense voids)的**片**和**纤维**。已识别的最大星系结构是命名为拉尼亚凯亚(Laniakea)的超星系团。

已知星系编入专用表中,但仅少数星系获得专用命名,如仙女星系、麦哲伦星系、风车星系;而大多数星系使用专用表中编号,如已述的 M(梅西耶表)、NGC(星云星团新总表)、IC(星云星团新总表续编)、CGCG(星系和星系团表)、MCG(星系的形态表)和 UGC(Uppsala 星系总表)。著名的星系出现在各表的编号不同,例如,M 109＝NGC 3992＝UGC 6937＝CGCG 269‑023＝MCG＋09‑20‑044。

14.1 普通星系的分类和主要性质

　　星系是由大量恒星、恒星遗迹、星际气体和尘埃以及暗物质组成的引力束缚系统。星系的大小不一,从含几十亿颗恒星的**矮星系**(dwarf galaxies),到含百万亿(10^{14})颗恒星的**巨星系**(giant galaxies)。

　　1926 年,哈勃按星系形态将星系分为三大类,后经法国天文学家 G. 佛科留斯(Gérard de Vaucouleurs)和美国天文学家 A. 桑德奇(Allan Sandage)扩展,形成常用的**哈勃分类**:椭圆星系、透镜星系、旋涡星系(又分为正常旋涡星系和棒旋星系)及不规则星系。每类又分为几个次型。各类型星系依次排成"音叉图"(见图 14 - 1)。

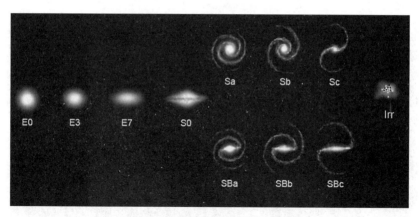

图 14 - 1　星系类型排列"音叉图"

14.1.1 椭圆星系

　　椭圆星系(elliptical galaxy)形如椭圆,中心区最亮明,亮度向边缘递减,几乎无特征,缺乏星际物质,色偏红。成员恒星多为年龄较老(星族Ⅱ)、质量较小的,它们像群蜂那样在随机轨道上绕中心转动。椭圆星系用字母 E 表示,再按扁度由小到大分为 E0(正圆形)、E1、E2、…、E7(最扁)8 个次型。应指出,由于观测的仅是星系的视扁度(投影形状),而不是真扁度,如果椭圆星系是轴对称的扁球,那么,在对称轴方向观测总呈现正圆形投影的 E0 型。E7 型星系则一定呈很扁的椭球形。各椭圆星系所含恒星数、总质量和大小差别颇大,恒星数范围为几百亿颗到千亿颗以上,总质量范围为 $10^5\,M_\odot \sim 10^{13}\,M_\odot$,大小范围为 3 000 万光年～70 万光年。大的称为巨椭圆星系(gE),大小约为 10^6 pc,质量为 10^{13} $M_\odot$；小的称为矮椭圆星系(dE),大小约为 10^3 pc,质量为 10^7 $M_\odot$。很多星系是暗而不易看到的椭圆星系,尤其是矮椭圆星系(直径仅几百 pc)的观测数目比实际少得多。图 14-2 分别给出一些椭圆星系次型、旋涡星系次型以及棒旋星系次型的例子。

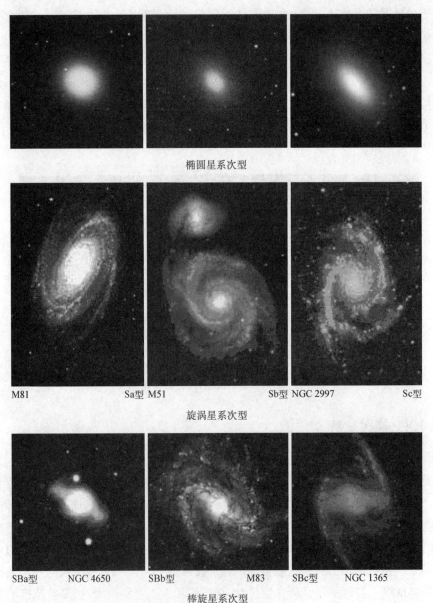

椭圆星系次型

M81　　　　　Sa型 M51　　　　　Sb型 NGC 2997　　　　　Sc型

旋涡星系次型

SBa型　　　NGC 4650　　SBb型　　　　M83　　SBc型　　NGC 1365

棒旋星系次型

图 14-2　几种星系次型例子

巨椭圆星系 ESO 325 - G004(见图 14 - 3 中央)位于半人马座,离我们 4.5 亿光年,它是星系团 Abell S0740 的显著成员星系,其质量约千亿 $M_\odot$。它有数千亿球状星团绕转。

图 14 - 3　巨椭圆星系 ESO 325 - G004　　　　图 14 - 4　壳层的椭圆星系 NGC 3923

椭圆星系 NGC 3923 位于长蛇座,离地球 9 000 多万光年。它的恒星晕呈壳层状,计有 20 多层(见图 14 - 4,仅最外几层显见)。这可能是大的星系吞噬小的星系时,星系核引力作用造成的"涟漪"(如同池塘的水波)壳层。

M32(NGC 221)是一个矮椭圆星系(见图 14 - 5),位于仙女星座,视星等为

图 14 - 5　矮椭圆星系 M32

8.08^m,视角大小为 $8.7' \times 6.5'$(直径约为 6 500 ly),离地球约为 249 万光年。其半数成员星密集在 326 ly 的范围内。大多是较年老暗红黄星,没有星际尘埃和气体。该星系有一个超大质量[$(150 \sim 500)$ 万 $M_\odot$]的黑洞。

14.1.2　旋涡星系和棒旋星系

旋涡星系(spiral galaxy)和**棒旋星系**(barred spiral galaxy)有**星系盘**、**核球**和**星系晕**结构。转动的星系盘由恒星、气体和尘埃组成,因含大量年轻的热星(星族Ⅰ)而呈蓝色。星系盘中央区恒星密集而称为**核球**,因密集老年恒星而偏红。核球中心有超大质量的黑洞。较暗的球形晕包围星系盘,星系晕的恒星大多在各球状星团内。还有近球形的暗物质晕。于是,在星系的不同颜色像上突现不同的结构特征。星系盘有旋涡结构,从亮的核球向外有两个或多个旋臂延展,旋臂由气体、尘埃和热的亮恒星组成。

正常**旋涡星系**以字母 S 表示,再按核球由大到小、旋臂由紧到松而依次分为 Sa、Sb、Sc 三型。旋臂形状近似于对数螺旋,那里的物质密度大,绕星系核转动但角速度不是常数。当恒星穿过旋臂,其速度受密度大的引力而变动。旋臂因密度大而利于形成恒星,有较多的年轻亮星且更醒目。

风车(pinwheel)星系(M 101=NGC 5457)是 Sc 型的,位于大熊星座,离地球 2 090 万光年,累积视星等为 7.86^m,视角径为 $28.6' \times 36.9'$(直径为 17 万光年)。星系盘大致垂直于视向,旋臂呈风车形而称之为"风车星系"(见图 14-6)。

图 14-6　旋涡星系 M 101

它的星系盘质量达 1 000 亿 $M_\odot$,中心的小核球约 30 亿 $M_\odot$。它有 1 264 个 HⅡ区,三个特别大而亮的得到专用编号 NGC 5461、NGC 5462 和 NGC 5471。2001 年发现极强 X 射线源 M101 ULX - 1;2005 年,哈勃望远镜和 XMM -牛顿望远镜观测到其光学对应体,表明 M101 ULX - 1 是 X 射线双星。2011 年 8 月 24 日,发现 M101 内第四颗超新星——SN2011fe(Ⅰa 型)。2015 年 2 月 10 日,发现 M101 内一颗高光度红新星。

　　旋涡星系 NGC 4414 位于后发座,离地球约 6 230 万光年,视星等为 11.0^m,视角径为 3.6$'$×2.0$'$,因其旋涡结构的旋臂不连续完整、貌如絮状而称为絮状 (flocculent) 旋涡星系(见图 14 - 7)。已观测记录到它的两颗超新星(SN 1974G,SN 2013df)。

图 14 - 7　旋涡星系 NGC 4414

　　棒旋星系是其核球有突出的棒、旋臂始于棒外端的旋涡星系,以字母 SB 表示,再按旋臂由紧到松而后缀小写字母加以分型。在所有旋涡星系中,约 $\frac{2}{3}$ 是棒旋星系。

　　棒旋星系 NGC 1300 是 SBc 型的(见图 14 - 8),离地球约 6 130 万光年,视星等为 11.3^m,视角径为 6.2$'$×4.1$'$(直径约为 11 万光年)。它有显著的涡旋结构,旋臂长约 3 300 ly,中间的长棒特别醒目。其中心有超大质量(约 7 300 万 $M_\odot$)黑洞。

图 14-8 棒旋星系 NGC 1300

　　20 世纪 70 年代,尤其是斯必泽(Spitzer)空间望远镜在 2005 年的观测,才确证银河系是棒旋星系(SBbc 型)。

　　仙女星云(M31＝NGC 224)(见图 14-9)的累积目视星等为 3.44^m,肉眼就可看到它呈暗淡斑,离地球 250 ly,其直径约为 22 万光年,总质量约为 $1.5 \times 10^{12} M_\odot$,约含 1 万亿($10^{12}$)颗恒星。它中央有明亮核球,周围是扁盘和旋臂,盘面与我们视线的倾角约为 13°。过去一直认为它是 Sb 型旋涡星系,然而,2MASS 巡天资料表明,它实际是像银河系的棒旋星系,棒沿其长轴方向。它的星系盘不是平的,而是 S 形弯曲的,与邻近星系 M31 和 M110 的引力作用有关。M31约含 460 个球状星团、更多的疏散星团、行星状星云、HII区、尘埃云以及一些超新

图 14-9 仙女星系 M31(彩图见附录)

星的遗迹和 X 射线源,但仅观测到一颗超新星(超新星 1885A,即变星仙女 S)。

透镜状星系(lenticular galaxy)S0 型是介于椭圆星系与旋涡星系之间的星系型,它们有亮的核球和扁盘,但没有明显的旋臂,含热的亮星及气体-尘埃少,有椭圆形恒星晕。

透镜星系 M 102(=NGC 5866)位于天龙座,离地球约 5 000 万光年,视星等为 10.7^m,视角径为 $4.7' \times 1.9'$(直径约为 6 万光年)。它因其形而称作"纺锤(spindle)"星系(见图 14-10)。它的显著特征是几乎侧向我们的反常尘埃盘(图片中央的暗带),实际上也可能是环结构,或者它可能是旋涡星系,但还无法确定。

图 14-10 透镜星系 NGC 5866

14.1.3 不规则星系

不规则星系(irregular galaxy)是上述各型之外的星系型。它们没有明显的核球或旋臂,形状不规则,含有各类恒星及 HⅡ区。不规则星系以字母 Irr 表示,再分为 Irr-Ⅰ和 Irr-Ⅱ型。Irr-Ⅰ型呈现一些结构特征,但不同于旋涡型;Irr-Ⅱ型没有旋涡型的结构,不规则性由某种扰动引起,例如星系核的爆发、星系之间碰撞或相互作用。

1521 年,葡萄牙探险家麦哲伦做环球航海行,在南天看到两个大星云:大麦哲伦云和小麦哲伦云(见图 14-11),它们的视角距约 21°(实际相距约 7.5 万光年),离地球分别为 16 万光年和 20 万光年,大小为 14 000 ly 和 7 000 ly。它们常被看作不规则星系,但它们又显示有棒结构。大麦哲伦星系的中性氢射电像有清晰的螺

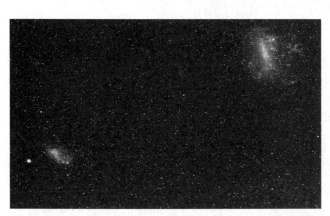

图 14-11 (左)小麦哲伦云和(右)大麦哲伦云(旁有蜘蛛星云-发射星云剑鱼 30)

旋结构,因而可再归类为棒旋星系。它们与银河系以及它们相互之间有中性氢连接,相互引力破坏星云盘的外部。除了不同的结构和质量,它们与银河系有两大差别:它们比银河系富集气体(氢、氦占比例大);它们比银河系贫含金属。

不规则星系 NGC 1427A 是 Irr‑I 型的(见图 14‑12),离地球约 5 200 万光年。它将快速穿过天炉星系团,与星系间气体碰撞而形成大量新恒星,该星系受附近星系引潮力而致瓦解。

图 14‑12　不规则星系 NGC 1427A

14.2　红移、哈勃定律和宇宙膨胀

本节所讨论的内容被认为是宇宙空间尺度延展的第一个观测结果,经常被援引作为支持大爆炸理论的一个重要证据。

14.2.1　红移与哈勃定律

1912 年,美国天文学家 V. M. 斯里弗(Vesto Melvin Slipher)用谱线位移测量星系的视向速度。到 1928 年,他测量了 40 多个星系,发现除仙女星系等极少数的谱线蓝移外,绝大多数星系的谱线是红移的(见图 14‑13)。他们起初的简单解释是多普勒效应造成的红移和蓝移,但是稍后哈勃发现红移和距离之间有关联性:距离越远红移量也越大。这是一个极其重要的科学发现,是由于光子在经过膨胀的空间时被延展(波长增加),产生了**宇宙学红移**(cosmological redshift)。

天体距离的测定是最基本而又困难的重要任务,常在"自然界的一致性"合理假设下,即认为银河系与其他星系中的同类天体有同样性质,采用由近而远的外推方法。1923 年,哈勃在仙女星系外部证认出造父变星并测定它们的光变周期,利用银河系造父变星的周期-光度关系就得到它们的光度(绝对星等 M)。由观测的视星等 m,用式(9-7)改写形式

$$\lg D = \frac{m - M + 5}{5} \quad (14-1)$$

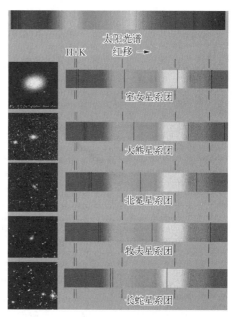

图 14-13　五个星系团光谱线的(H+K)红移(注意中间彩色段中的谱线朝着箭头方向与标度谱线的偏离)(彩图见附录)

可算出距离 D(单位为 pc),由此得到仙女星系的距离为 150 kpc。他和 M. L. 哈马逊(Milton Lasell Humason)在几十个星系中观测到这类变星,距离最远的达 7.9 Mpc。他们结合斯里弗测定的谱线红移得到视向速度数据,意外地发现星系的视向速度 v 与距离 D 大致成正比关系,随后的更多资料进一步证实了这个关系[见图 14-14(a)],因而称为**哈勃定律**(Hubble's law):

$$v = H_0 D \quad (14-2)$$

式中,D 以 Mpc(百万秒差距)为单位;视向速度 v 以 km/s 为单位;比例常数 H_0 称为**哈勃常数**(Hubble constant)。因此,如果定出了 H_0,只要由星系谱线红移的测量求得 v 值,由该式就可算出距离 D。发现除了几个最近的星系之外,其余的都在远离银河系运动,因而它们的视向速度也称**退行速度**(recession velocity)。

对于遥远的和很暗的星系,难以分辨个别恒星并拍摄光谱,天文学家则用整个星系的性质作为距离指示。一种性质是定得较好的光度(绝对星等),如造父变星、Ⅰa 型超新星,常称为**标准烛光**(standard candle);另一种性质是定得较好的直径,常称为**标准测竿**(standard ruler)。然而,各星系的光度和直径差别很大,于是天文学家提出用不同技术来分别测定旋涡星系和椭圆星系的距离。旋

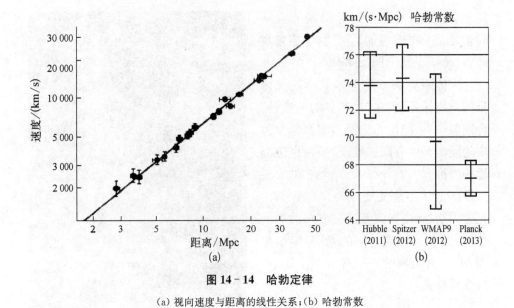

图 14 - 14　哈勃定律

(a) 视向速度与距离的线性关系;(b) 哈勃常数

涡星系有塔利-菲舍尔经验关系(Tully - Fisher relation):星系质量越大,其光度也越大,从星系盘的自转速度可以推算出星系质量,用此关系计算光度,再由光度和观测的视亮度就可算出距离。椭圆星系有法贝尔-杰克逊关系(Faber - Jackson relation):恒星速度的范围(**速度弥散度 σ**,velocity dispersion)与星系光度 L(绝对星等 M)相关,由速度弥散度估计光度,进而再由视亮度计算距离。

　　星系距离的测定常存在很大的误差(30%～50%),因此,精确确定 H_0 值十分困难。哈勃和哈马逊在 1930 年前后测定的 H_0 值在 500～550 km/(s·Mpc)范围内,但后来测定的更准确的 H_0 值大大减小[见图 14 - 14(b)]。尤其是近年的**超脉泽宇宙学项目**(Megamaser Cosmology Project,MCP)可以更精确地测定距离,进而得出准确的 H_0 值:2017 年已由 NGC 5765b 等 4 个星系观测得出 $H_0 = (67.6 \pm 4.0)$km/(s · Mpc) (即误差 5.9%)。一般写为 $H_0 = 100 h$ km/(s · Mpc), $0.5 \leqslant h \leqslant 0.85$。

　　谱线的**红移量** Z(也常简称**红移**,red shift)定义为

$$Z = \frac{\lambda - \lambda_0}{\lambda_0} = \frac{\Delta\lambda}{\lambda_0} \tag{14 - 3}$$

式中,λ_0 是实验室光源的某一谱线的(正常)波长;λ 是天体的同一谱线的波长。当红移量很小(视向速度 v 远小于光速 c)时,可用经典的多普勒公式

$$Z = \frac{\lambda - \lambda_0}{\lambda_0} = \frac{\Delta\lambda}{\lambda_0} = \frac{v}{c} \qquad (14-4)$$

计算视向速度。当红移量大于 1 时，由式(14-4)算出的视向速度 v 大于光速 c，显然违背相对论原理。因此，应当用相对论导出的严格公式

$$Z = \sqrt{\frac{c+V}{c-V}} - 1 \text{ 或 } v = \frac{(Z+1)^2 - 1}{(Z+1)^2 + 1}c \qquad (14-5)$$

来计算视向速度。例如，3C256 的红移量 $Z=1.82$，由式(14-4)算得 $v=1.82c$（这是不合理的），而由式(14-5)算得 $v=0.536c$（这才是合理的）。显然，按照式(14-5)，无论红移量多大，v 总不会超过光速 c。

14.2.2　星系的大小、质量和光度

知道了一个星系的距离后，就容易由观测它的角径和视星等归算出它的大小和绝对星等(光度)。由于星系没有锐利边界，大小和光度的测定有较大误差。结果表明，各类星系乃至同类的各星系在大小和光度方面有很大差别。巨椭圆星系的大小为银河系的 5 倍；矮巨椭圆星系的大小为银河系的 1%；不规则星系的大小为银河系的 1%～25%。

星系的质量是重要物理量，但最难测定。一般用三种方法测定星系的质量。

第一种方法是观测星系的自转曲线(见图 14-15)来推算它的质量。这就是前面测定银河系质量所述的方法。由于只有较近的星系才能较好地观测到光谱与自转，此方法不适用于远的星系，且星系最外部的质量也没有计及。

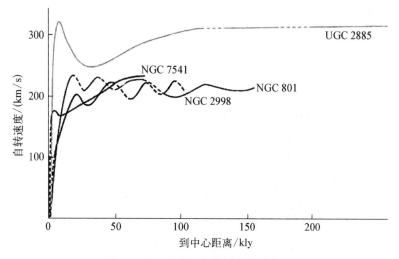

图 14-15　几个旋涡星系的自转曲线

第二种方法类似于分光双星测定质量,观测双重星系的光谱,得到每个星系绕质量中心的轨道半径和周期,用开普勒第三定律来推算它们的质量。然而,星系绕转太慢,很难准确测定它们的真轨道以及每个星系的质量,只能估计平均质量。

第三种方法是速度弥散法。观测到星系内物质运动导致的谱线加宽,可估算出星系自引力束缚的质量。

综合测定一些星系质量的结果表明:正常旋涡星系的质量为 $10^9 M_\odot \sim 10^{12} M_\odot$;巨椭圆星系的质量达 $10^{13} M_\odot$;矮椭圆星系的质量达 $10^6 M_\odot \sim 10^7 M_\odot$;不规则星系的质量为 $10^6 M_\odot \sim 10^{10} M_\odot$。实测得出,星系的质量大于可见物质的质量,说明存在不可见的暗物质。

星系的性质也反映在其质量与光度比率(M/L,取 $M_\odot$ 与 $L_\odot$ 为单位)上(见图 14-16)。星系的光度主要来自恒星,若星系全部由太阳型恒星组成,则 $M/L = 1$;若星系只含 B 型星,$M/L \approx 0.1$;若星系都是 M 型星,$M/L \approx 20$;若星系含有很多暗物质,则 M/L 值更大。椭圆星系含较大百分比的 M 型主序星,其 M/L 为 $20 \sim 40$;透镜星系和旋涡星系的 M/L 为 10;不规则星系的 M/L 为 1。

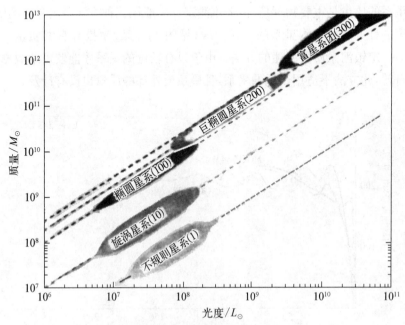

图 14-16　各类星系和富星系团的质量-光度图
(括号内数值为 M/L 的平均值)

同型星系有一定的光度范围,类似于恒星的光度型,星系也按光度由高到低分为Ⅰ、Ⅱ、Ⅲ、Ⅳ、Ⅴ型。Ⅰ型的是超巨星系。在离我们 3 000 万光年范围内,以低光度的不规则星系居多。哈勃太空望远镜观测到 40 亿光年的一群星系中以旋涡星系居多。

14.2.3　宇宙的空间膨胀

哈勃定律表明,星系都朝着远离银河系方向运动着,星系越远,退行速度越大。哈勃由此得出结论:宇宙的可见空间部分正在均匀膨胀。为了便于理解均匀膨胀,可以设想一根棒上有三点 A、B、C,且 $AB = BC$,当棒均匀膨胀伸长时,无论从哪点看,其余两点都在远离,退行速度与距离成正比。从均匀膨胀着的气球表面上任一点看其他各点的运动也有类似的规律,参见图 14 - 17。

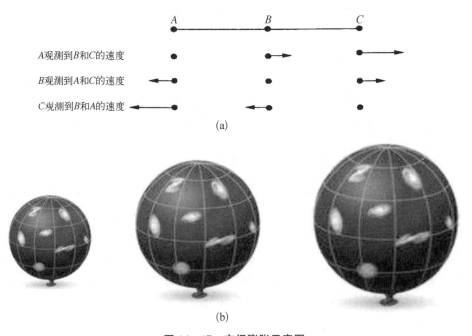

图 14 - 17　空间膨胀示意图

(a) 均匀膨胀的棒上等间距的 3 点所见的各点速度;(b) 不管从膨胀气球哪一点看,其他点都在远离

自从哥白尼时代以来,人们认识到地球不是宇宙中心,人类在宇宙中不占特殊地位。同样地,从星系的退行现象似乎可以认为银河系处于膨胀的中心,但天文学家断然摒弃了这种观点。从上述的例子显然可见,只要宇宙的可见部分在均匀膨胀,则任何星系上的观测者应同样观测到其他的星系在退行,并且得出同

样的哈勃定律。因此银河系的地位无任何特殊之处,宇宙没有特殊的中心。

14.3　特殊星系

特殊星系是指因星系核活动异常或形态特殊而不能纳入哈勃分类的星系。半个世纪前,天文学家以为星系是平静的,只有偶然出现超新星或新星才暂时打破沉寂。射电天文学兴起后,发现许多河外的强射电源,其射电辐射能量比银河系射电大得多(10^7 倍以上)。后来在红外、紫外和 X 射线波段的探测进一步显示星系的活动,特别是与某些星系核联系的活动相当普遍。

按照活动的规模,处于较低水平的星系占绝大多数,故统称正常星系;活动很激烈的星系只占约 2%。这反映了在星系的整个演化过程中激烈活动只是很短的一个阶段。

特殊星系的显著特殊性先由某种观测发现,故有不同的命名:光学观测发现的通称活动星系(又有以观测研究者命名的特殊称呼,如马卡良星系、赛弗特星系),射电观测的称为射电星系,典型称呼的有蝎虎天体,还有以主要特性称呼的互扰星系等。后来,又有其他方法观测和综合研究。

14.3.1　活动星系核与活动星系的发现

活动星系核(active galactic nucleus,AGN)是星系中央的致密区,至少其某部,可能全部是**光度超**的(即比正常光度高得多),其特征是由普通恒星产生的,在射电、微波、红外、可见光、极紫外、X 射线和 γ 射线波段都观测到光度超。AGN 寄主的星系称为**活动星系**。活动星系中心有超大质量黑洞,它吸积周围物质而导致 AGN 光度超。起初是在观测时偶然发现它们的,缺乏统一分类规范,以致类型相当混杂,仅少数活动星系可单纯地归入一种类型,多数是类型交错重叠的。下面分别概述之。

1) 赛弗特星系

美国天文学家 K. 赛弗特(Karl Seyfert)在 1943 年发表文章描述具有特殊星系核的旋涡星系,称为**赛弗特星系**(Seyfert galaxy)。它们在短曝光底片上显示有明亮的恒星状核(直径为几光年)及急剧活动的奇特光谱,在长曝光底片显露核周围有朦胧的旋涡结构。已知的赛弗特星系有几百个,几乎都是旋涡星系(约占全部旋涡星系的 2%),少数可能是椭圆星系。赛弗特星系分两型:赛弗特 1 型的 X 射线和紫外辐射亮,有典型的宽发射线;赛弗特 2 型只有窄发射线,红外(而不是 X 射

线和紫外线)辐射很强。赛弗特星系的亮核有快速变动,亮度在不到一个月可变化
50%,说明亮核很小且产生巨大能量(最大达整个银河系能量的 100 倍)。赛弗特
星系有处于密近双重星系中的倾向,引潮力可能造成赛弗特星系的活动。某些赛
弗特星系有双核,可能是两个星系碰撞或合并所致。图 14 - 18 显示赛弗特星系的
一个例子。

图 14 - 18　赛弗特六重星系[一个星系(中)红移 $Z=0.067$,
另五个为 $Z=0.015$]

2) 致密星系

瑞士天文学家 F. 兹威基(Fritz Zwicky)在 20 世纪 60 年代根据《帕洛玛天
图》发现一种表面亮度很高、勉强能与恒星区分的星系,称为**致密星系**(compact
galaxy),也称为兹威基星系。其中,红致密星系大概是正常星系,不过表面亮度
高得反常,而蓝致密星系很可能是小的星系际电离氢(HⅡ)区。

3) N 型星系

N 型星系(N galaxy)由美国天文学家 W. W. 摩根(William Wilson
Morgan)在 20 世纪 50 年代提出,其特征是有一个恒星状的亮核以及较致密的
暗弱星云包层,星系的辐射大部分由亮核提供。有些 N 型星系核的周围可以看
到旋臂。这类星系中很多是射电源,光谱与赛弗特星系类似,不过发射线较窄,
核的亮度有变化。

4) 马卡良星系

苏联籍亚美尼亚天文学家 B. 马卡良(Benjamin Markarian)自 1965 年起用

配备物端棱镜的施密特望远镜搜寻有强紫外连续辐射的星系。经过几年的巡天观测,发现了 800 多个这类天体,并编成表,故命名为**马卡良星系**(Markarian galaxy)。马卡良星系大体分成两个次型:亮核型,占总数的 $\frac{2}{3}$,明亮的星系核就是紫外连续辐射源,它们常是旋涡星系,光谱中有发射线,其中发射线很宽的又属于赛弗特星系;弥漫型,紫外连续源分散在整个星系内,它们是暗弱的不规则星系,金属度一般很低。阿罗用类似于马卡良巡天技术于 1956 年首先发现的阿罗星系基本就是弥漫型的马卡良星系。

14.3.2　射电星系

自射电望远镜观测星空以来,发现了很多射电源。起初,一些强的射电源以星座名加大写拉丁字母来表示,例如,人马(座)A,天鹅(座)A。后来汇编成射电源表,常用的有英国剑桥大学编的第三和第四射电源表(简称 3C、4C),现已有第五和第六射电源表(即 5C、6C)。以表的简称加编号来命名射电源,如 3C405 即天鹅 A。

有些射电源的对应光学天体是银河系内的(如 3C144 对应银河系内的蟹状星云 M1);大部分是银河系之外的,其中约半数的对应光学天体是星系(如 3C284 对应椭圆星系 M87);还有一些仍不知其对应光学天体。大部分活动星系是**射电星系**(radio galaxies),大多是椭圆星系,射电光度($10^{35} \sim 10^{38}$ W)远大于正常星系($10^{30} \sim 10^{32}$ W),它们的射电发射一般是非热辐射,多为同步加速辐射。在形态上,射电星系分为两型(见图 14-19):致密型射电星系,也称为核-晕型

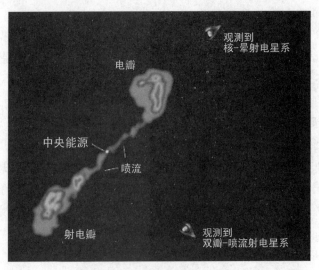

图 14-19　两型射电星系的不同形态可能是观测方向所致

射电星系,其射电像与光学像一致或稍小,射电辐射来自核心;延展型射电星系,其射电像大于光学像,常表现为双瓣结构,射电辐射来自双瓣,先后在射电发射所观测到的结构取决于双喷流与外部介质之间的相互作用,受相对论性束流效应修正。它们的寄主星系几乎都是大的椭圆星系。实际上,两型射电星系的不同形态可能是观测方向不同所致(见图 14-19)。

在射电图上,射电星系显示范围很宽的结构。最常见的大尺度结构是射电瓣(radio lobe),在活动星系核的两侧呈现为大致椭圆结构的双瓣,往往很对称,常有喷流和很亮的热斑(见图 14-20)。少数的低光度射电星系显示异常延展的羽和喷流(见图 14-21)。1974 年,南非天文学家 Bernie Fanaroff 和英国女天体物理学家 Julia Riley 依据射电发射的大尺度形态,把射电源分为两类:FR I,中央有亮的喷流;FR II,喷流暗,但瓣端有热斑,似乎可以有效地转移能量到瓣端。FR I/FR II 的划分取决于寄主星系环境,在更大质量的星系中,FR I/FR II 转变出现更高光度。基于射电结构,也命名经典双瓣、宽角尾、窄角尾(或头-尾)和双瓣特型。

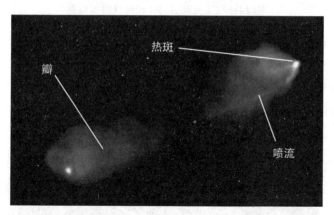

图 14-20 射电星系 3C98 的射电图

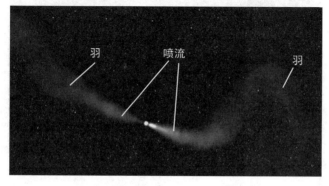

图 14-21 射电星系 3C31 的射电图

1948年发现第一个最强的河外射电源 3C 405,即天鹅(座)A(见图 14-22),1953 年光学证认出它是视亮度为 16^m 的超巨椭圆星系,也是强 X 射线源,离我们 7.3 亿光年。它是一个双瓣射电源,射电辐射功率比银河系强 10^7 倍。射电瓣大小为 5.5 万光年,光学星系位于双瓣之间,瓣与光学星系相距约 16 万光年。从光学星系抛出细长(16 万光年)的物质喷流到两瓣。

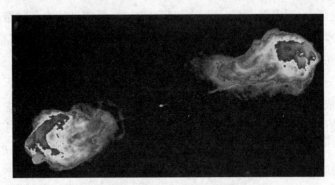

图 14-22　天鹅 A(3C 405)双瓣射电源

半人马座 A 是离地球最近($\sim$12 Mly)的射电星系,它的双瓣射电外瓣跨过天空 10°(见图 14-23)。双瓣中间是特殊星系 NGC5128,看起来像巨椭圆星系,但有个尘埃带环绕。该星系的亮球部缓慢地绕尘埃环面内的轴转动,而尘埃环则绕垂直环面的轴转动,因而揭示 NGC5128 是一个椭圆星系与一个小的旋涡星系碰撞合并的。尘环中有因星系碰撞触发而新近形成的蓝亮星。长感光底片

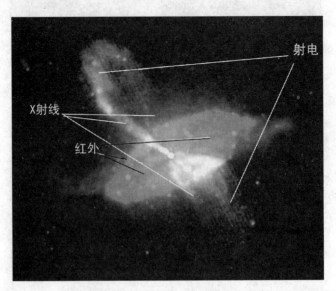

图 14-23　人马座 A 的射电、红外和 X 射线组合图像(彩图见附录)

上显现典型星系的同心恒星包壳,这些恒星是星系合并而新生的。高分辨射电图揭示从星系中心抛射高速气体喷流而胀大射电喷流。虽然在可见光(因尘环遮挡)看不见其星系核,但哈勃太空望远镜红外照片揭示一个小而亮的中心天体裹在直径为 130 ly 的热气体盘内。X 射线探测到与射电喷流同方向的长喷流及反方向的弱喷流。显然,盘和亮的中心天体(可能是黑洞)造成喷流和射电瓣。

　　NGC 326 的射电图显示 X 形结构而成为"X 形射电星系"FR Ⅱ 之亚型的原型,已有 11 个此型星系。由于它们可能是两个超大质量黑洞新近凝结的自转翻转(spin-flips)处,故颇受关注。在射电图(见图 14 - 24)上,它们显示源于两个活动(或面亮度大的)瓣之一处的两个面亮度小的瓣("翼")。两组双瓣对称于椭圆星系中心,呈 X 形结构。

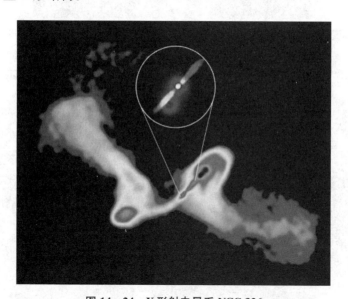

图 14 - 24　X 形射电星系 NGC 326

插图表明从超大质量黑洞抛射的粒子(射电)喷流

　　M87(＝NGC 4486＝Virgo A＝Virgo X - 1)是一个特殊的超巨椭圆星系(EOp),位于室女星座,视星等为 9.59^m,视角大小为 $7.2' \times 6.8'$(直径为 12 万光年),离我们约为 53.5 Mly,总质量为 2.4 万亿 $M_\odot$。它含有约 12 000 个球状星团,且有个从星系核向外延展至少 4 900 ly 的高能等离子体喷流(见图 14 - 25)。它也是最亮的射电星系之一。其星系核和核外都有激烈活动。M87 及其喷流也发射 X 射线。哈勃太空望远镜光谱观测表明,有气体盘绕星系中心快速转动,转动速度向中心增大,推测中心可能是一个 27 亿 $M_\odot$ 的黑洞。

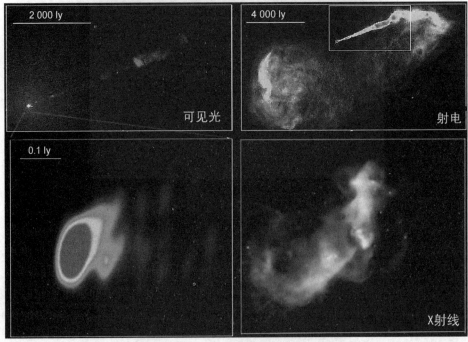

图 14-25　超巨椭圆星系 M87

　　很多射电星系有双瓣结构,可用"双喷流模型"来解释:从活动星系核朝相反两方向抛出高速粒子喷流(例如,NGC5128 的粒子速度约为 5 000 km/s,天鹅 A 等的粒子速度可达光速的几分之一),喷流冲击星系际介质,在星系两侧猛涨为热气体腔而显示为射电瓣,在喷流冲击星系际介质处显示为热斑(强射电发射区）。有的星系或者先向一个方向、然后向另一方向抛射物质，或者喷流方向不利于观测，因而观测时只见一喷流。射电星系的射电连续谱一般是幂律谱（power-law spectrum），射电辐射有很强的偏振（意味着存在磁场作用），因而辐射机制应是 **同步加速辐射**（synchrotron radiation），也可能是 **逆康普顿辐射**（inverse Compton radiation），但还不能做出确切的分析结论。在可见光、红外、紫外和 X 射线也有同步加速辐射。

有的射电星系的射电图呈头尾状，射电辐射区的头围绕着光学星系，窄的尾从光学星系延展出去。有的射电尾伸向一个方向，还有很多不同弯曲形状的射电尾。这是由于星系的快速运动喷流物质与星系际物质相互作用而受到减速，便形成了被星系拖在后面的射电尾。英仙座 NGC1265 有两条射电尾，延伸几十万 pc，偏振观测表明磁场沿尾巴伸展方向，以速度约 2 000 km/s 相对于星系际物质运动而导致喷流尾向后弯曲（见图 14 - 26）。

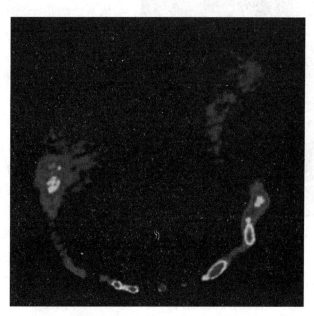

图 14 - 26　头尾型星系 NGC1265

14.3.3　蝎虎 BL 天体和耀变体

1929 年人们发现蝎虎（座）BL 有亮度变化，曾把它当作不规则变星。但 1968 年发现它是强射电源，随后拍摄到它有典型的巨椭圆星系光谱，红移 $Z = 0.07$，相应于离我们 9 亿光年，在射电、红外和可见光波段的亮度都有十几倍到百倍的快速变化。有这样特征的（遥远）星系称为 **蝎虎 BL 天体**（BL Lacertae object,BL Lac)。它们有如下共同的特征：① 一般呈恒星状,看不出结构,但一部分这类天体(包括蝎虎 BL)有暗弱的包层；② 射电、红外和可见光波段上都有亮度快速变化,时标为几天至几月；③ 没有光谱吸收线和发射线,或很弱；④ 各波段的连续辐射都是非热的,以红外波段上辐射的能量最多；⑤ 辐射的偏振度大,并且有快速变化。与其他活动星系最大的不同在于,蝎虎天体光变非常迅速且飘忽不定。就蝎虎 BL 而言,视星等在 $14^m \sim 16^m$ 范围内变化,偶尔可增亮至 13^m,一天内亮度可变化 $10\% \sim 32\%$。有几个蝎虎天体亮度变幅达 100 倍。如此快的光变和大的变幅是难以设想的。

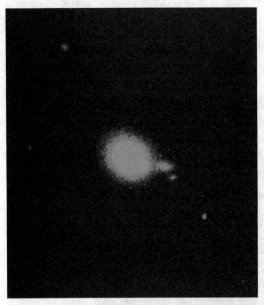

图 14-27　BL Lac 天体 H 0323+022、可见宿主星系及其伙伴(ESO MIT,R 滤光器)

很多蝎虎天体是致密的射电源,略带一点延展的结构,但与核心的强射电辐射相比,延展部分显得很弱,似乎是椭圆星系。最令人迷惑不解的是这类天体的光谱中竟几乎没有谱线,因而无法测定它们的距离。但已观测到蝎虎 BL 的光谱弱吸收线,它们是由该天体周围的星云物质所产生的,并测得红移 $Z = 0.07$。这对应于视向速度 2.1×10^4 km/s,由哈勃定律推算的距离为 420 Mpc〔取 $H_0 = 50$ km/(s·Mpc)〕。此外,有些蝎虎天体处在星系团中,提供它们是星系的间接证据。蝎虎天体可能包含不同性质的天体：恒星状的也许是星系核,有暗弱包层的才是星系。有人甚至认为,它们可能是诸如 M87 和 NGC5128 射电星系抛出的凝块。图 14-27 是一个例子。

耀变体(Blazar)是活动的巨椭圆星系中心(推测的)超大质量黑洞成协的致密类星体,快速发射射电的相对论性喷流并指向地球,表现出快速变化和致密特征。它们是较大的活动星系群的成员,显示宇宙的最高能现象。几个稀有的"中介耀变体"似乎有"光学聚变(OVV)"类星体与 BL Lac 的混合性质。

一般接受的图像是,OVV 类星体是内禀强烈的射电星系,BL Lac 天体是内禀弱的射电星系,它们的寄主星系是巨椭圆星系。

14.3.4　互扰星系和星爆星系

20 世纪 50 年代,兹威基等注意到《帕洛玛天图》上有些近邻的星系形态异常,它们附近常有星系际桥(intergalactic bridge)或潮汐尾(tidal tail)出现。它们因经历了密近相遇或碰撞的过程而遭受引力扰动,这样的星系称为**互扰星系**(interacting galaxy)。不同于活动星系,互扰星系原先是正常星系,其特殊性完全是由星系之间的密近相遇或碰撞造成的。

星系之间的平均距离约是星系直径的 20 倍,尤其在星系团内,星系可能密近相遇或碰撞,形成特殊形态的星系(见图 14 - 28)。近 20 多年来,用电子计算机模拟星系密近相遇和碰撞,可拟合观测的互扰星系形态,说明星系际桥和尾的生成。在某些情况下,引潮力会导致旋涡结构的形成。

图 14 - 28　"鼠"星系是一对(NGC 4676A,NGC 4685B)
互扰的带尾星系

如果两个星系迎头相撞,相对速度不超过 100 km/s,相互作用的时间便足够长,它们可能合并成一个星系,称为**星系吞食**,令其结构发生很大变化,可把旋涡星系变为椭圆星系。富星系团中心部分的星系数密度很大,常存在一两个超巨椭圆星系。超巨椭圆星系有特殊性质:① 广延晕,直径达 3 Mly;② 中心附近有多重星系核;③ 在星系团中央。这是靠吞食了相撞的星系后逐步壮大的,随着质量增加,它吸引其他成员星系的引力也增强,加快"同类相食"过程,导致星系团的相当大部分物质被兼并,形成超巨椭圆星系。图 14 - 29 是一个碰撞星系的例子。

图 14-29　"天线"星系是一对(NGC4038,NGC4039)碰撞星系(彩图见附录)

霍格天体(Hoag's object)是美国天文学家 A. 霍格(Arthur Hoag)在 1950 年发现的环状星系(见图 14-30),位于巨蛇座,离我们 6.13 亿光年。这是一个由年轻的蓝色恒星组成的近乎完美的圆环(内外围直径约 7.5 万光年和 12.1 万光年),环绕着在核心的年老黄色恒星系核,环圈间隙含暗而难见的星团。透过霍格天体的星系核和外环之间,在上偏右处可见更远处的环状星系 SDSS J151713.93+213516.8。环状星系可能是与另一个星系碰撞所致,但情节仍不清楚。

20 世纪 80 年代,IRAS 卫星探测到很多超强红外辐射的星系,它们的红外光度比光学光度一般大几十至一百倍。在此之前,虽然天文学家清楚已知几个邻近的星系(例如 M82,见图 14-31)红外辐射超强,但只有当 IRAS(红外源)大批发现之后,才确立了一类新的星系——**星暴星系**(starburst galaxy)。可能因别的星系碰撞或互扰,触发(星暴)星系的气体和尘埃迅速形成大批恒星(星暴),新形成的热星发射很强的紫外辐射而加热恒星际尘埃,转化为

图 14-30　环状星系——霍格天体也是星系碰撞的产物,环内有星系核

红外辐射,光度增强。星暴星系的大批恒星形成在较大区域(超过 3 kly),而活动星系的激烈活动出现在小的星系核内。星暴星系 M82(NGC3034)的红外光度是光学光度的 20 倍,它离地球约 12 Mly,有奇异尘埃带穿过。与 M82 相伴的旋涡星系 M81 足以提供引潮效应。图上暗色是氢(H_α)辐射,显示恒星形成暴期间星系内区吹出的广延气体结构。中央部分因不透明尘云遮挡而显得较暗。哈勃太空望远镜拍摄的星系 NGC1569 红外像也显示在爆发的星暴星系。

图 14 - 31　星暴星系 M82(彩图见附录)

14.4　类星体

类星体(quasi-stellar object,QSO;或 **quasar**)是高光度的活动星系核,由超大质量黑洞及环绕它的气体吸积盘组成。类星体寄主于活动的年轻星系中心,是宇宙中最明亮、强辐射的高能天体,辐射最强的超过 10^{41} W,比诸如银河系等星系的光度强数千倍。当吸积盘的气体向黑洞下落,释放的能量变为电磁辐射,它们发射能量遍及电磁波谱,可以在射电、红外、可见光、紫外、X 射线,甚至 γ 射线波段观测到。已知的类星体数目有 20 多万,它们的光谱线红移为 0.056～7.085,相应的离我们 6 亿光年～288.5 亿光年。

14.4.1　类星体的发现

为了搜寻射电源的光学对应天体,美国天文学家 A. 桑德奇(Allen Sandage)

和 T. A. 马修斯(Thomas A. Matthews)于 1960 年在射电源 3C48 的位置上找到了一个视星等为 16^m 的恒星状天体。它的周围有很暗的星云状物质,紫外连续辐射比主序星强,呈蓝色,亮度有变化,一年内变化 0.4^m。最特别的是,光谱中有几条完全陌生的宽发射线,后被证认为已知谱线红移 $Z=0.367$,由哈勃定律可得出它的距离为 50 亿光年。接着发现射电源 3C196、3C286 和 3C147 也有貌似恒星的对应光学天体,它们光谱中的发射线也无从证认。1962 年,在观测月掩强射电源 3C273 时,发现其位置上有一颗 13^m 的蓝色暗"星",其光谱中发射线也令人迷惑。1963 年,荷兰天文学家 M. 施米特(Maarten Schmidt)证认出一些奇特发射线原来是氢的巴耳末线,只因红移大 ($Z=0.16$) 而不易证认。后来又发现 3C273 在紫外有波长为 141.0 nm 的强发射线,按 $Z=0.158$ 计算,它正常的波长应为 121.6 nm,这就是 L_α 线,因而进一步证实红移解释。美国天文学家 J. L. 格林斯坦(Jesse Leonard Greenstein)分析 3C48 的光谱,得出 $Z=0.367$(银河系的恒星最大红移 $Z=0.002$)。 于是,3C48 和 3C273 之类貌似恒星、光谱线红移大的射电源称为**类星射电源**。用紫外敏感底片去搜索这类天体,果然很快发现许多红移大的蓝星体,但它们在射电波段上宁静或很弱而不易发现。后来将它们统称为**类星体**(见图 14 - 32)。

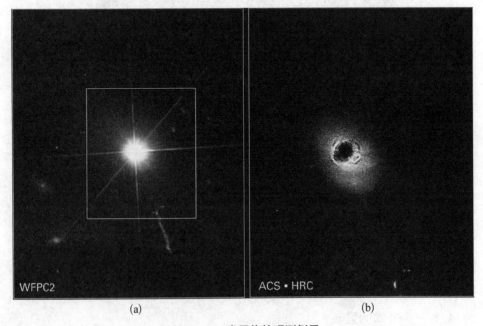

图 14 - 32 类星体的观测例子

(a) 类星体 3C 273;(b) "日冕仪"遮挡类星体(可见寄主星系)

14.4.2　观测特征

除了貌似恒星以外,类星体的主要特征如下:

(1) 光谱中都有发射线,包括氢、氦、碳、氮、氧、氖、镁、硅等元素产生容许谱线和禁线,其中最强的发射线是 H I 的 L_α 和 H_β、C IV 的 154.9 nm、N V 的 124.0 nm 及 Mg II 的 279.8 nm 谱线。它们证明类星体周围有稀薄气体云,云内原子受到高频光子照射而由荧光过程发射低频光子,形成发射线。而高频光子大概来源于高能电子的同步加速辐射。发射线很宽,表明气体云内有大规模诸如湍流之类的随机运动,运动速度可达 10 000~20 000 km/s。

(2) 许多类星体(但不是全部)光谱中有吸收线,它们是由碳、氮、硅等元素的离子产生的,吸收线比发射线窄得多。一般来说,红移 $Z > 2.2$ 的类星体有强吸收线。

(3) 大多数类星体的红移 $Z > 1$,而一般星系的红移 $Z < 1$。类星体 ULAS J1120+0641 的红移达 $Z = 7.085$,离地球 290 亿光年。通常由吸收线定出的红移小于发射线红移。有些类星体的吸收线有几组不同的红移值,但发射线的红移都相同。例如,类星体 PHL938 的发射线红移为 1.955,而吸收线红移分别为 1.949、1.945 和 0.613。如果不加说明,类星体的红移是指发射线红移。现在认为,类星体的吸收线是类星体与观测者之间的星系晕或星系际气体产生的,而红移与发射线很接近的吸收线则可能是在类星体本身的气体晕中产生的。类星体的红移如图 14-33 所示。

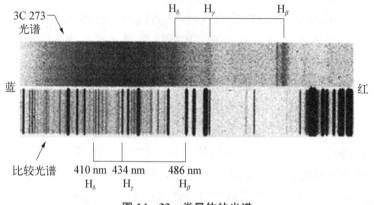

图 14-33　类星体的光谱

(4) 光学连续辐射谱与黑体辐射谱不同,具有非热的性质,紫外辐射很强,呈蓝色。大多数的光学辐射是偏振的,偏振度一般不大于 10%。某些类星体的亮度变化很快,如 3C446 在两天内亮度变化一倍。X 射线变化甚至更快,没有周期性。

(5) 类星射电源的连续射电谱是幂律谱 ν^α,ν 在(178~1 400)MHz 范围内的平均 $\alpha = -0.81$。很多类星体有双源结构。有些类星射电源极其致密,角直径小于 $0.001''$,辐射在几个月有很大变化,表明其直径小于 1 ly 或更小。

(6) 很多类星体是 X 射线辐射源。还发现几十个类星体有 γ 辐射,个别类星体还观测到光学喷流和射电喷流。

14.4.3 红移的争论

大多数类星体比一般可见星系的红移大得多,如何解释呢? 一种观点认为,类星体的红移是因宇宙的空间膨胀而河外天体退行的反映,称为**宇宙学红移**(cosmological redshift),按哈勃定律来计算距离(常称为宇宙学距离),类星体是很遥远的。有的类星体位于星系团的视方向上,很难鉴别它们是星系团的成员还是前景的或背景的天体。类星体 3C206($Z = 0.206$)周围约 200 个暗的星系中,已拍摄到两个星系的红移($Z = 0.203$)几乎与 3C206 一样,说明这个类星体位于一个星系团内,红移应是宇宙学的。非常远的类星体能看到,表明它们的光度非常大(至少是银河系的 100 倍)。3C273 的光度达 $4 \times 10^{14} L_\odot$。这样大的光度不仅是天文学家没有见识过的,更惊奇的是,发射能量的区域很小(不到 1 ly)。

另一种观点认为类星体红移是局地的,并非宇宙学的。观测到几个例子:S0 型星系 NGC3384 的 $Z = 0.003$,它周围类星体中有 6 个的红移 $Z = 1.11 \sim 1.28$,5 个与 NGC3384 几乎排成直线,可认为这些类星体是星系 NGC3384 抛出的,宛如射电星系的喷流。因而,类星体红移不是宇宙学的;旋涡星系 NGC4319 与类星体马卡良 205 的视位置很靠近,照片上看到两者间似有物质桥连接,说明它们是有物理联系的真正近邻,但 NGC4319 的红移 $Z = 0.006$,而马卡良 205 的红移 $Z = 0.07$,相差 10 倍以上。关于非宇宙学红移,有人曾提出光子衰老、类星体中央有大质量黑洞等几种观点。

总之,红移原因一直是个有争议的问题。主张非宇宙学红移的将类星体能源难题转移为解释大红移,但同样遇到困难,并且举证的观测资料也不是确凿无疑的。现在,大多数天文学家赞成宇宙学红移观点。在宇宙学红移的前提下,类星体是遥远天体。它们发出的光要经过漫长的岁月才到达地球,因此观测到的类星体是其年轻时(光发出时)的情况。所以,类星体可以作为研究宇宙早期状态的"探测器"。

14.4.4　引力透镜效应

按照广义相对论,光线在强引力场中发生弯曲。如果在类星体与地球之间有一个大质量天体,它对光线的引力弯曲就像"透镜"的作用,在类星体真实位置两边可以形成双像,这个现象称为**引力透镜效应**(gravitational lens effect)。如果居间天体的物质分布是延展的,成像就很复杂,有多重类星体像、弧、射电环(见图 14-34)。

引力透镜效应的发现有三个重要意义:① 提供广义相对论的又一种验证;② 证明类星体比星系遥远,红移是宇宙学红移;③ 类星体光谱吸收线是星系周

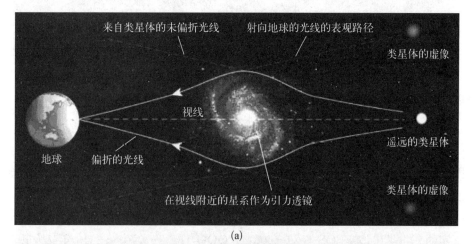

(a)

(b)

(c)

图 14 - 34　引力透镜效应

（a）在遥远类星体发出的光受星系引力弯曲而聚焦射到地球，观测到类星体的"虚"像；（b）星系的引力透镜导致背后类星体的四个虚像（方框中的箭头所示）；（c）哈勃空间望远镜拍摄的 20 亿年源的星系团 Abell2218 及其引力透镜效应所致其背后星系呈现的细弧幻景

围的气体产生的。引力透镜效应的更精确测量有助于发现致密天体（中子星、黑洞）以及探测星系的暗物质分布。

三个或多个类星体处于视位置靠近的概率是很低的，然而，2007 年观测到真实的三重类星体 LBQS 1429 - 008（或 QQQ J1432 - 0106），2013 年又发现三重类星体 QQQ J1519＋0627，2015 年发现四重类星体，它们是相互作用星系的星系核（见图 14 - 35）。

图 14 - 35　相互作用星系的星系核

（上）相互作用星系中的极亮类星体；（下）抽掉类星体辉光则见星系之间碰撞及合并的证据

14.4.5　视超光速现象

甚长基线射电干涉仪(VLBI)可以观测到类星体的 $0.002''$ 细节。例如,类星体 3C273 的高分辨射电图显示一小云团以 $0.0008''$ 每年的速度远离该类星体。假如该类星体处于其红移 $Z = 0.16$ 所示距离(约 960 Mpc),那么此云团运动速度似乎相当于 12 倍光速[见图 14-36(a)]。这称为**视超光速现象**,它违背相对论,因而是不可能的。观测到很多类星体有这样的视超光速现象,云团运动速度多在 5 倍光速以上。某些蝎虎 BL 天体也有视超光速现象。其活动星系核有一个喷流几乎正指向我们,为解释视超光速提供了重要线索。视超光速现象可以用相对论性喷流模型来解释[见图 14-36(b)]。假如类星体在近于我们视线方向以近光速抛出喷流,喷流中一个小云团发出的辐射行程为 35 ly,于某年到达地球;以 98% 光速运动的小云团走了 34 ly 而到了更近地球的位置,它从新位置

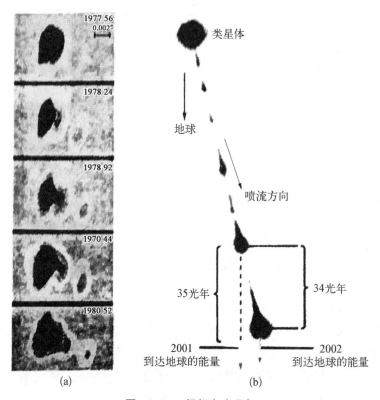

图 14-36　视超光速现象

(a) 类星体 3C273 高分辨射电图显示抛出的小云团及其视超光速现象;(b) 相对论性喷流模型可以解释视超光速现象

发出的辐射只需再过 1 年就到达地球。于是，我们看到小云团似乎在 1 年走了 35 年的距离，而实际上小云团运动并没有超光速。顺带地说，在银河系内也有视超光速现象。例如含中子星或黑洞的双星，已观测到以约 1.5 倍光速抛出物质，实际上气体物质运动速度仅为光速的 92%，而抛出方向仅在与视线成 19° 内，因而显示视超光速现象。

14.4.6　类星体和活动星系核的统一模型

鉴于类星体与活动星系核的主要观测特征相类似，人们把它们归结为同类天体。同时，它们的观测特征又有差异（见表 14-1）。这些差异是内禀的（即它们的结构或物理本质的差异），还是由其他原因所致？重要的是需要组织证据和合逻辑论证，构建统一模型，来解释其真谛。

表 14-1　各类型星系的特征

星系类型	活动星系核	发射线		X射线	UV超	远IR超	强射电	喷流	可变	射电
		宽	窄							
正常	否	弱	否	弱	否	否	否	否	否	否
LINER	未知	弱	弱	弱	否	否	否	否	否	否
Seyf 1	是	是	是	有些	有些	是	少	否	是	否
Seyf 2	是	是	否	有些	有些	是	少	否	否	否
类星体	是	是	是	有些	是	是	有些	有些	是	有些
BL Lac	是	否	否/弱	是	是	否	是	是	是	是
OVV	是	否	强于 BL Lac	是	是	否	是	是	是	是
射电星系	是	有些	有些	有些	有些	是	是	是	是	是

活动星系核（AGN）的激烈活动特征表现于多方面：① AGN 光学连续发射，当直视吸积盘时可见，大致和波长之间有幂律关系；② AGN 红外发射，当其附近吸积盘和周围被尘埃和气体遮蔽，再为热发射而可见，不同于喷流或盘的发射；③ 光谱宽发射线，来自中央黑洞附近的高速运动冷物质；④ 光谱窄发射线，来自更远的冷物质；⑤ 射电连续发射，特别是加速辐射谱；⑥ X 射线连续发射，来自喷流和吸积盘热冕谱；⑦ X 射线线谱，X 射线连续照射冷的重元素所致荧光线谱，如铁的 6.4 keV 特征。

　　基于归纳的观测资料,类星体与星系核的统一模型示于图 14 - 37。中央的黑洞包裹于吸积盘内,外部是多尘气体的密轮胎,左上部与右下部分别显示射电噪和射电宁静的不同方向观测的类星体(QSO)和星系核。吸积盘靠近黑洞部分温度非常高,而向外降低。黑洞潜在的中央穴很窄,吸积盘在那里"胀"为窄壁。热的内盘是喷流源,但人们还不了解喷流产生过程。因视线与吸积盘倾角不同而观测到不同的活动星系现象。若视线垂直吸积盘,可直接观测到黑洞旁中央穴,显示为蝎虎天体(BL Lac);若吸积盘略倾斜,观测不出中央穴,而观测到高速热气体区发射的宽谱线射电星系(BLRG),显示赛弗特 1 型;若吸积盘侧向我们,观测的是中央盘上下远处慢动气体的窄谱线射电星系(NLRG),显示赛弗特 2 型。

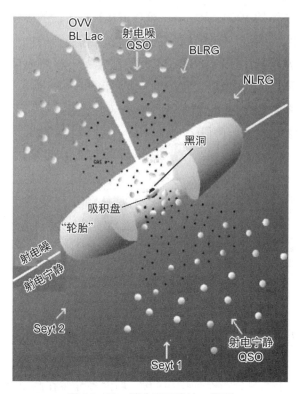

图 14 - 37　活动星系的统一模型

　　人们常把 AGN 分成两类:射电宁静(radio-quiet)和射电噪(radio-loud)。射电噪的发射来自喷流和(喷流暴胀的)瓣,在射电波段及可能某些或全部其他波段主导 AGN 的光度。射电宁静是简单的,因为在所有波段可以忽略喷流及其有关的辐射。

射电宁静的 AGN 包括：① 星系核的低电离发射线区域(LINERs)，发射线很弱，没有 AGN 发射的其他标示，光度低，甚至有是否真 AGN 的争议；② 赛弗特星系；③ 射电宁静的类星体，赛弗特 1 的更亮"变种"；④ 类星体 2s，类似于赛弗特 2。它们可统一为赛弗特星系从不同方向的观测表现。

射电噪的 AGN 包括以下 3 类：① 射电噪的类星体，类似射电宁静的类星体，加有来自喷流的发射；② Blazars(BL Lac 和 OVV 类星体)类；③ 射电星系。历史上，射电噪的统一集中于高光度射电噪类星体，但也缺乏实际观测证据，更可能仅形成喷流发射主要的单独类，在小视角呈现为 BL Lac。

如同活动星系情况，在很多与邻近星系相互作用的扰动星系发现了类星体。这样碰撞可以使物质进入中央的黑洞，触发类星体爆发(见图 14-34)。一种流行观点认为，类星体的现象标志着星系核在演化早期阶段的激烈活动，活动星系和射电星系是年老的类星体，活动已经趋于缓和。就红移的大小而言，类星体最大，赛弗特星系其次，射电星系最小。如果红移是宇宙学的，则红移从大到小意味着天体从年轻到年老。可以大致排出一个演化的序列：类星体、蝎虎天体、赛弗特星系、射电星系，终止于正常星系。按照这个观点，正常星系已经历了类星体、活动星系和射电星系的阶段。

如果上述的演化序列是正确的，那么类星体仅是极度活动的星系核，它们周围还应有星系盘。对于红移大的类星体，由于距离太远，星系盘太暗弱，角直径也太小，难以看到。但较近的一些类星体已找到星系盘的证据，例如，3C273、3C206 和马卡良 205 的周围都有模糊的结构，其光谱类似于星系，红移与中央的类星体一致。这样的观测资料有利于类星体是明亮星系核的观点。

14.5 星系集团和宇宙大尺度结构

星系在天球上的视分布不是均匀的，它们大多分布在高银纬天区。银道附近天区几乎看不到星系踪影，故称**隐带**(zone of avoidance, ZOA)，实际是由于聚在银道面附近的星际尘遮住了背后的星系。测定星系的距离后，就可以研究星系的空间分布，发现星系大多集结成不同尺度的集团，集团内的成员星系之间由引力束缚。按集团的大小和成员星系的多少，有多重星系，星系群、星系团(见图 14-38)。

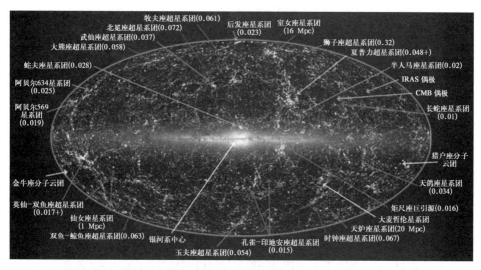

图 14-38　星系在天球银道坐标的分布(中间是银道隐带,彩图见附录)

14.5.1　多重星系

由几个彼此靠近且有引力束缚的星系组成的集团称为**多重星系**(multiple galaxy),例如,上面所述的互扰星系就是双重星系。当然,仅因投影效应而视位置靠近、甚至重叠的两个相距非常远(因而没有引力束缚)的星系就不是双重星系,如 NGC3314 和 NGC3314b 就是视向投影重叠而没有物理联系的两个星系,前者的距离约 20 ly 或 30 ly,而后者为 150 Mly。

大、小麦哲伦云与银河系组成三重星系。它们又与稍远一些的玉夫星系等几个星系组成多重星系。大、小麦哲伦云有共同的气体包层,并且有 HI 气体从它们流出,在天球上经过南银极,大概伸向银河系,形成了连接它们与银河系的"气体桥"(见图 14-39),显然这是银河系的起潮力从它们中拉出的。同时,它们的起潮力使银盘外部 HI 层向两旁弯曲。

14.5.2　本星系群

星系群一般是由 50 个以下星系组成的集团,直径为 1~2 Mpc,总质量约为 $10^{13}\ M_\odot$。星系群是宇宙中最常见的星系结构。在银河系所在的局部宇宙,至少 50% 星系分属各星系群,约半数星系群显示有来自它们的**团内介质**(intracluster medium,ICM)的弥漫 X 射线发射。星系群有几个亚型:致密群(compact group)是小区域靠近的小群,典型的是约 5 个星系靠近而独立于其他星系;化石群(fossil group)是正常星系群内合并的归宿星系;原群(proto group)是处在形成过程中的群。

图 14 – 39　大、小麦哲伦云(右下亮斑)的 H I 气流在银道坐标系的位置

　　银河系所属星系群称为**本星系群**（local group），直径约为 10 Mly（3.1 Mpc），成员至少有 54 个，最大成员是 3 个旋涡星系（M31、银河系和 M33），其余的大多是矮星系，椭圆星系与不规则星系约各占一半（见图 14 – 40）。

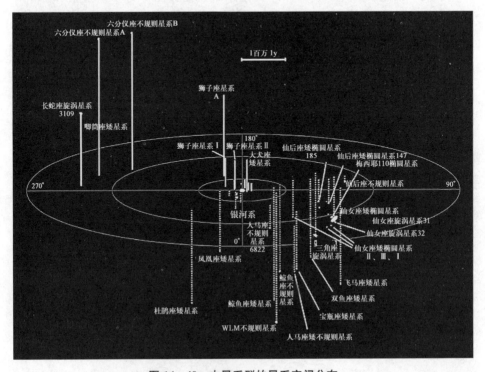

图 14 – 40　本星系群的星系空间分布

　　本星系群的结构很松散,在银河系和 M31 附近各有 10 多个星系聚集,形成了本星系群中两个最明显的次群。以银河系为首的次群包括人马座星系,大、小麦(哲伦)云,小熊座星系,玉夫座星系,天龙座星系,船底座星系,天炉座星系,狮子座Ⅱ,狮子座Ⅰ等星系。现在已知离银河系最近(24 kpc)的星系是人马座星系,它几乎位于银心背后方向,受银河系前景星光的影响,难以观测到,直到 1994 年才被发现。

14.5.3　星系团和超星系团

　　星系团比星系群大,二者间没有明确界限,有的文献中把星系群与星系团混为一谈。星系团由引力束缚的几百到几千个星系组成。星系团的关键特征之一是**团内介质**(intracluster medium,ICM)。ICM 由星系之间的受热气体组成,温度峰在 2~15 keV(与星系团总质量有关)。典型的星系团有以下性质:直径为 2~10 Mpc;总质量为 $(10^{14} \sim 10^{15})M_\odot$;含 100~1 000 个星系、热的 X 射线发射气体和大量暗物质,依次占总质量的 1％、9％、90％;这三种成分在星系团内的分布近似同样;个别星系的速度弥散为 800~1 000 km/s。

　　室女(座)星系团(见图 14-41)是典型的不规则星系团,离地球 16.5 Mpc,含星系 1 300 个以上,但散布于延展约 8°的大弧形,中央有著名的巨椭圆星系

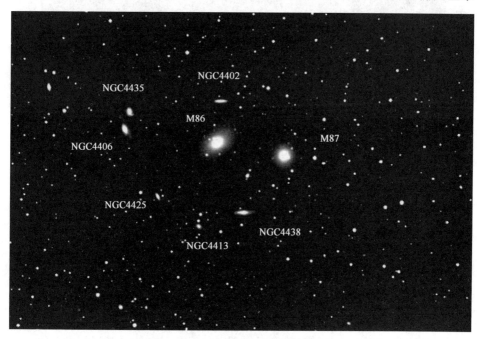

图 14-41　室女星系团局部(彩图见附录)

M87,而最亮的椭圆星系 M49 却不在中心。它至少可分为三个次团,中心分别在 M87、M86、M49,且椭圆星系和旋涡星系混杂不一。估计到半径约 2.2 Mpc 内的总质量约为 $1.2 \times 10^{15} M_\odot$。本星系群处于它的外围,不属于该星系团。

后发(座)星系团(Abell 1656)(见图 14-42)是典型的规则星系团,离地球约 336 Mly。其中心区域包含 1 000 多个亮星系,大多是椭圆星系和透镜星系,有两个超巨的椭圆星系 NGC4889 和 NGC4874,有延展的射电辐射和 X 射线辐射。仅有少量旋涡星系,且多在边缘区。它是后发超星系团的主要成员之一,另一个主要成员是狮子座星系团(Abell 1367)。

图 14-42　后发星系团

英仙(座)星系团离地球约 108 Mpc,星系分布不对称,最亮的一些星系排成一条延伸约 1°的线。其中心的最亮星系 NGC1275 是活动星系,周围有纤维结构。强射电源英仙 A 的位置与 NGC1275 重合,该星系团的大部分区域中有延展的射电辐射,也是最强的河外延展 X 射线源之一(强度极大靠近 NGC1275)。半人马星系团是南天最显著的富星系团,包含约 300 个较亮的星系,距离约 75 Mpc,它属不规则形,有两个星系集聚区,可能是两个偶尔接近的独立星系团。

星系团是否集结成更大的集团呢? 1958 年,美国人 G. O. 阿贝尔(George O. Abell)分析他编制的星系团表,首先提出存在星系"二级团"或成团的星系团——

超星系团(supercluster)。近年的观测研究表明,超星系团多呈扁长形状,长径超过 5 亿光年,估计在可观测宇宙中有千亿个超星系团。典型超星系团在约 1.5 亿光年空间区域包含几十个星系团。不同于星系团的各星系由引力束缚在一起,而大多超星系团的各星系并不被束缚在一起,各成员星系团一般相互离开。银河系所在的本星系群和室女星系团等的 47 000 多个星系属于**本超星系团**,也称为**室女超星系团**(见图 14 - 43),长约 1.1 亿光年(33 Mpc),总质量约为 10^{15} $M_\odot$。2014 年宣布,室女超星系团是更大的(长 5 亿光年＝153 Mpc)**拉尼亚凯亚(Laniakea)超星系团**的一部分。近的超星系团还有后发超星系团、武仙超星系团、狮子超星系团、玉夫超星系团、英仙-双鱼超星系团、蛇夫超星系团。最大的超星系团是所谓的**巨吸源**(great attractor),它离银河系 150～250 Mly(47～49 Mpc),其质量是银河系的数万倍,引力特强,以致本超星系团以几百千米/秒的速度朝它的方向运动。

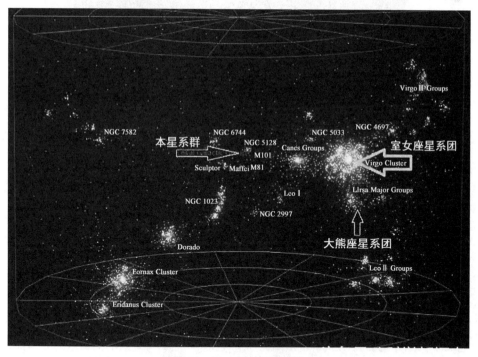

图 14 - 43　室女超星系团

从单个星系、双重星系、多重星系到星系群、星系团、超星系团,构成了尺度越来越大的阶梯式或等级的集团结构。由于观测能力所限,目前没有超星系团集结成更大系统的证据。常把观测所及宇宙各部分的全部称为**总星系**或**可观测的宇宙**,或**我们的宇宙**,其直径范围约为 930 亿光年(即 285 亿 pc,见图 14 - 44),含普通物质约 1.46×10^{53} kg,平均密度为 4.08×10^{-28} kg/cm^3。

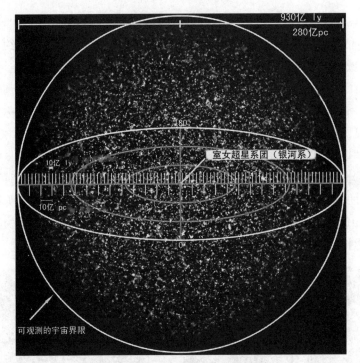

图 14 - 44　可观测的宇宙范围

14.5.4　宇宙的大尺度结构

　　星系团和超星系团在空间如何分布,在更大尺度上宇宙有怎样的结构? 这个问题可为研究宇宙早期演化史提供重要的线索。近些年来,宇宙大尺度结构的观测研究取得了重大进展,由星系的红移定出距离,结合星系的视位置资料,可以画出星系的空间分布图,研究宇宙空间的大尺度结构。

　　为简明易见,好像把西瓜切成片来看瓜籽的空间分布那样,人们利用图 14 - 45(a)考察较近各星系在片状空间的分布。银河系画在圆心,扇面圆弧相应于赤经范围 135°,省略了片的厚度,半径代表星系距离(或观测的星系红移)。它的中央部分是后发星座超星系团。图 14 - 45(b)是更大距离范围星系的分布,由图可见,星系的空间分布呈海绵或蜂窝状,后发星系团与几千个星系密集在一个**长城**(great wall)的区域中,长约为 170 Mpc,宽约为 60 Mpc,厚约为 5 Mpc,星系密度比周围高约 5 倍。星系很少的一些近圆形巨大区域(直径为 20~100 Mpc)称为**巨洞**(void)。还有由较少星系分布的"纤维(galaxy filament)"结构。

　　三维的星系空间分布全图(见图 14 - 46)显示宇宙大尺度结构似"海绵"或"蜂窝""肥皂泡"状,也称为"宇宙网(cosmic web)",其间有很多**巨洞**、**长城**、超

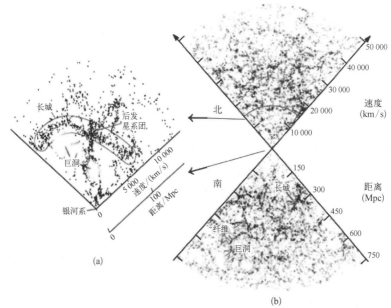

图 14-45　宇宙空间的大尺度结构

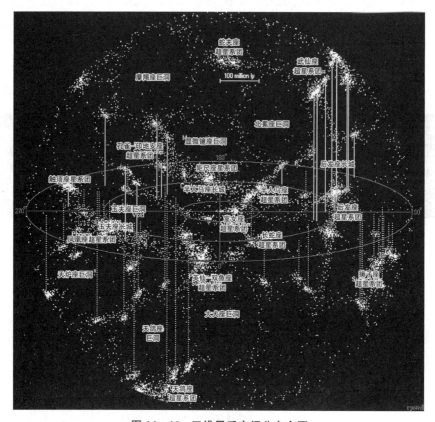

图 14-46　三维星系空间分布全图

星系团复合体(supercluster complexes)及星系纤维。

14.6　星系际介质和背景辐射

　　星系与星系之间的星系际空间并非完全的真空,也存在很稀疏的物质,称为星系际介质。遍布在包括星系际传播的宇宙背景辐射是宇宙早期遗留下来的,它的发现是检验大爆炸宇宙学的里程碑。

14.6.1　星系际介质

　　星系际介质(intergalactic medium,IGM)泛指存在于星系团内的星系之间以及星系团之间的物质。虽然星系际介质很难探测,但近年的理论研究和观测已得到一些重要成果。

　　IGM 以气体氢为主,它们处于中性或电离态。当遥远河外高光度天体(尤其是类星体)的光经路途上星系际氢(中性)原子吸收,就会在其光谱中有高红移的 Lyα(Lyman α)等吸收线——1965 年 J. E. 耿恩(James Edward Gunn)和 B. 彼得森(Bruce Peterson)预言的耿恩-彼得森槽(Gunn – Peterson trough)(见图 14-47),2001 年由红移 $Z = 6.28$ 的类星体光谱证实。观测研究得到 IGM 吸收

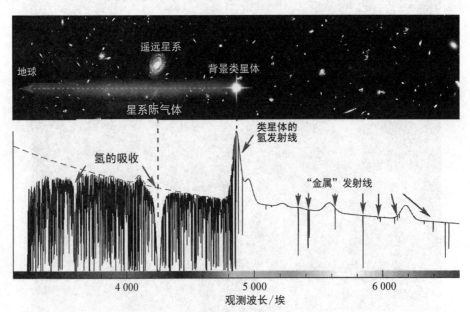

图 14-47　类星体及星系际介质的光谱

云的 **Lyα 森林**(Lyman α forest)——中性氢（H Ⅰ）的柱密度 $N(H Ⅰ)=10^{12}\sim$
$10^{17.2}/cm^2$，Ly 限系统(lyman limit system)的 $N(H Ⅰ)>1.6\times10^{17}/cm^2$。2014
年，用"宇宙网摄像仪"拍摄到 IGM 气体流在形成星系的图像（见图 14 - 48）。

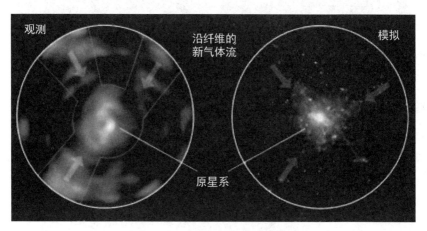

图 14 - 48　IGM 气体流形成星系

　　IGM 的氢被附近强辐射源的高能光子再电离而成为电离氢 H Ⅱ，由于密度
极低，需很长时间才遇上电子而复合，因此存在大量 H Ⅱ。在 $Z=6$ 以下的类星
体中未观测到 Gunn - Peterson 槽，说明中性氢被首批形成的类星体高能辐射再
电离而成为 H Ⅱ，并得到宇宙微波探测 WMAP 飞船资料确证。

　　20 世纪 70 年代 X 射线卫星上天后，观测到星系际存在发射 X 射线的气体。
钱德拉 X 射线天文台拍摄到 Abell 2199 星系团的星系际气体的 X 射线辐射（见
图 14 - 49）。2010 年，XMM - Newton 观测台探测到"温热"($10^5\sim10^7$ K)星系
际介质发射的 X 射线。

14.6.2　宇宙背景辐射

　　1964 年，美国贝尔实验室的工程师 A. 彭齐亚斯(Arno Penzias)和 R. 威尔
逊(Robert Wilson)（见图 14 - 50）为了查明卫星通信的天空干扰噪声原因，用一
架噪声极低和方向性很强的天线（工作波长为 7. 35 cm）测量了星空的射电辐
射。在扣除了所有已知的（地球大气、地面辐射和仪器本身的）噪声源外，各个方
向总是接收到原因不明的微波噪声，强度等效于温度 3. 5 K 的黑体辐射，而且没
有季节和周日的变化。他们因而发现了各向同性的**宇宙微波背景辐射**(cosmic
microwave background，CMB)。彭齐亚斯和威尔逊因这项发现获得 1978 年诺
贝尔物理学奖。

图 14 - 49　Abell 2199 星系团的星系际气体的 X 射线辐射像,右为星系的光学像

图 14 - 50　威尔逊(左)和彭齐亚斯(右)在发现微波背景辐射的号角形天线前

　　早在 1948 年,旅美俄国理论物理和宇宙学家 G. 伽莫夫(George Gamow)估算宇宙早期会残留有 5～10 K 的黑体辐射;1964 年,R. H. 迪克(Robert H. Dicke)和 J. 皮布尔斯(Jim Peebles)等的理论研究得出,宇宙**原始火球**大爆炸后遗留有温度几开的背景辐射,可以在厘米波段观测到,并且制造了一架射

电望远镜搜寻。两个独立的结果不谋而合,1965 年他们同时发表观测结果和理论解释。皮布尔斯因对物理宇宙学研究的杰出贡献获得 2019 年诺贝尔物理学奖。宇宙微波背景辐射也称为**背景辐射**、**3 K 背景辐射**、**原始背景辐射**。

　　为了验证原始火球的辐射遗迹是否有黑体辐射谱特征,人们发现在 $0.33\sim$ 73.5 cm 波段的测量结果与温度为 $2.7\sim3.0$ K 的黑体辐射的普朗克分布符合;随后,用气球将红外探测器送入高空,发现 $0.6\sim2.5$ mm 波段的测量符合温度为 2.7 K 的普朗克分布。20 世纪 90 年代初,研究者发射宇宙背景辐射探测器(COBE),更准确探测波长为 $1~\mu m\sim1$ cm 范围的宇宙背景辐射的方向分布和能谱,得出符合 $(2.725\,48\pm0.000\,57)$K 的黑体辐射普朗克分布,$\dfrac{\mathrm{d}E_\nu}{\mathrm{d}\nu}$ 辐射谱峰频率为 160.23 GHz(见图 14-51)。CMB 光子能量约为 $6.626\,534\times10^{-4}$ eV。若定义 $\dfrac{\mathrm{d}E_\lambda}{\mathrm{d}\lambda}$ 辐射谱,则峰波长为 1.063 mm。CMB 的能量密度为 0.25 eV/cm^3 $(4.005\times10^{-14}$ J/m^3)。负责 COBE 项目的美国科学家 J. C. 马瑟(John C. Mather)和 G. F. 斯穆特(George F. Smoot)因"宇宙微波背景辐射的黑体形式和各向异性"成果而获得 2006 年诺贝尔物理学奖。

　　探测背景辐射的三个里程碑项目(见图 14-52)分别为彭齐亚斯和威尔逊的天线、COBE,以及下面介绍的 WMAP。

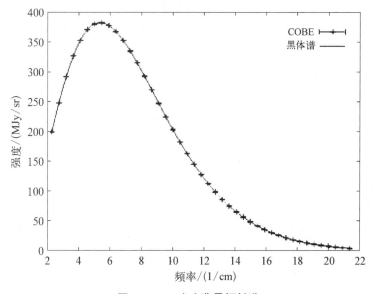

图 14-51　宇宙背景辐射谱

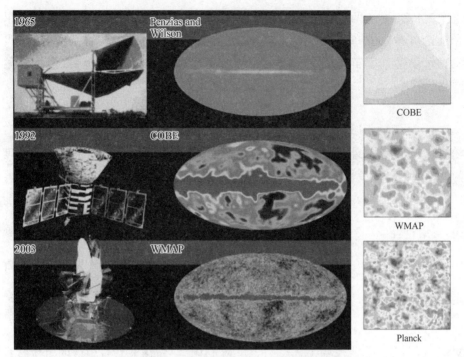

图 14‑52　宇宙背景辐射探测的三大里程碑(彩图见附录)

CMB 是各方向很均匀的,但残存有微小变化,尤其是太空不同观测角的辐射谱含有小的各向异性或不规则性。随后的十多年,人们进行了 CMB 较小角度各向异性的一些地面的和空间的更精确测定。BOOOMERanG(毫米波河外辐射与地球物理气球观测台)携带 1.2 m 望远镜和热辐射探测器,在 1998 年末到 1999 年初飞行于南极上空,可分辨比 COBE 卫星(角分辨约 7°)小 35 倍的背景辐射起伏,发现很多温度微小差别(0.000 1 K)的热斑和冷斑,角大小不到 1°。2001 年 7 月 30 日,美国发射"威尔金森微波各向异性探测器(WMAP)",更精确地测量整个天空的大尺度各向异性,更紧地约束各种宇宙学参数(见图 14‑53)。2009 年 5 月,欧洲空间局(ESA)发射普朗克(Planck)卫星,可以在更小尺度上测量宇宙微波背景。2013 年 3 月 21 日发布宇宙微波背景辐射全天图。

CMB 各向异性的结构主要取决于两种效应:① 声震荡,因早期宇宙的光子‑重子等离子体中冲突(重子速度慢于光子而其引力坍缩形成过密)所致的 CMB 特征峰结构;②(光子)扩散阻尼(diffusion damping),是光子从空间热区到冷区扩散而减弱早期宇宙密度不平衡(各向异性)的物理过程。CMB 在 μK 温度下是偏振的,有两型偏振:E 模式,起因于不均匀等离子体中的康普顿散射;B 模式,源于 E 模式的引力透镜和引力波。

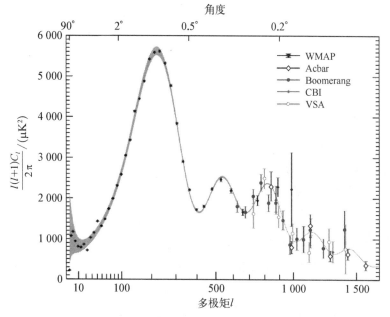

图 14 - 53 宇宙背景辐射温度各向异性的功率谱

14.7 时空观和宇宙模型

人类的认识总是不断发展的,永远不会停止在一个水平上。人类社会已进入现代科学技术高度发展的 21 世纪,更应当与时俱进,从经典的绝对时空观转变到相对论时空观。

14.7.1 宇宙学原理

宇宙学(或宇宙论,cosmology)把可观测时空范围作为一个整体来研究宇宙的性质、结构和起源演化。由于宇宙的性质极其复杂,必须从观测事实出发,做出简化假设而建立物理宇宙模型。**宇宙学原理**(为了纪念哥白尼又称为哥白尼原理)就是根据观测抽象出来的基本假设:宇宙在大尺度上是均匀的和各向同性的。

宇宙物质和辐射的大尺度分布是均匀的。至于在较小尺度上,宇宙中的物质分布显然是不均匀的,物质聚集成恒星、星系、星系团等,但小尺度上的特征不属于宇宙学研究的范畴。宇宙在所有方向上有同样的空间性质,在宇宙中没有一个方向或地方能与其他方向或地方有区别，宇宙没有中心，也没有边缘。按照宇宙学原理，任何星系的观测者无论往哪个方向看，宇宙的大尺度特征都相同。任何观测者在任何时间都看到同样的哈勃定律。

20 世纪以来，出现了一些宇宙学的学派，提出了许多具体的宇宙模型，其中大多采用了宇宙学原理，还采用自然界普适原理——物理学定律可以用于整个宇宙。

各种望远镜所看到的一切谓之**可观测宇宙**（observable universe），然而这不可能是宇宙的全部，还有一些天体因太暗和太远而尚未看到。因此，存在比可观测宇宙更浩瀚的**物理宇宙**（physical universe），它包括直接的可观测宇宙以及探测到有物理效应的客体（如暗物质等）。物理宇宙的真实性依赖于这样的假设：局部的物理定律适用于宇宙其他一切地方和一切时间。

14.7.2　牛顿的绝对时空观和无限宇宙模型

牛顿认为，绝对时间自身与任何外在事物无关地均匀流逝着，绝对空间与外在事物无关且永远是相同和不变的。他把时间、空间和物质相互割裂而各自独立无关，绝对空间是三维的"框架"，绝对时间是指无论何处测量两个事件之间的时间间隔都是一样的、同时的。

牛顿将其引力理论应用于整个宇宙而提出无限宇宙模型，总体是稳定的，而局部区域的不稳定性形成天体。他认为，如果宇宙是有限的，就有边界和中心，由于各部分的相互吸引，物质必然落向中心而形成一个巨大球，这与观测事实不符；而如果宇宙是无限的，无边界无中心，物质受到来自各方向的引力作用抵消而停留在原地，但物质可以局部地各自聚集成团，彼此相隔很大距离，散布在无限空间内。

德国天文学家 H. W. 奥伯斯（Heinrich Wilhelm Olbers）于 1823 年提出，若无限宇宙中布满无数恒星，从地球上看任何方向都有恒星，则夜空就是亮的，而不会是黑暗的。这称为**奥伯斯佯谬**（Olbers' paradox，见图 14-54），对牛顿的静态无限宇宙模型提出挑战。乍看来，似乎可简单地用存在星际尘埃来解脱这个佯谬，其实不然，因为尘埃吸收了大量星光，受热后也会发光，夜空依然是亮的。如果存在一个绝对空间或"以太"，则物体相当于以太的运动就应该可以测量。迈克耳逊-莫雷实验结果表明，在地球运动方向及其垂直方向的光速完全一样，这就否定了绝对空间。虽然牛顿是一个历史时代的科学巨人，功绩载入史册，随着现代科学发展，牛顿的引力理论和绝对时空观已为相对论引力理论和时空观取代。

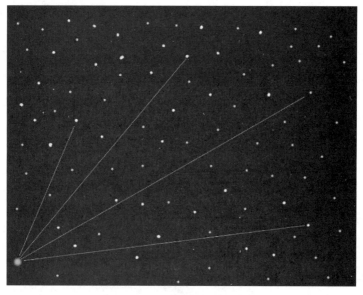

图 14‒54　奥伯斯佯谬示意图

14.7.3　爱因斯坦的相对论和时空观

随着现代科学发展,以爱因斯坦创立的相对论为基础建立了近代时空观。

1) 狭义相对论和广义相对论

1905 年,爱因斯坦创立**狭义相对论**(special theory of relativity)。狭义相对论的基础是依据实验的两个基本假设:相对性原理[在相互做匀速直线运动的一切参考系(惯性系)中,物理学定律都相同];光速不变原理(在任一惯性系中,真空各方向的光速都是确定值 c,与光源的运动状态无关)。由此可导出惯性系之间的洛伦兹变换公式,时间和空间不再是各自独立(无关)的,而是密切联系在一起的时空。在这个时空里,运动物体在运动方向的长度缩短,运动的钟走慢。运动速度越接近光速,长度缩短和钟慢得越显著。这些结果得到大量的实验验证,例如,在实验室测到高速飞行的不稳定基本粒子平均寿命比其自身(相对静止)惯性系中寿命长了,飞行的距离缩短了。质量不是恒量,而是与运动速度 v 有关:

$$m = \gamma m_0 , \quad \gamma = \frac{1}{\left[1 - \dfrac{v}{c}^2\right]^{\frac{1}{2}}} \tag{14‒5}$$

m_0 是静止质量。只有运动速度远小于光速的情况下,才近似地简化为以前的空间、时间、质量与运动无关的经典结果。他还得到著名的**质(量)-能(量)关系**，$E = mc^2$。

惯性系 S' 相对于惯性系 S 沿 x 轴以速度 v 运动(见图 14 - 55)，S' 和 S 的原点 O' 和 O 重合时指针指零，S 的静止观察者测量一事件发生的空间坐标和时间是 (x, y, z, t)，S' 的静止观察者测量同一个事件发生的空时坐标为 (x', y', z', t')。

牛顿力学的伽利略变换公式为

$$x' = x - vt$$
$$y' = y$$
$$z' = z$$
$$t' = t$$

狭义相对论的洛伦兹变换公式为

$$x' = \gamma(x - vt)$$
$$y' = y$$
$$z' = z$$
$$t' = \gamma\left(t - \frac{vx}{c^2}\right)$$

因此，按照狭义相对论(洛伦兹变换公式)，在 S 坐标系观测到运动物体在运动方向的长度 $L[=x_2 - x_1$，须同时 $(t_2 = t_1)$ 测量]，与该物体在 S' 坐标系的(相对静止)长度 $L'(=x'_2 - x'_1)$ 的变换公式为 $L' = \gamma L$，即在 S 坐标系看到运动物体在运动方向的长度 L 为(物体相对 S' 坐标系静止测量的)长度 L' 的 $\frac{1}{\gamma}$，但垂直

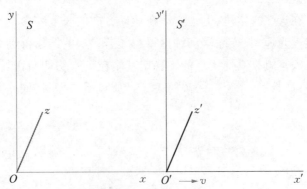

图 14 - 55　洛伦兹变换(坐标系 S 观察到 S' 的物体在运动
方向的长度缩短、钟走慢)

于运动方向仍相等；时间间隔（同地点 $x'_2 = x'_1$）$T' = t'_2 - t'_1$ 与 $T = t_2 - t_1$ 的变换公式为 $T' = \gamma T$，即在 S 坐标系观测到运动的钟的时间间隔 T 是 S' 坐标系相对静止的时间间隔 T' 的 $\dfrac{1}{\gamma}$。应指出，由于运动的相对性，在 S' 坐标系也观测到 S 坐标系的物体在运动方向缩短和钟慢。

接着，爱因斯坦研究非惯性系（有加速度的）更普遍情况的引力理论问题，提出等效原理（惯性质量等效于引力质量，引力和惯性力的物理效果完全没有区别，换言之，不能区别重力加速度和其他力产生的加速度，见图 14 - 56）和广义协变原理（一切参考系都是等价的，物理规律在任何坐标变换下形式不变），从而于 1915 年创立了**广义相对论**（general theory of relativity）。

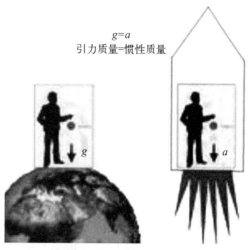

图 14 - 56　等效原理：惯性质量对于引力质量

广义相对论的爱因斯坦场方程为

$$\boldsymbol{R}_{\mu\nu} - \frac{1}{2} R \boldsymbol{g}_{\mu\nu} + \Lambda \boldsymbol{g}_{\mu\nu} = \frac{8\pi G}{c^4} \boldsymbol{T}_{\mu\nu} \qquad (14-6)$$

这是一个二阶张量方程，左边表达的是时空几何，而右边表达物质及其运动。式中 $R_{\mu\nu}$ 是里奇（Ricci）张量，表征空间的弯曲状况；R 是曲率标量（标度因子）；$\boldsymbol{g}_{\mu\nu}$ 是时空度规张量；Λ 是宇宙常数；$T_{\mu\nu}$ 为能量-动量张量，表征物质分布和运动状况；G 是牛顿万有引力常数，c 是光速。它把时间、空间和物质、运动四个自然界最基本的物理量联系起来，"物质告诉时空怎么弯曲，时空告诉物质怎么运动"（惠勒语）。对于 4 维时空（时间 1 维，空间 3 维），张量有 4×4 个分量，场方程是二阶非线性偏微分方程组，场方程的求解是非常困难的，只有在诸如对称的简化假设下才可得到准确解。经过弱场以及低速近似处理，爱因斯坦场方程退化为牛顿引力势方程。对于物质分布均匀和各向同性，时空度规 $\boldsymbol{g}_{\mu\nu}$ 的空间部分是均匀和各向同性的，只有 4 个分量，称为 Robertson - Walker（R - W）度规，时空相邻两点 4 维距离 ds 平方（球坐标）为

$$(\mathrm{d}s)^2 = -(c\,\mathrm{d}t)^2 + R^2(t)\{(\mathrm{d}r)^2/(1 - kr^2) + r^2(\mathrm{d}\theta)^2 + r^2\sin^2\theta(\mathrm{d}\varphi)^2\}$$

$$(14-7)$$

式中，$R(t)$ 是 t 的函数，称为标度因子；k 是三维空间弯曲的曲率指数。引力表现为由物质存在及其分布而导致时空弯曲，光线在引力场中弯曲（如引力透镜效应），强引力场中时钟变慢，打破了绝对时空观，建立了时间、空间、物质密切联系的相对论时空观。

2）爱因斯坦宇宙模型

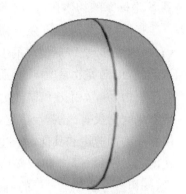

图 14－57　爱因斯坦的宇宙模型示意图

爱因斯坦将广义相对论的场方程用于整个宇宙并得出一个有限无边的静态宇宙模型（static model of the universe），成为现代宇宙学开端。这可看成是 4 维时空中的一个 3 维超球面。为了便于理解，通常以一个 2 维球面做比喻（见图 14－57）。球面的总面积是有限的，但沿着球面没有边界，也无中心，球面保持静止状态。球可以膨胀或收缩，总面积随之变化，但总面积仍是有限的。由于这是有限的宇宙模型，不存在奥伯斯佯谬。

随着河外星系退行和宇宙膨胀的发现，爱因斯坦的静态宇宙模型被否定了，1930 年爱丁顿证明这个模型是不稳定的，只要有小扰动，就会膨胀或收缩。爱因斯坦也认为在引力场方程中为达到静态而引入**宇宙常数**项是最大错误。然而，近年观测研究表明，宇宙常数还是很有意义的，见后面关于暗能量的讨论。

3）弗里德曼宇宙模型

1922 年，俄国物理学家 A. 弗里德曼（Alexander Friedman）得到引力场方程不含**宇宙常数**项的均匀和各向同性的通解，对应的宇宙称为**弗里德曼宇宙模型**。在这个模型中空间是膨胀的，星系与星系之间的距离不断增大，且远离速度与距离成正比，即越远的星系有越大的远离速度。有趣的是，这个预言正好为 1929 年发现的哈勃定律所证实！

广义相对论场方程有满足宇宙学原理的三类解，相应于三类宇宙空间。空间类型取决于平均密度 ρ 大于、等于、小于临界密度 ρ_c，或密度参数 $\Omega_0 = \rho/\rho_c$ 大于、等于、小于 1（见表 14－2）。临界密度由引力常数 G 和哈勃常数 H_0 确定的：$\rho_c = \dfrac{3H_0^2}{8\pi G}$。$\rho$、$\rho_c$、$\Omega$ 都是随时间变化的，用下标 0 表示现在值。从欧洲空间局的普朗克望远镜观测得出 H_0 为 67.15 km/(s·Mpc)，因而 ρ_c 为 0.85×10^{-26} kg/m³，相当于每立方米内约有 5 个氢原子。若 $\Omega_0 > 1$，空间曲

率指数 $k=1$，为 3 维球空间，宇宙是有限的和封闭的，宇宙的膨胀将停止，并转为坍缩；若 $\Omega_0<1$，指数 $k=-1$，为 3 维双曲空间，宇宙是无限和开放的；若 $\Omega_0=1$，空间曲率指数 $k=0$，为 3 维欧几里得空间，宇宙是平直的和无限的。

表 14‑2　宇宙的几何特性

宇宙类型	是否有限	二维几何形状	曲率指数	平均密度	密度参数	宇宙未来
封闭的	有限	球面	$k=+1$	$\rho>\rho_c$	$\Omega_0>1$	坍缩
平直的	无限	平面	$k=0$	$\rho=\rho_c$	$\Omega_0=1$	一直膨胀
开放的	无限	双曲面	$k=-1$	$\rho<\rho_c$	$\Omega_0<1$	一直膨胀

注：ρ_c 为临界密度，密度参数 $\Omega_0=\rho_0/\rho_c$（ρ_c 的下标 0 省略）。

　　三维弯曲空间无法图示，但可以图示其二维子空间（曲面）（见图 14‑58）。$k=0$ 的二维空间是平面，$k=1$ 的二维空间是球面，$k=-1$ 的二维空间是马鞍形的双曲面。若每个曲面上的一点画同样半径 r 的圆，在三种曲面的面积是不同的：平面上的圆面积是 πr^2，球面上的面积小于 πr^2（球冠展平会裂开），双曲面上的面积大于 πr^2（展平会皱褶）。可以推论，半径 r 的三维球在平直时空的体积是 $\dfrac{3}{4}\pi r^3$，正曲率的体积要小些，负曲率的体积要大些。

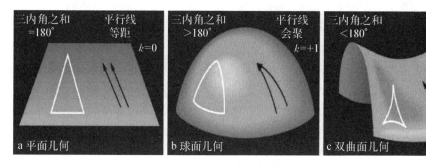

图 14‑58　三种几何形状的性质

4）宇宙半径

　　相对论场方程的解可得到宇宙的空间膨胀规律——**标度因子** R 随时间 t 变化 $R(t)$（见图 14‑59）。如前所述，对于密度参数 Ω_0 大于、等于、小于 1 三类情况，宇宙的膨胀是明显不同的。也应指出，平均密度 $\rho=0$ 或 $\Omega_0=0$ 代表宇宙没有物质，也没有引力的极限情况。对于 $\Omega_0>1$，宇宙总是封闭的。现在的标度因子 R_0 相当于现在的宇宙半径，由于平均密度足够大，即宇宙物质足够多，引

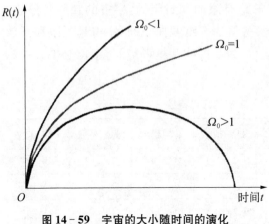

图 14-59　宇宙的大小随时间的演化

力大到足以使膨胀减慢,有朝一日膨胀速度减到零,而后变为坍缩。对于 $\Omega_0 = 1$ 或 $\Omega_0 < 1$,由于平均密度不够大,引力不足以阻止膨胀,膨胀一直无限地继续下去,由于这两种情况的宇宙在任何时候都是无限的,无宇宙半径可言,标度因子 R_0 不再是宇宙半径,但仍可看作宇宙的某个典型尺度。

显然,标度因子 $R(t)$ 的时间变化率就是宇宙膨胀速度,场方程的解可以给出膨胀速度与距离关系的理论"哈勃定律",结果又是与密度参数 Ω_0 有关的而划分为开放宇宙、封闭宇宙及平直宇宙三类情况。那么,可否由星系的红移(退行速度)和距离资料来断定宇宙属于哪种情况呢?最新观测资料支持 $\Omega_0 = 1$(平直宇宙)或 $\Omega_0 < 1$(开放宇宙)。

14.8　大爆炸宇宙学

大爆炸是描述宇宙的起源与演化的宇宙学模型,这一模型得到了当今科学研究和观测最广泛且最精确的支持。宇宙学家通常所指的大爆炸观点如下:宇宙是在过去有限的时间之前,由一个密度极大且温度极高的太初状态演变而来的。大爆炸这一模型的框架基于爱因斯坦的广义相对论,在场方程的求解上做出了一定的简化。

14.8.1　稳恒态宇宙模型和等级式宇宙论

大爆炸理论是通过对宇宙结构的实验观测和理论推导发展而来的。它的早期发展基于对当时认识的质疑。

1)稳恒态宇宙模型

20 世纪 40 年代后期,H. 邦迪(Hermann Bondi)、T. 戈尔德(Thomas Gold)和 F. 霍伊尔(Fred Hoyle)提出**完全宇宙学原理**(perfect cosmological principle)。他们除了采纳宇宙学原理的均匀和各向同性的假设外,又增加了宇宙不随时间变化的假设,建立了**稳恒态宇宙模型**(steady state model of the

universe)。这个模型认为宇宙是无限的,没有开端也没有终结,一直保持同样的状态。无论何时何处看到的宇宙总是相同的。因而回避了大爆炸宇宙模型的**原始火球**来源、大爆炸原因等问题。然而,对于宇宙的空间膨胀观测事实,又如何使宇宙状态不变呢? 他们提出,宇宙中必定有新物质不断产生,其产生率与膨胀宇宙的密度减小率相等,以保持宇宙不随时间变化。新物质并不是按照爱因斯坦的质能关系由能量转换的,而是从虚无中产生。许多科学家强烈反对物质可以从虚无中产生的思想,因为物质和能量的守恒定律是早已确立的基本规律。稳恒态宇宙模型推算的新物质产生率(每立方米体积内每 10 亿年产生一个氢原子)太小,无法由观测检验。而且,该模型也不符合一些观测事实,尤其是受到发现宇宙背景辐射的沉重打击。

2) 等级式宇宙论

法国天文学家 G. 佛科留斯(Gérard de Vaucouleurs)等人不赞同宇宙学原理,提出**等级式宇宙论**(或称阶梯式宇宙论)。他们认为,恒星、星系、星系团、超星系团这种等级式的结构在更大的宇宙尺度上还会继续,直至无限,物质在大尺度空间内的分布是不均匀的。在 个等级内物质的平均密度随着等级的升高而下降,以至趋近于零。在这种宇宙论中,宇宙虽然是无限的,但由于物质分布不均匀,只要恒星的数密度随距离的增加而下降得足够快,也可以避免奥伯斯佯谬。因为没有比超星系团更大的成团性证据,且缺乏精确的数学表述和理论预言,现在已扬弃等级式宇宙论。

14.8.2　大爆炸宇宙学

按照宇宙的空间膨胀和哈勃定律由时间上往回追溯,必定在过去某一时刻宇宙中的物质密聚在很小范围。比利时天文学家 G. 勒梅特(Georges Lemaître)设想宇宙早期处于极端稠密的状态,像原子核那么小的**奇点**(singularity),于 1932 年提出宇宙起源于这个称为**原始原子**的爆炸。1948 年,G. 伽莫夫(George Gamow)、R. 阿尔弗(Ralph Alpher)和 R. 赫尔曼(Robert Herman)运用原子核物理学和基本粒子的知识,将宇宙膨胀与元素形成联系起来,建立了大爆炸元素形成理论,奠定了**大爆炸**(Big Bang)宇宙学的理论基础。人们后来进一步发展了这个理论,成为宇宙演化的"标准模型",近年以参数量化的冷暗物质模型(Lambda‐Cold Dark Matter Model 或 Λ‐CDM)为代表。

大爆炸宇宙学采用了宇宙学原理,认为宇宙开始于一次猛烈的巨大爆炸。但应指出,这个爆炸与炸弹爆炸时弹片向空中飞散的情景不同。我们不能指出某一特殊点,说大爆炸发生在那儿,大爆炸发生在各处,是空间自身的膨胀。无论从什么地方和观测什么方向，都观测到在大距离处宇宙早期充满的热气体发出的宇宙背景辐射（见图 14 - 60）。

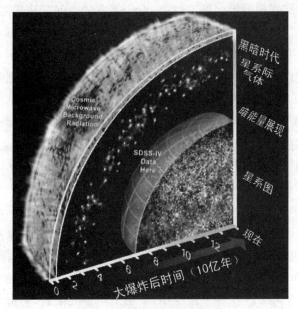

图 14 - 60   大爆炸宇宙学模型

1) 暗物质

对于某个星系或星系团，用不同研究方法得出的质量却不同。尤其是由引力作用得出的"引力质量"比由可见物质辐射得出的"光度质量"约大 10～100 倍，这就是**短缺质量**或**隐匿质量**问题，说明星系或星系团存在着起引力作用而看不见的**暗物质**（dark matter）。星系自转曲线表明，大多暗物质应在星系晕内。星系团的 X 射线像表明，很多星系充满热的低光度气体，若没有很强的引力场维系，它们就易"漏走"；星系团必然含很多暗物质才能有强引力场。例如，后发星系团中心区可见物质仅占总质量的 11%～35%。星系团对背景天体的引力透镜效应（见图 14 - 61）、星系和星系团内的热气体温度分布等观测都表明存在大量暗物质。

暗物质是不同于重子物质（诸如质子和中子的普通物质）的假想型物质，尚没有直接观测到。它们与电磁辐射无关，仅对普通物质有引力作用而被推断其存在及其性质。虽然有人曾提出，暗物质的可能候选者有**弱相互作用大质量粒子**（weakly interacting massive particles，WIMPs）、**晕族大质量致密天体**（massive compact halo objects，MACHOs）——低光度的恒星、黑洞、中子星及行星等，但哈勃太空望远镜几乎没有搜寻到星系晕的低光度天体，因而它们不大

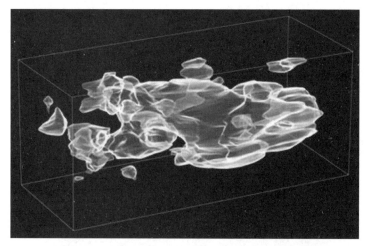

图 14‑61 从引力透镜观测得出的暗物质的三维分布

可能是主要暗物质。因为没有 X 射线的观测证据,暗物质也不可能是黑洞或中子星。近年已知道中微子有质量,因而它们可能是暗物质的一部分。暗物质在构建宇宙结构的形成、星系的形成与演化模型、解释宇宙微波背景的各向异性中至为重要。

2) 暗能量

高红移超新星搜寻小组(High‑Z Supernova Search Team)于 1998 年,超新星宇宙学项目(Supernova Cosmology Project)小组于 1999 年,由Ⅰa 型超新星观测资料发现了宇宙的加速膨胀。随之,更多的超新星观测以及宇宙背景辐射、宇宙大尺度结构、引力透镜等精确观测都证明,宇宙中存在一种斥力(负压强)的能量成分——称为**暗能量**(dark energy)。这就打破了此前认为的宇宙物质之间的引力会使宇宙膨胀减速概念,宇宙膨胀加速的发现成为一个重要里程碑。2011 年诺贝尔物理学奖授予其发现者 S. 波尔马特(Saul Perlmutter)、B. P. 斯密特(Brian P. Schmidt)和 A. G. 里斯(Adam G. Riess)。

暗能量是观测证明存在于宇宙空间,使膨胀加速的未知形式能量。综合Ⅰa 超新星(SNⅠa)、宇宙微波背景辐射(CMB)、重子声波震荡(BAO)及有关观测资料,可给出真空能量密度 Ω_Λ 和宇宙现在的物质密度(包括重子和暗物质)Ω_m 的约束范围(见图 14‑62)。

暗能量的物理本质是什么? 在标准宇宙模型框架下,一种可能是宇宙常数 Λ,它出现在 1917 年爱因斯坦为建立静态宇宙模型而引进的场方程(14‑6)中,就是代表"反引力"的斥力(负压强)——暗能量,它包含"真空能"。在量子场论中,"真空"不"空",其能量动量张量等效于宇宙常数,但理论预言值远远大于观

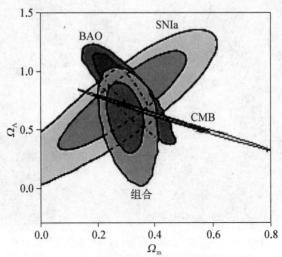

图 14－62　观测资料对宇宙物质密度参数和暗能量密度参数的约束

测值,因而宇宙常数问题是对当代物理学的一个大挑战。另一种可能是随时间变化的动力学场能量,最简单的是具有正则动能的标量场——称为"精质(quintessence,直译为'第五要素')"。标准宇宙学模型的场方程解给出,加速膨胀要求标度因子的时间变化为 $3p < -\rho$,其中 p 和 ρ 分别为宇宙物质的压强和能量密度。不同模型可由其状态参数 $w = \dfrac{p}{\rho}$ 来分类。例如,对于上述的宇宙常数,$w = -1$,不随时间变化;而对于动力学模型,w 随时间而变,且 $w > -1$(精质),$w < -1$(phantom——幽灵),w 跨越 -1(quintom——精灵)。而最新天文观测数据的 Λ-CDM 模型为 $-0.11 < 1+w < 0.14$。人们还在探索其他模型,修改广义相对论和天文观测计划及实验。

　　暗能量的本质决定宇宙的未来命运。如果加速膨胀是由真空能(即宇宙常数)所致,则宇宙将永远延续加速膨胀,物质和能量将变得越来越稀疏,不可能再形成新的结构。如果现今加速膨胀的暗能量是动力学的,宇宙的未来将由暗能量场的动力学决定,有可能永远加速膨胀下去,也可能重新进入减速膨胀,甚至坍缩或震荡。总之,暗能量和暗物质问题是当代物理学的"两朵乌云",成为正在探讨的前沿研究项目,孕育着重大的革命。

　　3) Λ-CDM(Λ 冷暗物质)模型

　　这是大爆炸宇宙学模型中最流行的一种,包含宇宙学常数 Λ、联系暗能量和冷暗物质的最简单参数化标准模型,可以最好地解释宇宙以下属性:宇宙微波背景的存在和结构;星系分布的大尺度结构;氢(氕)、氦和锂的丰度;遥远星系和超新星观测的宇宙空间加速膨胀。Λ–CDM 模型可以添加现代宇宙学推断和研究的宇宙暴胀、精华和其他要素而拓广。

宇宙学常数 Λ 与"真空能量"或暗能量有关。根据普朗克卫星的资料,现在估计暗能量占宇宙总能量的 $\Omega_\Lambda = 0.692 \pm 0.012$ 甚至 0.6911 ± 0.0062。"冷的"暗物质即在辐射-物质相等时期,其速度远小于光速,只起引力及可能的弱力作用。从而得出标准宇宙学模型新结果:现今宇宙的总质量-能量密度含 4.8% 普通物质 + 0.1% 中微子、26.8%(冷)暗物质、68.3% 暗能量(见图 14 – 63);且可见的恒星和星系-星系团内的气体不到普通物质的 10%。

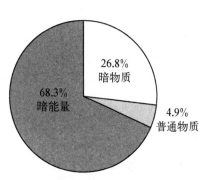

图 14 – 63　宇宙总质量-能量所含成分

Λ–CDM 模型使用 Friedmann – Lemaître – Robertson – Walker 度规[①]、Friedmann 方程[②]和宇宙学物态方程[③]来表述暴胀后的可观测宇宙的现在与未来。与观测比较,该模型对大尺度是很成功的,但对亚星系尺度存在某些问题。可能预言了太多的矮星系以及星系最内区的暗物质太多,这些问题称为"小尺度危机"。

4) 宇宙的年龄

宇宙的年龄是从大爆炸开始至今所经过的时间,确定宇宙年龄的问题与确定宇宙学参数值密切相关。现今主要在 Λ–CDM 模型内研究,假定宇宙含普通(重子)物质 + 冷暗物质、辐射(包括光子和中微子)和宇宙常数(暗能量),它们现今宇宙能量密度参数分别为 Ω_m、Ω_r、Ω_Λ。完全的 Λ–CDM 模型由很多参数表述,但对于计算宇宙年龄,最重要的就是这三个参数和哈勃参数 H_0。如果宇宙

---

① Friedmann – Lemaître – Robertson – Walker(FLRW)度规:宇宙学原理(空间均匀和各向同性)意味着宇宙度规为 $(ds)^2 = a(t)^2 (ds)_3^2 - c^2 (dt)^2$,即式(14–7)的另一写法,$(ds)_3^2$ 须是空间曲率指数 $k = -1$、0、+1 的三维度规,$a(t)$ 是量纲一的标度因子(scale factor)。

② Friedmann 方程有两个独立方程:第一个方程是 $\dfrac{\dot{a}^2 + kc^2}{a^2} = \dfrac{8\pi G\rho + \Lambda c^2}{3}$,它是由爱因斯坦场方程 00 分量导出的;第二个方程是 $\dfrac{\ddot{a}}{a} = -\dfrac{4\pi G}{3}\left(\rho + \dfrac{3p}{c^2}\right) + \dfrac{\Lambda c^2}{3}$,它是第一个方程和爱因斯坦场方程的"迹"导出的。

③ 在宇宙学中,理想流体的物态方程以量纲一的数 w 表征,它等于压力 p 与能量密度 ρ 之比,$w = p/\rho$,与热力学状态方程和理想气体定律密切联系。物态方程可用于 FLRW 度规来表示充满理想流体的各向同性宇宙的演化,以 a 作为标度因子,则有 $\rho \propto a^{-3(1+w)}$。

膨胀是均匀的,按哈勃定律,$\dfrac{1}{H_0}=\dfrac{D}{V}$ 可代表宇宙开始膨胀以来所经过的时间

t_0,称为哈勃年龄或膨胀时间。若 $H_0=68\,\mathrm{km/(s \cdot Mpc)}$,$t_0=\dfrac{1}{H_0}=144$ 亿年。

但标度因子的时间变化被观测资料约束,导致宇宙年龄表达为 $t_0=F(\Omega_\mathrm{m},\Omega_\mathrm{r},$
$\Omega_\Lambda,\cdots)/H_0$,函数 F(年龄校正因子)仅取决于宇宙能量成分。图 14-64 给出 F
作为两个参数 Ω_m 和 Ω_Λ 的函数(Ω_r 保持常数 —— 大致等效于 CBM 温度常数),
最佳拟合的 F 值为左上的小方块 ——$(\Omega_\mathrm{m},\Omega_\Lambda)=(0.308\,6,0.691\,4)$、$F=$
0.956。对于无宇宙常数的平直宇宙,$F=\dfrac{2}{3}$(图右下星号)。基于近年的多种精
确观测资料约束,Λ-CDM 模型得出的宇宙年龄最新结果为 (137.99 ± 0.21) 亿
年,宇宙常数 Λ 值为 $2\times10^{-35}/\mathrm{s}^2$。

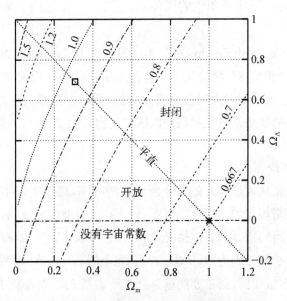

图 14-64   作为参数 Ω_m 和 Ω_Λ 函数宇宙年龄校
正因子 F(标有数字的曲线)

第 15 章 宇宙中的元素丰度及其起源

自 1869 年门捷列夫提出化学元素周期表以来,随着新元素的不断发现,元素周期表上的元素个数逐步增加。截至 2016 年,表上所列的元素共有 118 个,完整地填满了七排。元素的性质、在宇宙中的分布规律和起源演化一直是自然科学多学科共同探讨的重要课题。**元素丰度**(abundance of elements)是指各种元素在特定客体中的相对含量,**元素起源**(origin of elements)则研究各种元素生成的条件、过程和场所。宇宙的元素丰度及其起源是研究各类天体以及宇宙起源演化的基础,在地球科学及很多应用领域都有重要的科学和实用意义。相关学科——**核天体物理学**(nuclear astrophysics)——是天体物理学和核物理学的交叉学科,研究天体演化的物理过程,从中了解恒星如何产生能量,认识宇宙中化学元素的起源和演变,分析驱动天体物理现象的机制。由于现代原子核实验技术的快速发展,使核天体物理学成为近年来发展最快的交叉学科之一。

15.1 元素丰度的测定与研究

1899 年,被誉为"地球化学之父"的美国科学家 F. W. 克拉克(Frank W. Clarke)发表元素丰度的分布,并于 1924 年系统地综合了地壳的元素丰度——克拉克值。1930 年,德国化学家诺达克夫妇(Ida Noddack and Walter Noddack)由陨石资料得出宇宙中元素的丰度。1938—1954 年,奥地利裔美国核物理学家 H. 修斯(Hans Suess)和美国物理化学家 H. 尤里(Harold Urey,1934 年诺贝尔化学奖得主)提出宇宙的元素和同位素丰度表,开辟了由太阳及恒星的光谱线测定其元素丰度这一研究领域。

近几十年来,由于采用了新的技术方法及有关核物理新数据,人们通过对天体的研究可以测定出更准确的元素丰度。从地面观测发展到空间探测,从光学波段的光谱分析扩展到红外、紫外、射电、X 射线和 γ 射线波段,以及飞船直接探测和对陨石、地球、月球及宇宙尘等样品的元素和同位素的丰度进行高精度的多种实验分析,人们得到了更多元素及其同位素的丰度资料。

元素丰度测定结果常用三种方式表述:① 各元素质量的相对比率,例如地球和陨石样品的元素丰度常用质量比率 ppm(10^{-6})表述;② 各元素原子的相对数目比率,例如太阳和恒星(光球)的 X 元素丰度常用相对于氢原子的数目 N(H)=10^{12} 或硅原子的数目 N(Si)=10^6 的 N(X)值表述;③ 对于气体,用摩尔(mole)比率或体积比率,例如行星大气。利用准确的相对原子质量,可以把这三种表述相互换算为统一的表述。例如,纯水 H_2O 的氧质量比率为 89%(氧的质量和水的质量的比值),而其摩尔比率为 33.333…%(水的摩尔数中只有三分之一是氧原子)。

元素丰度信息为探索元素起源提供了重要线索。1920 年,英国著名天体物理学家 A. 爱丁顿(Arthur Eddington)基于原子质量的准确测定,论述恒星由氢聚变为氦而得到能量,提出较重元素可能产生于恒星内的**核合成**(nucleosynthesis)的概念。1928 年,俄裔美国物理学家兼宇宙学家 G. 伽莫夫(George Gamow)导出两个原子核结合的伽莫夫因子(Gamow factor),随之用于描述恒星内部的高温核反应率。1939 年,德裔美国核物理学家 H. 贝特(Hans Bethe)的“恒星内的能量产生”一文提出了氢聚变为氦的质子-质子链和碳氮氧循环两种核反应过程,从而弄清了恒星的能量来源,开创了**恒星核合成**(Stellar nucleosynthesis)这一研究领域,这项重要工作使贝特荣获 1967 年诺贝尔物理学奖。魏茨泽克在 1938 年也考虑了碳氮氧循环过程。1946 年,英国天文学家 F. 霍伊尔爵士(Sir Fred Hoyle)提出了(后于 1954 年进一步细化的)元素丰度核合成理论。美国天文学家 A. G. W. 卡梅伦(Alastair G. W. Cameron)和 D. D. 克劳通(Donald Delbert Clayton)各自在研究超新星爆发中的核过程中取得了重要成果。1957 年,伯比奇夫妇(Margaret Burbidge and Geoffrey Burbidge)、W. 福勒(William Fowler)和霍伊尔系统地论述了恒星内部的核合成理论,发表了著名的 B^2FH 文章,解释了元素丰度-原子质量数的分布。福勒的重要贡献之一在于成功地组织了天文学家、天体物理学家、核物理学家间的紧密合作,开辟了**核天体物理**这一交叉研究领域,为此福勒荣获 1983 年诺贝尔物理学奖。在伽莫夫于 1949 年提出关于大爆炸宇宙早期的核合成观点基础上,人们自 20 世纪 60 年代以来发展了宇宙早期的核合成计算,又开展了恒星爆发的核合成、宇宙线与星际物质的散裂核过程等方面的研究,更完善地阐明了宇宙中元素的丰度及其起源。

15.2 原子核物理基本概念

在"我们的宇宙"的形成演化中,元素从最早期存在的核子——中子和质子,在一定场所和特定条件下,经历一系列核反应以及衰变过程逐步从轻元素生成到重元素。核素丰度也由此逐步产生变化。在详细讲述这些过程之前,让我们先了解一些原子核物理的基本概念。

15.2.1 核素图概览

原子核是由一定数目的两种**核子**(nucleons)——质子(p)和中子(n)结合而成的,用下列特征数和符号表述。每种原子核由其特定的原子序数及专用符号来表示。在元素周期表中,元素是按原子序数 Z 值来编号和命名的。例如,氢元素的原子序数 $Z=1$,符号为 H;氦元素的 $Z=2$,符号为 He;氧元素的 $Z=8$,符号为 O;碳元素的 $Z=12$,符号为 C;铁元素的 $Z=26$,符号为 Fe;铅元素的 $Z=82$,符号为 Pb;铀元素的 $Z=92$,符号为 U。常在元素符号的左下角记有原子序数,如 $_1$H、$_2$He、$_8$O、$_{12}$C、$_{26}$Fe、$_{82}$Pb、$_{92}$U。由于 Z 值与符号是一一对应的,也常省略左下角的原子序数标记。每种化学元素的原子核因所含中子数 N 不同而分为若干**同位素**(isotope),它们各有其特定的质量数 $A(=Z+N)$。 具有给定的 Z 和 N(因而 A)的原子核称为**核素**(nuclide),常把 Z 与 A 值分别写在元素符号的左下角与左上角,例如,$Z=2$、$A=4$ 氦核素写为 $_2^4$He,或简写为 ^{4}He。再例如,氢元素的含中子数 $N=0$、1、2 的同位素分别记为氢(即 ^{1}H 或 p)、氘 D(即 ^{2}H)、氚 T(即 ^{3}H);氧元素含中子数 $N=16$、17、18 的同位素分别记为 ^{16}O、^{17}O、^{18}O。

通常的元素周期表中元素是按原子序数 Z 排列的,没有反映出同位素的信息。原子核物理学的表示是增加一维变量,将核素按照 Z 和中子数 N 做成二维图,图中每个小方块表示一个核素,如图 15-1 所示。这种示意图大致包括了所有稳定的(见图 15-1 中间处黑色标注的)和放射性的(即不稳定的、图 15-1 中用其他颜色标注的)核素。天然核素中约有 286 种是稳定的(注:其中计入 34 种极长寿命放射性的,即那些半衰期显著大于地球年龄的核素)。**放射性**(radioactivity)是指从不稳定的原子核自发地放出射线(常见的如 α 射线、β 射线、γ 射线等),也包括其他罕见衰变(如质子发射、中子发射、双质子发射、双 β 衰变等)。除了发射 γ 射线的过程外,放射性导致形成另一种核素(衰变产物),

其物理原理是使原子核趋于稳定。从图 15-1 上可以看出,处于图的左上方的众多核素通过 β^+ 衰变把一个质子变成中子(对应图上从左上往右下移动一格),从而趋向中间的黑色区而变得稳定。同样,处于图的右下方的核素则通过 β^- 衰变把一个中子变成质子(对应图上从右下往左上移动一格),也同样趋向中间的黑色区而变得稳定。大质量的重核(一般指比 ^{208}Pb 更重的核,见图的最右上方部分)一般都是不稳定的,它们通过 α 衰变放出一个 α 粒子(即 ^{4}He 原子核)趋向稳定。α 衰变过程在图上对应核素从右上往左下对角线方向移动两格。

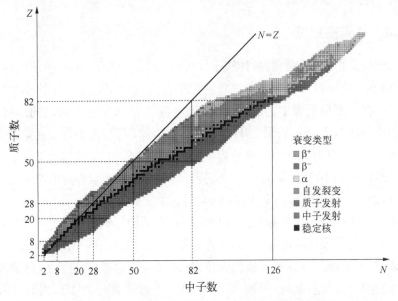

图 15-1　核素图(原子核幻数、稳定核、放射性核及衰变类型示意图,彩图见附录)

图 15-1 还标注了原子核的**幻数**(magic number),即质子数 Z 或中子数 N 为 2,8,20,28,50,82,126 的这些特定的数。当一个原子核的质子数或中子数取值为幻数,或二者均为幻数时,这个原子核会显示出较高的稳定性。自然界广泛存在的氦、氧、钙、镍、锡、铅元素的质子数或中子数分别与幻数相对应。德国物理学家 M. G. 迈耶(Maria Goeppert Mayer)和 H. 延森(Hans Jensen)于 1955 年指出,这是因为幻数反映了原子核具有"**壳层结构**(shell structure)",处于幻数的原子核中的核子填满了壳层结构所允许的能级,因此向更高能级的跃迁变得困难,这导致这些幻数原子核相当稳定。由于这项工作他们一同被授予 1963 年的诺贝尔物理学奖。原子核幻数概念对解释宇宙中元素丰度非常重要。

15.2.2　原子核结合能

核力(nuclear force)把核子结合在原子核内。根据爱因斯坦的质量(m)-能量(E)关系 $E = m c^2$,由质子数 Z 与中子数 N(质量数 $A = Z + N$)组成的原子核(质量 m_{ZN})具有**结合能**(binding energy):

$$E_B(Z, N) = c^2 [Zm_p + Nm_n - m_{ZN}] \tag{15-1}$$

式中的 m_p 与 m_n 分别为质子质量与中子质量,c 为光在真空中的传播速度,$\Delta m = [Zm_p + Nm_n - m_{ZN}]$ 为**质量亏损**(mass defect)。由式(15-1)可见,原子核结合能正比于质量亏损,即质子和中子在组成原子核前后的质量差。人们通常用**平均结合能**(average binding energy per nucleon,或称**比结合能**)E_B/A 来表示原子核中单个核子的结合能。比结合能越大的原子核越稳定。如图 15-2 所示,在自然界存在的所有原子核中,^{56}Fe 的比结合能最大(~ 8.8 MeV)。

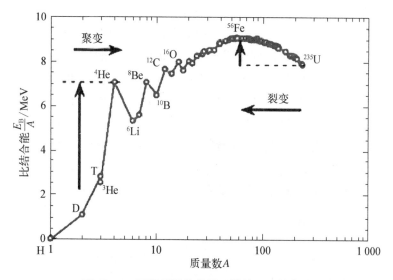

图 15-2　不同质量数的原子核的平均结合能

15.2.3　β衰变

β衰变(beta-decay)是一个弱相互作用过程,伴随有中微子的出现,同时放出电子(e)或正电子(e^+),使原子序数 Z 发生变化(但质量数 A 不变)。β衰变是不稳定原子核自发产生的,不受外界物理和化学条件变化的影响。这里简单介绍原子核物理中β衰变的基本知识。从图 15-1 可见,核素图中大部分不稳定原子核可以自发地产生如下两种 β 衰变：β⁻ 衰变和 β⁺ 衰变。

1) β⁻ 衰变(beta-minus decay)

弱相互作用把一个不稳定原子核(称为母核)变成原子序数增加 1 的另一个原子核(称为子核)，同时放出一个电子和一个"电子反中微子"，反应式可写成 $(Z, A) \rightarrow (Z+1, A) + \beta^- + \bar{\nu}_e$。上式中 β⁻ 粒子即电子，$\bar{\nu}_e$ 是电子反中微子。如果母核(原子序数为 Z、质量数为 A)的质量记为 $m(Z, A)$，子核(原子序数为 $Z+1$、质量数为 A)的质量为 $m(Z+1, A)$，电子的质量为 m_e，β⁻ 衰变则发生在 $m(Z, A) > m(Z+1, A) + m_e$ 的条件下(注意这个不等式的右边没有加上极其微小的电子反中微子质量)。实验发现，典型的 β⁻ 粒子出射动能为 1 MeV 左右，但可以有几千电子伏特到几十兆电子伏特的动能分布。

2) β⁺ 衰变(beta-plus decay)

类似地，弱相互作用也可以使一个不稳定的母核变成一个原子序数减少 1 的子核，同时放出一个正电子和一个"电子中微子"，反应式可写成 $(Z, A) \rightarrow (Z-1, A) + \beta^+ + \nu_e$。式中 β⁺ 粒子是正电子，$\nu_e$ 是电子中微子。β⁺ 衰变发生的条件也是母核的质量至少大于子核的质量加上一个电子静止质量，即 $m(Z, A) > m(Z-1, A) + m_e$(这个不等式的右边同样忽略了电子中微子质量)。

如果上述 β⁺ 衰变发生的能量条件满足，还可以发生**电子俘获**(electron capture)过程。电子俘获过程是母核俘获一个电子变成原子序数减少 1 的子核，同时释放出一个电子中微子，反应式可写成 $(Z, A) + \beta^- \rightarrow (Z-1, A) + \nu_e$。在 β⁺ 衰变的能量条件满足的情况下，电子俘获过程和 β⁺ 衰变过程产生竞争。在 β⁺ 衰变能量条件不满足的情况下，即没有足够的能量产生一个正电子和电子中微子，电子俘获则成为唯一的衰变过程。

15.2.4　原子核反应

鉴于**原子核反应**(nuclear reaction)过程(简称**核反应**)在现代天体物理研究中的重要作用，这里简述原子核反应的常用概念和表述。

粒子(或原子核)a 与原子核 X 相互作用产生原子核 Y 及新粒子(或原子核)b 的核反应过程常写为 a+X→Y+b 或简写为 X(a, b)Y。

核反应是一个复杂的物理过程，反应过程和最终结果取决于原子核的结构与性质以及所处场所与环境条件。由图 15-2 可得到核反应的一个重要结论：即如果原子核 X 的比结合能比原子核 Y 的比结合能小，反应将释放能量；换句话说，外界将获得能量。例如，质量数 A 在 56 以下的原子核，发生轻核燃烧生成较重核的聚合过程，反应释放能量。这实际上是人类试图通过轻核**聚变**

(nuclear fusion)获得能源的理论基础。

质量数 A 在 56 以上的原子核如果通过俘获中子或质子(一般伴随着 β 衰变过程)生成较重的核,从图 15-2 上看是沿着 ^{56}Fe 到 ^{235}U 这一段下降曲线,说明是比结合能从大到小的过程,对应的是吸收能量的过程。但是如果一个处于 ^{235}U 附近的重原子核分裂成两个(或多个)较轻的原子核,对应着发生原子核 X 的比结合能比原子核 Y 的比结合能小的核反应过程时,反应将释放能量。一个重原子核分裂成较轻的原子核的过程可以是自发的,也可以是人为激发的。前者称为**自发裂变**(spontaneous fission),后者称为**诱发裂变**(induced fission)。例如,通过中子诱发 ^{235}U 裂变获得能量是制造核武器以及人类和平利用核能的主要途径。在后面要讲到的天体中重原子核合成的过程中,核裂变是一个重要的物理概念。

15.3　太阳系的元素丰度

早在 20 世纪初,人们开始利用地壳和陨石的成分资料,尝试确定宇宙物质的平均成分。基于 20 世纪 20—30 年代的地球岩石和陨石的丰富化学资料,挪威矿物学家 V. 戈尔德施密特(Victor Goldschmidt)在 1938 年编制了宇宙的元素丰度表。他认为没有经历地壳岩石那样熔融和结晶的陨石可以提供宇宙物质的平均成分。同一时期,天文学家开始通过太阳的光谱来测定太阳的元素丰度,发现除了氢和其他很容易挥发的元素外,整个地球和太阳的元素丰度类似。太阳系的元素丰度主要是由太阳光球的光谱分析和 C I 陨石成分的测定而得出的。1956 年,修斯和尤里综合陨石和太阳的资料,并引用元素的核合成论据,编制了新的元素丰度表。随着陨石分析资料的改进,以及人们从太阳(光球)光谱更准确地测定元素的丰度,E. Anders 和 N. Grevesse(1989)、H. Palme 和 Beer(1993)、N. Grevesse、N. Noels 和 A. J. Sauval(1996)、N. Grevesse 和 A. J. Sauval(1998)、K. Lodders(2003)、M. Asplund 等(2005)、N. Grevesse 等(2007)、K. Lodders、H. Palme 和 H. P. Gail(2009)等先后发表了改进的元素丰度表。

15.3.1　太阳光球的元素丰度

通常观测的太阳吸收线光谱是在太阳大气低层(光球)中产生的。虽然氢聚变为氦的热核反应发生在太阳中央区,但由于主要是由辐射转移过程向外传输能量的,所以不会影响光球的元素丰度。因此,太阳光球的元素丰度基本上可以代表当前太阳和太阳系的元素丰度。

　　由于太阳光谱的优越观测条件和相应的天体光谱分析理论进展,人们可以测到太阳元素的准确丰度。在由太阳光球的高分辨吸收线光谱推求元素丰度的过程中,一个重要的因子是由实验室测定的原子的相应能级跃迁概率,正是这些准确的跃迁概率的测定决定了太阳的元素丰度数据。

　　表 15-1 中部列出了 K. Lodders 于 2009 年编制的太阳(光球)的元素丰度,归化到天文学常用的元素丰度,即取氢原子数目为 $\lg N(H) = 12$ 时各元素的相对数目,其标准误差与数目误差(%)的对应关系为 0.1%～12%、0.2%～60%、0.3%～100%。大多数元素的丰度取自 N. Grevesse 和 A. J. Sauval (1998)发表的数据,氢、镁、硅、铁的丰度取自 H. Holweger(2001)的数据,还有少数元素取自其他结果。

15.3.2　陨石的元素丰度

　　陨石可以分为未分异的和分异的两大类。**未分异陨石**是从未加热到熔融分异的,在一定程度上也代表太阳系原始成分。**分异陨石**的物质则经历过熔融分异,不能代表太阳系的原始成分,但可以显示出演化线索。未分异陨石中 CⅠ 碳质球粒陨石(Ⅰ类碳质球粒陨石,简称 CⅠ 陨石)虽然匮乏氢、氦等元素,但大多数元素的丰度在测定精度范围内与太阳的丰度符合,因而也代表了太阳系的原始丰度。CⅠ 陨石中元素的相对含量常用质量比率 ppm($=10^{-6}$)[稀有气体含量为标准温度压强条件下每克样品所含的体积 pl($=10^{-12}$ 升)]和测定平均误差来表示,可以归算到取其硅元素数目为 10^6、其数目的对数为 $\lg N(Si) = 6$ 时各元素的相对数目。用太阳光球标准误差小于 0.1 的 40 种元素丰度,除以陨石相对含量归化的丰度,取平均值 (1.533 ± 0.042)作为归化因子,即 $\lg N(天文) = \lg N(陨石) + 1.533$,可归化到天文丰度。太阳(光球)与 CⅠ 陨石的丰度(数目 N)比率绘于图 15-3。表 15-1

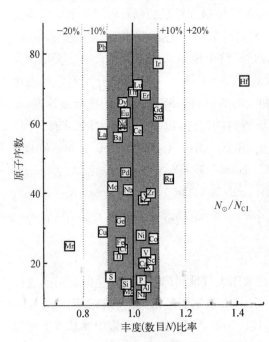

图 15-3　太阳光球与 CⅠ 陨石的丰度比率

给出 C I 陨石、太阳和推荐的现今太阳系元素丰度。图 15-4 给出当前太阳系的元素丰度。

表 15-1 C I 陨石与太阳及推荐太阳系现今的元素丰度[归算到 $\lg N(\mathrm{H})=12$]
（每列 $\lg N$ 右边的数据是相应精度）

	元素	C I 陨石	精度	太阳	精度	注	太阳系（推荐）	精度
Z		$\lg N$		$\lg N$			$\lg N$	
1	H	8.24	0.04	12.00	—	s	12.00	—
2	He	1.31	—	10.925	0.02	s, t	10.925	0.02
3	Li	3.28	0.05	1.10	0.10	m	3.28	0.05
4	Be	1.32	0.03	1.38	0.09	m	1.32	0.03
5	B	2.81	0.04	2.70	0.17	m	2.81	0.04
6	C	7.41	0.04	8.39	0.04	s	8.39	0.04
7	N	6.28	0.06	7.86	0.12	s	7.86	0.12
8	O	8.42	0.04	8.73	0.07	s	8.73	0.07
9	F	4.44	0.06	4.56	0.30	m	4.44	0.06
10	Ne	−1.10	—	8.05	0.10	s, t	8.05	0.10
11	Na	6.29	0.02	6.30	0.03	a	6.29	0.04
12	Mg	7.55	0.01	7.54	0.06	a	7.54	0.06
13	Al	6.45	0.01	6.47	0.07	a	6.46	0.07
14	Si	7.53	0.01	7.52	0.06	a	7.53	0.06
15	P	5.45	0.04	5.46	0.04	a	5.45	0.05
16	S	7.17	0.02	7.14	0.01	a	7.16	0.02
17	Cl	5.25	0.06	5.50	0.30	m	5.25	0.06
18	Ar	−0.48	—	6.50	0.10	s, t	6.50	0.10
19	K	5.10	0.02	5.12	0.03	a	5.11	0.04
20	Ca	6.31	0.02	6.33	0.07	m	6.31	0.02
21	Sc	3.07	0.02	3.10	0.10	m	3.07	0.02
22	Ti	4.93	0.03	4.90	0.06	m	4.93	0.03
23	V	3.98	0.02	4.00	0.02	a	3.99	0.03
24	Cr	5.66	0.01	5.64	0.01	a	5.65	0.02

（续表）

Z	元素	CI 陨石 lg N	精度	太阳 lg N	精度	注	太阳系（推荐）lg N	精度
25	Mn	5.50	0.01	5.37	0.05	m	5.50	0.01
26	Fe	7.47	0.01	7.45	0.08	a	7.46	0.08
27	Co	4.89	0.01	4.92	0.08	a	4.90	0.08
28	Ni	6.22	0.01	6.23	0.04	a	6.22	0.04
29	Cu	4.27	0.04	4.21	0.04	m	4.27	0.04
30	Zn	4.65	0.04	4.62	0.15	m	4.65	0.04
31	Ga	3.10	0.02	2.88	0.10	m	3.10	0.02
32	Ge	3.60	0.04	3.58	0.05	a	3.59	0.06
33	As	2.32	0.04	0.00	0.00	m	2.32	0.04
34	Se	3.36	0.03	0.00	0.00	m	3.36	0.03
35	Br	2.56	0.06	0.00	0.00	m	2.56	0.06
36	Kr	−2.25	—	3.28	0.08	t	3.28	0.08
37	Rb	2.38	0.03	2.60	0.10	m	2.38	0.03
38	Sr	2.90	0.03	2.92	0.05	m	2.90	0.03
39	Y	2.19	0.04	2.21	0.02	a	2.20	0.04
40	Zr	2.55	0.04	2.58	0.02	a	2.57	0.04
41	Nb	1.43	0.04	1.42	0.06	a	1.42	0.07
42	Mo	1.96	0.04	1.92	0.05	a	1.94	0.06
44	Ru	1.78	0.03	1.84	0.07	m	1.78	0.03
45	Rh	1.08	0.04	1.12	0.12	a	1.10	0.13
46	Pd	1.67	0.02	1.66	0.04	a	1.67	0.04
47	Ag	1.22	0.02	0.94	0.30	m	1.22	0.02
48	Cd	1.73	0.03	1.77	0.11	m	1.73	0.03
49	In	0.78	0.03	1.50	UL	m	0.78	0.03
50	Sn	2.09	0.06	2.00	0.30	m	2.09	0.06
51	Sb	1.03	0.06	1.00	0.30	m	1.03	0.06
52	Te	2.20	0.03	0.00	0.00	m	2.20	0.03
53	I	1.57	0.08	0.00	0.00	m	1.57	0.08

（续表）

Z	元素	CI陨石 lg N	精度	太阳 lg N	精度	注	太阳系（推荐）lg N	精度
54	Xe	−1.93	—	2.27	0.08	t	2.27	0.08
55	Cs	1.10	0.02	0.00	0.00	m	1.10	0.02
56	Ba	2.20	0.03	2.17	0.07	a	2.18	0.07
57	La	1.19	0.02	1.14	0.03	m	1.19	0.02
58	Ce	1.60	0.02	1.61	0.06	a	1.60	0.06
59	Pr	0.78	0.03	0.76	0.04	a	0.77	0.05
60	Nd	1.47	0.02	1.45	0.05	m	1.47	0.02
62	Sm	0.96	0.02	1.00	0.05	m	0.96	0.02
63	Eu	0.53	0.02	0.52	0.04	a	0.53	0.04
64	Gd	1.07	0.02	1.11	0.05	a	1.09	0.06
65	Tb	0.34	0.03	0.28	0.10	m	0.34	0.03
66	Dy	1.15	0.02	1.13	0.06	a	1.14	0.06
67	Ho	0.49	0.03	0.51	0.10	m	0.49	0.03
68	Er	0.94	0.02	0.96	0.06	a	0.95	0.06
69	Tm	0.14	0.03	0.14	0.04	m	0.14	0.03
70	Yb	0.94	0.02	0.86	0.10	m	0.94	0.02
71	Lu	0.11	0.02	0.12	0.08	m	0.11	0.02
72	Hf	0.73	0.02	0.88	0.08	m	0.73	0.02
73	Ta	−0.14	0.04	0.00	0.00	m	−0.14	0.04
74	W	0.67	0.04	1.11	0.15	m	0.67	0.04
75	Re	0.28	0.04	—	—	m	0.28	0.04
76	Os	1.37	0.03	1.45	0.11	m	1.37	0.03
77	Ir	1.34	0.02	1.38	0.05	a	1.36	0.06
78	Pt	1.64	0.03	1.74	0.30	m	1.64	0.03
79	Au	0.82	0.04	1.01	0.18	m	0.82	0.04
80	Hg	1.19	0.08	—	—	m	1.19	0.08
81	Tl	0.79	0.03	0.95	0.20	m	0.79	0.03
82	Pb	2.06	0.03	2.00	0.06	m	2.06	0.03

(续表)

Z	元素	CI 陨石 lg N	精度	太阳 lg N	精度	注	太阳系 (推荐) lg N	精度
83	Bi	0.67	0.04	0.00	0.00	m	0.67	0.04
90	Th	0.08	0.03	0.08	UL	m	0.08	0.03
92	U	−0.52	0.03	−0.47	UL	m	−0.52	0.03

注:a 表示陨石与太阳的平均;m 表示陨石值;t 表示理论的;s 表示间接定出的。

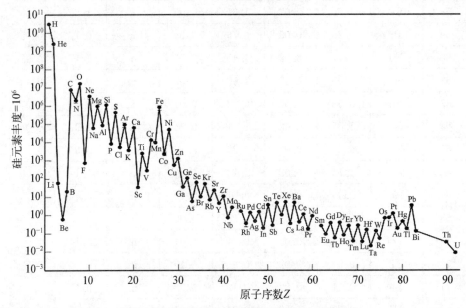

图 15-4 现在太阳系的元素丰度(氢、氦未列入)

由表 15-1 和图 15-4 可见,多数元素的丰度在一定误差范围内符合得很好,可以代表太阳系的现在丰度。太阳的氢(H)、氦(He)、碳(C)、氮(N)、氧(O)丰度比 CI 陨石中的大,这主要是因为这些元素没有完全凝结在陨石中。太阳光球比 CI 陨石匮乏锂(Li)、铍(Be)、硼(B),虽然锂的严重匮乏可以部分用太阳内部的核聚变过程解释,但铍、硼匮乏仍是未解之谜。太阳与陨石的锰(Mn)等丰度差别也较大,需要更精确的测定和理论研究。

除了太阳光球和 CI 陨石之外,太阳系元素丰度信息还有别的来源。从太阳风资料可得到一些元素丰度和稀有气体的同位素组成。从日冕的发射光谱也可得出一些元素的丰度,但显示出相对于光球有分馏(第一电离势高的元素比其他元素匮乏)。彗星可以作为太阳系外区来的"未分异残存星子"。飞船探测了哈雷彗星的尘粒成分,除了氢、碳、氮之外,有 17 种元素的丰度在误差范围内与 CI 陨石符合。大多数微米大小的行星际尘也大致有球粒陨石的元素丰度,还显示了比陨石中富集的挥发元素。

计及一些核素沉入地球内部和放射性核素的衰变,可以由现在的太阳系核素丰度归算出原始(45.6 亿年前)太阳系的元素分布(见表 15-2)。

表 15-2　原始太阳系的元素丰度

Z		$N(Si)=10^6$		$\lg N(H)=12$	
1	H	2.59×10^{10}		12.00	
2	He	2.51×10^9	1.2×10^8	10.986	0.02
3	Li	55.6	7.2	3.33	0.05
4	Be	0.612	0.043	1.37	0.03
5	B	18.8	1.9	2.86	0.04
6	C	7.19×10^6	6.9×10^5	8.44	0.04
7	N	2.12×10^6	6.8×10^5	7.91	0.12
8	O	1.57×10^7	2.8×10^6	8.78	0.07
9	F	804	121	4.49	0.06
10	Ne	3.29×10^6	8.5×10^5	8.10	0.10
11	Na	57 700	5 100	6.35	0.04
12	Mg	1.03×10^6	1.5×10^5	7.60	0.06
13	Al	84 600	15 300	6.51	0.07
14	Si	1.00×10^6	2×10^4	7.59	0.08
15	P	8 300	1 100	5.51	0.05
16	S	4.21×10^5	2.4×10^4	7.21	0.02
17	Cl	5 170	780	5.30	0.06
18	Ar	92 700	24 000	6.55	0.10
19	K	3 760	330	5.16	0.04
20	Ca	60 400	3 000	6.37	0.02
21	Sc	34.4	1.7	3.12	0.02
22	Ti	2 470	200	4.98	0.03
23	V	286	20	4.04	0.03

(续表)

Z		$N(\mathrm{Si})=10^6$		$\lg N(\mathrm{H})=12$	
24	Cr	13 100	500	5. 70	0. 02
25	Mn	9 220	280	5. 55	0. 01
26	Fe	8.48×10^5	1.69×10^5	7. 51	0. 08
27	Co	2 350	500	4. 96	0. 08
28	Ni	49 000	5 000	6. 28	0. 04
29	Cu	541	54	4. 32	0. 04
30	Zn	1 300	130	4. 70	0. 04
31	Ga	36. 6	1. 8	3. 15	0. 02
32	Ge	115	18	3. 65	0. 06
33	As	6. 10	0. 55	2. 37	0. 04
34	Se	67. 5	4. 7	3. 42	0. 03
35	Br	10. 7	1. 6	2. 62	0. 06
36	Kr	55. 8	11. 3	3. 33	0. 08
37	Rb	7. 23	0. 51	2. 45	0. 03
38	Sr	23. 3	1. 6	2. 95	0. 03
39	Y	4. 63	0. 50	2. 25	0. 04
40	Zr	10. 8	1. 2	2. 62	0. 04
41	Nb	0. 780	0. 139	1. 48	0. 07
42	Mo	2. 55	0. 40	1. 99	0. 06
44	Ru	1. 78	0. 11	1. 84	0. 03
45	Rh	0. 370	0. 128	1. 15	0. 13
46	Pd	1. 36	0. 15	1. 72	0. 04
47	Ag	0. 489	0. 024	1. 28	0. 02
48	Cd	1. 57	0. 11	1. 78	0. 03
49	In	0. 178	0. 012	0. 84	0. 03
50	Sn	3. 60	0. 54	2. 14	0. 06
51	Sb	0. 313	0. 047	1. 08	0. 06
52	Te	4. 69	0. 33	2. 26	0. 03

（续表）

Z		$N(\text{Si})=10^6$		$\lg N(\text{H})=12$	
53	I	1.10	0.22	1.63	0.08
54	Xe	5.46	1.10	2.32	0.08
55	Cs	0.371	0.019	1.16	0.02
56	Ba	4.47	0.81	2.24	0.07
57	La	0.457	0.023	1.25	0.02
58	Ce	1.18	0.19	1.66	0.06
59	Pr	0.172	0.020	0.82	0.05
60	Nd	0.856	0.043	1.52	0.02
62	Sm	0.267	0.013	1.01	0.02
63	Eu	0.10	0.01	0.58	0.04
64	Gd	0.360	0.049	1.14	0.06
65	Tb	0.06	0.00	0.39	0.03
66	Dy	0.404	0.062	1.19	0.06
67	Ho	0.09	0.01	0.55	0.03
68	Er	0.262	0.042	1.00	0.06
69	Tm	0.04	0.00	0.19	0.03
70	Yb	0.256	0.013	0.99	0.02
71	Lu	0.038	0.0019	0.17	0.02
72	Hf	0.156	0.008	0.78	0.02
73	Ta	0.021	0.0021	−0.09	0.04
74	W	0.137	0.014	0.72	0.04
75	Re	0.0581	0.0058	0.35	0.04
76	Os	0.678	0.054	1.42	0.03
77	Ir	0.672	0.092	1.41	0.06
78	Pt	1.27	0.10	1.69	0.03
79	Au	0.195	0.019	0.88	0.04
80	Hg	0.458	0.092	1.25	0.08
81	Tl	0.182	0.015	0.85	0.03

(续表)

Z		$N(Si)=10^6$		lg N(H)=12	
82	Pb	3.31	0.23	2.11	0.03
83	Bi	0.138	0.012	0.73	0.04
90	Th	0.044	0.003 5	0.23	0.03
92	U	0.023 8	0.001 9	−0.04	0.03

15.3.3　太阳系元素(核素)丰度分布的特征

　　一般地,每种元素有一种主要核素及它的若干个同位素。图 15-5 绘出按原始太阳系核素的质量数 A(=质子数 Z+中子数 N)变化的核素丰度分布。由于以下显著特征,它比图 15-4 更有利于研究元素-核素分布及其起源。

　　(1)所有元素中,丰度最大的是氢,其次是氦,其他元素的丰度要小得多。

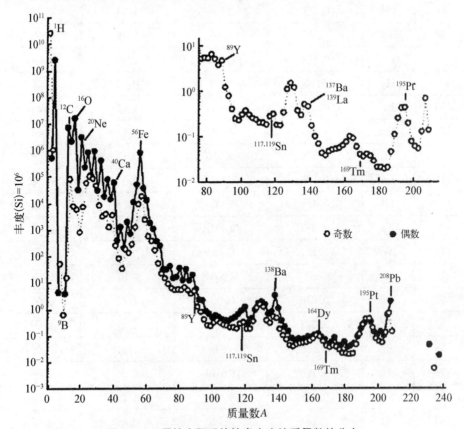

图 15-5　原始太阳系的核素丰度按质量数的分布

（2）元素丰度大致随质量数 A 增加而减小，A 大约到了 100（Z 约 42）之后，减小趋缓。

（3）轻元素锂、铍、硼比其邻近元素氢、氦、碳、氮的丰度小得多。

（4）在 $Z = 23 \sim 28$ 有包括钒、铬、锰、铁、钴、镍的若干个**丰度峰**（abundance peaks），^{56}Fe 处有丰度最大的**铁峰**（iron peak）。

（5）质量数 A 为偶数的核素比邻近奇数的核素的丰度大，这种奇、偶特征称为 Oddo - Harkins **规则**。奇、偶质量数核素的各自丰度分布大致都是平滑的，奇数的平滑程度更好些，但又都出现间断情况。一个明显的例外是宇宙中丰度最大，又是最简单的元素氢（^{1}H），还有一个例外是铍，自然界的铍同位素只有奇质量的 ^{9}Be 是稳定的。

（6）质量数为 α 粒子（即 2 个中子加 2 个质子组成的氦原子核）整数倍的核素（^{12}C、^{16}O、^{20}Ne、^{24}Mg、^{28}Si、^{32}S、^{36}Ar、^{40}Ca）比邻近核素的丰度大。

（7）在某些质量数 A（$70 \sim 90$、$130 \sim 138$、195、208）的核素比邻近核素的丰度大，呈现丰度峰结构，这些是由**幻数效应**引起的。

（8）比铁重的核素中，丰中子核素比丰质子核素的丰度大。

15.4　恒星和星际物质的元素丰度

虽然测定太阳系元素丰度的光谱分析等方法原则上可以推广到测定恒星及其他天体的元素丰度，然而由于这些天体遥远暗弱，仅能在一些有利情况下得出有用结果。

15.4.1　恒星的元素丰度

光谱分析的结果表明，多数恒星（大气）的元素丰度与太阳（光球）的元素丰度差不多，但也有某些恒星有显著不同。由于铁是最丰富的金属元素，且其丰度较易测定，常用恒星的铁元素丰度［Fe/H］代表其金属的丰度，称为**金属度**（metallicity）。天文学上，常把氢元素（数目）丰度所占部分简记为 X，氦所占部分简记为 Y，其他所有元素所占部分简记为 Z，则有 $X + Y + Z = 1$。假如知道 Z/X 和 X 值，就可以估计难以测定的 Y 值。用此方法得出太阳的 $Y = 0.246\,9$，进而得 $\lg N(\mathrm{He}) = 10.915$。常把氢和氦以外的所有元素统称为重元素，也常用金属度代表重元素丰度。

应当指出，恒星光谱分析定出的只是恒星大气的元素丰度，而恒星内部由于进行着热核反应,元素丰度在不断变化,因而恒星大气与恒星内部的元素丰度应该有差别。虽然有对流等机制可以使内部物质和大气物质相混合,但研究表明,在恒星比较稳定的演化时期,通常情况下不存在有效的混合机制,所以恒星大气与恒星内部的元素丰度有显著差别。表 15-3 列出我国赵刚的研究团队测定的一些恒星的元素丰度。标记方法是把恒星(大气)相对于太阳(光球)的元素丰度记为方括号[ ]内两种元素的原子数目 N 比率的对数。例如,铁元素丰度 $[Fe/H] = \lg\{N(Fe)/N(H)\}_* - \lg\{N(Fe)/N(H)\}_\odot$,其中下标 $*$ 表示恒星,下标 $\odot$ 表示太阳。

人们发现大多数恒星大气的元素丰度与太阳光球的相应元素丰度相当。但有一些**化学特殊星**(chemically peculiar star,CP)中的某些元素丰度与太阳光球的相应元素丰度有显著不同。它们有以下类型:

(1) Ap 星,即光谱 A 型特殊星,具有强磁场,其元素硅、铬、铕的谱线强,铁的丰度为太阳的 5 倍,锶的丰度为太阳的 95 倍,锰和钴的丰度约为太阳的 10 倍,而钛的丰度为太阳的一半。

(2) Am 星,即金属线星,其光谱的金属线很强。它们的元素丰度表明:① 匮乏某些轻元素(碳、氧、镁、钙、钪),富集一些重元素(锶、钡、铕、钇最富,锆、铈、钕次之);② 某些元素的丰度比(如 $[Ca/Fe]$ 与 $[Mg/Fe]$)相关,而有些(如 $[C/Fe]$ 与 $[Ca/Fe]$)不相关;③ Am 星的铁丰度约为正常星的 3 倍,且有从热星到冷星减少的趋势。Am 星大多是双星成员,其元素丰度与双星的演化有关。

(3) 汞-锰(Hg-Mn)星(mercury-manganese star),398.4 nm 谱线强,分类上可以隶属 Ap 星,但不像典型 Ap 星那样具有强磁场。汞-锰星的 Hg 和 Mn 丰度很大。

(4) 碳星(carbon star),即光谱型 C(包括 R、N)型星,C_2、CH、CN、C_3 的谱线强,富含碳(C/O 丰度比大于或等于 1)。

(5) 钡星(barium star),Ba Ⅱ(波长为 455.4 nm)谱线强,富集元素碳和氮,多数贫含铁和金属。

(6) S 星(S star),光谱有氧化锆特征带,且常伴有氧化镧谱带,富集质子数 $Z > 38$ 的锆、镧、溴、钇、钡。

此外,还有富氦、贫氦等特殊类型恒星。超新星的元素丰度与太阳不同且有显著变化。例如,Ⅰ型超新星爆发后显示富集元素铁、氧、钙、钠、镁,Ⅱ型超新星 1987A 显示富集氮、硒、锶、钡。据 2011 年的研究报道,太阳近邻的大质量 B 型恒星保存着它们的原始元素丰度,未远离它们的形成环境,可代替规范的太阳系元素丰度,作为目前的宇宙元素丰度的理想指标。

表 15-3　一些恒星相对于太阳的元素丰度

恒星	[Fe/H]	[Mg/Fe]	[Si/Fe]	[Ca/Fe]	[Ti/Fe]	[O/Fe]	[Na/Fe]	[Al/Fe]	[Se/Fe]	[V/Fe]	[Cr/Fe]	[Mn/Fe]	[Ni/Fe]	[Ba/Fe]
G126-59	-0.2	-0.04	0.18	0.17	0.02	0.49	-0.06	0.30	0.20	-0.09	-0.06	-0.01	0.00	-0.06
G130-29	0.05	0.12	0.20	0.06	-0.07	0.26	0.08	0.23	0.29	0.03	0.03	0.10	-0.01	-0.20
G171-3	-0.44	0.06	0.18	0.13	-0.04	0.37	-0.08	—	0.19	-0.07	-0.11	0.07	-0.14	0.05
G210-46	-0.37	0.05	0.17	0.23	0.10	0.40	0.20	0.30	0.33	—	0.01	-0.18	-0.12	0.04
HD002663	-0.48	-0.04	0.23	0.07	0.29	—	0.09	0.39	0.07	0.06	0.11	-0.11	0.09	0.03
HD003268	-0.29	0.02	0.15	0.11	0.27	0.43	0.08	3.05	0.06	0.04	0.02	-0.15	0.03	0.19
HD003454	-0.65	0.18	0.27	0.12	0.35	0.49	-0.02	—	0.02	-0.23	-0.22	-0.43	0.07	0.16
HD006755	-1.61	0.15	0.32	0.28	0.13	0.96	-0.34	0.49	0.16	-0.10	-0.09	-0.28	-0.14	0.16
HD062301	-0.71	0.28	0.25	0.23	0.05	0.49	0.25	0.46	0.22	-0.05	-0.01	-0.40	-0.17	0.04
HD217107	0.01	—	0.35	0.04	0.04	0.32	0.30	C.44	0.08	-0.03	0.07	0.21	-0.03	-0.33
HD222794	-0.70	0.66	0.36	0.32	0.30	0.83	0.06	0.45	0.31	-0.04	-0.15	-0.33	-0.11	-0.16

15.4.2　星际物质的元素丰度

多数元素是以结合为化合物的形式存在的。按化学性质,元素可分为难熔的、主要的、中等挥发的和高挥发的四类(见表 15-4)。在不同温度等环境条件下,呈现为气体和固态颗粒。

表 15-4　元素的宇宙化学分类

元素分类	凝结温度[①]/K	亲石(硅酸盐)的	亲铁＋亲钙(硫化物＋金属)的
难熔的	1 850～1 400	Al、Ca、Ti、Be、Ba、Sc、V、Sr、Y、Zr、Nb、REE[②]、Hf、Ta、Th、U、Pu	Re、Os、W、Mo、Ru、Rh、Ir、Pt
主要的	1 350～1 250	Mg、Si、Cr、Li	Fe、Ni、Co、Pd
中等挥发	1 230～640	Mn、P、Na、B、Rb、K、F、Zn	Au、Cu、Ag、Ga、Sb、Ge、Sn、Se、Te、S
高挥发	<640	Cl、Br、I、Cs、Tl、H、C、N、O、He、Ne、Ar、Kr、Xe	In、Bi、Pb、Hg

① 压强为 10^{-4} bar;② REE 是稀土元素(原子序数为 57～71 的 15 种元素)。

星际物质(ISM)是宇宙早先留下的、与恒星演化抛出的物质及宇宙线粒子混合组成的物质,受宇宙线高能粒子与它们的核反应过程影响而发生核素丰度的变化。星际物质的空间分布及元素(核素)丰度是不均匀的,很难准确测定。然而,从不同波段的很多天文观测、航天器的探测及采样分析研究,人们可获得一些重要成果。星际物质的平均元素丰度大致与太阳系相似,但不同星际云的元素丰度仍有相当大的差别。例如,冷云比热云匮乏重元素(铁、硅、碳匮乏 10%以上),它们可能富集于不同颗粒中;同位素的丰度比也不同,例如 D/H 丰度比一般约为 1.8×10^{-5},在猎户 A 分子云中高达 $10^{-3} \sim 10^{-2}$。

宇宙线(cosmic rays)是来自太阳系以外的高能粒子,几乎全是失去核外电子的原子核,主要是质子、氦核及少量重核素。已探测到的费米子宇宙线的最高能量记录是 3×10^{20} eV,是当今大型强子对撞机所能够加速的粒子能量的数千万倍。由于受星际各处不同磁场作用而混乱变向,很难确定其源自何处。1934 年,W. 巴德(Walter Baade)和 F. 兹威基(Fritz Zwicky)认为它们可能来自超新星。根据后续观测结果推测,宇宙线的可能来源包括超新星、活动星系核、类星体以及伽马射线暴。虽然银河系宇宙线的能量密度(约 1 eV/cm³)与银河系磁场的能量密度是同量级的,但粒子的数密度小(约 10^{-3}/cm³),其元素(核素)丰度与其能量谱有关,总的来说接近太阳系的丰度分布趋势,但主要成分(氢、氦)

丰度低于太阳系一个数量级,而重元素丰度大(见图 15 - 6)。散裂反应生成的宇宙成因核(锂、铍、硼等)丰度高于太阳系。

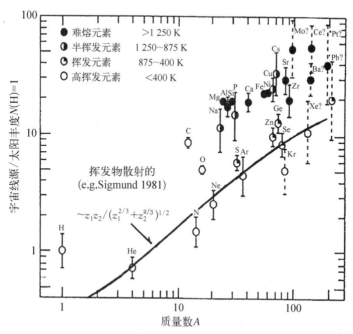

图 15 - 6　宇宙线的元素丰度(Z_1 与 Z_2 是撞击双方核素的原子序数)

15.4.3　宇宙的元素丰度

　　宇宙中现存的元素及其核素丰度是随着宇宙和天体的演化,先后经历多种过程而产生的结果。综合各种观测资料和理论研究,概括地说,首批核素是宇宙开始大爆炸后约 3 分钟,通过**大爆炸核合成**(Big Bang nucleosynthesis,BBN)过程生成的轻元素。随着第一代恒星的形成及演化,在它们的中心区依次发生轻核素"燃烧"(即核聚变)为重元素的系列核合成过程,这个过程可以一直持续到碳。恒星演化晚期死亡时生成并抛出各种重元素,尤其是大质量恒星爆发的核合成过程产生的新元素。抛出的这些元素成为星际物质,这些星际物质后来又集聚形成后代恒星以及行星,它们的演化再生成下一代的重元素和物质,如图 15 - 7 所示。如此一代代的循环是宇宙中存在千变万化的众多老年和年轻恒星的原因。另外高能宇宙线粒子的作用产生核素裂变从而改变核素丰度,并合的中子星和爆发的白矮星也导致元素核素及其丰度的变化。

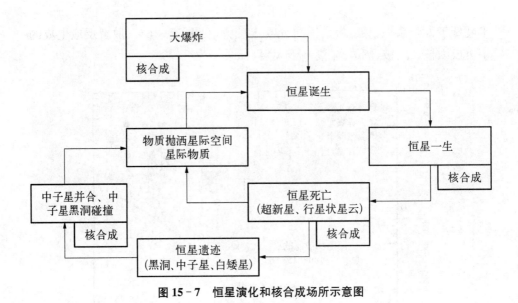

图 15 - 7　恒星演化和核合成场所示意图

15.5　宇宙早期的核合成

　　大爆炸宇宙论(The Big Bang Theory)研究表明,我们的宇宙在诞生那一时刻,密度和温度极高。随着宇宙的空间膨胀,物质密度变小,温度下降。起初,宇宙中仅存在基本粒子和反粒子发生粒子物理过程。1979 年诺贝尔物理学奖得主 S. 温伯格(Steven Weinberg)在他的 *The First Three Minutes* 一书中生动地描述了宇宙最初三分钟发生的事情。大爆炸后约 10 s 到 20 min,温度降到足够低(约 10^{12} K),以致发生质子(p,即氢核 H)与中子(n)合成反应,生成氘(D=^{2}H)并放出光子(γ),p(n,γ)D 即 p+n→D+γ,以及下述核合成过程:

$$D+p \rightarrow {}^3He+\gamma$$

$$D+D \rightarrow {}^3He+n$$

$$D+D \rightarrow {}^3H+p$$

$$^3He+D \rightarrow {}^4He+p$$

$$^3H+D \rightarrow {}^4He+n$$

$$^3He+{}^4He \rightarrow {}^7Be+\gamma$$

$$^7\text{Be} + \text{n} \rightarrow {}^7\text{Li} + \text{p}$$

通过这些核合成过程,BBN 生成了稳定的氦原子核(^{4}He)以及少量氘(D)、氦(^{3}He)、锂(^{7}Li),还有少量不稳定的氚(T=^{3}H)和铍(^{7}Be),但很快分别衰变为^{3}He 和^{7}Li。主要核反应链示于图 15 - 8,它们的质量分数变化如图 15 - 9 所示。

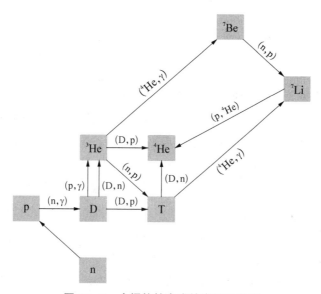

图 15 - 8　大爆炸核合成的主要反应链

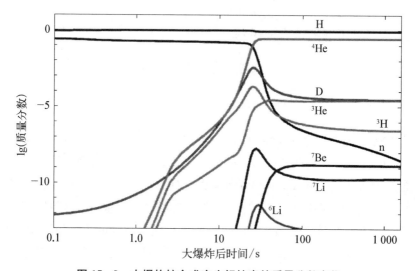

图 15 - 9　大爆炸核合成产生轻核素的质量分数变化

大爆炸开始后约 20 min,宇宙的温度和密度降低到使 BBN 不能继续。根据大爆炸标准模型的重要参数(质子/中子比率,重子/质子比率)与核物理理论计算结果,这时所有的中子都结合到了氦核中。留下的质量丰度如下:氢(^{1}H)约 75%、氦(^{4}He)约 25%、氘(D)和氦(^{3}He)约 0.01%、痕量的锂约 10^{-10} 量级,较重元素可以忽略不计。

15.6　恒星核合成

比 ^{4}He 重的元素核合成发生在恒星内部,同时提供维系恒星稳定的主要能源,所以这些核的反应过程和合成结果与恒星的结构和性质有密切关系。通过恒星的核合成理论计算出的元素丰度用来与观测结果比较,人们可以解释观测到的宇宙元素丰度随时间的变化。恒星内的核反应是造成元素产生及其丰度变化、恒星演化的微观原因。一颗恒星诞生后,核合成过程随即开始,并且伴随着恒星的一生。一般过程是:恒星中心区先发生氢燃烧,即氢聚变为氦的过程(主序星);随后发生氦燃烧,即氦聚变为碳的过程(红巨星);进而发生更重元素的燃烧或聚变。这类通过燃烧较轻的核生成较重的核反应过程可以持续到元素铁。再后来,小质量恒星会以星风方式缓慢地抛出其大气,形成行星状星云;大质量恒星会演化为超新星突然爆发事件,抛出大量物质,并伴有爆炸性核合成过程发生。

15.6.1　恒星内部的核合成过程

以下逐一介绍发生在恒星内部由轻核到重核的一些主要核合成过程。

15.6.1.1　氢燃烧

氢燃烧(hydrogen burning),即 4 个氢核(H)合成为一个氦核(^{4}He)的过程,发生于温度为$(1\sim3)\times10^7$ K,密度为 10^3 g/cm^3 的条件下。有两种反应途径:**质子-质子链**(p-p chain)和**碳氮氧循环**(CNO circle)。在质量大小像太阳或更小些的主序恒星中,p-p 链反应是产生能量的主要途径(太阳只有 1.7% 的氦核是经碳氮氧循环过程产生的),而在比太阳质量更大的主序恒星中,碳氮氧循环是产生能量的主要来源。图 15-10 给了这两种反应途径,其中涉及的氢核(H)即质子 p,e$^+$ 与 e$^-$ 分别是正、负电子,ν 是中微子,γ 是光子。

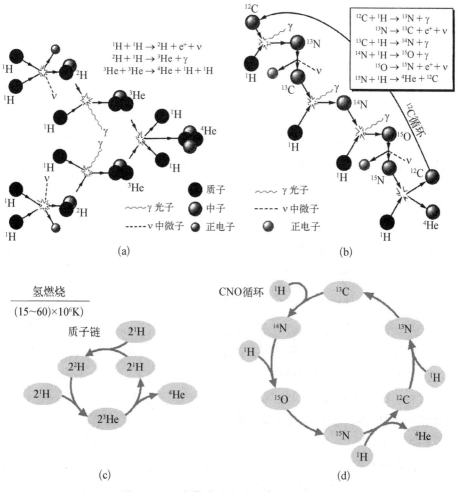

图 15-10　氢聚变为氦的两类核反应路径

　　(a) p-p 链: 4 个质子结合为 1 个氦核, 放出能量; (b) CNO 循环: ^{12}C 为催化剂, 总的结果也是 4 个质子结合为 1 个氦核, 放出能量; (c) 图(a)的简化示意图; (d) 图(b)的简化示意图

1) p-p 链

　　p-p 链(p-p chain)反应在太阳或比太阳更小的主序星中占主导地位。p-p 反应是太阳产生能量的主要来源, 提供地球上的生物赖以生存的光和热。从核反应机制来说, 克服两个氢原子核之间的库仑斥力需要很大的能量, 因此 p-p 熔合反应只有在温度(即动能)高到足以克服它们相互之间的库仑斥力时才能发生。

　　p-p 链反应第一个步骤是两个氢原子核 ^{1}H(质子 p)融合成为氘, 一个质子通过释放一个 e^{+} 和一个中微子成为中子, 这个过程中释放的中微子带有

0.42 MeV 的能量。反应式如下:

$$^1H + {}^1H \rightarrow {}^2H + e^+ + \nu$$

这个步骤进行得非常缓慢,因为它是一个吸热的 β 正电子衰变过程,需要吸收能量,将一个质子转变成中子。这是整个 p-p 链反应的瓶颈,一个质子平均要等待 10^9 年才能融合成氘。而产生的正电子立刻就和电子湮灭,它们的质量转换成两个 γ 射线光子(总能量为 1.02 MeV)被带走:$e^+ + e^- \rightarrow 2\gamma$,接着,生成的氘和另一个氢原子融合成氦的较轻同位素 ^3He,同时放出 5.49 MeV 的 γ 光子能量:

$$^2H + {}^1H \rightarrow {}^3He + \gamma$$

产生了 ^3He 之后,有三种可能的路径进一步形成 ^4He,对应于三个 p-p 链分支:pp1、pp2 和 pp3。在 pp1 分支中,氦-4 由两个氦-3 融合而成:

$$^3He + {}^3He \rightarrow {}^4He + {}^1H + {}^1H + 12.86 \text{ MeV}$$

由图 15-10(a)可见,整个 pp1 链反应放出的净能量为 26.72 MeV。pp1 分支主要发生在 $(1\sim1.4)\times10^7$ K 的温度。当温度低于 10^7 K 时,p-p 链反应不能发生。在太阳中,pp1 分支最为频繁,占了 86%。

在 pp2 和 pp3 分支中,^3He 先与一个已经存在的 ^4He 融合成铍(^7Be),然后完成整个链的反应。pp2 分支主要发生在 $(1.4\sim2.3)\times10^7$ K 的温度,而 pp3 链反应发生在 2.3×10^7 K 以上的温度。在太阳中,pp2 分支占 14%,pp3 分支占 0.11%。在所有三个 p-p 链分支中,总的效果都是燃烧掉 4 个质子,产生 1 个 ^4He[见图 15-10(c)],同时放出 26.72 MeV 的能量。其中 γ 射线释放的能量会和电子与质子作用来加热太阳的内部,正是这些能量支撑着太阳使它不致因为本身的引力而坍缩。中微子不会与一般的物质发生相互作用,对支持太阳对抗引力坍缩没有贡献。中微子在 pp1、pp2 和 pp3 链反应中分别带走 2.0%、4.0% 和 28.3% 的能量。

2) CNO 循环

比太阳质量更大的恒星以 **CNO 循环**(CNO circle)为产生能量的主要来源。CNO 循环过程是由 C. 冯·魏茨泽克(Carl von Weizsäcker)和 H. 贝特(Hans Bethe)在 1938 年和 1939 年分别独立提出的,其反应过程是[参见图 15-10(b)]:

$$^{12}C + {}^1H \rightarrow {}^{13}N + \gamma \ (1.95 \text{ MeV})$$

$$^{13}N \rightarrow {}^{13}C + e^+ + \nu \ (2.22 \text{ MeV})$$

$$^{13}C + {}^1H \rightarrow {}^{14}N + \gamma \ (7.54 \ \text{MeV})$$

$$^{14}N + {}^1H \rightarrow {}^{15}O + \gamma \ (7.35 \ \text{MeV})$$

$$^{15}O \rightarrow {}^{15}N + e^+ + \nu \ (2.75 \ \text{MeV})$$

$$^{15}N + {}^1H \rightarrow {}^4He + {}^{12}C \ (4.96 \ \text{MeV})$$

这个循环的净效应是消耗 4 个质子生成 1 个 ^4He、2 个正电子(继而产生正负电子湮灭,以 γ 射线的形式释放能量)和 2 个携带着部分能量逃逸出恒星的中微子。碳、氮和氧核在循环中担任催化剂并且再生。这是 CNO 循环的主要分支,通常称为 CNO - 1。这些核反应[见图 15 - 10(c)与(d)]总的结果为

$$4^1H \rightarrow {}^4He + 2e^+ + 2\nu$$

综合 p - p 链和 CNO 循环过程,氢燃烧的总效果是 4 个氢原子核(质子)合成 1 个氦原子核:$4^1H \rightarrow {}^4He +$(能量)。质量耗损为 4 个氢原子与 1 个氦原子的质量差 $\Delta m = (6.695\ 1 \times 10^{-24} \sim 6.646\ 5 \times 10^{-24})\text{g} - 0.048\ 63 \times 10^{-24}$ g。按照爱因斯坦质量-能量关系 $E = \Delta mc^2$,释放能量约为 4.371×10^{-12} J。按照这种估算,$0.1\ M_\odot$ 的氢燃烧可以释放约 1.3×10^{44} J 的能量——如此之巨大足以抗拒一颗主序星由于引力造成的坍缩。

上述 CNO - 1 分支的最后一个反应还可以有一个较小概率的反应路径,产物不是立即成为 ^{12}C 和 ^4He,而是 ^{16}O 和一个光子。再经过若干核反应之后,最后生成 ^{14}N 和 ^4He。

$$^{15}N + {}^1H \rightarrow {}^{16}O + \gamma$$

$$^{16}O + {}^1H \rightarrow {}^{17}F + \gamma$$

$$^{17}F \rightarrow {}^{17}O + e^+ + \gamma$$

$$^{17}O + {}^1H \rightarrow {}^{14}N + {}^4He + \gamma$$

这称为 CNO - 2 分支,在太阳核心中发生的只占 0.04%。

质子-质子反应的产能率对温度相对不敏感,温度上升 10% 只会增加 46% 的能量产量。而碳氮氧循环的产能率敏感地依赖于温度,10% 的温度升高产生的能量会增长 350%。中心温度高于 1.6×10^7 K 的恒星,碳氮氧循环占优势;中心温度较低的恒星以质子-质子反应为主。而当温度低于 7×10^6 K 时,这两种反应都不能发生。

15.6.1.2   氦燃烧：3α 过程与 α 俘获过程

随着恒星中心区氢燃烧生成氦,氢最终耗尽并产能从而导致恒星内部升温。当温度为$(1.2 \sim 2) \times 10^8$ K、密度为 $10^3 \sim 10^5$ g/cm^3 时,氦燃烧开始,即氦原子核 ^{4}He(α 粒子)聚变的核合成过程。首先发生的是

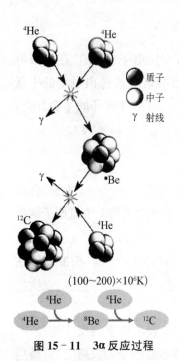

$$^4\text{He} + {}^4\text{He} \rightarrow {}^8\text{Be} - 0.092 \text{ MeV}$$

$$^8\text{Be} + {}^4\text{He} \rightarrow {}^{12}\text{C}^* - 0.289 \text{ MeV}$$

$$^{12}\text{C}^* \rightarrow {}^{12}\text{C} + \gamma + 7.656 \text{ MeV}$$

^{12}C* 的右上角星号表示 ^{12}C 的激发态。上述反应总效果为 3 ^{4}He→^{12}C+γ+7.275 MeV,称为 **3α 过程**(triple-alpha process),又称 **3α 反应**。3α 过程是三个氦原子核结合成为一个碳核的核合成过程,是恒星内部合成重元素至关重要的一步。因为两个 α 粒子结合而成的 ^{8}Be 核极不稳定(半衰期仅为 6.7×10^{-17} s),形成 ^{12}C(继而形成比碳-12更重的元素)的唯一可能是在 ^{8}Be 形成后的瞬间有第三个 α 粒子到场并与 ^{8}Be 结合(见图 15-11)。3α 过程在 1950 年代初提出来后,开始时人们认为第三个 α 粒子与短寿命 ^{8}Be 的碰撞会促使后者分裂,根本不会形成稳定的 ^{12}C。那么宇宙中的 ^{12}C 以及更重的元素从哪里来的呢? 这个难题后来由英国天文学家 F. 霍伊尔预言存在一个 ^{12}C 的"共振态"而得到解决,正是这个共振态的存在使第三个 α 粒子的能量被吸收。这个位于 7.656 MeV 的共振态果然在随后的实验中被发现,而且与霍伊尔的预言准确符合。这个神奇的共振态表明了一个微观原子核能级的存在与否足以改变整个宇宙的元素成分!

一旦 3α 过程突破反应瓶颈形成了 ^{12}C,接下来可以发生一系列 **α 俘获**的核合成过程(α-capture process)如图 15-12 所示。首先是生成 ^{16}O 的过程:

$$^{12}\text{C} + {}^4\text{He} \rightarrow {}^{16}\text{O} + \gamma, \ E = 7.16 \text{ MeV}$$

接着根据具体反应场所的温度和密度条件,可能发生进一步的 α 俘获过程:

$$^{16}\text{O} + {}^4\text{He} \rightarrow {}^{20}\text{Ne} + \gamma, \ E = 4.73 \text{ MeV}$$

$$^{20}\text{Ne} + {}^4\text{He} \rightarrow {}^{24}\text{Mg} + \gamma, \ E = 9.32 \text{ MeV}$$

图中标注：
^{4}He ^{4}He

质子
中子
γ 射线

γ

γ ^{8}Be

^{12}C ^{4}He

$(100 \sim 200) \times 10^6$K

^{4}He ^{4}He

^{4}He ^{8}Be ^{12}C

图 15-11   3α 反应过程

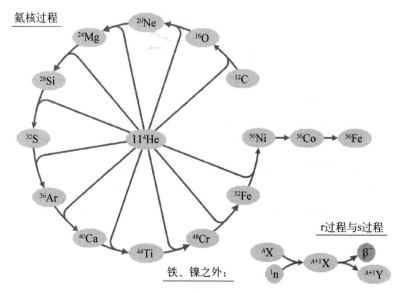

图 15-12　氦核(α)俘获与中子俘获过程

$$^{24}\mathrm{Mg}+{}^{4}\mathrm{He}\rightarrow{}^{28}\mathrm{Si}+\gamma,\ E-9.98\ \mathrm{MeV}$$

$$^{28}\mathrm{Si}+{}^{4}\mathrm{He}\rightarrow{}^{32}\mathrm{S}+\gamma,\ E=6.95\ \mathrm{MeV}$$

$$^{32}\mathrm{S}+{}^{4}\mathrm{He}\rightarrow{}^{36}\mathrm{Ar}+\gamma,\ E=6.64\ \mathrm{MeV}$$

$$^{36}\mathrm{Ar}+{}^{4}\mathrm{He}\rightarrow{}^{40}\mathrm{Ca}+\gamma,\ E=7.04\ \mathrm{MeV}$$

$$^{40}\mathrm{Ca}+{}^{4}\mathrm{He}\rightarrow{}^{44}\mathrm{Ti}+\gamma,\ E=5.13\ \mathrm{MeV}$$

$$^{44}\mathrm{Ti}+{}^{4}\mathrm{He}\rightarrow{}^{48}\mathrm{Cr}+\gamma,\ E=7.70\ \mathrm{MeV}$$

$$^{48}\mathrm{Cr}+{}^{4}\mathrm{He}\rightarrow{}^{52}\mathrm{Fe}+\gamma,\ E=7.94\ \mathrm{MeV}$$

$$^{52}\mathrm{Fe}+{}^{4}\mathrm{He}\rightarrow{}^{56}\mathrm{Ni}+\gamma,\ E=8.00\ \mathrm{MeV}$$

上述过程中的 E 是每一个过程产生的能量,主要以 γ 辐射的形式释放。

值得提到的是,前面讲的 CNO 循环也可以通过 α 俘获过程产生中子:

$$^{13}\mathrm{C}+{}^{4}\mathrm{He}\rightarrow{}^{16}\mathrm{O}+\mathrm{n}+2.214\ \mathrm{MeV}\ \text{或}$$

$$^{14}\mathrm{C}+{}^{4}\mathrm{He}\rightarrow{}^{18}\mathrm{F}+\gamma+4.416\ \mathrm{MeV}$$

$$^{18}\mathrm{F}\rightarrow{}^{18}\mathrm{O}+\mathrm{e}^{+}+\nu_{\mathrm{e}}$$

$$^{18}\mathrm{O}+{}^{4}\mathrm{He}\rightarrow{}^{21}\mathrm{Ne}+\mathrm{n}-0.699\ \mathrm{MeV}$$

$$^{18}\mathrm{O}+{}^{4}\mathrm{He}\rightarrow{}^{22}\mathrm{Ne}+\gamma+9.667\ \mathrm{MeV}$$

$$^{21}\text{Ne} + ^4\text{He} \rightarrow ^{24}\text{Mg} + \text{n} + 2.580 \text{ MeV}$$

$$^{22}\text{Ne} + ^4\text{He} \rightarrow ^{25}\text{Mg} + \text{n} - 0.481 \text{ MeV}$$

15.6.1.3　碳燃烧与氧燃烧

碳燃烧(carbon burning)核反应过程发生在那些质量较重的恒星(诞生时至少 $8 M_\odot$ 以上)耗尽了核心内较轻的元素之后。当氦燃烧时,恒星逐步建立起一个富含碳和氧的核心。一旦氦的密度降低至无法继续燃烧的水平时,核心便因为重力而坍缩,体积的缩小造成核心的温度和压力上升至碳燃烧的临界条件。一般要求恒星内部温度高于 5×10^8 K,密度大于 10^8 kg/m³。主要反应过程如下:

$$^{12}\text{C} + ^{12}\text{C} \rightarrow ^{24}\text{Mg} + \gamma + 13.933 \text{ MeV}$$

$$^{12}\text{C} + ^{12}\text{C} \rightarrow ^{23}\text{Na} + \text{p} + 2.241 \text{ MeV}$$

$$^{12}\text{C} + ^{12}\text{C} \rightarrow ^{20}\text{Ne} + ^4\text{He} + 4.617 \text{ MeV}$$

$$^{12}\text{C} + ^{12}\text{C} \rightarrow ^{23}\text{Mg} + \text{n} - 2.599 \text{ MeV}$$

$$^{12}\text{C} + ^{12}\text{C} \rightarrow ^{16}\text{O} + 2^4\text{He} - 0.113 \text{ MeV}$$

当温度约为 2×10^9 K、密度为 10^9 kg/m³ 时,恒星内会发生**氧燃烧**(oxygen burning)的核反应过程:

$$^{16}\text{O} + ^{16}\text{O} \rightarrow ^{32}\text{S} + \gamma + 16.539 \text{ MeV}$$

$$^{16}\text{O} + ^{16}\text{O} \rightarrow ^{31}\text{P} + \text{p} + 7.676 \text{ MeV}$$

$$^{16}\text{O} + ^{16}\text{O} \rightarrow ^{31}\text{S} + \text{n} + 1.459 \text{ MeV}$$

$$^{16}\text{O} + ^{16}\text{O} \rightarrow ^{28}\text{Si} + ^4\text{He} + 9.593 \text{ MeV}$$

$$^{16}\text{O} + ^{16}\text{O} \rightarrow ^{24}\text{Mg} + 2\,^4\text{He} - 0.393 \text{ MeV}$$

碳燃烧和氧燃烧所产生的 α 粒子、质子及中子又与其他产物相互作用而形成质量数 $A = 16 \sim 28$ 的其他核素。碳燃烧和氧燃烧过程结束时,最丰富的元素是 ^{32}S 和 ^{28}Si 及 ^{24}Mg。由于 ^{32}S 中的质子、中子及 α 粒子的结合能小于 ^{28}Si 中的相应值,这时会发生**光致衰变**(photodisintegration)。光致衰变过程是极高能量的 γ 射线和原子核发生相互作用,使原子核进入激发态后,立刻衰变成为两个或多个子核的过程,是一个与核燃烧融合相反的过程。^{32}S 首先发生(γ, p)和(γ, n)反应的光致衰变:

$$^{32}S + \gamma \rightarrow {}^{31}P + p - 8.864 \text{ MeV}$$

$$^{31}P + \gamma \rightarrow {}^{30}Si + p - 7.287 \text{ MeV}$$

$$^{30}Si + \gamma \rightarrow {}^{29}Si + n$$

$$^{29}Si + \gamma \rightarrow {}^{28}Si + n$$

结果几乎仅留下^{28}Si。随后，^{28}Si 开始发生(γ, p)和(γ, α)反应的光致衰变：

$$^{28}Si + \gamma \rightarrow {}^{27}Al + p - 11.583 \text{ MeV}$$

$$^{28}Si + \gamma \rightarrow {}^{24}Mg + \alpha - 9.981 \text{ MeV}$$

及进一步的光致衰变生成 α 粒子：

$$^{24}Mg + \gamma \rightarrow {}^{23}Na + p - 11.694 \text{ MeV}$$

$$^{24}Mg + \gamma \rightarrow {}^{20}Ne + \alpha - 9.317 \text{ MeV}$$

$$^{20}Ne + \gamma \rightarrow {}^{16}O + \alpha - 4.780 \text{ MeV}$$

$$^{16}O + \gamma \rightarrow {}^{12}C + \alpha - 7.161 \text{ MeV}$$

15.6.1.4　硅燃烧

从硅燃烧开始的**氦核反应**（α process）首先将 α 粒子融合进硅原子核（^{28}Si），产生质量数增加 4 的新元素硫（^{32}S）。接下来原子核每吸收一个 α 粒子，质量数就阶梯上升 4，所以这个过程又称为 **α 阶梯**（α ladder）。氦核反应按以下的顺序逐步进行：硅（^{28}Si）→硫（^{32}S）→氩（^{36}Ar）→钙（^{40}Ca）→钛（^{44}Ti）→铬（^{48}Cr）→铁（^{52}Fe）→镍（^{56}Ni）。整个 α 粒子融合反应序列进行到^{56}Ni 时中止，这颗恒星将不再通过核融合反应释放能量。这个过程完全是由核物理原理所致。由图 15-2 可见，在所有元素中具有 56 个核子的原子核的每个核子（包括所有质子和中子）具有最低的平均质量（对应于最高的平均结合能）。上述氦核反应序列的下一步是锌（^{60}Zn），其核子的平均质量有微小的增加，因此在能量上对$^{56}Ni + \alpha \rightarrow {}^{60}Zn$ 融合反应是不利的。没有了核反应提供的能量支撑，恒星将开始收缩。当引力收缩将核心加热至 10 GK 时，虽然温度升高可以在一定程度上阻止收缩速度，然而因为没有新的核融合提供足够的能量，恒星一般只维持几秒钟就坍塌了。失去热辐射压力支撑的外围物质会急速向核心坠落，有可能导致外壳的动能转化为热能向外爆发而产生**超新星爆炸**（supernova explosion）。一般认为，质量为太阳质量 1.35~2.1 倍的恒星核心部分最终被挤压成为一颗**中子星**（neutron star)。而更大质量的恒星可成为一个**黑洞**(black hole),目前所发现的黑洞中质量最小的约有 3.8 倍的太阳质量。

15.6.1.5 中子俘获核合成

质量数大于 56 的核素不能够通过融合反应(即核聚变)产生,但是可以通过核子俘获产生。经历了诸如碳燃烧、氧燃烧和硅燃烧后的恒星内部有大量的中子和质子,从一个**种原子核**(seed nucleus)开始,可以通过一系列的俘获过程吸收核子而生成更重的核素。每俘获一个核子(中子或质子),原子核的质量数就增加 1。中子俘获是原子核俘获中子形成重核的核反应。由于中子不带电,它们能够比带一个正电荷的质子更加容易地融入原子核。在宇宙形成过程中,中子俘获对于重元素的核合成过程非常重要。**中子俘获核合成**(neutron-capture nucleosynthesis)一般分为两种过程,即慢俘获中子过程(s 过程)和快俘获中子过程(r 过程)。每俘获一个中子,原子核就具有更大一些的中子/质子比,因此更趋于不稳定。不稳定原子核常通过 β 衰变而变得稳定。下面介绍 s 过程,而 r 过程的介绍见 15.6.2.2 节。

s 过程,即**慢俘获中子过程**(slow neutron-capture process),是发生于恒星内部、特别是 AGB 星内部的核合成过程,发生的环境温度为 $(2\sim4)\times10^8$ K、密度为 $10^3\sim10^4$ g/cm^3。宇宙中比铁重的核素大约有一半是通过 s 过程产生的。s 过程需要的中子源主要来自前面提到的氦燃烧过程:

$$^{13}\mathrm{C}+\alpha\rightarrow{}^{16}\mathrm{O}+\mathrm{n} \qquad (1.3\sim2.2\,M_\odot\ 的恒星)$$

$$^{22}\mathrm{Ne}+\alpha\rightarrow{}^{25}\mathrm{Mg}+\mathrm{n} \qquad (2.2\sim8\,M_\odot\ 的恒星)$$

由这些过程产生的中子密度较低($10^6\sim10^8$/cm^3),在这种条件下,俘获中子的时标大于 β 衰变时标。如果俘获了一个中子形成的核素是稳定的,则俘获过程就会沿着 β 稳定核区"缓慢地"依次进行中子俘获,生成较重的核素。但如果俘获了一个中子后形成的核素不稳定,它很快就会发生 β$^-$ 衰变,变成一个稳定核之后再去俘获下一个中子。所以,s 过程只发生在稳定核区域。在 s 过程中,原子序数 Z、质量数 A 的核素 (Z,A) 俘获一个中子 n 而生成核素 $(Z,A+1)$,可记成 $(Z,A)+\mathrm{n}\rightarrow(Z,A+1)$。经过 β$^-$ 衰变成为核素 $(Z+1,A+1)$。随后发生的中子俘获记为 $(Z+1,A+1)+\mathrm{n}\rightarrow(Z+1,A+2)$,接着还可以再发生下一轮中子俘获或 β$^-$ 衰变……直到生成的核素因结合能太弱而不再俘获中子。

s 过程是生成质量数 $60<A<210$ 核素的一种重要过程。

15.6.1.6　AGB 星的核过程

如 12.5 节所述,对于 $0.4\,M_\odot \sim 3\,M_\odot$ 的恒星,氢燃烧从中心区向外扩展,从主序星演化为红巨星。随后,中心区的氢燃烧生成的氦将发生爆发性氦燃烧(称为**氦闪**,helium flash)或稳定的氦燃烧过程。接下来,中心区生成的碳和氧导致恒星收缩变热,点燃邻近的氦燃烧,恒星从而进入**渐进巨星支**(asynptotic giant branch,AGB)演化阶段。对于中等质量的后主序恒星,虽然不发生氦闪,但其碳氧中心区的能量也由外面的氦燃烧层提供,由于其星风损失质量,也进入 AGB 演化阶段(见图 12-32)。1952 年,人们发现光谱 S 型星含不稳定重核素^{99}Tc,开始把重元素的核合成与 AGB 星的演化联系起来,进而取得一系列重要研究结果。

在早期 AGB 阶段,因氦燃烧释放能量大,使其富氢的外层迅速膨胀,通过对流不断内延,把燃烧产物搬运出来。星体因膨胀而逐渐变冷,最终使氢燃烧层熄火。于是,恒星内只剩氦燃烧层。此时,氦层内的碳氧中心区向内收缩,而氦层外则向外膨胀。对流越过氢氦不连续区到原来的氢层区,把燃烧产物(主要是^{4}He 和^{14}N)搬运出来。随着氦燃烧发展,碳氧的中心区质量增加,燃烧层因背景温度低于 10^7 K 而熄火,产能人为减少。星体由膨胀转向收缩。然后,星体重复以下过程:失控薄层氦燃烧—点燃氢层燃烧—其大气薄层急剧膨胀、光度急剧增加—氢、氦燃烧熄火—大气收缩、光度剧降—再点燃氦燃烧,形成这种周而复始的循环"热脉冲"过程。而且,星风导致星体包层质量抛失,以至于最后的热脉冲完全剥光包层,形成向外扩张的行星状星云,露出演化为白矮星的星核,从而结束 AGB 演化。

俘获中子的 s 过程核合成发生在 AGB 演化阶段。s 过程从种原子核铁开始(铁是由上一代超新星爆发留下来的),通过一系列的中子俘获合成 $A > 60$ 的重元素,并伴随着 β 衰变:

$$(Z, A) + n \rightarrow (Z+1, A+1) + e^- + \nu_e$$

s 过程可分为三个分量:① 弱分量——从^{58}Fe 开始逐步合成直到 Sr(锶)和 Y(钇)的 s 过程核素;② 主要分量——在 AGB 星内生成比锶和钇重的直到铅的核素;③ 强分量——生成约宇宙中近半的^{208}Pb。发生 s 过程所需的中子源主要由以下核过程提供:① 质子混合到氦层,反应链^{12}C(p, γ)^{13}N(β$^+$, ν_e)^{13}C,由^{13}C(α, n)^{16}O 释放中子;② 氢燃烧(CNO 循环)生成的^{14}N,在早期热脉冲经反应链^{14}N(α, γ)^{18}F(β$^+$, ν_e)^{18}O(α, γ)^{22}Ne,而由^{22}Ne(α, n)^{25}Mg 反应释放中子。

对于不同金属度的几种大质量 AGB 星演化模型计算表明,s 过程所生成的元素丰度分布都与太阳系的相似,而贫金属星的 s 过程一般只起次级作用。强分量 s 过程预言有铅丰度高的"Pb 星"(铅星)存在。2001 年首次观测到 3 颗铅星——HD187861、HD224959、HD196944。

15.6.2　爆炸性核合成

　　一颗质量足够大的恒星的一生中,可以发生一系列将轻元素熔合成较重元素的核合成过程,即前面讲过的氢燃烧、碳燃烧、氧燃烧和硅燃烧,其中一种核燃料的灰在压缩加热后成为用于随后燃烧阶段的燃料。至核心坍缩前,大质量恒星内部的元素分布发展成一种如图 15-13 所示洋葱状结构:恒星的中心部分聚集了已生成的最重元素——铁;较轻的元素按质量依次向外分布,恒星的最外层是氦和氢。在恒星演化晚期,核燃烧从内部迅速向外层扩展,最终由于核心的重力坍塌形成的径向激波所引起的温度骤升,导致爆炸性燃烧。在这些快速反应的物理环境中,生成的每种元素丰度都具有达到平衡的固定值,这称为**核准平衡**(nuclear quasi-equilibrium)。

图 15-13　演化晚期大质量恒星内部的洋葱状结构

　　大部分核合成过程都发生在核心坍缩型超新星爆发过程。大质量恒星之前的一系列核过程产生了大量的自由中子以及激波高温、高压等条件,系统变得极其不稳定而突然爆发为超新星,出现快速的爆炸性核合成过程。例如,下面将要讨论的俘获中子的 r 过程在极短时间内生成众多的丰中子重核素。快速俘获中子过程伴随着不稳定的短寿命放射性同位素发生衰变。这些 β 衰变通常伴随着

γ 射线的发射（来自受激发原子核的退激辐射），其光谱线可用于识别由衰变产生的新核素。对这些射线的探测需求形成了伽马射线天文学。超新星中爆炸性核合成的最有说服力的证据发生在 1987 年，当时从超新星 1987A 中发现的伽马射线被鉴定为 ^{56}Co 和 ^{57}Co 核的 γ 射线，通过对放射性半衰期的鉴别证明它们是由其放射性母核生成的。

15.6.2.1　超新星核合成

超新星核合成（supernova nucleosynthesis）发生于超新星爆发过程。由于核合成过程发生得很快，放射性衰变来不及进行，因此通过核准平衡过程迅速合成了大量具有相等偶数质子和偶数中子的核素，即如下的俘获 α 粒子的核反应过程与高能 γ 光子敲出 α 粒子的逆过程相抗衡：

$$^{28}Si + {}^{4}He \leftrightarrow {}^{32}S + \gamma$$

$$^{32}S + {}^{4}He \leftrightarrow {}^{36}Ar + \gamma$$

$$^{36}Ar + {}^{4}He \leftrightarrow {}^{40}Ca + \gamma$$

$$^{40}Ca + {}^{4}He \leftrightarrow {}^{44}Ti + \gamma$$

$$^{44}Ti + {}^{4}He \leftrightarrow {}^{48}Cr + \gamma$$

$$^{48}Cr + {}^{4}He \leftrightarrow {}^{52}Fe + \gamma$$

$$^{52}Fe + {}^{4}He \leftrightarrow {}^{56}Ni + \gamma$$

$$^{56}Ni + {}^{4}He \leftrightarrow {}^{60}Zn + \gamma$$

这些核素全部是氦原子核（α 粒子）的整数倍，最多可达 15 个（至 ^{60}Zn 为止）。硅燃烧系列的核过程不同于核合成的早期融合阶段，因为它需要在 α 粒子俘获与其反向光喷射之间达到平衡，从而按以上顺序建立所有 α 粒子核素的丰度。

超新星核合成产生的这些核素中，直到由 10 个 α 粒子构成的 ^{40}Ca 都是稳定的，而更重些的是不稳定的（如放射性核 ^{44}Ti、^{48}Cr、^{52}Fe、^{56}Ni）。由于 ^{60}Zn 在热力学上不利，^{56}Ni 之后不再释放能量。于是，^{28}Si 丰度缓慢减少，^{56}Ni 丰度缓慢增多，其总效果可谓之"硅燃烧为镍"。整个过程持续约 1 d。其中在爆炸性核合成中大量生成的 ^{48}Cr、^{52}Fe、^{56}Ni 经 β 衰变后留下相应质量数的稳定核素，由此为宇宙生成了富集的同位素 ^{48}Ti、^{52}Cr、^{56}Fe。以 ^{56}Ni（有 28 个质子）为例，其半衰期为 6.02 d，衰变为 ^{56}Co（有 27 个质子）；^{56}Co 的半衰期为 77.3 d，衰变为 ^{56}Fe（有 26 个质子）。还发生类似于 ^{36}Ar＋中子 $\leftrightarrow$ ^{37}Ar＋光子的非 α 同位素过程，也由准平衡建立质子与中子的自由密度。

15.6.2.2　快速俘获中子过程(r 过程)

大质量恒星内部发生的 α 过程持续到质量数 $A = 56$ 后无法继续进行,无法继续提供维持恒星稳定所需的能量,使恒星很快发生坍塌。失去热辐射压力支撑的恒星外围物质会急速向核心坠落,导致外壳的动能转化为热能向外爆发。这类大质量恒星由内部坍缩引发的剧烈爆炸就是 II 型超新星(即核坍缩型超新星)爆发。II 型超新星可以闪耀几天到几个月,其间有大量物质抛向外部空间,爆发释放大量中子,其中大约有半数在 1 秒之内参与一个重要的核合成过程——**快速俘获中子过程**(rapid neutron-capture process),或简称 **r 过程**。r 过程是使宇宙中产生比铁更重的元素的另一个重要途径。

r 过程发生于高温(~1 GK)且中子密度更大(约为 $10^{24}/cm^3$)的环境。由于原子核捕获中子的概率非常大,使得俘获中子的时标比 β 衰变时标短得多,原子核可以"很快地"俘获中子而生成富含中子的核素。快中子俘获过程一般从种原子核 ^{56}Fe 开始,俘获一个中子后形成的不稳定核素在没有来得及发生 $β^-$ 衰变前又进行下一个中子俘获。中子俘获过程可以沿着同一同位素链如此进行下去,不断地吸收中子,将俘获过程推向极丰中子核区。然而一个原子核内的中子数愈多其结合更多中子的能力愈低,直到短程核力无法再聚集过量的中子,过程终止。理论上把中子结合能等于零处定义为**中子滴线**(neutron drip-line)。所以,r 过程发生在不稳定的丰中子核区域。

有两个物理因素阻碍快速俘获中子过程。一是当原子核内的中子数正好是幻数($N = 50$,82,126)时,由于处于幻数的原子核比它们在核素图上的邻近原子核更稳定(即有较高的结合能),实现下一步中子俘获的概率骤然变小,从而使俘获过程在此幻数处暂时停顿[称为 r 过程的**等待点**(waiting point)],使得中子数为幻数的原子核丰度大大增大,这正是天文观测到的太阳系核素(参见图 15-5)出现三处丰度峰结构的物理原因。出现丰度峰结构的质量数 $A \sim 82$ 区域(硒、溴、氪),$A \sim 130$ 区域(碲、碘、氙),$A \sim 196$ 区域(锇、铱、铂)分别对应中子幻数 $N = 50$、82、126。二是当中子俘获过程使得原子核的质量增加到 $A \sim 270$ 附近,那里的原子核的裂变势垒较低,入射的中子容易诱发不稳定重原子核的裂变。重核一旦分裂成中等质量的核,r 过程自然终止。无论上述哪一种因素都将阻碍快中子俘获过程继续进行,而在这时 $β^-$ 衰变成为主要过程。

图 15-14 给出了 s 过程、r 过程以及下面要讲的 p 过程对 A 为 175~190 范围的质量区元素合成的例子。

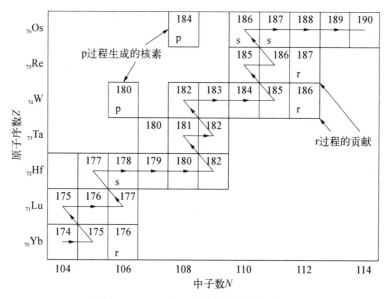

图 15 - 14　一些重核素的核合成示意图

箭头是 s 过程的途径,俘获一个中子生成右边　格表示的核素,β 衰变则生成左上一格的核素。格内数字是质量数 $A = Z + N$。

宇宙中的大多数重元素都是通过中子俘获过程生成的,即 s 过程和 r 过程。图 15 - 15 给出 s 过程和 r 过程对重核核合成丰度的贡献。

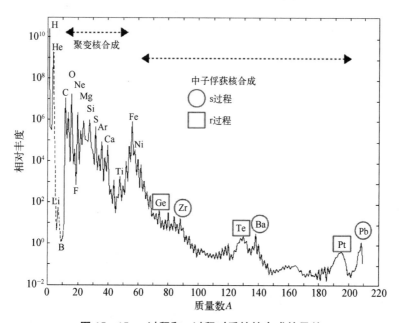

图 15 - 15　s 过程和 r 过程对重核核合成的贡献

15.6.2.3 质子俘获核合成(p 过程)

与中子俘获核合成类似,原子核通过捕捉质子也可以生成重的核素。这类 (p, γ)核反应具体可写成$(Z, A)+p \rightarrow (Z+1, A+1)+\gamma$,称为**质子俘获过程**(proton-capture process),或简称 **p 过程**(p-process)。由于化学元素是由核内的质子数定义的,通过向核中添加质子,p 过程将改变元素。同时,由于质子与中子的比例发生变化,导致所产生的下一个原子核是更丰质子的核素。p 过程在 1957 年著名的 B^2FH 理论里就提出了,当时提出的目的是解释那些 s 过程和 r 过程不能产生的重元素的来源。然而,稳定的核素(或接近稳定的核素)通过这种质子俘获合成重核的效率不高,尤其是合成较重的核。这是因为随着核内的质子电荷增加,会导致加大对下一个质子产生的排斥。这在核反应中称为**库仑势垒**(Coulomb barrier)。库仑势垒越高,一个质子接近原子核并被俘获所需的动能越大。而质子的平均动能由恒星等离子体的温度决定。可是随着温度的增加,质子通过光致衰变被移除出核的速度将比在高温下被俘获的速度快。

如果宇宙中有这样一种环境,除了温度很高以外,还能提供大量质子从而增加单位时间内质子俘获的概率,将对 p 过程有利。然而,在核心坍缩超新星中没有这种条件。但另一种爆发性天体过程——X 射线暴——可以满足这样的条件。如第 11 章所述,这种天体系统含有一个致密星(通常是中子星)和一个主序伴星(通常是红巨星)。因为致密星的强大重力场,伴星的物质以极高速度被吸积到致密星,通常在吸积路途上会与其他物质碰撞而形成**吸积盘**(accretion disk),使物质在盘表面缓慢累积,在那里氢融合成氦。氦的不断累积导致融合核反应的发生,产生 X 射线。X 射线暴在短时间内表现出 X 射线周期性和快速的光度增加(为通常的 10 倍或更高),周围形成极高的温度(典型的温度为 1×10^9 K)。显然这个系统中温度很高并含有大量的氢。一旦进入快速俘获质子过程,在几秒钟内吸积的物质将被烧尽,放出的能量就是我们透过 X 射线望远镜观测到的明亮 X 射线闪光。

这类极高质子密度下的质子俘获一般在很短的时间尺度下完成。它们与通常的 p 过程不同,不仅需要高质子密度的环境,过程还涉及众多寿命非常短的、富含质子的放射性核素,反应路径非常靠近**质子滴线**(proton drip-line)。这类反应过程主要包括 rp 过程,以及近年提出的 νp 过程。

15.6.2.4 rp 过程

rp 过程(**快速俘获质子过程**,rapid proton-capture process)是从种子原子核开始,快速连续俘获一系列质子产生更重元素的核合成过程。rp 过程与 s 过程和 r 过程一起被认为是生成宇宙中重元素的重要物理机制。发生 rp 过程必须有一个高温环境(一般高于 10^9 K),以便质子有足够大的动能克服带电粒子反应遇到的库仑势垒,同时还需要大的质子通量(约 $10^{28}/cm^3$),因此富含氢的环境也是重要先决条件。然而富含氢的大多数环境也富含氦,所以在 rp 过程中,质子俘获将与(α, p)反应竞争。

rp 过程发生在核素图上丰质子的一侧,其终结点(即 rp 过程可以创造的最重元素)还有待确定。最近的研究表明,在中子星中终结点不能超越 52 号元素碲。模拟计算认为是 α 衰变抑制了 rp 过程,因为俘获质子过程进行到了^{104}Te,进一步的质子俘获会导致快速的质子发射或 α 发射,因此大量质子通量被消耗但不产生更重的元素。这个结束过程称为锡-锑-碲循环。

由于弱相互作用比高温下的强相互作用或电磁相互作用慢得多,所以发生 β 衰变所需的时间通常要比质子俘获时间长几个数量级。一般地,rp 过程通过一系列(p,γ)质子俘获反应朝着质子滴线快速行进,但是当遇到**等待点**(waiting point)核素,进一步的质子俘获将受到拟制。rp 过程中的等待点是质子数 Z 为偶数的、中子数 N 等于或非常接近质子数的核素,例如^{68}Se($Z=N=34$)、^{72}Kr($Z=N=36$)、^{76}Sr($Z=N=38$)、^{80}Zr($Z=N=40$)。这些核素之所以成为等待点的主要物理原因是它们相邻的奇质子核的质子结合能小于零,无法接收质子而形成新的核素,例如^{72}Kr 不能再继续俘获一个质子形成^{73}Rb($Z=37$、$N=36$)。当然,不能排除一个可能性是^{72}Kr 接连俘获两个质子形成^{74}Sr($Z=38$、$N=36$),但这种可能性在很大程度上需要取决于具体环境情况。因此,rp 过程必须暂停在等待点,等待完成慢得多的 β 衰变。所以,在整个 rp 过程发生的约 100 s 内,时间基本上都消耗在等待点上。因此,等待点核素的核物理性质在很大程度上决定了 rp 过程的进度以及所生成的核素丰度。

15.6.2.5　νp 过程

陨石里含有丰质子的金属钼和钌,但是长期以来,人们发现利用 rp 过程理论很难理解钼和钌的一些同位素的观测丰度,如^{92,94}Mo 和^{96,98}Ru。由于来自正电荷的排斥力,使那些已经具有高比例质子的同位素不能继续俘获额外的质子,rp 过程的核合成无法进行。这暗示这些核素可能通过其他途径形成。近年来,人们提出一种在富含质子环境中有反中微子参与的质子快速俘获过程,简称 **νp 过程**(νp - process)。在这个过程中,富含质子环境中的质子通过吸收反中微子产生中子,即过程($\bar{\nu}_e$＋p→e$^+$＋n),产生的中子可以立即被缺中子的核素捕获,使获得中子的新核素产生足够的结合力,继而捕获另一个质子。如此在短短的几秒钟内,这个过程可以产生一系列重的丰质子核素,包括之前不能解释的钼和钌同位素。一般地,νp 过程适用于质量数 $A > 64$ 的核素合成。

νp 过程也为超金属贫瘠的恒星中观察大量的锶元素提供了一个自然的解释。在银河系中观察到的化学原始恒星中含有大量的锶——远远超过一般核合成模型所预测的,但与 νp 过程预言的结果一致。

15.6.3　中子星并合与黑洞吸积盘核合成过程

长期以来人们认为,自然界稳定存在的重元素大多是大质量恒星在其生命终结阶段通过超新星爆发时生成的,但也有科学家提出了其他可能性。他们指出,重元素的起源还可能是通过一种更加狂暴又罕见的机制——密度超高的中子星之间发生相撞时发生的 r 过程合成的。

中子星是超新星爆发之后残留的遗骸,其密度极高。直径数百公里的一颗中子星,质量可以和太阳一样甚至更高。虽然那里的中子非常丰富,但是单一的中子星并不具备合成重核的物理条件。然而,浩瀚的宇宙中不乏一种可能性,即存在由两颗比较靠近的中子星组成的双星系统。双中子星系统可以在一起相互绕转数十亿年,万有引力的作用会使它们逐渐相互靠近,直到有一天两颗中子星终于发生毁灭性的相撞并且合二而一。中子星并合也被认为是 r 过程元素的重要来源,比起坍缩型超新星爆发,能够更有效地合成宇宙中的那些最重的元素。在核合成过程中,大量的中子注入原子核,中子注入的速率大于反应中间产物衰变的速率。然而,多年来人们却一直没有获得中子星碰撞并合产生重元素的观测证据。

2017 年终于出现了令人信服的证据。2017 年北京时间 10 月 16 日晚上 22 点,LIGO(激光干涉引力波天文台)和 Virgo(处女座引力波探测器)在美国联合全球数十家天文台宣布,LIGO 在 8 月 17 日上午协调世界时间 12 点 41 分 04 秒,探测到双中子星并合所产生的引力波(GW170817)。这被认为是人类首次探测到双中子星并合事件的信号。在检测到中子星碰撞 GW170817 以及随后的引力波 1.7 s 之后,美国宇航局费米空间望远镜探测到此双中子星并合所产生的伽马射线暴(GRB 170817A)。这是人类首次探测到引力波的电磁对应体,暗示了一个多信使天文学时代的正式来临。我国的 X 射线天文卫星和南极巡天望远镜也同时获得了大量的宝贵观测资料。

伽马射线暴爆发过后一般会在其他波段观测到辐射,称为伽马射线暴的余辉(afterglow)。果然,在观测到短暂的伽马射线暴后约 11 小时,位于智利拉斯坎帕纳斯天文台的斯伍普望远镜在 LIGO 和 VIRGO 给出的引力波源区域,最先发现光学暂现天文事件 AT 2017gfo。在后来的几周时间里,陆续又有多台望远镜分别利用射电、红外线、光学、X 射线波段追踪到这类余辉,并显示出中子星并合的抛射物质的特性。因此人们确认中子星碰撞后有物质被高速抛出,经过后续的紫外、可见和红外光学观测和不同谱段光强的分析,初步确定发光来自重元素衰变(如金、铂、铀等)的电磁信号。

在中子星并合事件中会产生光学上的暂现天文现象——**千新星**(Kilonova)。千新星的概念是美国哥伦比亚大学年轻的天文学家 B. 梅茨格(Brian Metzger)等人于 2010 年提出的,因峰亮度可达经典新星的 1 000 倍而得名。具体地说,两个中子星相撞过程中发生的快速核反应以及重元素的放射性衰变,产生各向同性的物质抛射以及重元素的衰变,发射出短伽马射线暴和强电磁辐射。2017 年 10 月 16 日有消息宣布了首次同时探测到了引力波(GW170817)信号及其电磁辐射对应体(GRB 170817A,SSS17a),并且证明电磁辐射信号的源是双中子星并合过程产生的千新星。

在观测到 GW170817 的消息发布之后,IceCube 等中微子观测站都尝试探测伴随的高能量中微子,然而在并合事件发生后的 14 天期间,没有观测到来自 GW170817 的中微子。科学家认为,这可能是由于中微子的喷射方向恰巧并不指向地球。中微子的缺席的确是这次探测盛宴的一点遗憾,因为中微子是传递并合事件中弱相互作用信息的信使。

此外,科学家还在离我们约 10 万光年一个矮星系——网罟座二号(Reticulum Ⅱ)的 9 个最亮的恒星中发现了 7 个包含许多重元素的恒星,这些恒星上的重元素比其他相似星系上发现的多得多。在一个矮星系上发现这么多重元素证明了网罟座一定发生过比超新星爆发更罕见的事件,比如中子星并合,因为大多数超新星爆发产生的重元素远远达不到网罟座上那些重元素的惊人数量。

理论模拟发现,中子星并合的 r 过程能够产生宇宙中的重元素,并且相比超新星爆发 r 过程能更有效地生成元素周期表上的最重元素。然而,宇宙中发生中子星并合事件的概率最多为超新星爆发的 1%,而且双中子星系统需要在一起相互绕转一亿年以上才会逐渐失去动能、靠近乃至并合。因此,估计中子星并合的 r 过程不会对宇宙早期元素合成有多大贡献。

在黑洞吸积盘也可以发生爆发性的核合成过程而生成重元素,其物理过程是中子星与黑洞的融合。2019 年 4 月 26 日,LIGO 和 Virgo 同时探测到了引力波信号,科学家们认为该信号可能由大约 12 亿光年外的黑洞和中子星碰撞产生。

然而,究竟这类极端天体现象产生的 r 过程核合成能生成哪些重元素以及生成这些重元素的具体物理条件等,还有待天文观测以及核天体物理学家的进一步研究。预计中子星并合核合成将成为一个重点研究方向。

15.6.4　宇宙线成因核素与散裂反应

自然界存在的稀有轻元素锂、铍、硼丰度虽然低,但"见微知著",它们却具有重要科学与实用意义。在恒星核合成中,质子-质子链反应无法进行到 ^{4}He 以上,而接下来的 3α 过程跳过了 ^{4}He 和 ^{12}C 之间的所有元素。因此锂、铍、硼这些元素不是在恒星核合成的主要反应中产生的。另外,有些元素的原子核(例如 ^{7}Li)结合能低,以致它们在恒星中很容易被破坏而不能积累。那么我们现在见到的锂、铍、硼同位素是从哪里来的呢? 研究表明,它们是由宇宙射线高能粒子与所遇的星际物质及行星体较冷物质的原子核进行**散裂反应**(spallation reaction)而生成的。这些由于宇宙射线诱发核反应产生的原子核称为宇宙射线成因核素——简称**宇成核**(cosmogenic nuclides)。宇成核的产额及其分布与宇宙线的粒子组成、通量、能谱及其时空变化有关,也和受作用物的成分、运行轨道等有关。在宇宙射线诱发核反应过程中,较低的温度和粒子密度有利于导致锂、铍和硼合成的反应。

宇宙线高能质子等粒子撞击所遇物质中的碳、氧等重原子核,这些重原子核就会分裂成较轻的锂、铍、硼等原子核。例如一些典型的散裂反应:^{12}C(p, 2p)^{11}B,^{12}C(p,2pn)^{10}B,^{12}C(p,3pn)^{9}Be,^{12}C(p,pαn)^{7}Be,^{12}C(p,2pα)^{7}Li,^{16}O(p, 2p2αn)^{6}Li,^{16}O(p,p2αn)^{7}Be······宇宙中几乎所有的 ^{3}He 和锂、铍、硼均来自散裂反应。

一种宇成核也可能由多种散裂核反应生成。例如 ^{26}Al,主要由初级质子(p)和次级中子(n)与靶核元素 Al、S、Si、Mg、Ca 和 Fe 等相互作用生成,生成核反应主要有 ^{27}Al(p,pn)^{26}Al,^{27}Al(n,2n)^{26}Al,^{28}Si(p,2pn)^{26}Al,^{26}Mg(p,n)^{26}Al,^{56}Fe(p,14p17n)^{26}Al 等。^{54}Mn 主要由宇宙线与铁原子核相互作用生成,主要生成反应为 ^{56}Fe(p,2pn)^{54}Mn,^{56}Fe(n,p2n)^{54}Mn 和 ^{54}Fe(n,p)^{54}Mn 等。

还有通过低能中子的相互作用过程生成的核素,有 100 多种,其中很多是放射性核素。产生氚(^{3}H 或 T)的过程 ^{14}N(n,^{12}C)^{3}H 就是一个例子。

宇成核是研究宇宙线的起源演化、估算陨石的空间运行轨道、测定陨石的和太阳系的形成演化以及地球大气和地质演化的重要依据。

15.7 宇宙中的元素起源

关于宇宙中化学元素的起源问题,早期自然地认为在宇宙开始的时刻元素就产生了,但是没有人能够给出任何相应的物理机制。如 15.1 节所述,1920—1960 年代,爱丁顿、贝特、霍伊尔、福勒、伯比奇夫妇、卡梅伦、克劳通等作出过开创性贡献。近半个多世纪以来,随着原子物理学和粒子物理学的发展,特别是由于现代加速器的改进,加上各种核反应的技术和探测手段的提高,从而使实验上研究不稳定原子核成为可能,大大促进了核天体物理学的快速兴起和发展。宇宙中的元素丰度及其起源问题也成为许多基础学科共同探讨的热门前沿课题。从各种天文观测获得的越来越多和越来越准确的资料里发现其中规律,上升到理论研究创新与预言,再经历各种核物理实验的检验,硕果纷至沓来,同时又衍生出许多新的问题而需要进行更深入的研究。

15.7.1 元素起源的主要核过程

在宇宙的起源演化中,各种核素是从基本粒子经不同系列的核反应过程逐次生成的。如前面所述,按发生时间的先后顺序大致可分为大爆炸核合成、恒星核合成、爆发性核合成三个主要阶段,以及宇宙线散裂反应核合成。

观测和理论研究表明,我们的宇宙从 138 亿年前的大爆炸开始,起初只是温度和密度非常高的夸克混沌。随着宇宙的空间膨胀,温度和密度降低,粒子过程开始发生。大爆炸后约 10 s,已生成的质子和中子合成氢、氦及少量的锂、铍等轻核素,进入宇宙早期大爆炸核合成阶段。到了约 3 min,随着温度和密度的继续降低,此阶段核合成停止,宇宙存在的质量丰度大致为:氢 ^{1}H 约占 75%,氦 ^{4}He 约占 25%,氘 D 和氦 ^{3}He 约占 0.01%,以及痕量(约 10^{-10} 量级)的锂。它们成为后来形成恒星和星系的成分。

随着宇宙空间继续膨胀,虽然平均温度和密度均继续降低,但很多局部物质密度较大区域的自吸引越来越强,演变成为恒星与星系形成区,从而进入漫长的恒星时代。到大爆炸后约 1.5 亿年,在那些区域发生自吸引坍缩,形成宇宙中的仅由轻元素组成的第一代恒星。大多数元素生成于恒星演化的过程中。在这些恒星内部的高温、高密度和压力条件下,依次发生质量数 $A=60$ 以下核素与以上核素的核燃烧与粒子俘获,及其伴随的其他核过程:

(1) 氢燃烧(氢聚变为氦),温度大于 10^7 K,持续约 10^{10} 年。

(2) 氦燃烧(氦变为碳、氧等),温度大于等于 10^8 K,持续约 10^7 年。

(3) 碳燃烧(温度大于等于 6×10^8 K)、氧燃烧(温度大于等于 10^9 K),持续约 10^5 年,生成质量数 $A=16\sim28$ 的核素;若核合成是爆发性的,则仅持续几秒钟。

(4) 硅燃烧,生成质量数 $A=28\sim60$ 的核素,温度大于 3×10^9 K,对于准平衡和 e(统计平衡)过程约持续 1 s。

(5) s(慢中子俘获)过程,生成 $A\geqslant60$ 的核素,温度大于 10^8 K,持续 $10^3\sim10^4$ 年。

(6) r(快中子俘获)过程,生成 $A\geqslant60$ 的核素,温度大于 10^{10} K,持续 10～100 s(尚不确定)。

(7) rp(快速俘获质子)过程,生成丰度小的、重的丰质子核素,温度大于 2×10^9 K,持续 10～100 s。

这些核过程生成的核素涵盖了已知的稳定的与长寿命的核素、质量数 A 的范围从 $1(^1H)$ 到 $209(^{209}Bi)$,其中 $A=5$ 与 8 的间隙以及短寿命不稳定的 Tc $(Z=43)$ 与 Pm $(Z=61)$ 除外。在 ^{209}Bi 之后,仅有 ^{232}Th、^{235}U、^{238}U。

不同质量和化学成分组成的恒星中发生的核合成的进程不同。一般来说,质量较小的恒星只发生上述罗列的核合成过程前面的几种,且规模小、演化慢,以星风形式抛出物质,在演化晚期大量抛出其外部物质成为行星状星云。大质量恒星中发生的核合成过程规模大,演化快,晚期核过程更为剧烈,尤其是爆炸性核过程一次能生成更多重核素,导致诸如超新星爆炸瓦解,向外界抛出而成为星际物质。很多恒星抛出的物质混合为恒星际气体和尘埃物质,这些由众多核素组成的星际物质在一定环境条件下再度发生聚集,形成较密聚星际云的某些冷而密的小型区域,尤其在受到附近超新星爆发的激波等作用而形成下代恒星,继而重复发生上述的、但更为复杂的核合成过程,生成更多核素。因而造成宇宙中各处不同、几代恒星形成演化"同堂"的纷杂局势。前面图 15-7 示意了这种循环过程。

宇宙中的核合成过程总结如下:① 宇宙大爆炸后的约 3 分钟时间内生成了最轻的元素氢、氦以及微量的较重元素。② 恒星内部的核燃烧可以生成氦以及从碳到铁的多种元素。具体地说,大部分碳生成于小到中等质量恒星内的核燃烧,铁则生成于 I a 型与星核坍缩型超新星爆炸性核合成,而碳、铁之间的元素大部分生成于星核坍缩型超新星爆炸或其前身星演化中的核燃烧。③ 锂、铍、硼生成于宇宙线高能粒子与星际物质的散裂反应。④ 比铁重的元素生成于小到中等质量恒星内的 s 过程,以及大质量恒星内的 r 过程和 rp 过程。中子星并合与黑洞吸积盘的核合成过程对 r 过程可能有很大贡献,但是从观测角度方面看这类研究刚刚开始。

就太阳系所在的银河系来说,中心有黑洞,中心区老年恒星多,而在外部尤其在旋臂区,年轻恒星及新生恒星多,太阳系形成时(约 45.6 亿年前)的原始核素丰度(见表 15-2)可以代表那时的局部宇宙平均元素丰度。宇宙中有很多比银河系老的星系,也有更年轻的星系。然而,核反应过程进行到一定条件下也会发生逆过程,而生成的核素丰度受到平衡或准平衡条件限定,因而太阳系原始元素(核素)丰度也可以作为典型的宇宙元素丰度,人们从而在此基础上深入研究宇宙中各类天体的元素(核素)丰度及其起源演化。

15.7.2 核素丰度分布特征的主要原因

造成核素丰度分布特征的主要原因大致有二:① 核素的物理结构和性质,这是由核物理所决定的。原子核由质子与中子组成,其间既有核力的引力束缚,也有库仑斥力。当质子数 Z 与中子数 N 的比率适当时,原子核最稳定,因而该核素丰度大。$\frac{N}{Z}=1$ 的核素最稳定,这可以解释为什么那些 $N=Z$ 的核素比它们邻近的核素丰度大。一个核素的 Z 与 N 处于幻数的原子核特别稳定,这就是 ^{4}He、^{16}O、^{40}Ca 等核素丰度显著地大,以及质量数 $A=132$(质子 50+中子 82)和 208(质子 82+中子 126)的邻近出现丰度峰现象的原因。又如,Z 与 N 都是偶数的核素,核子的自旋倾向双双反向配对,稳定性好,因而丰度较大。② 元素形成的具体过程是由元素合成场所的天体性质决定的。例如,恒星内高温氢燃烧生成 ^{4}He 过程中,Li、Be、B 迅速转变为 ^{4}He,因而 Li、Be、B 的丰度减少。又如,高效的 α 俘获过程导致 α 核素(即质量为 α 粒子整数倍的核素)比附近核素的丰度大。图 15-16 显示太阳系元素(核素)分布特征的主要原因。

大多数天然存在的核素是稳定的。目前认为稳定核素有 252 种,还有 34 种核素虽具有放射性,但是平均寿命足够长。这 34 种长寿命放射性核素有重要的应用价值;诸如 ^{40}K、^{232}Th、^{235}U、^{238}U 等用于地球和地外样品的年代测定,以及用于核能及核武器。

252 种稳定核素可按质子数目 Z 和中子数目 N 的奇、偶性分为以下 4 组:

Z 偶数,N 偶数(称为偶-偶核)——146 种核素;

Z 偶数,N 奇数(称为奇中子核)——53 种核素;

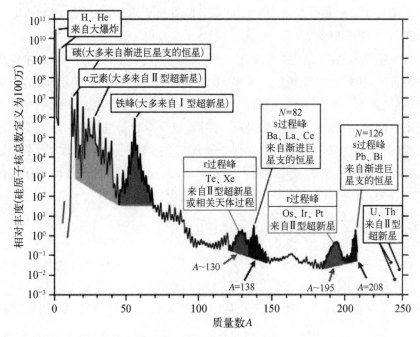

图 15-16　太阳系元素(核素)分布特征的主要原因

　　Z 奇数,N 偶数(称为奇质子核)——48 种核素;

　　Z 奇数,N 奇数(称为奇-奇核)——5 种核素(^{2}H、^{6}Li、^{10}B、^{14}N、$^{180\,m}$Ta)。

可见所有奇-奇核中只有 5 种核素是稳定的,前四种都是轻核,第 73 号元素钽的同位素$^{180\,m}$Ta 的稳定性不是指通常的原子核基态,而是称为同核异能态(isomer)的激发态(记号中加上标 m 以示区别)。根据实验测量和理论计算,$^{180\,m}$Ta 的平均寿命为 4.5×10^{16} a,比宇宙的年龄还长得多。一般地说,由于质子成对或中子成对时会增加核素的稳定性,使该核素丰度增大。更普遍地,由于元素丰度是其同位素丰度总和,处于偶数 Z 的核素(146+53)多于奇数 Z 的核素(48+5),因而偶数 Z 的元素丰度大于奇数 Z 的元素丰度(见图 15-5)。

　　处于质子数 Z 或中子数 N 为幻数(2、8、20、28、50、82、126)的核素特别稳定,分布广,丰度大,如:^{4}He($Z=2$,$N=2$),^{16}O($Z=8$,$N=8$),^{40}Ca($Z=20$,$N=20$),^{88}Sr($Z=38$,$N=50$),^{138}Ba($Z=56$,$N=82$),^{140}Ce($Z=58$,$N=82$),^{208}Pb($Z=82$,$N=126$),等等。 质量数 A(80 和 90、130 和 138、196 和 208)的丰度双峰分别对应于 s 过程和 r 过程(见图 15-15),这主要是幻数效应的缘故。

研究还得出如下结果：① 质量小及中等的恒星（$0.08\,M_\odot \sim 8\,M_\odot$）主要生成 ^{4}He、^{12}C、^{14}N 与较重的 s 过程元素（如 Ba、Y、Sr，在 $1\,M_\odot \sim 3\,M_\odot$ 恒星中）；② Ⅱ型超新星（大于 $8\,M_\odot$）主要生成"α 元素"（如 O、Ne、Mg、Si、S、Ca）与部分的铁和其他铁峰元素，以及 r 过程元素（如 Eu、Ba 等）；③ Ⅰa 型超新星主要生成铁峰元素（每颗超新星可生成 $0.6\,M_\odot \sim 0.7\,M_\odot$ 的 ^{56}Fe）；④ 新星对生成 ^{7}Li、^{13}C、^{15}N、^{17}O 是重要的，Ⅱ型超新星、红巨星、渐近巨星支（AGB）和宇宙线散裂也可能生成 ^{7}Li；⑤ 氘在恒星内只被破坏，而 ^{3}He 除了被破坏外，也在 $1\,M_\odot \sim 3\,M_\odot$ 的恒星内生成。

地球等太阳系天体约在 45.6 亿年前的几百万年期间形成，含有很多重元素，周围星际物质的一些主要元素在观测误差范围内基本上与太阳系的元素丰度符合。这些事实说明，太阳不是第一代的，而是第二代以后的恒星，而其他太阳系天体则是太阳形成的伴生品或副产品。太阳系的原始丰度是继承其前宇宙丰度。从这一意义上说，太阳系的元素丰度基本代表宇宙的元素丰度。

现代流行的是太阳系起源星云说，太阳光球与 CI 陨石的多数元素丰度符合这一学说，说明原始星云物质基本上是混合很均匀的，太阳系形成中的物理和化学过程导致了与各天体的化学等性质的差别。但近些年来，发现在包括 CI 陨石的一些样品中含有星云说理论不能解释的"异常"（如 SiC、Si_3N_4），尤其是同位素异常（如贫 ^{12}C、富 ^{14}N，富集短寿命放射核素 ^{26}Al、^{41}Ca、^{10}Be 衰变的子核 ^{26}Mg、^{41}K、^{10}B），说明原始星云存在化学不均匀性，因而挑战太阳系起源学说理论。有的学者论证它们是太阳系形成初期从附近超新星、渐近红巨星（AGB）抛出而注入太阳系来的。有的学者提出太阳 X 风理论来解释，即太阳早期抛射的高能粒子和陨石物质发生的"散裂（核素）反应"产生的。例如，太阳抛射的高能 α 粒子可以与陨石中的 ^{40}Ca 反应生成 ^{41}Ca 和 ^{3}He，即 ^{40}Ca(α, ^{3}He)^{41}Ca 反应过程。

第16章　宇宙和天体的演化史

　　整个宇宙和各类天体是怎么形成和演化的？自古以来，人们就关注和探索这些问题。人们把某些猜想演绎成为神话故事，如我国的"盘古开天辟地"故事："天地混沌如鸡子，盘古生其中，万八千岁，天地开辟，阳清为天，阴浊为地。"英国有个主教根据《圣经》"推算"出上帝在公元前 4004 年用六天创造了天地万物。然而，仅用科学测定的地球年龄约为 46 亿年这一事实就否定了上帝创世说。广义地说，天体演化（cosmogony）包括起源（origin）和（狭义）演化（evolution）。具体地说，天体的起源是指某天体在何时、从什么形态的物质、通过什么方式和过程形成的。当原来状态的物质演变到新的天体形态时，就认为天体形成了。天体的演化是指天体形成后又经历怎样的演变，直到演变为另一新形态的天体。

　　现代天文观测和理论研究越来越多地揭示了宇宙和各类天体的奥秘，认识了它们的起源和演化史，更新了陈腐的错误观念，但还有不少争议问题有待研究。本章按宇宙和天体的形成演化时间次序综述主要研究结果。

16.1　宇宙演化简历

　　根据星系谱线红移——宇宙的空间膨胀、宇宙背景辐射等观测证据，利用广义相对论等物理理论，人们建立了大爆炸（Big Bang）宇宙论的"标准模型"，用来阐述我们的宇宙和天体起源演化史。从大爆炸起算，宇宙演化可分为 **4 个阶段**：① 最早阶段，10^{-32} 秒之前；② 早期阶段，头 38 万年以及随后 1.5 亿年的"黑暗时代"；③ 大尺度结构形成阶段，从 1.5 亿年到现在直至 1 000 亿年后，包括恒星和星系等天体的形成演化；④ 久远未来阶段，恒星形成终止后的可能命运。每个阶段又可分为几个重要**时期**（era）和**时代**（epoch）。表 16 - 1 和图 16 - 1 概括给出一些重要的演化历程。

表 16 - 1 宇宙演化历表

时期/时代	时间	红移	温度（能量）
普朗克时代	$<10^{-43}$ s	—	$>10^{32}$ K($>10^{19}$ GeV)
大统一时代	$<10^{-36}$ s	—	$>10^{29}$ K($>10^{16}$ GeV)
暴胀时代、弱电时代	$<10^{-32}$ s	—	$10^{28}\sim10^{22}$ K(10^{15} GeV$\sim10^9$ GeV)
夸克时代	$10^{-12}\sim10^{-6}$ s	—	$>10^{12}$ K(>100 MeV)
强子时代	$10^{-6}\sim1$ s	—	$>10^{10}$ K
中微子退耦时期	1 s	—	10^{10} K(1 MeV)
轻子时代	$1\sim10$ s	—	$10^{10}\sim10^9$ K
光子时代	$10\sim10^{13}$ s；<38 万年	—	$10^9\sim4\,000$ K
核合成时代	$10\sim10^3$ s	—	$10^9\sim10^7$ K(100 keV~1 keV)
物质为主时期	4.7 万年～100 亿年	$3\,600\sim0.4$	$10^4\sim4$ K
复合时代	约 38 万年	1 100	4 000 K
黑暗时期	38 万年～1.5 亿年	$1\,100\sim20$	$4\,000\sim60$ K
恒星时期	1.5 亿年～1 000 亿年	$20\sim0.99$	$60\sim0.03$ K
再电离时期	1.5 亿年～10 亿年	$20\sim6$	$60\sim19$ K
星系形成演化	10 亿年～100 亿年	$6\sim0.4$	$19\sim4$ K
暗能量为主时期	>100 亿年	<0.4	<4 K
现在	138 亿年	0	2.7 K
久远未来	$>1\,000$ 亿年	<0.99	<0.1 K

　　一般人觉得宇宙学很玄秘，难于想象和理解。1977 年，美国物理学家、诺贝尔奖得主 S. 温伯格(Steven Weinberg)撰写了一本科普书《最初三分钟》，生动而清楚地介绍了宇宙早期演化知识，引起了广泛影响。高温高密状态的早期宇宙在仅几分钟时间内就极其高效地完成了宇宙物质的奠基工作。但是，在宇宙极

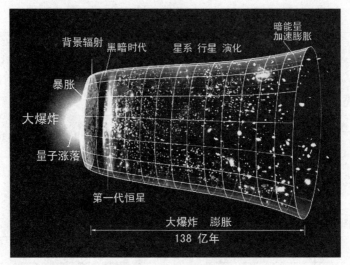

图 16 - 1   宇宙发展史示意图(水平方向表示时间,
垂直方向表示大小,彩图见附录)

早期内存在疑难,后由暴胀模型修正。虽然这些未必是唯一的终极理论,但是很精准地解释了很多观测结构,同时做出新预言,已发展为流行的理论。

16.1.1   宇宙的最早阶段

假设宇宙时空是连续的,再加上宇宙的空间膨胀、背景辐射等观测结果限制,用广义相对论逆推,可得出大爆炸发生于 138 亿年前。以大爆炸时刻作为计时起点,所有物质堆积在一个密度、温度及能量趋于无限大的奇点。但这不符合量子物理学原理。量子物理学有个著名的不确定关系:动量和位置不能同时测准,能量和时间也如此,因而有最小的普朗克时间 $t_P = \left(\dfrac{Gh}{2\pi c^5}\right)^{\frac{1}{2}} = 5.391\,2 \times 10^{-44}$ s,普朗克长度 $l_P = \left(\dfrac{Gh}{2\pi c^3}\right)^{\frac{1}{2}} = 1.616\,2 \times 10^{-33}$ cm,普朗克质量 $m_P = \left(\dfrac{hc}{2\pi G}\right)^{\frac{1}{2}} = 2.176\,7 \times 10^{-5}$ g,以及普朗克能量 $m_P c^2 = 1.221\,0 \times 10^{28}$ eV(h 为普朗克常数,G 为引力常数,c 为光速)。现有的物理定律不能确切描述宇宙从时间 $0 \sim 10^{-44}$ s 的量子混沌情况。此阶段超出迄今大多数粒子物理实验范围,主要是理论研究活跃的领域,以及新的精确天文观测检验。一个可能考虑的宇宙图像是,或许并非一个而是多个"平行宇宙"从先前的物质时空产生,各自很快地发展。我们的宇宙自行演化,与其他宇宙没有物理联系。

16.1.1.1　普朗克时代

从大爆炸到 10^{-43} s 称为**普朗克时代**(Planck epoch),那时的温度极高,以致自然界四种基本相互作用力(电磁力、引力、弱核力、强核力,见表 16 - 2)是(不可区分的)统一的基本力。

表 16 - 2　自然界四种基本相互作用力

基本力	相对强度	作用范围/m	作 用 结 果	相互作用对象
强核力	10	10^{-15}	维系原子核	夸克、核子
电磁力	10^{-2}	无限	维系原子、支配电磁波传播	全部带电粒子
弱核力	10^{-14}	10^{-17}	放射性衰变	夸克、电子、中微子
引力	10^{-40}	无限	维系行星、恒星、星系及其运动	所有物质

电磁力和引力的作用范围无限大,电磁力的强度是引力强度的 10^{38} 倍,但电磁力仅在带电粒子之间起作用,而引力在一切有质量粒子之间起作用。弱核力和强核力仅在原子核内短程起作用。弱核力负责原子核的放射性衰变(例如原子核中的中子衰变为质子、电子和反中微子)以及有中微子参与的相互作用。强核力把质子和中子束缚在原子核内,其强度最大。

对于普朗克时代的极高温状况,由于量子效应,广义相对论不适用,物理学对此甚少了解。"新物理学"尝试对其过程的某些模型提出过不同的建议,如提出哈妥-霍金初始状态(Hartle - Hawking state),以及试图结合量子力学和广义相对论为万有理论的弦理论(string theory)等。

16.1.1.2　大统一时代

从大爆炸后的 10^{-43} s 到 10^{-36} s,宇宙经历**大统一时代**(grand unification epoch)。由于宇宙的空间膨胀和变冷,四种基本相互作用力先后彼此分开(见图 16 - 2),可认为是类似于普通物质凝集和冻结的"相变"。引力分开后的物理学由其余三种力的**大统一理论**(grand unified theory,GUT)表述。此时代产生重子(baryon,包括质子、中子及更大质量的基本粒子)多于反重子(反质子、反中子等)的不对称性,结果导致今天宇宙中的正物质远多于反物质。否则,在宇宙进一步膨胀冷却过程中,重子和反重子就会全部湮灭,不会留下现在的(重子)物质世界。这种转变也触发接续的宇宙暴胀。

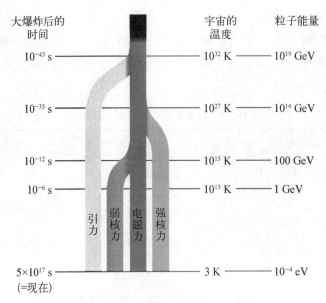

大爆炸后的时间　　　　　　　　　宇宙的温度　　　粒子能量

10^{-43} s　　　　　　　　　　　　　　10^{32} K　　　　10^{19} GeV

10^{-35} s　　　　　　　　　　　　　　10^{27} K　　　　10^{14} GeV

10^{-12} s　　　　　　　　　　　　　　10^{15} K　　　　100 GeV

10^{-6} s　　　　　　　　　　　　　　10^{13} K　　　　1 GeV

引力　弱核力　电磁力　强核力

5×10^{17} s　　　　　　　　　　　　　3 K　　　　10^{-4} eV
(=现在)

图 16 - 2　四种基本相互作用力从大统一分开

16.1.1.3　暴胀时代与弱电时代

在大爆炸后约 10^{-32} s 之前,宇宙经历在空间各方向的迅猛膨胀——**暴胀时代**(inflationary epoch)。早期宇宙的线度暴胀至少 10^{26}(可能更多)倍,体积增大至少 10^{78} 倍(见图 16 - 3)。空间的迅猛膨胀意味着大统一时代留下的基本粒子稀疏地遍布宇宙。暴胀结束后,宇宙演化开始用原先的大爆炸理论,即暴胀仅对标准模型的极早期做了修改。重要的是,暴胀的只是空间,因而粒子之间的距离变大了,但不涉及粒子的运动,运动速度仍然不会快于光速。暴胀可以解释当前宇宙的许多特性,若没有一个暴胀时代,有些观测现象则很难理解。

暴胀理论预言的时空几何是平直的、密度参数 $\Omega_0=1$ 的(平直)开宇宙。这意味着背景辐射在宇宙各方向保持平行,有足够的物质和能量保持宇宙是平坦的。暴胀解释了一些尚未有合理答案的问题: 为什么宇宙各向同性? 为什么宇宙微波背景辐射那么均匀分布? 为什么宇宙空间那么平坦。

大爆炸后 10^{-36} s 到 10^{-32} s 是**弱电时代**(electroweak epoch)。在宇宙温度足够高时,电磁作用与弱相互作用是合并为单一的弱电相互作用的(>100 GeV)。强力从弱电力分出时,弱电时代开始。某些宇宙学家认为该事件发生在暴胀时代初,约大爆炸后 10^{-36} s,暴胀宇宙学家则认为该事件发生在大爆炸后 10^{-32} s,即由于暴胀场的巨大潜能,再衍生出夸克-胶子的浓密等离子体时。弱电时代的粒子相互作用能量足够强,生成很多奇异粒子(W、Z 玻色子,Higgs 玻色子等)。

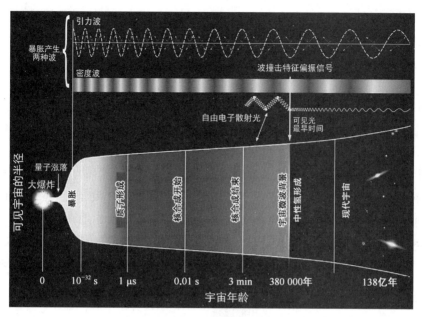

图 16-3　宇宙早期的暴胀与演化

16.1.2　宇宙早期阶段

暴胀结束后,宇宙中充满夸克-胶子等离子体。人们对此之后的早期宇宙物理学了解得较好,夸克时代涉及的能量与人们目前对物理基本原理的理解一致。

如果**超对称**(supersymmetry,SUSY)是我们宇宙的本质,那么它对应的能量必然不低于弱电对称破坏能量 1 TeV($=10^{12}$ eV,弱电对称标度)。目前没有证据显示超对称理论是否正确。超对称性的直接确认需要在对撞机实验中寻找超对称粒子,例如大型强子对撞机(LHC)。LHC 至今没有发现除希格斯玻色子以外的以前未知的粒子,而希格斯玻色子是标准模型的一部分,因此没有超对称的证据。

16.1.2.1　夸克时代

大爆炸后 10^{-12} s 到 10^{-6} s 是**夸克时代**(quark epoch)。这时宇宙温度降到一定的程度,暴胀的 Higgs 场破坏了弱电对称,四种基本相互作用力都成为现在的独立形式。在夸克时代,宇宙中充满了热夸克-等离子体,包括夸克、轻子和它们的反物质。基本粒子有质量,但宇宙温度仍太高,不允许夸克结合在一起形成强子。

强子(hadron)是一种亚原子粒子,所有受到强相互作用影响的亚原子粒子都称为强子,包括重子(baryon)和介子(meson)。重子由三个夸克或三个反夸克组成,包括质子和中子等,其自旋总是为半整数。介子由一个夸克和一个反夸克组成,其自旋总是为整数。

16.1.2.2 强子时代

从大爆炸后的 10^{-6} s 到 1 s 是**强子时代**(hadron epoch)。起初,组成宇宙的夸克-胶子等离子可形成强子/反强子对,但随着温度降低,不再产生强子/反强子对,大多强子与反强子在湮灭反应中消失。约在大爆炸后的 1 s,湮灭过程结束,残留下少量强子,主导宇宙中的可见物质。中微子退耦(neutrino decoupling,指中微子不再与重子物质相互作用)并开始自由地在空间运动。直接探测中微子背景辐射远超出现有的中微子探测器的精度范围。然而,从大爆炸核合成预言的氦丰度和宇宙微波背景各向异性,可得出很强中微子背景的间接证据。

16.1.2.3 轻子时代

从大爆炸后 1 s 到 10 s 是**轻子时代**(lepton epoch)。到强子时代结束,大多强子与反强子相互湮灭,留下轻子(lepton),即不参与强相互作用、自旋为半整数的粒子,包括电子、μ 子、中微子,与反轻子一起为宇宙主导物质。大爆炸后约 10 s,宇宙温度降到不能再生成新的轻子/反轻子对,大多轻子与反轻子在湮灭反应中消除,留下少量残余轻子。

16.1.2.4 光子时代

从大爆炸后 10 s 到 38 万年是**光子时代**(photon epoch)。在轻子时代结束时,大多轻子和反轻子湮灭后,宇宙的能量由光子主导。原子核在光子时期开始的几分钟由核合成产生,因此在光子时期宇宙中包含了由原子核、电子和光子组成的高温且致密的等离子体。这些光子频繁地与带电的质子、电子、核子相互作用,延续到大爆炸后的 38 万年。

16.1.2.5 轻元素核合成时代

从大爆炸后 10 s 到约 10^3 s 是**轻元素核合成**(nucleosynthesis of light elements)**时代**。在光子时代期间,宇宙温度就降到可以开始由早期的质子(p)和中子(n)逐步核反应形成稳定的原子核氦 ^{4}He 及少量氘(D=^{2}H)、氦 ^{3}He、锂 ^{7}Li,还有不稳定的氚(T=^{3}H)、铍 ^{7}Be,但后来衰变为 ^{3}He 和 ^{7}Be。主要核反应链示于第 15 章的图 15-7。

　　从大爆炸开始后 100 s 左右发生的核合成,文献上常称为大爆炸核合成(Big Bang nucleosynthesis),就是 S. 温伯格在《最初三分钟》书中所描述的。其后的一段核合成时间最多持续约 17 分钟。到此时,所有中子都结合进了氦核。此后,宇宙的温度和密度不足以满足核聚变所需要的条件。中子结合到氦核是宇宙中元素起源和演化非常关键的一步。一个处于自由状态的中子是不稳定的,平均寿命只有 15 分钟不到就会衰变成质子。照这样下去,大爆炸产生出的中子很快会全部消亡。若没有中子结合到氦核这个机制在短时间内及时"收容"中子,那么宇宙中除了氢以外的元素都不会存在,也就不会有今天地球上的万物乃至我们人类本身。至此留下的质量丰度为:氢 ^{1}H 约 75%,氦 ^{4}He 约 25%,氘 D 和氦 ^{3}He 约 0.01%,以及痕量(约 10^{-10} 量级)的锂。

16.1.2.6　复合时代

　　约在大爆炸后 37.7 万年,由于宇宙温度和密度降低,自由电子和带正电的氢、氦核首先结合为氢、氦离子。很快地,自由电子被离子俘获而形成电中性的原子,此过程称为"复合(recombination)"。在复合结束时,宇宙中的大部分质子束缚于中性原子。此时,光子的平均自由程变为无限,即光子可以在宇宙中几乎通行无阻,即通常谓之"光子退耦(photon decoupling)"。宇宙因此变为透明。退耦时存在的光子就成为我们观测到的**宇宙微波背景辐射**(cosmic microwave background radiation,CMBR),表明宇宙由于空间膨胀而大大变冷。

16.1.2.7　辐射为主和物质为主的两大时期

　　宇宙暴胀之后直到大爆炸后约 4.7 万年是**辐射为主时期**(radiation-dominated era)。早期宇宙动力学由辐射(通常指相对论性运动宇宙成分,主要是光子和中微子)主宰,宇宙标度因子的变化 $\propto t^{\frac{1}{2}}$。在辐射为主时期,辐射连续地与物质相互作用,辐射和物质耦合在一起。它们随空间膨胀而一起冷却,光子因红移而能量减小,辐射移向长波。由于这时温度还很高,电子的能量很大,不能与原子结合为中性原子,宇宙总体是大致等量的带正、负电荷粒子的等离子体。这期间,很多重要事件确定了现在的宇宙性质。例如,反粒子和几乎所有正粒子湮灭,留下少量的正粒子来"建造"我们今天的宇宙。

　　大爆炸后约 4.7 万年到 98 亿年间是**物质为主时期**(matter-dominated era),这个时期物质的能量密度超过辐射的能量密度和真空能量密度。在早期阶段约

4.7万年（红移3 600）直到37.8万年（红移1 100）期间，宇宙对辐射仍是"光学厚的"，但质量-能量密度超过辐射能量密度。虽然37.8万年这一时间点非常接近复合时间，但认为是辐射为主时期结束时刻是错误的。随后，宇宙变为对辐射透明，物质为主时期延续到98亿年才结束。此时期的宇宙标度因子的变化$\propto t^{\frac{2}{3}}$。

16.1.2.8　黑暗时期

大爆炸后38万年到约1.5亿年（现在也有认为持续到更晚的时间）是**黑暗时期**（dark ages）。此时期宇宙背景辐射温度从4 000 K冷到约60 K。在光子退耦之前，宇宙中的大多光子在光子-重子流体中与电子和质子相互作用，宇宙是不透明的或"雾气的"。虽然存在光，但是红移很大，我们无法用望远镜观测到，因而该时期的宇宙是"黑暗的"。宇宙中的重子物质由电离的等离子体组成，仅在复合期间获得自由电子才变为中性，因此释放光子而产生宇宙微波背景辐射。当光子释放（或退耦）时，宇宙才变为透明。此时，唯一的辐射是中性氢的波长21 cm射电。目前人们在努力探测这种微弱辐射，因为它是一种重要信息，甚至可以比微波背景更有利于研究早期宇宙。

16.1.3　大尺度结构形成阶段

如第14.5.4节所述，星系、星系团和超星系团的空间分布显示宇宙存在**大尺度结构**（large-scale structure）。在物理宇宙学中，大尺度结构形成阶段研究怎样从最早小的密度涨落所致引力不稳定性形成了星系和大尺度结构。现代的Λ-CDM模型（即Λ-冷暗物质模型）成功地预测了星系、星系团和巨洞的大尺度观测分布，但在个别星系尺度上，由于涉及强子物理、气体加热和冷却、恒星形成和反馈的高度非线性过程，还存在很多困难。通过极深空观测和计算机模拟了解星系形成过程是现代宇宙学的重要课题。

对于宇宙很早期，可利用诸如暴胀机制来确定宇宙的初期条件：均匀、各向同性和平直。暴胀把早期的微小量子涨落放大为过密和过稀的密度涟漪。在辐射为主时期，引力势涨落保持不变，而大于宇宙视界的密度涨落正比于标度因子增长。随着空间膨胀，由于光子能量红移，辐射密度减小快于物质密度，导致大爆炸后约5万年时宇宙由辐射为主转变为物质为主。之后，所有暗物质涟漪会自由增长，后来形成有重子落入的"种子"。这时，宇宙学尺度则形成朝着大红移的可测物质幂律谱的转折。图16-4显示Λ-CDM模型模拟的大尺度结构形成。

随着宇宙的快速膨胀和冷却，在复合时代后，宇宙微波背景有密度和温度的

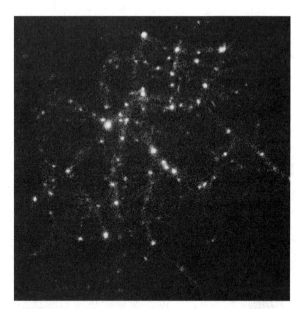

图 16-4　Λ-CDM 模型模拟的大尺度结构形成

不均匀变化。变化虽然很小,却很重要,把前期形成的"种子"发展成为复杂的层次结构:较小的引力束缚结构形成诸如包含首批恒星和星团的物质峰,后来与气体和暗物质合并而形成星系、星系团和超星系团,随之可以发生几代恒星和星系及星系团演化。此阶段从大爆炸后 1.5 亿年延续到其后约 1 千亿年后的漫长时间,是我们的宇宙最辉煌灿烂的演化阶段,具体内容将在 16.2 节讲述。

16.1.4　久远未来阶段

对于宇宙久远未来的可能演化和最终结局,有以下几种尚存争议的情况。久远未来将会发生什么? 主要取决于诸如宇宙学常数、质子衰变和标准模型外的自然规律等物理常数或物理性质。

16.1.4.1　宇宙热寂死亡(heat death of the universe)

在宇宙空间无限膨胀的情况下,能量密度会一直减小。在约 10^{14} 年之后,宇宙将停止恒星和星系的形成。至于那些仍然存在的恒星,由于自身核燃料的逐渐枯竭,其温度和光度逐渐下降,直到核燃料完全耗尽,恒星死亡为止。按某些大统一理论,至少在 10^{34} 年之后,质子衰变会转变残余星际气体和恒星残骸为轻子(如正、负电子)和光子,之后,某些正、负电子重组为光子。当所有质子都完成衰变后,宇宙中仅有黑洞占主导地位,以及一些轻子和光子。这时所有物质都坍缩到黑洞,然后经霍金辐射而极其缓慢地长时间蒸发。目前还不知道这个过程需要的时间。2008 年 6 月 NASA 发射了 GLAST 卫星,其任务之一是寻找蒸发黑洞发射的 γ 射线。另一方面,热力学第二定律预言到约 $10^{10\,000}$ 年后,宇宙将达到热力学平衡,届时可能根本没有什么结构了。

16.1.4.2　大撕裂(big rip)

大撕裂是 2003 年出现的一种宇宙论假说,依赖于宇宙中暗能量的作用。当暗能量足够大时,宇宙膨胀率无限地继续增大,诸如星系团、星系、太阳系等引力束缚体系都将被撕开。膨胀如此之快,结果就如同克服了把分子和原子束缚在一起的电磁力那样。最终,甚至原子核也被撕开,宇宙终结于一个反常的引力奇点。

16.1.4.3　大挤压(big crunch)

大挤压是另一种关于宇宙宿命的假说。与大撕裂情况相反,它主张空间膨胀到某点会反变为坍缩,重新回到宇宙初期那种热而密的状态。虽然大挤压未必意味着振荡宇宙,但需要加入诸如循环模型需要的宇宙振荡等要素。但现有的观测显示,宇宙膨胀会继续下去,甚至加速。

16.1.4.4　真空不稳定性

习惯上,宇宙学假定宇宙是稳定的。但是,量子场理论中允许假设一种假真空(false vacuum),实际上是一种寿命很长的亚稳态(metastable state),在宇宙的某时空点会自发地坍缩到较低能态、更稳定的"真真空(true vacuum)",之后从该点以光速向外膨胀。

总之,用现在已有的观测资料约束和相关理论作为主要依据来尝试讨论宇宙遥远未来的可能命运,目前还难于得出确切结论。科学家还在探索发展可能的新理论和各种探测,推测更合理的宇宙未来演化命运。

16.2　第一代恒星和星系的形成演化

按照宇宙学理论,大爆炸后宇宙经历了一个"黑暗时期"。在其结束时如何形成第一代的恒星和星系,是现代宇宙学的热门核心问题之一。这些宇宙最早的曙光彻底改变了早期宇宙,进而展现出五彩缤纷的各种天体。虽然现在还缺乏观测资料,但理论研究和计划中的观测互动,会有希望在不久的将来解答这一领域中关键的未决悬案。

16.2.1　恒星时期——第一代恒星

宇宙早期不存在恒星。那么,何时才形成最早的第一代恒星呢？虽然还缺乏观测资料,但从宇宙学理论推算,约在大爆炸后 1.5 亿年开始形成首批恒星,标志着宇宙的演化开始进入延续了长达千亿年的漫长恒星时期。本节讲的是第一代恒星,其后恒星的形成演化参见第 12 章。

第一代恒星最可能的是星族Ⅲ恒星(population Ⅲ stars),是最古老的恒星。理论上推测它们仅由先前的氢、氦元素组成,没有重元素,但在其演化过程中可以依次发生一系列核合成而生成重元素,经爆发而抛到星际物质后又参与下一代恒星的形成演化,直到恒星形成过程终止。

然而,至今尚没有观测到星族Ⅲ恒星。幸运的是,依据宇宙微波背景观测可以得出恒星最早形成的时间。2015 年 2 月,经分析普朗克空间望远镜的宇宙背景观测资料得出,在大爆炸后 5.6 亿年,第一代恒星就出现了。

由于缺乏观测资料,关于宇宙的第一代恒星形成的理论探索起步较晚。早期宇宙的物质分布是很均匀的,仅有局部的小涨落扰动。随着时间推移,这些扰动在引力作用下增长,较快地形成小尺度的结构,而大尺度的结构则形成较慢。一般认为,首先在引力作用下形成稳定的"暗物质晕",直到其质量超过临界的金斯质量时,普通物质气体会被吸进暗物质晕内。在吸入过程中,气体温度升高,压强增大,最终温度与暗物质温度一致,达到平衡状态。

刚进入暗物质晕的气体密度远大于宇宙平均密度,但还是小于恒星所需密度。此后,气体如果可以通过辐射冷却而降低温度和压强,从而使金斯质量值变小,就会在引力作用下收缩。但由于氢原子的辐射冷却不是非常有效,这称为恒星形成的"瓶颈"。

基于宇宙学初始条件的数值模拟结果显示,在温度约 1 000 K,约 1 亿 $M_\odot$ 的所谓"迷你(mini)"暗物质晕中会形成原初气体云,进而形成第一代大质量恒星。这些迷你暗物质晕具有很强的成团性,因而对其周围的原初气体云的命运来说,第一代恒星产生的反馈效应是非常重要的。由于大质量恒星的远紫外辐射会破坏其母气体云的氢分子而导致冷却效率降低,一个暗物质晕中可以形成一个或两个大质量(几百 $M_\odot$)恒星。图 16-5 给出一种模拟结果。

当迷你暗物质晕的中心积聚了足够多的物质,原初气体云的质量超过了金斯质量,就会迅速坍缩,先形成较小的原恒星,吸积周围气体而成长为大质量的第一代恒星。如图 16-6 所示,此过程涉及原恒星的一些反馈效应。这种"标准

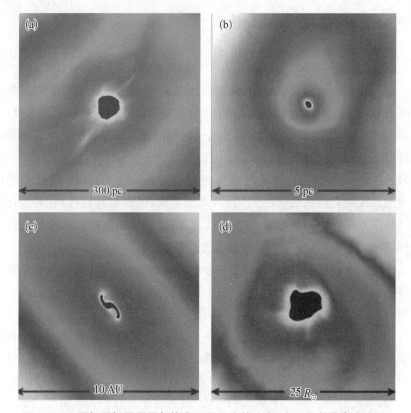

图 16-5　原初原恒星周围气体在不同尺度的分布(中心黑色是高密度区)

(a) 迷你暗物质晕周围的气体分布——宇宙晕;(b) 形成恒星的气体云;(c) 完全分子的中央部分;(d) 最终形成的原恒星

模型"的一个关键假设是暗物质仅与重子物质发生引力作用。暗物质特性对恒星形成的影响示于图 16-7。

另外,也可能形成由暗物质湮灭供能的恒星,即所谓"暗物质星"。如果远紫外辐射非常强,气体无法冷却到较低温度,坍缩的气体团可能是质量非常大的(大到甚至十万到百万 $M_\odot$),可能直接坍缩为一个超大质量的黑洞,称为早期的"迷你类星体(miniquasar)"的中心天体。

第一代恒星刚形成时,内部只能由"氢燃烧"的 p-p(质子-质子)链核反应生成氦,产能率较低。恒星的继续收缩而导致中心温度更高,再由"氦燃烧"产生少量重元素,然后由 CNO(碳氮氧)循环反应维持其稳定的主序阶段。因此,其温度可以达到很高,光谱的高能部分更强。

第一代恒星的结局取决于其质量。大致来说,$10\,M_\odot \sim 40\,M_\odot$ 的恒星发生超新星爆发;$40\,M_\odot \sim 140\,M_\odot$ 的恒星会直接坍缩为黑洞;$140\,M_\odot \sim 260\,M_\odot$ 的恒

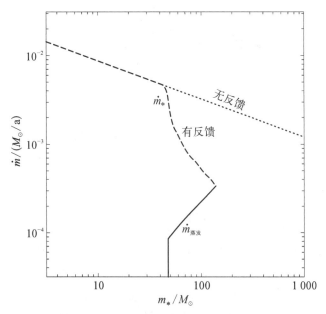

图 16 - 6 吸积、反馈、蒸发等过程会影响第一代恒星的质量(横坐标)及其变化率(纵坐标)

m_* 表示原恒星质量;$\dot{m}_*$ 表示过程中的质量变化

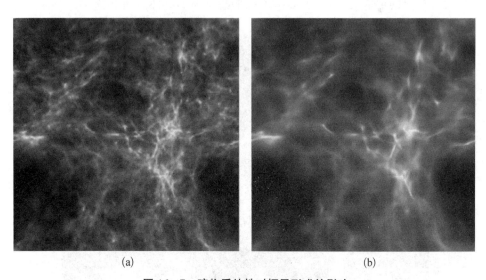

$$(a) \qquad\qquad (b)$$

图 16 - 7 暗物质特性对恒星形成的影响

在红移 Z 为 20 处,冷暗物质[图(a)]和温暗物质[图(b)]模型的气体分布。如果原初密度谱在小尺度上降低,第一代恒星形成就比标准模型晚得多;如果暗物质是温的,会抹去小尺度扰动,第一代恒星的质量就会超过 100 万 $M_\odot$,气体会坍缩为纤维状结构,瓦解为多个星核,而产生恒星的暗物质晕也少。

星以正负电子对不稳定超新星(pair-instability supernovae)形式向周围抛出金属;$260\,M_\odot$以上的恒星又会直接坍缩为黑洞。

总之,第一代恒星目前还是由理论模拟方面研究,尚没有实际观测资料,人们仍在探讨可能的观测。例如,或许可能观测到第一代恒星产生的伽马暴和超新星爆发遗迹。

大爆炸后大约1.5亿年到10亿年,由引力坍缩形成首批恒星和类星体,它们发射的强辐射再电离周围宇宙。此后,宇宙大部分又由等离子体组成。可观测的最远天体就来自此时期。

16.2.2　第一代恒星的反馈作用

第一代恒星对周围环境至少有以下几方面的反馈作用:① 第一代恒星的电离辐射导致周围的气体被电离;② 第一代恒星的辐射破坏周围的氢分子;③ 某些第一代恒星寿命结束于超新星爆发,其激波对周围气体作用;④ 抛出的金属污染周围;⑤ 某些第一代恒星寿命结束后成为黑洞,如果黑洞吸积周围气体,会产生很强的电离辐射和 X 射线辐射,后者传播距离远而能大范围加热和部分电离气体。这些反馈可能造成负反馈(抑制或延迟恒星的形成),也可能造成正反馈(促进恒星的形成)。科学家尝试了对某些反馈的具体分析和模拟。图 16-8

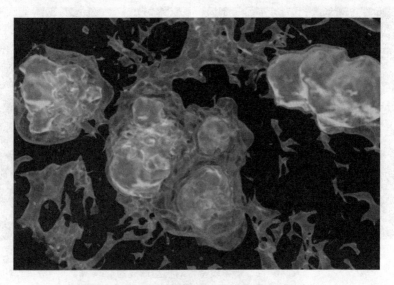

图 16-8　第一代恒星周围的辐射反馈例子

各星外围较亮区为电离泡,中部较暗区为分子氢区;中央恒星死亡,留下 HⅡ区含大量自由电子从而促使分子形成;分子冷却原初气体,导致这些区再坍缩而形成恒星;此过程使恒星形成推迟约1亿年。

为第一代恒星周围的辐射反馈例子。

16.2.3　星系的形成演化——第一代星系

大约在大爆炸后 10 亿年到 100 亿年是星系的形成演化时期。最新的观测表明,最老的星系形成还早些,大约在宇宙初期 7 亿年形成。这里首先简述第一代星系。

星系的形成演化指研究宇宙从均匀到不均匀的变化过程、第一代星系的形成、星系随着时间的演化和星系结构的产生过程。

宇宙早期物质分布的小涨落扰动区形成暗物质晕,吸入普通物质气体而较快地形成第一代恒星,但还不能成为星系。虽然暗物质晕区域的平均密度较大,可能同时形成很多相邻的暗晕,但还没有聚合而成为一个更大的引力束缚系统,即星系。而且,第一代恒星对周围环境的反馈效应又可能抑制恒星的形成。因此,必然存在一种恒星形成模式的转变,即由孤立的第一代恒星形成模式转变到星系内不同区形成多恒星的模式。此转变就是第一代星系的形成过程。显然,这需要暗物质晕的质量很大,且应满足温度至少大于 10^4 K 的条件,才会在第一代恒星发出的光破坏分子氢后,通过氢原子碰撞激发来冷却气体而形成新恒星,并束缚住光子加热的气体。因此,第一代星系的形成晚于第一代恒星,但应早于再电离,主要在红移 Z 为 10～20 范围内。

由于第一代恒星对周围环境有很大的反馈作用,要实现持续的恒星形成,第一代星系的宿主暗物质晕应比形成第一代恒星的暗物质晕大,据推测为 1 亿 $M_\odot$。这样的星系宿主由其前期形成的"迷你暗晕(minihalo)"并合、同时吸积周围气体增长而来。

暗晕吸积气体大致有两种模式:小质量暗晕中以"热吸积(hot accretion)"为主,即暗晕直接吸积行星际气体并加热至位力温度,晕内气体处于准流体静力学状态。大质量暗晕中以"冷吸积(cold accretion)"为主,即周围足够大的纤维结构可促进氢分子形成,气体通过氢分子冷却而沿纤维直接到达暗晕中心区,并转化为湍流的小尺度运动。图 16-9 显示第一代星系中的湍流,从一个星系中央往外 40 kpc 的马赫数(Ma)。虚线圆是位力半径,那里吸积的气体被加热到位力温度;沿纤维结构内流的低温气体马赫数约为 10,因此星系中央产生强烈湍流,此时的红移量约为 10。

由引力驱动的超声湍流在第一代星系的形成过程中起着促进金属的混合和影响气体碎裂性质的作用,可能导致恒星形成模式的转变,而形成最早的球状星团。第一代星系形成的理论模拟还处于研究阶段,缺乏公认的结论。在观测方

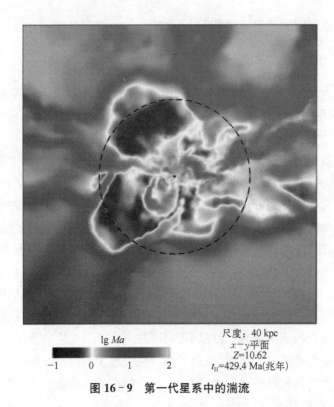

尺度：40 kpc
$x-y$平面
$Z=10.62$
$t_H=429.4$ Ma(兆年)

图 16-9   第一代星系中的湍流

面,期待先进的大型望远镜能够直接观测高红移的星系及其所处环境。本星系群现在已发现很多矮星系,有些可能是第一代星系的残迹。

16.3   一般星系的形成演化

第一代恒星和第一代(原初)星系的形成演化改变了宇宙的环境。星系周围的中性气体开始被大质量恒星的高能光子电离,在星系周围形成电离区。此过程称为宇宙再电离。再电离产生的自由电子散射宇宙微波背景辐射产生偏振信号。观测发现,再电离发生在红移 $Z=11$ 左右,从而可获悉原初星系形成的大致时间。

现在观测到的各类星系都是久已形成和经历演化之后的"快照",探索星系的形成和演化的过程是很困难的。然而,深空探测可以得到星系演化的重要线索。星系越远,它的光到达我们的时间越长。因而观测更远的星系,实际上就等于看到更久的过去状况。综合研究从近到远的星系资料,我们就可倒推出星系演化越来越早期的概况。由于宇宙的空间膨胀,遥远星系的红移量更大。红移量 $Z \geqslant 1$ 的称为高红移星系,其辐射传播到观测者耗时漫长,Z 越大的星系实际上就是宇宙越年轻的时期形成的,观测研究它们可以了解星系形成演化的重要物理过程。然而星系越远也就越暗,更加难于观测。近年来,先进的地面和空间望远镜开始得到一些重要成果。

16.3.1　星系的一般观测性质

一般星系的形成演化理论和模型必须与已有观测资料比较,也应能够推断星系的一般观测性质和类型。星系在颜色-光度图上的分布(见图 16-10)表明,星系主要有蓝云(blue cloud)和红序(red sequence)两类。蓝云星系主要包括旋涡星系和棒旋星系的盘状星系,富含气体,仍在大量形成年轻恒星,多呈蓝色,自转快。红序星系主要是椭圆星系,它们是因气体匮乏而已无恒星形成的红色星系,恒星运动轨道随机分布。还有处于两类之间的少数绿谷星系(green valley)。大部分星系物质是不能直接观测的暗物质,而只能感受其引力相互作用。巨星系中心有超大质量(几百万到几十亿 $M_{\odot}$)的黑洞,束缚于宿主星系核球或球体。金属度与星系的绝对星等(光度)正比关联。

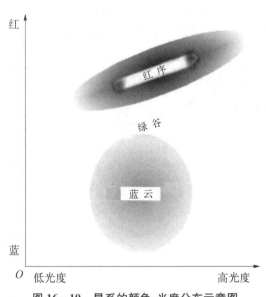

图 16-10　星系的颜色-光度分布示意图

宇宙中占主导的物质是冷暗物质,冷暗物质结构是等级成团的。在红移 Z 为 $20 \sim 30$ 时,暗物质最先形成较小(百万到千万 $M_{\odot}$)的位力结构(virial structure)——暗物质晕;它们经历合并、吸积等过程而形成更大的暗晕结构。

重子和暗物质在线性增长阶段能很好地混合,而在非线性坍缩阶段,由于重子存在耗散过程而与暗物质分布出现偏差。暗晕先经历位力化(virialization),而重子则在暗晕的引力场中冷却,进一步下落而形成星系。星系首先以等级式形成,在红移 Z 为 20～30 时形成小星系,随后这些小星系通过合并、吸积而形成大星系。其次,星系的形成过程可以分为暗晕的形成和演化、与重子相应的星系形成两个阶段。人们对暗物质的纯引力作用过程已相当了解,任何红移量的暗晕结构和演化都可以由数值模拟给出。目前主要问题是探索重子物理过程。

暗晕的性质和演化在星系的形成和随后的演化中起到极其重要的作用。首先,每个暗晕的特性决定其包含的气体质量和性质;其次,暗晕间的巨大吸引力促进它们合并,在暗晕中的星系随后也会合并而增大,同时也造成星系形态变化;最后,暗晕的引力场决定星系从周围吸积气体的过程。联系暗晕和星系的一个重要概念是暗晕占据数分布,即在一个特定红移 Z 和质量 M 的暗晕找到 N 个一定性质星系的概率。将暗物质和星系的空间分布联系起来,可以通过观测到的星系样本构建更合理的星系团/群样本。

星系形成和演化理论涉及重子各种复杂的耗散和加热过程,包括重子分布的冷却和加热过程、恒星形成及其反馈过程、金属度增加过程、星系核活动及其反馈过程、星系合并过程以及各种动力学的和热的不稳定性等。目前有两类研究星系形成的主要方式:一类是半解析模型,从观测和模拟等总结出各种基本物理过程,并用一些简化参数形式加入星系形成模型中;另一类是基于包括辐射流体的各种耗散和反馈过程的高精度数值模拟。

16.3.2　盘星系的形成

盘星系的主要特点是有很薄的旋转盘,常显示出旋涡结构。星系形成的重要争论之一是为什么局部宇宙中有大量的薄盘星系。其中的问题在于盘是很"脆弱的",与其他星系合并就可能很快地破坏薄盘。

早在 1962 年,O. 艾根(Olin Eggen)、D. 林登贝尔(Donald Lynden-Bell)和A. 桑德奇(Allan Sandage)就提出大的气体云经过单片坍缩形成盘星系的理论——随着气体云坍缩,气体沉到快速转动盘,称为"Top - down"理论。后来L. 希尔勒(Laura Searle)和R. 齐恩(Raphael Zinn)修正为一种渐进过程,即宇宙的冷暗物质先形成一些较小的(球状星团质量级)晕团,它们随后合并而形成一些星系。该理论很简单,但由于不符合观测而被扬弃。

现在广泛采用的是"Bottom - up"理论,这种星系形成理论包括暗物质晕以"自下而上"过程逐级形成更大晕团结构。晕团之间的引力相互作用,产生彼此间引力矩而导致各自不同的转动角动量。宇宙早期的小星系大多由气体和暗物质组成,因而恒星很少。随后由吸积更小星系而获得物质,由于暗物质仅参与引力相互作用而且不耗散,暗物质大多留在星系的外部。然而,气体可以很快收缩从而加快旋转,直到最后形成很薄的快速转动盘。

现在还不知道是什么过程能终止盘的收缩。实际上,盘星系形成理论在解释产生盘星系的旋转速度和大小方面还不成功。有提议由新形成的亮星或活动星系核的辐射来减慢盘形成中的收缩,也有提议暗物质晕可以施引力来终止盘收缩。

近年来,这方面的研究着重于了解星系演化的合并事件。银河系有个小的伴星系——人马矮椭圆星系,它正在被银河系拉近和吞噬,此类事件在大星系演化中是很普遍的。星系形成的 Λ - CDM 模型低估了宇宙的薄盘星系数目,原因是预言的合并数目过多,需要进行修改。

16.3.3 椭圆星系的形成

虽然某些盘星系的核球看起来类似于椭圆星系,但椭圆星系没有盘。所有椭圆星系的中心都有超大质量的黑洞,黑洞的质量与其椭圆星系的质量有关。椭圆星系多处在诸如星系团的宇宙"拥挤"区。现在观测的椭圆星系多属于宇宙中最老的演化体系之列,普遍认为它们是由较小星系合并形成的,且合并可能是极其剧烈的,常以 500 km/s 的速度发生碰撞。

在宇宙中,很多星系与其他星系有引力束缚,不会逃逸。若两个星系大小相似,通常合并成的星系与合并前的两个星系都不相似,例如,正在合并的双鼠星系(NGC 4676)。在星系合并期间,各星系的恒星和暗物质都受邻近星系的影响。合并后期,引力势、星系形状开始快速变化,以致恒星轨道大为改变而失去原先轨道的记忆,这种过程称为"剧烈弛豫(violent relaxation)"。若两个盘星系碰撞,它们的恒星原在各自盘面的有序轨道运行;合并期间,有序运行转变为无序;合并之后的星系则以复杂而随机轨道运动的恒星组成,形成我们今天看到的椭圆星系。

星系合并导致每年形成数千颗新恒星。作为对比,银河系每年仅产生几颗新恒星。虽然在合并中恒星几乎不会足以接近到发生相互碰撞,但巨分子云很快降落到所形成的星系中心而与其他分子云碰撞,导致这些云变得密集而形成新恒星。另外,离中心远的气体云也会彼此相遇而产生激波,触发气体云内的气体形成新恒星。这些剧烈过程的结果导致星系内的气体消耗而在合并后不足以形成新恒星——恒星形成过程终结。于是,合并后的星系往往缺乏年轻恒星,形成现今所见的缺乏分子气体和年轻恒星的椭圆星系。一般认为这些椭圆星系在

10 亿年～100 亿年前由星系合并形成,那时星系的气体(因而气体云)多,使得此过程表现突出。

16.3.4 极亮红外星系

1983 年,红外天文卫星 IRAS 发现了一类新的星系,称为极亮红外星系(ultra luminous infrared galaxy,ULIRG)。它们的远红外辐射大大超过其光学辐射,其光度甚至可以与类星体比肩,且它们在近邻宇宙中的空间密度和类星体相近。

多波段研究表明,它们都是进行相互作用或者并合后的星系(见图 16-11)。处于星系并合后期的极亮红外星系开始出现星系核活动,且已具备椭圆星系的

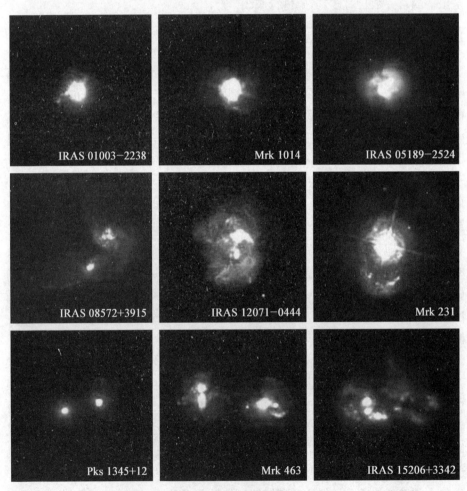

图 16-11 一些近邻的极亮红外星系(其中 Mrk 1014 和 Mrk 231 为类星体)

动力学特征。它们富含尘埃,受强烈星暴或活动星系核活动的辐射加热而释放大量远红外辐射。大部分极亮红外星系可能正处于从星系合并到类星体和椭圆星系的演化阶段,从而支持了星系的等级形成理论。最新发现表明,大部分高红移极亮红外星系并非由星系合并触发,而是由连续的气体吸积所触发,仅约三分之一处于合并系统。

16.3.5　星系的演化

椭圆星系一般缺乏冷气体,以老年恒星居多,其面亮度分布较平滑,存在复杂的恒星运动。而盘星系一般以较年轻恒星和气体居多,其面亮度分布相当不规则,这可部分地归结于盘星系的转动,与其形成理论一致。然而,大部分椭圆星系扁平这一现象并不能由转动支撑解释。于是一个基本问题是今天的星系形态是何时形成和怎样形成的?

一般认为,椭圆星系主要是通过星系合并形成的。当两个大小相近的富气体星系合并时,可以非常有效地转移角动量,将气体快速带入中心,引起中心恒星形成。星系碰撞也导致恒星产生随机速度,从而两个缺少冷气体的星系碰撞可能形成热椭圆星系。在考虑暗物质晕的情况下,两个缺少冷气体的星系合并可以形成致密的巨椭圆星系。这些看法已得到局部的极亮红外星系以及一些经历剧烈星暴后的星系形态的观测支持。中等红移的星系形态观测也支持大质量的椭圆星系是通过合并而产生的,红移 Z 约 2.3 的大质量星系比今天的星系要致密得多,那时形成的大质量星系不到 10%,而大多数是通过随后的合并而成的,而中等光度椭圆星系是与富气体合并的结果。

盘星系是长期演化的结果,包括各种动力学的不稳定性等。盘的再塑造,包括吸积周围的小星系,可以改变盘的结构。最近的观测表明,大质量的盘星系可能是小星系合并而来的。由深场巡天看到的星系形态推断出,大部分大质量盘星系主要是在红移从 Z 约为 2 到现在阶段,通过不规则星系的合并而产生的,但还需要更多的观测检验。

星系形态和其环境关系非常密切。在星系团中,S0 星系(透镜状星系,lenticular galaxy)中盘星系的数量很少,这与一般的星系由盘星系主导很不同。人们认为这种差异与星系和环境作用有关。在星系团中,引力场作用使星系高速运动,星系盘的气体受剥离,从而阻止外盘的恒星形成。强引力场也有引潮作用,瓦解较松散的外盘,只留下星系中较致密部分,而被潮汐剥离下来的恒星将游离于星系际。

恒星形成过程将气体转化为恒星,而在恒星演化的最后阶段,大部分物质又返回到星际介质。在此循环过程中,恒星内部核合成产物也部分地混合到星际气体,增加了气体的金属度。当这些气体再次形成恒星后,其恒星金属度高于上一代恒星。星系中恒星形成或者星系核活动触发的质量外流或者星系团中热气体将金属带到星系际,引起星系际介质金属度增大。

星系的化学状态可由气体或者恒星的金属度来定量描述。气体和恒星的金属度不同。气体的金属度反映该时刻的气体的化学状态,而一个星系中则包含各个阶段形成的恒星——即各种金属度的恒星。星系的金属度和星系的恒星质量相关,一般质量大的星系金属度高。此外,星系团的星系比其他星系的金属度高。

16.4   太阳系的起源和演化

太阳是太阳系的中心天体,太阳的质量占太阳系总质量的99%以上。在太阳的引力作用下,行星等成员都绕太阳公转,而这些成员是太阳形成演化的附属副产品。近些年来,科学家从演化程度小的陨石和小天体样品研究得到一些太阳系早期留下的线索,又通过不同年龄的恒星观测和形成演化理论研究(见第12章),比较清晰地认识到太阳一生的形成演化过程。

16.4.1   太阳的形成和演化

从陨石样品的放射性同位素测定出其最早年龄为45.72亿年,常取它为标准的太阳系起始时间。从恒星形成的研究也得出太阳的年龄大致如此,小于银河系的年龄(132亿年)。太阳的元素丰度与宇宙的一样,有很多重元素,说明太阳不是银河系第一代的,而是后代的恒星。

16.4.1.1   太阳的形成和早期演化

原太阳是从一个几千 $M_\odot$ 的星际云分裂的云核——太阳星云(或原始星云)的中心部分收缩而形成的。原太阳大约经历了7 500万年的引力收缩阶段(见图16-12,最右方箭头所示),成为金牛 T 型的前主序恒星,又经几百万年猛烈的太阳活动和物质抛射(星风-太阳风)。由于太阳星云一开始就有自转,引力收缩中留下少部分外部物质形成星云盘(但却占有大部分角动量),而大部分物质聚集成太阳。在太阳早期演化(金牛 T)阶段抛出的物质又带走很多角动量,太阳则进一步收缩,其中心区温度升到一千万开,开始发生氢燃烧的热核反应,进入主序演化阶段。

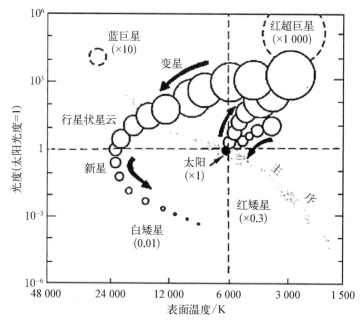

图 16‑12　太阳在赫罗图上的演化过程

16.4.1.2　太阳的中期演化

太阳的中年期漫长,约 100 亿年。太阳在收缩过程中,其核心部分变得更密、更热,温度达 1 000 万开时,太阳演化为"零龄主序"星,氢燃烧点火。先是"p‑p(质子‑质子)循环"反应,产能率还较低。随着温度升高,"CNO(碳氮氧)循环"反应启动,产能更有效,成为长期而稳定的太阳能源。

太阳刚演化到主序星时,它的半径、光度和表面温度都比现在的小(见图 16‑13),随后这些量不同程度地缓慢增大,太阳在赫罗图上长期处于主序带。氢燃烧所生成的氦逐渐形成太阳中心区氦星核。氢燃烧区向外扩大,太阳演化为中心有氦星核和邻接的氢燃烧层。氢燃烧层的产能导致氦星核压缩,温度升高,氦燃烧启动,从而导致外部膨胀。于是,太阳演化就进入主序后的演化。

16.4.1.3　太阳的未来演化

在太阳将演化到脱离主序时,经亚巨星演化为体积大(半径可达近于地球公转轨道半径)和光度大(可达目前的上千倍)的红巨星。而后的几亿年中,当星核的氦耗尽以后变为碳星核,邻接层则发生氦燃烧,再外是氢燃烧层。红巨星的太阳将变得不稳定,缓慢地(每隔几万年)交替收缩和膨胀,脉动振幅逐渐增大,最终抛出气壳成为行星状星云,而留下的星核坍缩成质量为 $(0.51 \sim 0.58) M_{\odot}$ 的

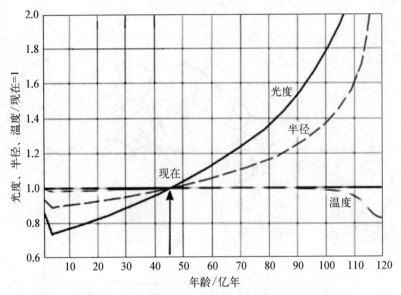

图 16-13　太阳的光度、半径和温度值相对于现在的演化

白矮星。以后，白矮星冷却而变为黑矮星。

16.4.2　太阳系的起源与行星的形成

1644 年，R. 笛卡儿（René Descartes）在《哲学原理》中提出太阳系起源的观念，向上帝创世观提出了挑战。I. 康德（Immanuel Kant）和 P. -S. 拉普拉斯（Pierre - Simon Laplace）分别于 1755 年和 1796 年各自独立提出太阳系起源星云假说，真正在僵化的自然观上打开了第一个缺口，开始了太阳系起源的科学研究。

一般把太阳作为一颗典型恒星放在恒星演化里论述，因此太阳系起源主要研究各类"行星体"——行星、卫星、彗星等的形成以及它们的轨道特征和物理-化学特征的成因。由于直接观测了解的只是已经严重演化了的太阳系现状，从现有资料去探讨太阳系形成的遥远而复杂的过程，其困难不亚于考古学，因而需要提出多种假说。近半个世纪以来，太阳系探测研究进入了黄金时代，取得了很多有关新资料。同时，其他恒星的行星——"系外行星"的探测研究也可以提供重要的借鉴信息。太阳系起源的研究成为一个活跃的前沿课题。

16.4.2.1　康德和拉普拉斯的星云假说

1755 年，年轻的德国哲学家康德（1724—1804）发表了《自然通史和天体

论——根据牛顿定理试论整个宇宙的结构及其力学起源》,提出了太阳系起源的
星云假说。他认为,太阳系的所有天体是从一团弥漫物质(星云)在万有引力作
用下逐渐聚集形成的,向星云中心聚集的物质形成太阳。向太阳下落的颗粒碰
撞而绕太阳公转(这一点是不对的),在引力较强的几处聚集形成行星,绕太阳公
转的颗粒撞落在行星上而使行星自转。类似的过程也发生在行星周围形成卫
星,在星云外部形成彗星,在土星轨道之外可能还存在当时未知的行星(见
图 16 - 14)。该书匿名发表,印数不多,当时未引起重视。

图 16 - 14　康德的星云假说

　　1796 年,法国数学力学家拉普拉斯(1749—1827)在《宇宙体系论》的一个附
录中独立提出了太阳系起源的另一种星云假说。他认为,太阳系是由一个转动
的气体星云形成的。星云起初的体积大且温度高,后来逐渐冷却和收缩。由于
角动量守恒,星云收缩中自转变快,惯性离心力变大,形状变扁。当星云外部气
体的惯性离心力变到抗衡所受引力时,就不再参与收缩而留下来,形成转动的环
体。星云继续收缩中,多次重演这个过程,形成几个环体。后来,星云的中心部
分形成太阳,各环体聚集而形成行星(见图 16 - 15)。行星周围重演类似过程而
形成卫星。土星光环由未结合成卫星的众多颗粒组成。

　　拉普拉斯和康德的两个星云假说虽然有差别,但基本观点相同,故合称为康
德-拉普拉斯星云说。学说认为太阳系所有天体由太阳星云形成,力学规律起主
要作用。这个学说在 19 世纪末开始受到批评,主要是高温物质不易聚集和不能
解释太阳系角动量问题——行星质量比太阳质量小得多、但行星的总角动量却
比太阳的角动量大得多。

图 16 - 15　拉普拉斯的星云假说

16.4.2.2　灾变假说和俘获假说

20 世纪前期，人们又相继提出多种灾变假说，认为经历了某个事件使太阳分出的物质形成行星。美国地质学家 T. 张伯伦（Thomas Chamberlin）和天文学家 F. 摩耳顿（Forest Moulton）的星子假说（planetesimal hypothesis）认为，走近太阳的恒星从太阳引出两股巨潮，它们随恒星离去而扭转，逐渐汇合成绕太阳转动的气体盘，再凝聚成固态星子，星子聚集而形成行星。J. 金斯（James Jeans）的潮汐假说认为，走近太阳的恒星从太阳背面引出的潮较小且很快消落，正面的潮大且随恒星走远而成为弯曲的长雪茄形，后断裂成几团，它们凝聚成两端小、中间大的行星。起初行星的轨道扁长，过近日点时受太阳的引潮力大，行星分出的物质形成卫星。土星的引潮力使走近它的卫星瓦解而成为碎块组成的光环。还有的观点认为恒星从太阳撞出的物质形成行星，或太阳爆发抛出的物质形成行星。可是，灾变假说的最严重问题在于：行星和太阳的某些同位素比率不一样，而与星际冷物质的相当。

1944 年，苏联科学家 O. 施米特（Otto Schmidt）提出一种俘获假说（capture hypothesis，或称陨星说），认为太阳从它经过的一个星际云俘获部分物质，在太阳周围形成星云盘，盘中质点碰撞结合成凝聚的陨星，陨星碰撞结合成行星和卫星。英国科学家 M. 乌尔夫逊（Michael Woolfson）提出另一种俘获假说（《太阳系的起源与演化》，2000），他考虑到恒星成团形成，提出太阳从走近它的原恒星（其质量为 $\frac{1}{7}M_\odot$）拉出物质，俘获的一长条（2×10^{28} kg）绕太阳转动，后断开为 6 团，形成 6 颗原行星并很快坍缩为行星。它们的初始轨道扁长，受残存物质阻尼而变圆。原行星受太阳引潮力而隆起，在原行星收缩中留下物质而形成卫星。两个"内行星"发生碰撞，小的一个碎裂，三个大碎块成为地球、金星和水星。大的一个逃离太阳系，而它的卫星成为火星、大的小行星及月球，小碎块成为小行星和彗星。

16.4.2.3　现代星云说

近 40 多年来,太阳系起源研究进入新发展时期,一是由于取得了大量有关观测资料,二是理论研究的深入。现代流行的新星云说认为太阳星云是一个星际云碎裂的气体-尘埃"云核"之一,有初始自转,自吸引收缩变密,中心部分形成太阳。星云收缩中自转变快,惯性离心力变大,外部扁化为星云盘,盘中物质聚集形成行星和卫星等天体。各家对于太阳星云结构和演化过程等问题的看法不同,分为两大派:太阳星云的质量较大($2\,M_\odot$),先形成大的原行星再演化成行星;太阳星云的质量较小($<1.2\,M_\odot$),先形成星子再聚集成行星。

美国的 A. G. W. 卡米隆(Alastair G. W. Cameron)联系到(作为恒星的)太阳形成与陨石的分析结果,从力学和化学两方面研究太阳系起源。他的大质量星云盘和由原行星形成行星的一系列论证成为美国主流派代表。他认为,太阳星云的质量较大(约 $2\,M_\odot$),初始大小约 10 万 AU,初始角动量为 $9\times 10^{53}\,\mathrm{g\,cm^2/s}$,经过很快收缩而形成星云盘。盘先以吸积过程为主而增大质量和半径,后来因降落物质的激波加热而丢失外部物质,结果导致盘中各区温度先升后降的变化,内区凝结出"成岩物质",外区凝结出冰物质,但大部分仍是气体。星云盘继而发生不稳定而形成环,再瓦解为一些气团,它们大部分碰撞结合为 $1\sim30$ 倍木星质量的"气体原行星"。内区原行星形成较早,质量较小,因温度高和受太阳的引潮作用大,很快丢失气体,留下的内核形成类地行星。外区原行星形成较晚,质量较大,因温度低和受太阳的引潮作用小,丢失的气体少,形成外行星。它们有自转,自吸引坍缩,外部变为转动盘而形成卫星系。卡米隆用湍动黏滞摩擦等搅拌作用来解释太阳系角动量问题。湍流衰退后,固态物质沉降到盘的中面,由于引力不稳定性而聚集形成小行星。有的小行星被俘获为行星的卫星,或陨落到行星上。星云盘的海王星区以外,大部分丢失到恒星际,留下的部分形成彗星。他对一些重要问题做了理论计算,并不断修正原来某些看法,而他的一些推测则有待深入研究。他与合作者提出了月球起源的碰撞说,用数值模拟得出,地球在形成晚期受到一个约 $0.14\,M_E$(地球质量)的大星子低速掠撞,碰撞时该星子瓦解,其金属核被地球吸积,而其幔物质再聚集成月球。

苏联的 B. C. 萨弗隆诺夫(B. C. Сафронов)于 1969 年出版了《原行星盘的演化与地球和行星的形成》一书。他估计星云盘质量约为 $0.1\,M_\odot$,初始角动量为 $2\times10^{52}\sim5\times10^{53}\,\mathrm{g\,cm^2/s}$。盘中的固态颗粒沉降到中面而形成"尘层",地球区的沉降时间约 1 000 年,颗粒增长到 1 cm 左右。他导出,尘层密度达到洛希密度的 $\frac{1}{5}\sim\frac{1}{7}$ 时出现引力不稳定性,分裂为环系。各环瓦解为扁球状凝聚物,这些凝聚物碰撞而结合,并收缩变密而成为星子。星子聚集增长较快而成为行星。在水星区和小行星区不出现引力不稳定性,尘埃直接聚集成星子。外行星区温度低,冰物质也凝结为固态,参与木星和土星的生长。木星胎和土星胎的生长快而大,可以有效地吸积星云盘气体而成为它们的外层和大气;但天王星胎和海王星胎生长慢,吸积的气体较少。萨弗隆诺夫用行星供养区(即吸积范围)来说明提丢斯-波得定则。行星自转角动量是从它们吸积的星子得来的。天王星因为被大星子撞击而变为侧向自转。他认为小行星区的星子生长慢,有些被木星区过来的大星子"吃掉",因此不会生长为大行星,但没有给出计算证明。他推算出,外行星的摄动可以把 $2.5\,M_E$ 的大量星子抛到奥尔特云,还把 $200\,M_E$ 的物质抛离出太阳系。行星俘获星云盘的尘粒,形成绕行星转动的尘粒群,并聚集形成规则卫星。而不规则卫星是行星俘获的星子。

日本天体物理学家林忠四郎(Chushiro Hayashi)在恒星早期演化理论方面作出了重要贡献。在此基础上,他从 1970 年开始进行太阳系起源的一系列研究。他推算得出,星际云收缩而瓦解为很多碎块,成团地形成恒星。太阳(原始)星云就是这样的碎块之一,其质量略大于 $1\,M_\odot$,并有初始自转,通过自吸引收缩形成中心的原太阳和周围的星云盘。他估算星云盘质量为 $0.04\,M_\odot$,并导出盘的密度和温度的径向分布,建立了内区物质密度大和温度高、外区密度小和温度低、内薄外厚的星云盘模型。盘中固态颗粒向中面沉降,用了 $10^5 \sim 10^6$ 年形成"尘层"。由于引力不稳定性而形成环系,各环断为约 10 km 大的 $10^{11} \sim 10^{12}$ 个尘团,它们的质量为 $10^{18} \sim 10^{20}$ g。尘团聚集成固态星子。星子聚集形成行星的过程遵从不可逆过程理论,包括星子的摄动和气体的阻尼效应,在 10^5 年中少数星子结合为质量 10^{25} g 的原行星核,再进一步吸积生长为行星。木星固态核 $\left(约为木星现质量的 \dfrac{1}{50}\right)$ 形成需 10^8 年,再吸积大量气体并坍缩到固态核上,也俘获星子而形成其卫星。随后,太阳早期的强劲太阳风驱走盘内的残余气体。他也认为小行星区的物质少而不能形成大行星。

澳大利亚的 A. J. R. 普伦蒂斯(A. J. R. Prentice)提出新拉普拉斯学说。他认为,太阳系原始星云不是拉普拉斯所假设的热气体云,而是在约 $10^4\,M_\odot$ 的星际云内的冷区(温度约为 5 K)形成的 $1.05\,M_\odot$ 的转动气体-尘埃云。其中心先形成小的恒星核,并使外部缓慢收缩。他提出超声湍动转移角动量理论,论证了外部在收缩中依次留下 10 个各约 $0.003\,M_\odot$ 的气体环。他建立了合理的数值模拟程序,计算各环的物理和化学情况和演变过程。结果得出,最内的"祝融星"环的温度很高,物质不凝结,不会形成行星;往外的各环的温度较高,只有成岩物质凝结;外部的 4 个环的温度低,还有冰物质凝结。各环的凝结物质向环轴聚集,形成星子流,再聚集为行星,形成过程至多需要 30 万年。内区四个环的成岩凝结物质聚集形成类地行星。四个外环因含有成岩和冰凝结,聚集形成质量大的类木行星核,足以有效地吸积气体并坍缩为它们的中、外层以及浓厚的大气。但是,介于两类行星之间那个环的星子聚集需要 50 万年,而此时期因太阳演化到金牛 T(型星)阶段,强烈太阳风驱走星云气体,星子流不能聚集为大行星,而成为小行星。类似地,在大行星大气的收缩过程中,由于超声湍动对流而留下多个环,形成规则卫星。而不规则卫星是俘获来的星子。该学说不仅很好地解释了太阳系起源的已知观测事实,而且准确地做出某些推算和预言。例如,预言天王星和海王星存在未知卫星的轨道特性和质量,预言木卫四是冷的岩石和冰体,木卫二有深的冰幔,木卫五是俘获来的小行星,土卫六也不是土星的原生卫星,而是土星形成之后俘获来的。这些预言都被飞船的探测验证了。

　　瑞典的 H. 阿尔文(Hannes Alfvén)利用电磁理论研究太阳系起源的一系列问题,于 1954 年和 1976 年出版了《论太阳系的起源》和《太阳系演化》两部著作。他认为,太阳早期有很强的偶极磁场和自转,源云物质向太阳加速降落过程中发生碰撞电离。离子受太阳磁场作用而停留在一定距离处,形成四个等离子体云,云中也含有杂质而成为尘埃等离子体。太阳与等离子体之间有电流,电流通过与磁场的相互作用而从太阳向等离子体转移角动量。引力、离心力与电磁力的平衡导致等离子体"谐共转"。电流的箍缩效应造成"超日珥",那里比周围密度大且温度低,凝聚出中性颗粒,它们相互作用而形成"喷流(jet stream)"。他提出喷流中的颗粒聚集为星子、再聚集为行星的理论。在行星的形成过程中重演上述过程而形成卫星。他认为,月球和海卫一原来也是独立的行星,后来被俘获为卫星。该学说提出一些新颖的观念和理论,但没有被广泛公认和发展。

　　总之,上述各种星云说虽然各有特色,具体情节有相当大的差异,但有很多共同特征,可以说殊途同归,概示于图 16 - 16。

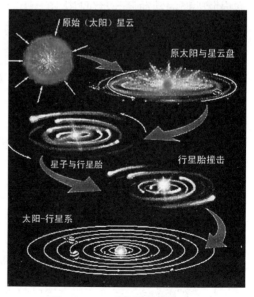

原始(太阳)星云

原太阳与星云盘

星子与行星胎

行星胎撞击

太阳-行星系

图 16 - 16　现代星云说示意图
(彩图见附录)

图 16-17　戴文赛

16.4.2.4　戴文赛的新星云说

戴文赛先生(1911—1979,见图 16-17)是我国现代天体物理学、天文哲学和天文教育的主要开创者与奠基人。他提出太阳系起源的新星云说影响深远。

他在大量调研和评价各种太阳系起源学说的基础上,亲自开展和指导助手进行了一系列研究,建立了戴文赛新星云说,较全面、系统和有内在联系地论述了太阳系的形成过程,阐明了太阳系主要特征的由来和各类成员的起源。下面概述这一学说的主要内容和成果。

1) 原始星云的由来和星云盘的演化

根据恒星形成的观测研究结果,太阳系原始星云应来自星际云的一个冷而密的云核,受附近超新星爆发抛出物或大质量恒星演化的强辐射的外压,其质量超过金斯质量,通过独立收缩因而成为太阳系原始星云。

从太阳系现在的所有天体资料,以及依据金牛 T 型星观测资料估计太阳早期的强太阳风损失的质量,推算出原始星云的可能质量范围小于 $1.2\,M_\odot$,其转动角动量是现在太阳系总角动量的 160～200 倍。原始星云收缩而形成原太阳和内薄外厚的转动星云盘(见图 16-18)。

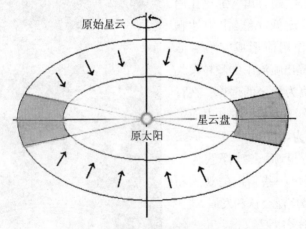

图 16-18　原始星云的收缩与星云盘的形成

星云盘中的尘(冰)颗粒在太阳引力和转动离心力的合力作用下,向盘的中面沉降,并碰撞结合而长大。利用自己推导的理论公式,可以计算星云盘的密度、温度分布和"尘层"的形成(见图 16-19)。计算得到沉降时间为 4.5 万年(内区)到 62 万年(外区),颗粒长大到 3.4 mm(内区)到 0.04 mm(外区),这与陨石中的球粒大小相当。

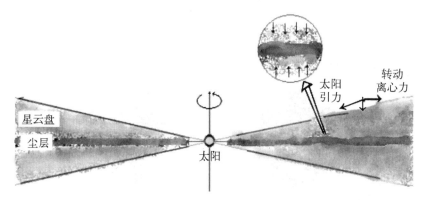

图 16-19　尘层的形成

2) 行星的形成

随着尘层内的物质密度变得足够大,局部扰动造成的引力不稳定性及转动不稳定性使尘层瓦解为很多颗粒团,各团通过自吸引而聚成固态星子,初始星子的质量可以达 10^{15} kg(内区)到 10^{17} kg(外区)。大星子的引力较强,可以更有效地吸积其运行中遇到的物质和小星子而迅速长大。星子之间的引力摄动使它们的轨道变得多样化,更易发生交叉、接近和碰撞,大星子越长越大,最大的星子成为行星胎,再进一步生长成行星。计算得出,地球的形成时间约几百万年,其他行星的形成时间也大致如此,这与陨石分析得出的陨石母体形成时期一致。绕太阳公转的星子聚集形成行星的过程中,把公转角动量的一部分转化为行星的自转角动量。初始行星基本在公转方向(顺向)自转。

3) 行星主要特征的成因

由于行星在转动星云的尘层内形成,它们的轨道必然具有共面性和同向性,太阳也是同向自转的。大量的星子碰撞而聚集形成行星是一种随机过程,其平均结果导致行星轨道近于圆(近圆性)。但是,随机过程也有一定的偶然性,使得平均化不彻底,尤其在行星形成晚期受大星子偶然撞击的影响更大,造成行星轨道有一定偏心率和倾角。

行星形成晚期被大星子掠撞表面的力矩作用,可导致行星自转轴和自转周期的改变。金星的逆向自转和天王星的侧向自转是由于大星子从特殊方向掠撞所致(见图 16-20)。

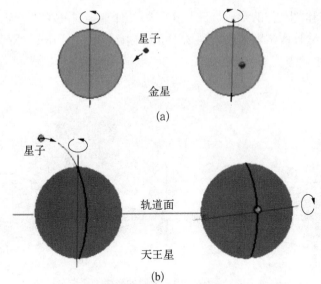

图 16 - 20　行星形成晚期受大星子偶然撞击示意图

(a) 金星的逆向自转是被其质量 3% 的大星子逆向撞击赤道表面所致;
(b) 天王星的侧向自转是被其质量 5.4% 的大星子近于垂直撞击赤道表面所致

　　计算得出,行星的吸积范围会比其引力范围大 1 个数量级。行星的引力范围和吸积范围与行星轨道的半长径成正比,并随行星质量的增加而增大,结果导致符合提丢斯-波得定则区域中的大星子生长成为行星,如图 16 - 21 所示。

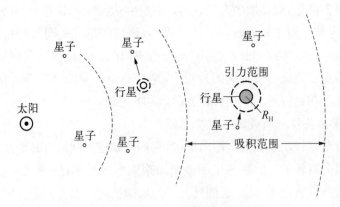

图 16 - 21　行星的引力范围和吸积范围

4) 卫星和环系的形成

　　与行星形成过程相似,卫星也由星子聚集形成。木星和土星吸积气体而形成气壳,后来吸积的星子因受气壳的阻尼,在气壳内形成转动的星子盘,聚集形成规则卫星。当气壳质量随吸积而变得越来越大时,就会由于自吸引坍缩到行星核上,形成它们的中层和外层及大气。在行星的洛希限范围内的物质受行星引潮作用大,不能聚集成卫星,而成为小质点的行星环系(见图 16 - 22)。不规则卫星可能是行星后来俘获的大星子。海王星的卫星和环系可能也是经由同样过程形成的。天王星的卫星和环系可能是晚期大星子掠撞其表面抛出的物质形成的。

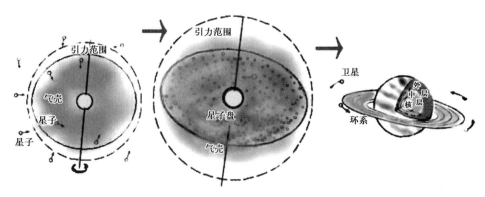

图 16 - 22　土星的卫星及环系的形成

冥王星的情况特殊。它可能是海王星区的原来残余大星子,因受另一个大星子对心撞击而改变到现在的轨道,其卫星可能是由撞击的碎块聚集形成的。

5) 小行星和彗星的形成

小行星是行星形成过程的半成品,对此第一次通过定量计算给出了充分论证。星云盘的温度分布决定了木星区还发生冰凝聚,而小行星区的冰不凝聚,因为木星区的固态原料多,形成的初始星子就较大且生长快。它们之间的引力摄动使得部分大星子轨道改变成穿越小行星区,吸积而带走小行星区的物质及小星子。于是,小行星区的"原料"减少,使得星子生长停顿在"半成品状态",不能形成大的行星,而仅残留下半成品的小行星。穿过小行星区的大星子也摄动那里的小行星而使它们的轨道变得多样化,更容易发生相互碰撞而碎裂成小的小行星及陨石。

彗星是星云盘外区形成的残存冰星子,它们因受外行星的引力摄动而进入太阳系边缘的奥尔特(彗星)云,后来又受走过恒星的引力摄动而改变轨道,再进入内太阳系。另一些冰星子留在冥王星轨道外的柯伊伯带。

16.4.2.5　行星形成的标准模型和模拟新成果

综合现代的观测研究,目前比较公认的是星云说的"太阳系形成的标准模型",形成过程大致如图 16 - 16 所示。相应地,现代一般采用行星形成的标准模型,形成过程分为三个阶段:① 星云盘中的固体颗粒聚集和沉降,在薄星云盘中面由固态颗粒聚集形成星子;② 星子吸积形成行星胎;③ 很大的行星胎也常称为原行星(protoplanet),它们撞击而聚集形成类地行星及类木行星的星核,类木行星又吸积气体和星子而成长为类木行星。对于从星云盘到行星体的形成涉及复杂的一些过程及条件,人们分别进行了很多理论研究。近些年来,人们更具体地用计算机进行多种数值模拟,取得了很多重要成果。

1) 星云盘的颗粒聚集形成星子

星云盘基本是类似宇宙丰度的,由气体和尘埃组成。虽然固体颗粒不是其中主要组分,但它们却是行星的基本"建造砖块"。从固态颗粒聚集形成星子、再聚集为行星体是一个涉及很多因素的复杂过程。近些年来,实验模拟、理论模型和早期恒星的原行星盘观测都取得了新的进展。星云盘的初始固体颗粒很小(约为 1 μm)。尘(冰)颗粒向盘的中面沉降,同时碰撞结合为较大颗粒。于是,尘颗粒边沉降、边增长,在盘中面附近形成密度大的"尘(冰)层"。图 16-23 所示是星云盘的一种数值模型。

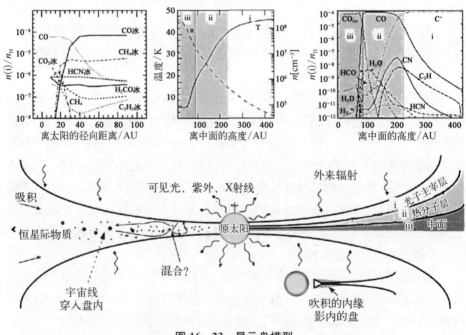

图 16-23 星云盘模型

颗粒很快地(在 1 AU 处需要 100~1 000 年)增长到米量级大小。但是,由于它们与小颗粒高速碰撞,漂移到达很热的内区就会蒸发而消失,进一步增长却遇到称为"米大小障碍"的未决困难。

　　而星云盘中面的密度大,局部颗粒团可以满足引力不稳定判据而发生自吸引坍缩,形成 1～10 km 大的固体星子。较大星子受气体影响小,漂移慢,由于具有足够大的引力场而更有效地吸积增长。然而,固体颗粒运动是开普勒速度的,层间的速度差产生湍流,能搅混颗粒层,直到沉降与湍流达到平衡。这就妨碍颗粒密度增大到发生引力不稳定性。但是,半数的年轻恒星有尘埃碎屑盘,说明发生了这种星子增长。从颗粒到行星的成长历程如图 16 - 24 所示。

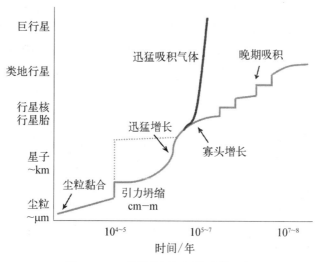

图 16 - 24　从颗粒到行星的成长历程

2) 星子吸积形成行星胎

　　当星子尺度达到千米以上,它们之间的引力作用就重要了。星子碰撞而结合为大星子,使轨道变圆。长程引力相互作用导致动能[动力学"摩擦"(dynamical friction)]和角动量[黏滞搅拌(viscous stirring)]的交换与再分配。星子初始增长缓慢且有序,但随着时间推移,形成了一些较大的星子后,由于和小星子相遇而改变为偏心的倾斜轨道,那些更易接近大星子的被吸积,大星子"迅猛增长"为行星胎和巨行星核。对于最小质量星云盘(MMSN)的 1 AU 附近千米大小的星子仅约一万年就可吸积而迅猛增长到 10^{-3} 地球质量。

　　随着行星胎迅猛生长,周围可吸积的物质减少,胎生长逐渐减缓到有序。但是,当行星胎的质量生长到典型星子的千倍时,它的引力摄动就更重要。于是,行星胎进入"寡头"混沌撞击生长阶段。结果,邻近行星胎的径向间距变得规则,各自吸积其"供养(环)带"的固态物质。对于最小质量星云盘(MMSN),在短于星云寿命的时标就形成月球到火星大小的寡头。盘中若含有多于 MMSN 的固态物质,就会在更短时标内产生更大质量的寡头。

3) 行星的形成

一旦类地天体质量达到约 $0.01 M_E$ 以上时,它们显著地扰动附近气体,形成螺旋密度波。最后,寡头系统失去稳定,进入 $10^7 \sim 10^8$ 年的混沌增长阶段,即由巨撞击和继续吸积星子而增长为类地行星。近十年来,一些数值模拟得到的行星质量、自转角动量、轨道性质方面的结果如下:① 类地行星的质量和轨道半长径与实际情况相似;② 轨道偏心率和倾角略大于实际值;③ 自转由最后的几次大撞击决定;④ 行星形成的时标为几百万~几千万年,与放射性元素测定结果基本符合。因此,类似于地球和金星的行星是"寡头"撞击生长的必然结果,而火星似乎是遗留的寡头。地球和金星的近圆轨道需要额外的阻尼机制,残余气体盘所施加的动力学摩擦或引力拖曳是很好的候选。与气体的其他相互作用驱使火星或更大行星的轨道(迁移)变小。

类木行星形成的早期阶段与类地行星相似。从星子开始,随之发生迅猛的"寡头"生长。但因"供养带"处于"雪线"之外而温度低,冰物质凝结为固态,尤其木星和土星区有更多固态物质来形成大的行星胎,更有效地吸积气体,仍致超过原来质量,并坍缩为中层和外层及大气。2005 年,有科学家提出一个"尼斯模型(Nice model)":四颗巨行星原形成于星云盘的较窄范围,在星云盘的气体耗散后,模拟得出它们发生很大的轨道迁移而形成现在的轨道。他们的模拟结果如图 16-25 所示。

此模型可以很好地解释一些重要的早期演化问题,诸如奥尔特云的形成、太阳系小天体(包括 KBO)的存在等,也自然成为行星轨道距离规律的成因。木星的轨道迁移导致小行星区的星子增长停顿,影响类地行星的形成(见图 16-26)及"晚期严重陨击(LHB)"。

由于月球与地球的关系密切,尤其是它们的起源联系,地月系的起源备受关注。由于地球已经历了严重的演化,其形成阶段和早期演化的遗迹丧失殆尽。而月球演化程度较小,保留下一些形成和早期演化的遗迹,能为探讨它们的起源提供线索。关于地球和月球的起源演化已概述于上册第 5 章。

16.4.2.6　行星的演化

行星和卫星等天体的飞船探访为揭示太阳系演化提供了有力证据,启迪我们逐渐搞清楚历经了 46 亿年的太阳系的复杂演变情况。这些天体有某些相似性,又各有自己的特点。正如考古学从每个古迹来了解历史,太阳系天体的每一新信息都有助于了解整个太阳系,启示对其他天体的认识,尤其是可以更好地认识地球的过去、现在与未来。在行星科学研究中,一种重要方法就是比较行星学。

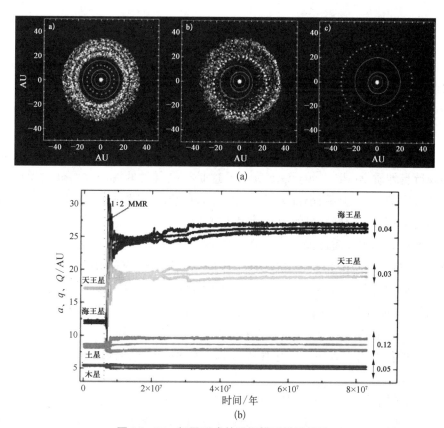

图 16－25　行星形成的尼斯模型模拟结果

（a）巨行星和外星子盘的演化模拟，左图为木星/土星达 2∶1 共振之前的早期位形，中图为海王星（亮点圈）和天王星（大灰圈）轨道迁移后，星子散布到内太阳系，右图为行星引力使星子抛走之后；（b）巨行星的轨道（半长径为 a，近日距为 q，远日距为 Q）迁移

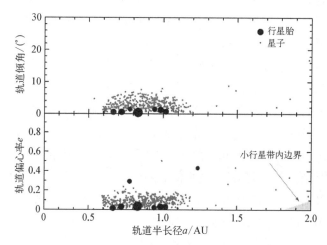

图 16－26　木星的轨道迁移影响类地行星的形成

著名美籍犹太作家 I. 阿西莫夫（Isaac Asimov）在 1948 年所著《地球传》中提出，比较行星学能够帮助我们更好地理解地球。美国天文学家 C. 萨根（Carl Sagen）把比较行星学看作一个巨大的计算机程序，输入一些参数就可以导出行星的演化史。通过演化程度不同的行星体的比较研究，人们已得到太阳系演化的一些线索，继而探讨其历史上各种过程。

1）类地行星的地质演化

自航天时代以来，地质学研究扩展到研究有固态表面的"类地天体"，应运而出现**行星地质学**（Planetary Geology）。这是行星科学的一个重要分支学科，研究的范围是行星、卫星、小行星、彗星以及陨石等天体的地质，因为类地天体表面的情况反映了它们经历过的地质过程和演化史。

类地天体的地质过程可分为两大类（内成过程、外成过程），也有人分成三大类（内成过程、表面过程、外来过程）。内成过程是天体内部深处驱动的过程，如构造活动和火山活动。表面过程常涉及表面与大气圈或水圈的相互作用，包括流水侵蚀、风成搬移、块体坡移等。外来过程有陨击作用、太阳风作用等。类地天体表面有复杂的形貌，反映了各种过程相互作用的错综历史。各行星体的主要地质过程不同。就一个行星体而言，各地质过程在不同时期的重要程度也不同。

（1）陨击作用。类地天体表面上较普遍地有陨击坑。从陨击坑形貌方面来说，可分为简单坑和复杂坑。简单坑呈碗状，内部一般较平缓，深度与直径的比值大致都是 0.2。复杂坑有中央峰及环脊等特征，坑边缘可能有塌方，坑底也较平缓，坑的深度与直径的比值（一般为 0.01～0.2）小于简单坑。各行星的简单坑与复杂坑划分的坑直径和深度不同，明显地与行星的重力有关。例如，重力强的地球上，两类坑划分的坑直径约为 3 km；而重力弱的月球上，划分的坑直径为十几千米。陨击坑的深度-直径关系如图 16-27 所示。

显然，行星表面愈古老的区域受到的陨击次数愈多，因而陨击坑的密度（单位表面积上的陨击坑数目）愈大，所以可按陨击坑密度估计行星表面各区域的相对年龄。后来的陨击破坏先前存在的陨击坑，老的陨击坑也被其他地质过程改造，甚至地球上年龄老于 20 亿年的陨击坑现在都难于识别了，而月球、水星和火星的古老高地上陨击坑密度几乎都达到"饱和"程度，且陨击坑的大小分布情况也相似，这表明它们早期都经历过相似的陨击情况，进而可以把各行星的大陨击事件相联系和对比（例如，水星的卡路里盆地、月球的雨海盆地、火星的海腊斯盆地可能大致在同时代形成，它们有相似性，又有差别，见图 16-28）。然而，月球、水星和火星上的陨击地貌有些差别，例如，火星上老的陨击坑被改造程度更

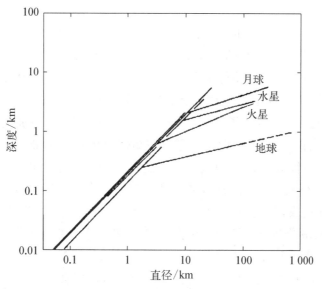

图 16‐27　陨击坑的深度-直径关系

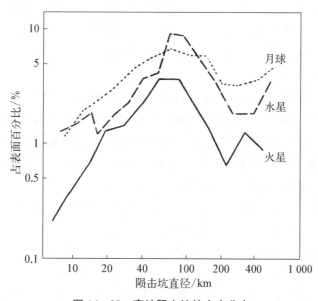

图 16‐28　高地陨击坑的大小分布

大些。至今只有月球的一些陨击坑已定出绝对年龄,结果表明,早期发生的陨击比后期多得多。由此推论,行星早期都经历过严重陨击,这也得到木星和土星的一些卫星的陨击坑资料支持。虽然由于地球的严重地质演化而抹去了其早期陨击坑遗迹,上述早期严重陨击的推论也必然适用于地球。因此,陨击也应该是地球早期的主要地质过程。

类地行星的早期严重陨击(尤其是大陨击)有什么重要作用呢? 其表现在以下三个方面:① 改变行星的自转和公转状况。推算表明,若有行星质量百分之一的大星子掠撞行星,可使行星自转周期改变几小时,也可以改变自转轴方向。若大星子接近于正撞行星,就可以改变其公转轨道。② 造成行星表面的区域性再熔融和构造活动。大星子高速陨击行星外壳的局部区域,使那里的物质熔融,并有溅出物沉积到周围。陨击造成该区域断裂和升降运动,破坏均衡,引发区域性构造活动,也促进壳下岩浆的侵入和喷发。例如,月海陨击盆地的底部被玄武岩填充,甚至陨击产生的月震波通过内部聚焦作用而影响到另半球对趾区的构造。③ 造成行星表面各区域的化学差异。在行星形成后期,大星子可能来自远方,其成分与已分异的行星壳不同。例如,来自小行星带的大星子会带来较多含水矿物,而来自水星区的大星子会带来较多难熔物及铁合金。大星子把其物质留在陨击区,使那里的化学成分不同于其他区域,也可能导致该区的幔物质上涌或喷出,因而成分不同于其他原壳区。最明显的一个例子是月球的质量瘤。地球上的热点或热柱是否与陨击有关,这是很值得探讨的问题。另一个问题是加拿大索德柏立(Sudhury)贵金属矿区与陨击有关,但这种关系是否有普遍意义。陨击作为一个重要的行星地质过程已为近 30 年的许多研究结果所证实。

(2) 火山活动。类地天体的表面都有火山地貌,地球和木卫一还有正喷发的活火山。火山活动改造了行星原来的表面,给出内部热状态、幔的成分及岩石圈构造及演化的线索。各个类地天体的火山地貌有一些相似特征,又存在相当大的差别。例如,类地行星上火山喷发的是硅酸盐(玄武岩)熔岩,木卫一喷发的主要是硫和二氧化硫,土卫三喷发水,而海卫一喷发氮。

类地行星形成都有早期熔融和分异,形成核、幔、壳结构,后来又有火山活动(二次分异)改造其表面。二次分异的程度和火山岩的种类与行星大小有关,对其解释是,行星的热能大致与其体积成正比,而热辐射损失与表面积成正比,因此,体积/面积比(行星半径为 R)越大,保留热能的程度越好,分异程度和规模越大,而火山活动延续越久。月球约在 31 亿年前(个别区域可能延续到 25 亿年前)就终止了火山活动,而地球至今仍有火山活动。金星有很多年轻的火山地貌,火星次之,水星更少。

类地行星表面最主要的是陨击地貌和火山地貌,且有这样的明显趋势:行星越大,火山地貌所占比例越大,而陨击地貌所占比例越小。早期严重陨击地貌的保留说明行星岩石圈较稳定以及后来的地质活动程度小。而陨击坑密度小

（较年轻）的火山单元表明在严重陨击时期之后有更大程度的地质活动,把早期严重陨击地貌完全破坏掉了。所以,火山地貌与陨击地貌的面积比也可作为行星演化的大致指标。一般规律是,月球演化程度小,水星其次……地球演化程度最大。当然,要更确切了解行星的地质演化,还需知道各地貌单元的绝对年龄及相互联系。

地球和月球的多数地貌单元已定出绝对年龄,水星、火星及金星的各种地貌单元的相对年龄可由陨击坑密度、交切及叠置关系得出。如果再按各行星陨击坑对比且认为早期严重陨击发生在同一时期,也可估计出它们的绝对年龄,从而可以得到每个类地行星的区域相对面积与年龄关系(见图 16 - 29)。一种极端情况是月球和水星,它们表面的地质演化在太阳系历史的前半期已基本结束,另一极端情况是地球,其表面积的 98% 是后半期形成的,90% 是近 6 亿年内形成的。火星情况介于两者之间。金星介于火星与地球之间。

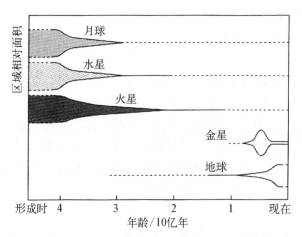

图 16 - 29 类地行星的区域面积与年龄关系

（3）构造活动。各个类地天体都在不同程度上显示全球的和区域性的构造地貌(如断层和褶皱),成因有相当大的差别,也与其他地质过程有交错复杂关系,反映了复杂地质演化史。

目前研究得较多的还是类地行星的构造活动。月球有西北-东南、东北-西南及南-北走向的线性构造网格(月球网格),可能是由古月壳破裂并被潮汐应力再活化的张应力作用所产生。水星独特的广延叶状悬崖由挤压应力产生,也有东北、西北、南北走向的线性构造网格,可归因于全球冷却收缩和自转减慢。火星上有以水手谷、塔西斯高原有关的地堑为代表的主要扩张应力特征。也有人提出有线性构造网格,可能归因于火星的全球膨胀。它们虽然有相似的线性构造网格,但其成因却不同,甚至有人质疑构造网格。可以肯定的是,它们都没有表征岩石圈水平运动的板块构造证迹。而地球正处于海底扩张和板块构造的活动阶段。金星的雷达像上显示它既有压应力特征(如麦克威尔山脉)、也有张应力特征(如"冕"),还有类似峡谷的线性特征,或许还有初期板块活动。

虽然各个类地行星的全球性构造有较大差别,但它们的局部区域都有与陨击盆地形成和填充以及火山活动有关的脊、地堑等构造,只是细节不同。而且,类木行星的冰卫星也显示一些构造特征。

类地天体上存在多种地质过程,它们既有普遍的相似特征,又有很大的差别。通过比较研究,可看出某些规律,即随行星质量的增加呈现:① 严重陨击地貌所占面积百分比减小;② 火山地貌和构造地貌所占百分比增加;③ 构造作用的程度和复杂性增加;④ 水圈和大气圈的作用改造表面的程度增加。木星和土星的一些卫星表面也大多是严重陨击的,两颗小的火星卫星也是表面严重陨击的,小行星和彗核表面也如此,说明它们是演化程度小的。但是,木卫一却有活火山地质活动。

现在的行星地貌是多种地质过程的综合结果。通过比较研究看出,在某个天体的某个历史时期各种地质过程的重要性不同。比如说,从质量较小的月球的地质研究可以清楚地揭示早期严重陨击过程作用的重要性;从质量大的金星和地球的地质研究可以看到火山过程在演化较晚期的重要作用。所以,对行星地质的比较研究有助于揭示每种地质过程的普遍规律及各种因素的影响,从而更好地认识地球,尤其是其早期的地质演化。

2) 行星大气的演化

各行星大气成分的显著差别说明它们的大气演化情况是不同的,通过比较研究,可以得到一些线索。

行星的引力使大气保留在其周围。气体的热运动、行星自转离心力、其他天体的引力摄动又促使大气中气体逃逸到行星际。它们的综合效应决定行星保留大气的能力。大气易逸散的情况如下:① 轻(质量小)的气体;② 行星质量小;③ 外大气层;④ 近太阳的行星(温度高)。据推算,在100万年内,氢(H、H_2)从地球大气中逸散掉,氢和氦从金星和火星大气逸散掉;在1 000万年内,氦也从地球大气逸散掉,火星还逸散掉很多氧。因此,类地行星现在的大气中氢和氦很少,并且必然不是原始大气保留下来的,而是次生的。另一方面,质量大的木星和土星等则能够有效地保留其原始大气,现在大气仍以氢和氦为主,也表明其演化程度小。金斯曾提出一个经验规则：若行星的逃逸速度大于某种气体热速度的 5 倍，则该种气体会长久保留。

类木行星的大气演化程度小。它们的大气在漫长时期也发生一些逃逸、分馏及成分变化，氖/氢和碳/氢丰度比率大于太阳。大气演化显然与各行星所处环境及自身条件有关。

金星、地球和火星的大气演化程度很大、很复杂，一般地说从还原态演化为氧化态。虽然它们的大气演化有某种相似的规律，但由于各自条件不同，演化的差别也很大。它们的原始大气易逃逸，仅保留下少部分重的成分，而主要是其内部热过程排出的气体而形成次生大气，排出的气体主要有 CO_2、H_2O、CO、N_2、H_2 等，其成分与排气岩石的温度与氧化态（尤其是铁化合物的氧化态）有关。陨击（尤其彗星陨击）也继续带来挥发物。岩石温度高时，H_2O 部分地分解为氢和氧，太阳紫外辐射的光化学过程也把 H_2O 分解为氢和氧，但氧又有效地结合到岩石中，因而早期大气是富氢的还原态。若大气温度不高，有些气体（如 H_2O、CO_2）会凝结和降到表面，通过岩石风化，一些 CO_2 结合到碳酸盐中。而氢容易逃逸，于是，由化学过程及丢失过程，大气逐渐演化为氧化态。火星离太阳远，表面冷却快，又因其质量小、引力弱，大气更易逃逸。而且其地质演化程度较小，排气过程也较弱，早期大气可能也凝聚和沉降到表面而又封锁于岩石中，不再循环返回到大气中。金星离太阳近，表面温度高，大气中 H_2O 和 CO_2 气体多，温室效应强，这又使表面温度增高，结果 H_2O 和 CO_2 就不循环到表面。太阳辐射分解 H_2O 为氢和氧，氢易逃逸，氧把 CO 氧化为 CO_2。地球大气中的 CO_2 与地表之间则有循环，尤其是地球上有更多的水，生物过程更严重地改变了大气成分。近年来，根据有关资料和过程以及较合理的演化假设，已分别对金星、地球、火星的大气演化建立了一些具体模型。图 16-30 大致给出了水星、金星、地球和火星的大气演化情况。

总之，各行星的大气差别说明它们各自经历了不同程度演化。行星大气演化涉及其自身的和外界的很多复杂因素，从比较研究可得到行星大气演化的线索。类木行星的质量大，引力强，温度低，能够保留原始大气；类地行星大气的演化程度大，火山活动排气和气体逃逸到太空而改变大气成分。尽管火星和金星有很大差别，但它们大气的主要成分相同，而不同于地球大气，实际上正是由于地球的生物过程改变了大气，地球早期大气可能与火星和金星类似。木星和土星→天王星和海王星→金星和火星→地球的大气状况在一定程度上反映了行星大气的主要演化进程。

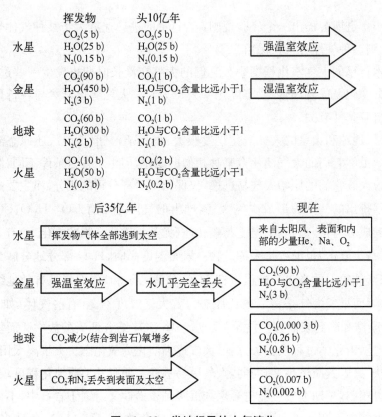

图 16 - 30 类地行星的大气演化

注：图中括号里的数字为各气体成分的压强。

16.5 搜寻地外文明

除了地球之外，宇宙中可能有"外星人"进化到人类文明甚至更高的智慧文明。现在已进入搜寻地外文明（search for extra-terrestrial intelligence，SETI）时代，开始显露出答案的希望曙光。国际天文学联合会（IAU）的第 51 个专业委员会 SETI 负责地外生命研究和地外文明通信联络活动。

16.5.1 可联络的地外文明有多少？

遥远的外星人乘飞船来访是很难的，更可行的是通信联络。1961 年，美国天文学家弗朗克·德雷克（Frank Drake）提出银河系可进行联络的文明数目 N 的估计公式，$N = R^* \times f_p \times n \times f_l \times f_i \times f_c \times L$。式中，$R^*$ 是恒星形成速率，

f_p 是有行星环绕的恒星比率,n 是一个恒星-行星系中生命宜居行星的平均数,f_l 是生命居住的行星中实际生命出现的可能性,f_i 是其中可以进化智慧生命文明的可能性,f_c 是这些文明想与我们联络的所占比率,L 是能联络的文明会幸存多久。有些因子可以观测研究得出,有些很不确定,因而估计的结果有很大差异。取银河系有 1 000 亿颗恒星,银河系年龄约 100 亿年,这意味着恒星的平均形成率 R^* 约每年 10 颗。f_p 估计的乐观值为 0.3,悲观值为 0.01。n 估计的乐观值为 3,悲观值为 1 乃至 0.01。f_l 估计的乐观值为 1,悲观值为 10^{-6}。f_i 估计的乐观值为 50%,悲观值为 10^{-6} 或更少。f_c 可取为 100%。L 估计在 100 年到 10 亿年。由此,可得出悲观估计为 $N = 10^{-13}$,即需联络 10 万亿个星系才可发现一个智慧文明——几乎说我们是宇宙的唯一文明。一般估计 $N = 10^4 \sim 10^6$。最乐观的估计为 $N = 4.5 \times 10^9$,因而搜寻地外文明的可能性就大多了。

还有人提出估计每个星系联络技术文明数目的公式为

$$N_c = N^* \times f_p \times n \times f_L \times f_I \times F_S$$

式中各因素的含义和估计列于表 16-3。若乐观估计是对的,可能离我们几十光年内就有可联络的文明,搜寻几千颗恒星就可以找到它。若悲观估计是正确的,我们在银河系仅有一颗可联络的行星,就难搜寻到它。

表 16-3 每个星系的技术文明数目

因 素		悲观估计	乐观估计
N^*	星系的恒星数目	2×10^{11}	2×10^{11}
f_p	有行星的恒星比率	0.01	0.5
n	每颗恒星生命期可带 40 亿年的行星数	0.01	1
f_L	适于生命存在的行星比率	0.01	1
f_I	生命演化到文明的比率	0.01	1
F_S	恒星寿命可长到通信(取 100 亿年)的比率	10^{-8}	10^{-4}
N_c	每个星系的技术文明数目	2×10^{-5}	1×10^7

16.5.2 SETI: 地外文明搜寻计划

1960 年开始搜寻地外文明联络信号的美国国家射电天文台奥兹玛计划(Ozma Project),用口径为 26 m 的射电望远镜对向选择的目标、在氢的 21 cm

波段监收可能的地外文明信号,但无所获。人们也曾用口径为 90 m 的射电望远镜向可能存在行星的天区发射联络信号,但仍未收到回音。1974 年 11 月,美国在位于波多黎各的口径为 305 m 的 Arecibo 射电望远镜曾向武仙座球状星团 M13 发送地球文明的联络信号(包括太阳系概况、人类生命的化学基、人体形态等条码图像)去联络外星人。

地外文明的通信联络应选择传递效率最高、避开因星际空间电离氢的吸收而产生噪声等干扰的波段,就是选择"自由空间的微波窗"或"没有突然噪声的安全谷"波段——波长 1~30 cm 波段。在此波段有宇宙中天然广泛存在的波长为 21 cm(1 420 MHz)的中性氢原子(H)谱线和波长为 18 cm(1 667 MHz)的羟基(OH)谱线。人类用这两个波长编制发送的信号,应当容易被外星人接受和破译,从而达到通信联络目的。由于氢(H)和羟基(OH)是水(H_2O)的离解物,因而戏称 18~21 cm 这一窄波段(频带)为"水洞(water hole)"。生命与水有不解之缘,寻找地外文明寄厚望于"水洞"(见图 16-31)。

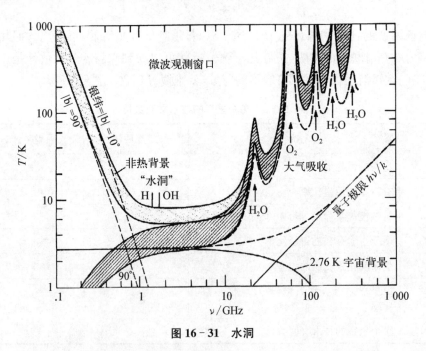

图 16-31 水洞

SETI 是对所有搜寻地外文明组织的统称,其中较著名的学术单位有哈佛大学和加州大学伯克利分校,以及非营利组织 SETI 协会。他们利用射电望远镜等先进设备接收从宇宙中传来的电磁波,从中分析有规律的信号,希望借此发现外星文明。1984 年,加州大学伯克利分校正式发起这个计划。例如,早期的"凤凰(Phoenix)计划"的搜寻目标包括离太阳 200 ly 内的约 1 000 颗星,用 Arecibo 射电望远镜,在频率 1 200~3 000 MHz、频宽 0.7 Hz 的几亿频道搜寻外星人信号。兆频道地外分析(mega-channel extra-terrestrial assay,META)计划用射电望远镜在几百万个"水洞"频道搜寻全天,频率分辨达 0.05 Hz。继而,搜寻研究扩展到更为有效的 BETA(billion-channel extra-terrestrial assay)计划,用 26 m 射电望远镜巡天,探测到了几十个候选信号,但均不能给出任何定论。搜寻来自近地外智慧生命群体的射电计划(search for extraterrestrial radio emissions from nearby developed intelligent populations,SERENDIP),用 Arecibo 射电望远镜加专门接收机"扑满"超级计算机,分 1.68 亿频道对包括银河系几十亿颗星和几千个背景星系进行扫描;南天的 SERENDIP IV 在 58.8 MHz 频道"监听"外星人信号。意大利的 SERENDIP IV 把"扑满"加在 32 m 射电望远镜上,有 24 MHz 频道。"在家搜寻外星智慧"——SETI@home 计划用个人或办公室计算机下载和分析 SERENDIP 的窄带(2.5 MHz)资料。

更理想的是,在所有时间、在微波"窗口"(1 000~11 000 MHz)的每个频道监测星空的每一点——真正全能的搜寻系统或 OSS。鉴于实现这个理想还有很长的路要走,专家们考虑建立合理的暂时 OSS,提出称为 Argus(希腊神话的"百眼巨人")的初始原型 OSS,用小的固定天线阵(allen telescope array,ATA)来综合星空很多束(元),集众多小天线联合而发挥巨大威力,适于 SETI 和发现诸如可能的河外星系"快速射电暴"。2004—2015 年 ATA 识别了数亿技术信号,多为噪声和干扰,但预料有可能检测出嵌入其中的信息。SERENDIP 于 2009 年 7 月在 Arecibo Observatory 安装运行 SERENDIP V.v,其背端仪器是 FPGA 基 1.28 亿通道数值谱仪,覆盖 200 MHz 带宽,已获得约 400 个可疑信号,但还没有足够数据证明地外文明。美国伯克利的 SETI 研究中心于 2016 年 1 月开始的"突破接听(breakthrough listen)——积极搜寻宇宙的地外文明通信"计划准备持续 10 年,用两个(Green Bank 与 Parkes)天文台的大型射电望远镜每年观测数千小时,来搜寻外星生命,并启用 Lick 天文台的自动行星仪搜寻来自激光传输的光学信号。我国已在贵州省平塘县山区建成世界最大口径 500 m 球面射电望远镜(FAST),其综合性能比 Arecibo 的 300 m 射电望远镜提高约 10 倍,有望投入包括搜寻地外文明等观测。

除了进行射电波段探测外星人信息,人们还提出用窄频信号或短时间的脉冲信号——激光进行光学波段探测,并建造望远镜系统开展巡视。

此外,人类也积极主动地向恒星际派遣信使,分别于 1972 年与 1973 年发射的先驱者 10 号和 11 号飞船携带刻有太阳系和地球及人类信息的镀金铝片(见

图 16-32);1977 年发射的旅行者 1 号和 2 号带有更多的音像资料(包括地球上的天象、环境、人体及各种自然界的、动物的和人类的声音,有巴赫、莫扎特的音乐和中国音乐"高山流水"),它们飞出太阳系去寻遇知音,希望有外星人截获后前来联络。

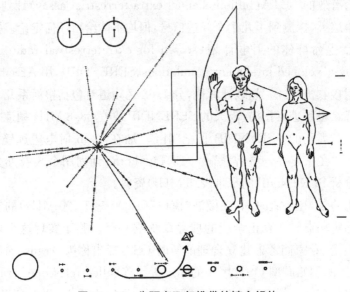

图 16-32   先驱者飞船携带的镀金铝片

16.5.3 UFO: 不明飞行物

有时,天空会出现奇怪的飞行物体,无法解释而称为不明飞行物(unidentified flying object,UFO)。1947 年 6 月 24 日,美国飞行员阿诺德驾机飞行中发现 9 个明亮物体掠过山顶,"就像跳跃着越过水面的碟子",经新闻媒体报道,纷纷谈论"飞碟"及以前所见其他形状不明飞行物的传闻。从此,世界各国的不明飞行物报道越来越多。

那么,UFO 是什么呢? 1948 年 1 月 7 日,美国一位飞行员驾机追踪所见UFO,结果机毁人亡。事后查明,他追踪的是探空气球。1952 年 7 月,美国华盛顿机场的雷达屏上出现 UFO,怀疑是苏联的侦察器或神秘武器,结果虚惊一场。为慎重对待类似事件,美国搞了"蓝皮书计划"等登记、调查研究每个 UFO 事件,结果证实所发现的 UFO 事例中的 90% 是军用高空飞机、气球、大气云团、陨落的火箭或卫星、流星乃至金星、地震闪光、鸟类或成群昆虫等,也有假的骗局,还有少部分的确无法解释。不明飞行物中有外星人的飞船吗? 甚至有报道见到外星人的离奇故事,但尚没有一例经得起推敲验证。1969 年,美国国家科学院发表《关于 UFO 的科学报告》,结论是"曾认为的地外文明来访地球说法几乎都没有确凿证据"。但是,仍有一些人觉得政府的调查并非彻底和诚实。另一些人认为政府在撒谎并隐瞒证据,深信 UFO 是外星人的飞船。或许真有外星人驾飞船来访问地球,但是,即使乘每秒飞行 30 万千米的最快光子火箭,外星人从居住的行星到地球也需几十到几百年才能到达,这样的旅行是极其困难而不大可能的。在没有得到可信的科学证据之前,无论不明飞行物的传闻多么有声有色,令人感兴趣,但还是谨慎对待为宜。当然,如果能够用科学的手段和方法进行观测,取得可靠的资料做分析研究,也是有意义的。即使这类研究最终否定了外星人造访,或许在别的方面能有新的发现。

参考文献

［1］ 俞允强. 物理宇宙学讲义［M］. 北京：北京大学出版社，2002.
［2］ 朱慈墭. 天文学教程（下册）［M］. 第二版. 北京：高等教育出版社，2003.
［3］ 胡中为. 普通天文学［M］. 南京：南京大学出版社，2003.
［4］ 刘学富. 基础天文学［M］. 北京：高等教育出版社，2004.
［5］ 赵铭. 天体测量学导论［M］. 第 2 版. 北京：中国科学技术出版社，2012.
［6］ 何香涛. 观测宇宙学［M］. 第 2 版. 北京：北京师范大学出版社，2007.
［7］ 胡中为，徐伟彪. 行星科学［M］. 北京：科学出版社，2007.
［8］ 李宗伟，肖兴华. 天体物理学［M］. 第 2 版. 北京：高等教育出版社，2012.
［9］ 黄润乾. 恒星物理［M］. 第二版. 北京：中国科学技术出版社，2012.
［10］ 向守平. 天体物理概论［M］. 合肥：中国科学技术大学出版社，2012.
［11］ 吴大江. 现代宇宙学［M］. 北京：清华大学出版社，2013.
［12］ 胡中为. 新编太阳系演化学［M］. 上海：上海科学技术出版社，2014.
［13］ 埃里克·蔡森，史蒂夫·麦克米伦. 今日天文恒星——从诞生到死亡［M］. 高建，詹想，译. 北京：机械工业出版社，2016.
［14］ 埃里克·蔡森，史蒂夫·麦克米伦. 今日天文星系世界和宇宙的一生［M］. 高建，詹想，译. 北京：机械工业出版社，2016.
［15］ 李广宇. 天体测量和天体力学基础［M］. 北京：科学出版社，2017.
［16］ 胡中为. 奇妙的宇宙一：天文学的兴盛［M］. 北京：人民教育出版社，2017.
［17］ 胡中为. 奇妙的宇宙二：恒星和太阳系［M］. 北京：人民教育出版社，2017.
［18］ 胡中为. 奇妙的宇宙三：星系和宇宙演化［M］. 北京：人民教育出版社，2017.
［19］ S. 温伯格. 引力和宇宙学：广义相对论的原理和应用［M］. 邹振隆，等. 译. 北京：高等教育出版社，2018.
［20］ "10000 个科学难题"天文学编委会. 10000 个科学难题——天文学卷［M］. 北京：科学出版社，2010.
［21］ Cox A N. Allen's Astrophysical Quantities［M］. 4th ed. New York：Springer, 2002.
［22］ Lang K R. Astrophysical Formulae［M］. 3rd ed. New York：Springer, 1999.
［23］ Guidry M. Stars and Stellar Processes［M］. London：Cambridge University Press, 2019.
［24］ Lodders K. Solar System Abundances of the Elements' Astrophysics and Space Science Proceedings［M］. Berlin：Springer, 2010：379 - 417.
［25］ Karttunen H, et al. Fundamental Astronomy［M］. 6th ed. Berlin：Springer, 2017.
［26］ Weinberg S. The First Three Minutes［M］. New York：Basic Books, 1979.
［27］ Clayton D D. Principles of Stellar Evolution and Nucleosynthesis［M］. Chicago：University of Chicago Press, 1983.
［28］ Rolfs C E, Rodney W S. Cauldrons in the Cosmos：Nuclear Astrophysics［M］. Chicago：University of Chicago Press, 2005.
［29］ Iliadis C. Nuclear Physics of Stars［M］. Weinheim：Wiley-VCH, 2007.

附录　彩图

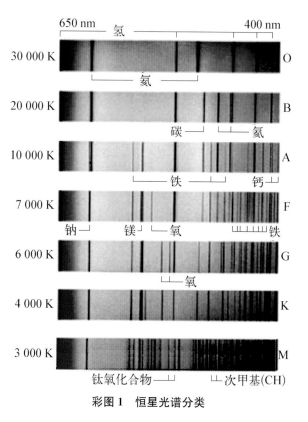

彩图 1　恒星光谱分类

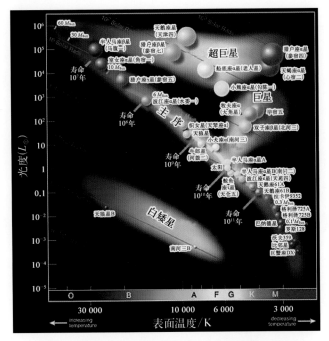

彩图 2　恒星的光度与表面温度(用对数表示)的关系

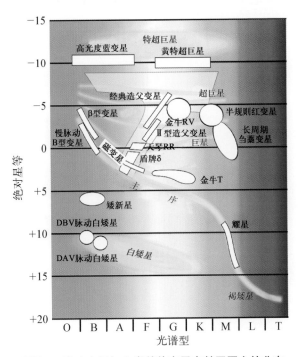

彩图 3　脉动变星与几类其他变星在赫罗图上的分布

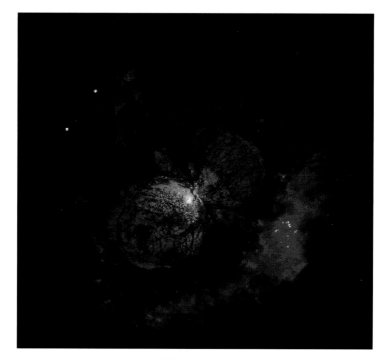

彩图 4　侏儒星云遮掩着船底 η

彩图 5　星系 NGC 1309 的超新星 2012Z(×中心)[两小图
是它(箭头)爆发前后的照片]

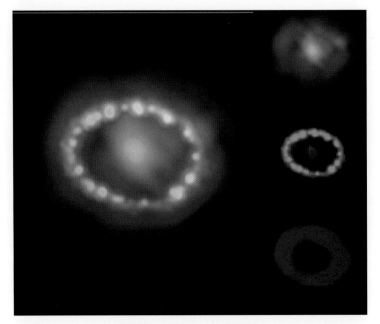

彩图 6　超新星 1987A 遗迹

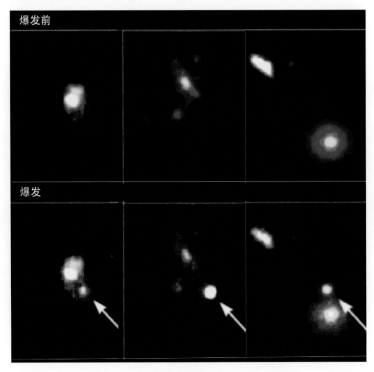

彩图 7　哈勃空间望远镜发现的三颗超新星

彩图 8   蟹状星云

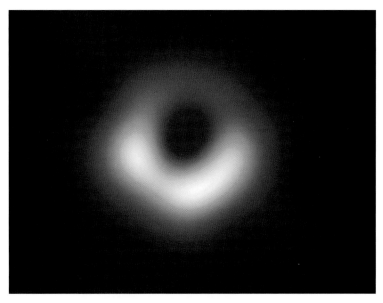

彩图 9   由望远镜拍摄到的位于室女 A 星系核心的
超大质量黑洞 M87* 的照片

（这是 2019 年 4 月发布的有史以来第一张黑洞图像，中心周边轮廓是在视界附近
强大引力作用下旋绕的热气体发出的辐射）

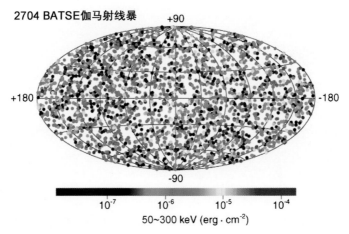

彩图 10   康普顿伽马射线天文台的"爆发和瞬变源试验设备(BATSE)"
记录到的伽马射线暴分布图

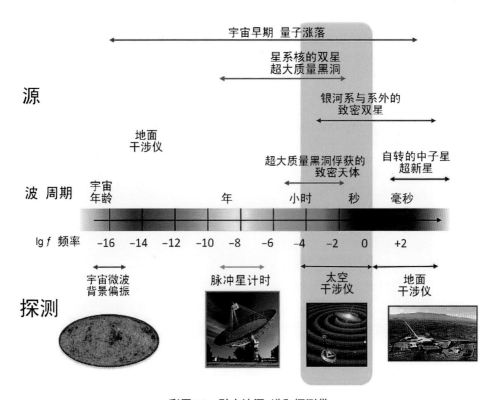

彩图 11   引力波源、谱和探测带

彩图 12 英仙座双星团(英仙 χ,左下;
英仙 h,右上)

彩图 13 武仙座球状星团 M13(NGC6205)

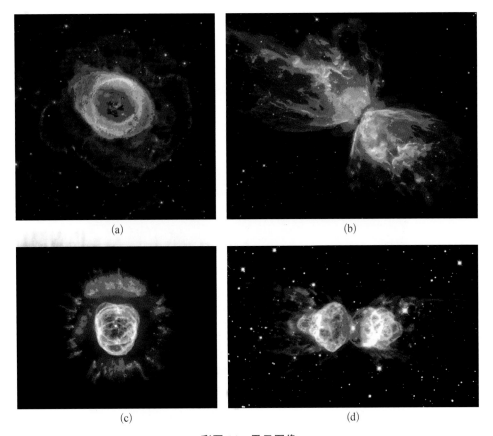

(a)

(b)

(c)

(d)

彩图 14 星云图像

(a) 环状星云(M57);(b) 蝴蝶星云(NGC 2346);(c) 爱基摩斯星云(NGC2392);(d) 蚂蚁星云(Mx 3)

彩图 15 猎户星云 M42

彩图 16 猎户座中的马头星云及其
周围的亮星云和暗星云

彩图 17 鹰状星云的基墩和 EGG

彩图 18 三叶星云 M20(＝NGC6514)

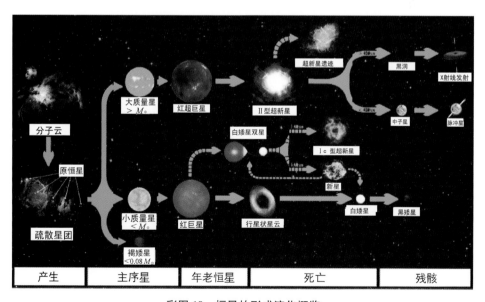

彩图 19 恒星的形成演化概览

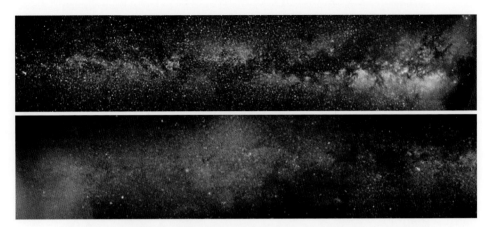

彩图 20　横跨星空的银河(上图夏季,下图冬季)

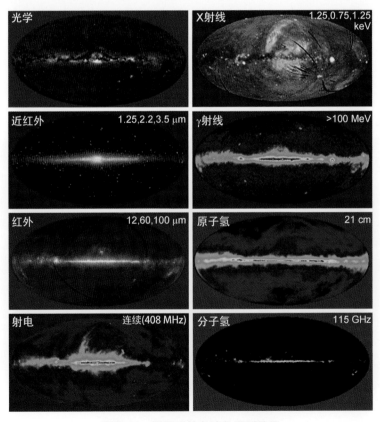

彩图 21　银河系的多波段观测结果

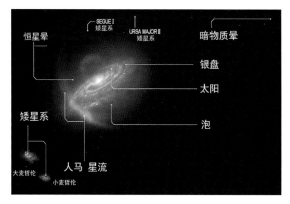

彩图 22　银河系的结构

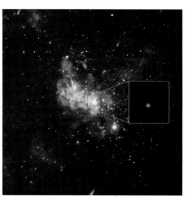

彩图 23　银心-人马座 A* 的
最大 X 射线爆发

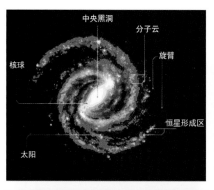

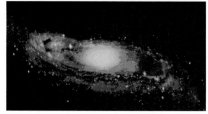

彩图 24　银河系的棒旋结构（上）
及侧视（下）

彩图 25　仙女星系 M31 未来与银河系
合并的一种模拟

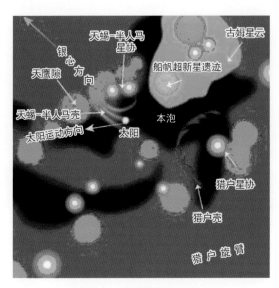

彩图 26 太阳的运动和近邻

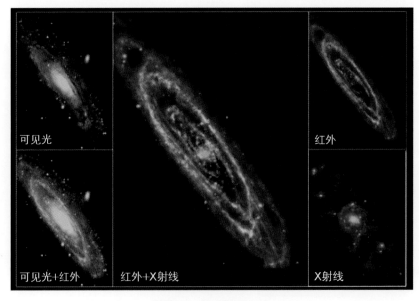

彩图 27 仙女星系 M31

彩图 28　人马座 A 的射电、红外和
　　　　　X 射线组合图像

彩图 29　星暴星系 M82

彩图 30　眼睛星云 NGC4038＋4039

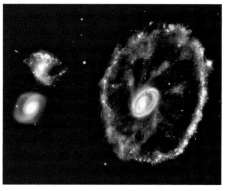

彩图 31　车轮星云 NGC4260

彩图 32　室女星系团局部

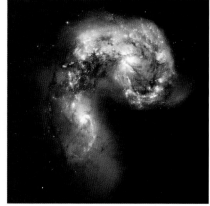

彩图 33　"天线"星系是一对
　　　　　（NGC4038，NGC4039）
　　　　　碰撞星系

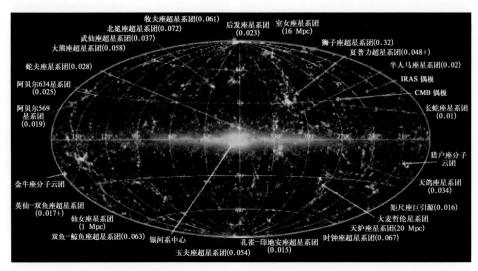

彩图 34　星系在天球银道坐标的分布(中间是银道隐带,距离或红移在括号内)

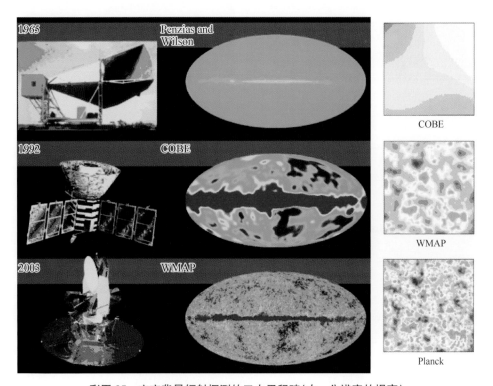

彩图 35　宇宙背景辐射探测的三大里程碑(右:分辨率的提高)

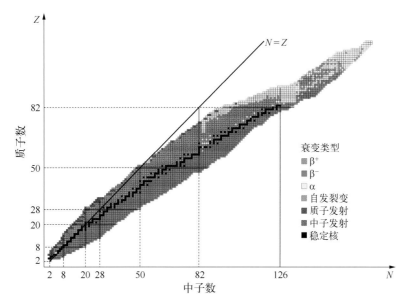

彩图 36 核素图(原子核幻数、稳定核、放射性核及衰变类型示意图)

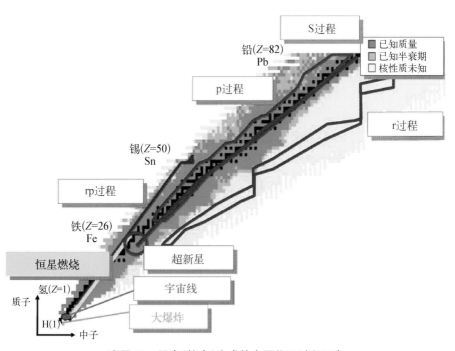

彩图 37 元素(核素)生成的主要物理过程示意

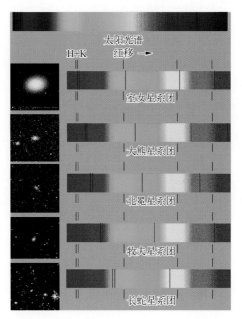

彩图 38　五个星系团光谱线的(H＋K)红移
(注意中间彩色段中的谱线朝着箭头
方向与标度谱线的偏离)

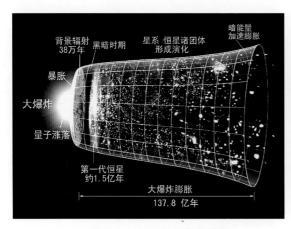

彩图 39　宇宙发展史示意图

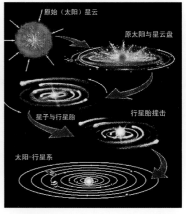

彩图 40　现代星云说示意图